$$f(x)=\frac{e^x-1}{e^x+1}\ln\frac{1-x}{1+x}$$

$$d\left(\frac{u}{v}\right)=\frac{vdu-udv}{v^2}(v\neq 0)$$

微积分

（上）

主　编　赵坤银　刘　强　张现强

副主编　马　斌　严　琴　隋双侠

$y=f(x)$　O　a　x　$x+dx$　b　x　$y=g(x)$　y

重庆大学出版社

图书在版编目(CIP)数据

微积分. 上 / 赵坤银, 刘强, 张现强主编. -- 2 版
. -- 重庆 : 重庆大学出版社, 2023.8
ISBN 978-7-5689-3471-8

Ⅰ. ①微… Ⅱ. ①赵… ②刘… ③张… Ⅲ. ①微积分
—高等学校—教材 Ⅳ. ①O172

中国国家版本馆 CIP 数据核字(2023)第 133675 号

微积分(上)
WEIJIFEN(SHANG)

主　编　赵坤银　刘　强　张现强
副主编　马　斌　严　琴　隋双侠
责任编辑:杨育彪　　版式设计:杨育彪
责任校对:谢　芳　　责任印制:邱　瑶

*

重庆大学出版社出版发行
出版人:陈晓阳
社址:重庆市沙坪坝区大学城西路 21 号
邮编:401331
电话:(023) 88617190　88617185(中小学)
传真:(023) 88617186　88617166
网址:http://www.cqup.com.cn
邮箱:fxk@cqup.com.cn (营销中心)
全国新华书店经销
重庆市正前方彩色印刷有限公司印刷

*

开本:787mm×1092mm　1/16　印张:19.75　字数:471 千
2022 年 8 月第 1 版　2023 年 8 月第 2 版　2023 年 8 月第 2 次印刷
印数:5 001—10 000
ISBN 978-7-5689-3471-8　定价:56.00 元

前言

[illegible]积分是普通高等学校各专业普遍开设的一门公共基[illegible]。它既是学习其他各门数学课程的基础，也是在自然科学和社会科学各领域中广泛应用的数学工具。本书立足于民办应用型高校人才培养需求，在编写上力求内容适度、结构合理，适合经济与管理类相关专业的学生使用，亦可供其他专业及有志学习本课程的读者选用。

本书主要介绍一元函数微积分学的主要内容，编写上具有如下特点：

(1)注重概念的引入与讲解，尽可能通过较多的实际问题引入概念，力求阐述概念的实际背景，既增强学生学习的兴趣，也便于学生将抽象的概念同实际联系起来，更易于理解并掌握概念。

(2)章节安排符合认知规律，注重从数学理论的发现、发展、应用等多角度来讲，让数学思想贯穿始终，使学生从总体上把握对数学思维、数学语言、数学方法的宏观认识，让学生体会到数学的美妙与严谨，培养学生的数学素养，同时有助于学生形成科学的方法论。

(3)每一章都有丰富的例题与习题。引用了大量数学在经济活动中应用的例子，融入数学建模的思想，既能更好地培养学生解决实际问题的能力，又为学生的专业课学习奠定较好的基础，同时也兼顾了其他专业的需要。

在此仅向所有参考文献的作者致以诚挚的谢意。由于编者学识有限，书中难免有疏漏与错误之处，恳请广大读者批评指正。

编　者

2022 年 1 月

目　录

第 1 章　函　数

数学史表明,重要的数学概念的产生和发展,对数学发展起着不可估量的作用. 有些重要的数学概念对数学分支的产生起着奠基性的作用. 函数就是这样的重要概念.

在笛卡尔引入变量以后,变量和函数等概念渗透科学技术的各个领域. 纵览宇宙,运算天体,探索热的传导,揭示电磁秘密,这些都和函数概念息息相关. 正是在这些实践过程中,人们对函数的概念不断深化.

最早提出函数(function)概念的,是德国数学家莱布尼茨. 最初莱布尼茨用"函数"一词表示幂,后来,他又用函数表示在直角坐标系中曲线上一点的横坐标、纵坐标.

1718 年,莱布尼茨的学生、瑞士数学家伯努利把函数定义为:"由某个变量及任意的一个常数结合而成的数量. "意思是凡变量和常量构成的式子都叫作函数. 伯努利强调的是函数要用公式来表示. 后来数学家觉得不应该把函数概念局限在只能用公式来表达上,只要一些变量变化,另一些变量能随之而变化就可以,至于这两个变量的关系是否要用公式来表示,并不作为判别函数的标准.

1755 年,瑞士数学家欧拉把函数定义为:"如果某些变量,以某一种方式依赖于另一些变量,即当后面这些变量变化时,前面这些变量也随着变化,我们把前面的变量称为后面变量的函数. "在欧拉的定义中,就不强调函数要用公式表示了,由于函数不一定要用公式来表示,因此欧拉曾把画在坐标系中的曲线也称为函数,他认为"函数是随意画出的一条曲线".

当时有些数学家对不用公式来表示函数感到很不习惯,有的数学家甚至抱怀疑态度. 于是他们把能用公式表示的函数叫作"真函数",把不能用公式表示的函数叫作"假函数".

1821 年,法国数学家柯西给出了类似现在中学课本的函数定义:"在某些变数间存在着一定的关系,当一经给定其中某一变数的值,其他变数的值可随着而确定时,则将最初的变数叫作自变量,其他各变数叫作函数. "在柯西的定义中,首先出现了自变量一词.

1834 年,俄国数学家罗巴切夫斯基进一步提出函数的定义:"函数是这样的一个数,它对于每一个都有确定的值,并且随着一起变化. 函数值可以由解析式给出,也可以由一个条件给出,这个条件提供了一种寻求全部对应值的方法. 函数的这种依赖关系可以存在,但仍然是未知的. "这个定义指出了对应关系(条件)的必要性,利用这个关系,可以求出每一个的对应值.

1837 年,德国数学家狄里克雷认为怎样去建立 x 与 y 之间的对应关系是无关紧要的,所以他的定义是:"如果对于 x 的每一个值,总有一个完全确定的 y 值与之对应,则 y 是 x 的函数". 这个定义抓住了概念的本质属性,变量 y 称为 x 的函数,只需有一个法则存在,使得这个函数取值范围中的每一个值,有一个确定的值和它对应就行了,不管这个法则是公式还是图像或表格或其他形式. 这个定义比前面的定义带有普遍性,为理论研究和实际应用提供了方便. 因此,这个定义曾被长期使用.

自从德国数学家康托尔的集合论被大家接受后,用集合对应关系来定义函数概念就是现在高中课本里用的了.

中文数学书上使用的"函数"一词是转译词,是我国清代数学家李善兰在翻译《代数学》(1895 年)一书时,把"function"译成"函数"的.

中国古代"函"字与"含"字通用,都有着"包含"的意思. 李善兰给出的定义是:"凡式中含天,为天之函数. "中国古代用天、地、人、物 4 个字来表示 4 个不同的未知数或变量. 这个定义的含义是:"凡是公式中含有变量 x,则该式子叫作 x 的函数. "所以"函数"是指公式里含有变量的意思.

1.1 函数的基本概念

1.1.1 集合

集合是一个基本概念,我们通过例子来说明这个概念. 比如说,一个书柜中的书构成一个集合,一个教室里的学生构成一个集合,全体实数构成一个集合,等等. 一般地,集合(简称集)是指具有某种特定性质的事物的总体. 组成这个集合的事物称为该集合的元素. 如果 a 是集合 A 的元素,则记作 $a \in A$,读作 a 属于 A;如果 a 不是集合 A 的元素,则记作 $a \notin A$,读作 a 不属于 A.

我们这里讲的集合,具有确定的特征,即对于某一个元素是否属于某个集合是确定的,"是"或者"不是"二者必居其一.

由有限个元素构成的集合,称为有限集合,可以用列举出它的全体元素的方法来表示. 例如由元素 $a_1, a_2, \cdots, a_n$ 组成的集合 A,可记作

$$A = \{a_1, a_2, \cdots, a_n\}.$$

对于由无穷多个元素组成的集合,通常表示如下:设 M 是具有某种特征的元素 x 的全体组成的集合,记作

$$M = \{x \mid x\text{ 所具有的特征}\}.$$

这里 x 所具有的特征,实际上就是作为 M 的元素应适合的充分必要条件:适合这条件的任何事物都是集合 M 的元素;反之,集合 M 的元素都必须适合这条件.

例如,xOy 平面上坐标适合方程 $x^2+y^2=1$ 的点 (x,y) 的全体组成的集合 M,可记作

$$M = \{(x,y) \mid x,y\text{ 为实数}, x^2+y^2=1\}.$$

这个集合 M 实际上就是 xOy 平面上以原点 O 为中心、半径等于 1 的圆周上的点的全体组成的集合.

以后用到的集合主要是数集,即元素都是数的集合. 如果没有特别声明,以后提到的数都是实数.

全体自然数的集合记作 $\mathbf{N}$,全体整数的集合记作 $\mathbf{Z}$,全体有理数的集合记作 $\mathbf{Q}$,全体实

数的集合记作 $\mathbf{R}$.

如果集合 A 的元素都是集合 B 的元素，即"如果 $a\in A$，则 $a\in B$"，则称 A 为 B 的子集. 记为 $A\subset B$ 或 $B\supset A$，读作 A 包含于 B 或 B 包含 A. 例如，$\mathbf{N}\subset\mathbf{Z}$，$\mathbf{Z}\subset\mathbf{Q}$，$\mathbf{Q}\subset\mathbf{R}$.

如果 $A\subset B$ 且 $B\subset A$，则称 A 与 B 相等，记作 $A=B$. 例如，设 $A=\{1,2\}$，$B=\{2,1\}$，$C=\{x\mid x^2-3x+2=0\}$，则 $A=B=C$.

不包括任何元素的集合称为空集，记作 $\varnothing$. 例如，$\{x\mid x\in\mathbf{R},x^2+x+1=0\}$ 是空集.

区间是用得较多的一类数集.

设 a、b 为实数，且 $a<b$. 满足不等式 $a<x<b$ 的所有实数 x 的集合，称为以 a、b 为端点的开区间，记作 (a,b)，即 $(a,b)=\{x\mid a<x<b\}$，如图 1.1 所示.

满足不等式 $a\leqslant x\leqslant b$ 的所有实数 x 的集合，称为以 a、b 为端点的闭区间，记作 $[a,b]$，即 $[a,b]=\{x\mid a\leqslant x\leqslant b\}$，如图 1.2 所示.

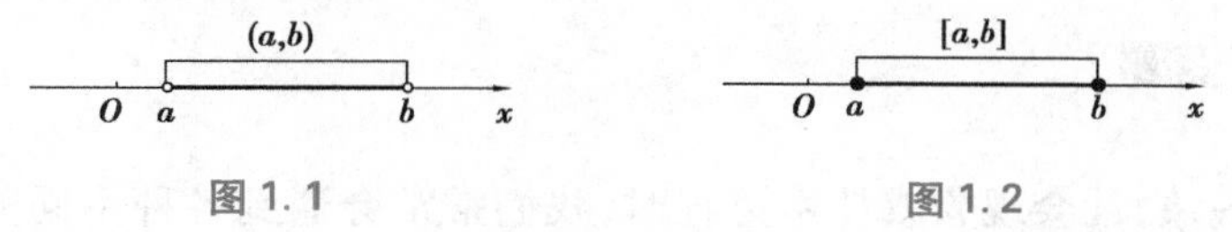

图 1.1　　　图 1.2

满足不等式 $a<x\leqslant b$ 或 $a\leqslant x<b$ 的所有实数 x 的集合，称为以 a、b 为端点的半开区间，记作 $(a,b]$ 或 $[a,b)$，即 $(a,b]=\{x\mid a<x\leqslant b\}$，$[a,b)=\{x\mid a\leqslant x<b\}$，分别如图 1.3 和图 1.4 所示.

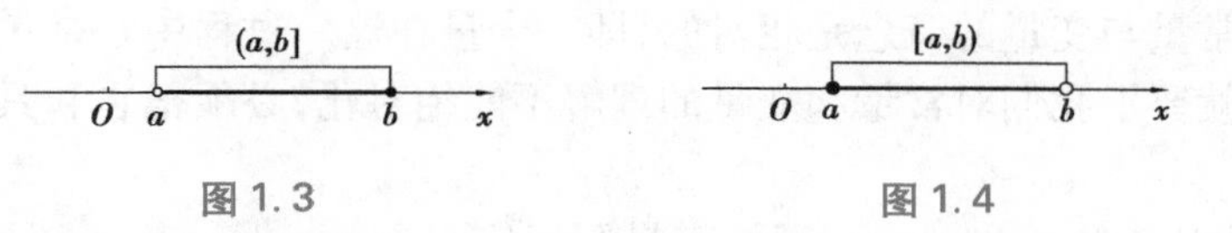

图 1.3　　　图 1.4

以上三类区间为有限区间. 有限区间右端点 b 和左端点 a 的差 $b-a$，称为区间的长度.

还有下面几类无限区间：

$(a,+\infty)=\{x\mid x>a\}$；

$[a,+\infty)=\{x\mid x\geqslant a\}$；

$(-\infty,b)=\{x\mid x<b\}$；

$(-\infty,b]=\{x\mid x\leqslant b\}$；

$(-\infty,+\infty)=\{x\mid -\infty<x<+\infty\}$，即实数集 $\mathbf{R}$.

以后在不需要辩明所论区间是否包含端点，以及是有限区间还是无限区间的场合，我们就简单地称它为"区间"，且常用 I 表示.

邻域也是一个经常用到的概念. 以点 a 为中心的任何开区间称为点 a 的邻域，记作 $U(a)$.

设 δ 是任一正数，则开区间 $(a-\delta,a+\delta)$ 就是点 a 的一个邻域，这个邻域称为点 a 的 δ 邻域，记作 $U(a,\delta)$，即

$$U(a,\delta)=\{x\mid a-\delta<x<a+\delta\}.$$

点 a 称为这个邻域的中心，δ 称为这个邻域的半径，如图 1.5 所示.

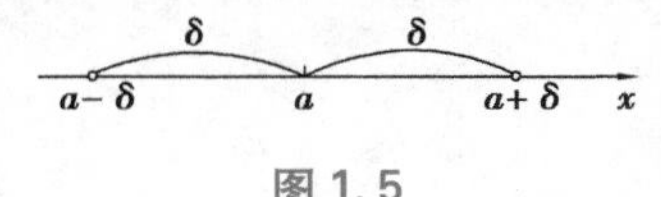

图 1.5

例如,$|x-5|<\frac{1}{2}$,即为以点 $a=5$ 为中心,以$\frac{1}{2}$为半径的邻域,也就是开区间(4.5,5.5).

在微积分中还常常用到集合

$$\{x|0<|x-a|<\delta,\delta>0\}$$

这是在点 a 的 δ 邻域内去掉点 a,其余的点所组成的集合,即集合$(a-\delta,a)\cup(a,a+\delta)$,称为以 a 为中心,半径为 δ 的空心邻域. 记作 $\mathring{U}(a,\delta)$,如图 1.6 所示.

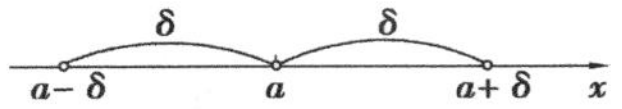

图 1.6

例如,$0<|x-1|<2$,即为以点 $a=1$ 为中心,半径为 2 的空心邻域$(-1,1)\cup(1,3)$.

1.1.2 常量与变量

在观察自然现象、社会现象或技术过程时,我们常常会遇到各种不同的量,其中有的量在一定过程中始终保持不变的数值,这种量称为常量;有的量在过程中可取不同的数值,这种量称为变量. 例如,某种商品的价格在一定时期内是相对稳定的,因此,可以把它看作常量,而其销量和销售额通常则是变量.

必须指出,常量与变量的概念是相对的,即一个量在这一过程中是常量而在另一过程中可能是变量,这就要求我们对常量和变量的理解不能绝对化,必须把它和具体过程联系起来加以考虑.

常量通常是以字母 a、b、c……表示,变量则以字母 x、y、z……表示. 量 x 的每一个实数值与实数轴上的一个点对应,如果 x 取定值,则可用数轴上的一个定点来表示;如果 x 是变量,则可用数轴上的动点表示.

1.1.3 函数的定义

在自然科学、技术科学或经济管理中,所遇到的实际问题往往有几个变量同时都在变化,这些变量并不是彼此孤立地改变,而是相互联系、相互制约并按一定规律变化. 在这里我们就两个变量之间相互依赖的关系的简单情形加以讨论. 首先考察两个实例.

例 1　某商品的单位成本为 5 元,企业已售出该商品 100 件,问企业可获利润多少?

很明显,在这个问题中,单位成本是常量,出售单价与利润是变量. 若设 P 表示出售单价,L 表示利润,则 L 与 P 之间有关系

$$L=100(P-5)$$

上述式子表明了利润 L 与价格 P 之间的相互关系及其内在的变化规律,只要价格 P 确定,利润 L 就随之确定.

例2 图1.7是某股份有限公司股票某日的分时图.

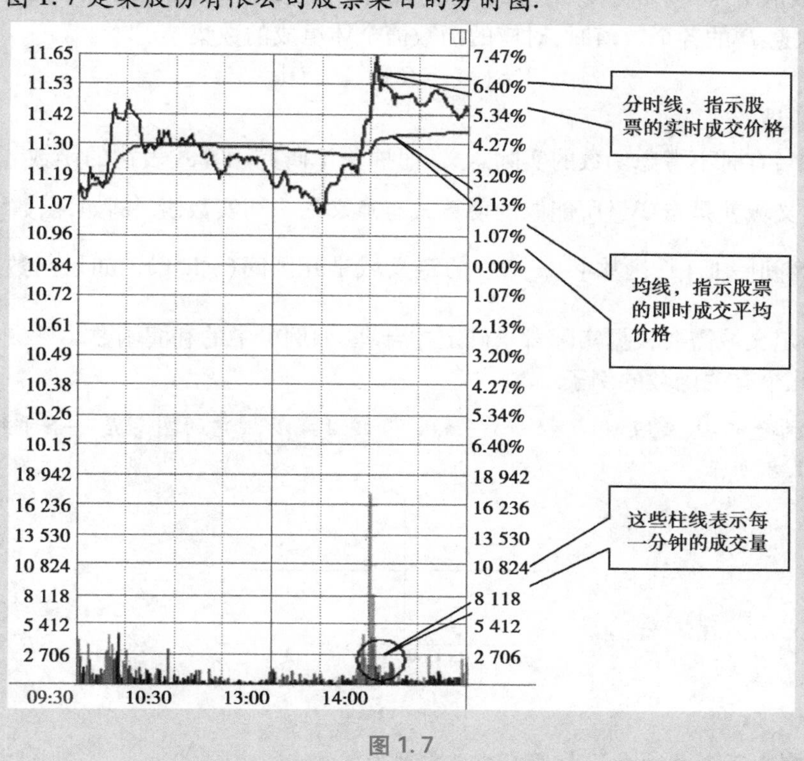

图1.7

如果用 t 表示时间，p 表示股票价格，q 表示股票成交量，则 p 和 q 都是随着时间 t 的变化而改变. 但这种改变与例1中的情况不同：①无法用公式描述；②事件未发生时不能得到 t 与 p（或 t 与 q）的对应结果.

抽去上面两个例子中所考察的实际意义，它们表达了两个变量之间的相互依赖关系. 这种相互依赖关系实质上给出了两个变量间的一种相互制约的对应规律（或法则）. 当其中一个变量在某一范围内任意取定一个数值时，按照这种规律，另一个变量就有确定的值与之对应. 两个变量的这种对应关系就是函数概念的实质.

定义1.1 设 x 和 y 是两个变量，D 是一个给定的数集，f 是一个对应法则. 如果对于每个数 $x\in D$，变量 y 按照对应法则 f 总有唯一确定的数值和它对应，则称 f 是定义在集合 D 上的函数，其中 x 叫作自变量，y 叫作因变量，记作 $y=f(x)$. 数集 D 叫作这个函数的定义域，记作 D_f.

实际上，我们可以把函数 f 看作一台加工设备，x 是输入（待加工的原材料），y 即 $f(x)$ 是输出（由原材料加工出的产品）. 定义域就是这台加工设备的材料源.

从函数的定义中可以看到函数包含两个要素，即

(1) 两个变量之间的对应法则；

(2) 自变量的取值范围.

函数 $y=f(x)$ 中表示对应关系的记号 f 也可以改用其他字母，例如 φ，F 等. 这时函数记作 $y=\varphi(x)$，$F(x)=x^2-2$ 等.

当 x 取数值 $x_0\in D$ 时，与 x_0 对应的 y 的数值称为函数 $y=f(x)$ 在点 x_0 处的函数值，记作 $f(x_0)$，当 x 取遍 D 的各个数值时，对应的函数值全体组成的数集

$$W=\{y\mid y=f(x),x\in D\}$$

称为函数的值域.

在数学中，有时不考虑函数的实际意义，而抽象地研究用算式表达的函数. 这时我们约定：函数的定义域就是自变量所能取的使算式有意义的一切实数值. 例如，函数 $y=\sqrt{1-x^2}$ 的定义域是闭区间 $[-1,1]$，函数 $y=\dfrac{1}{\sqrt{1-x^2}}$ 的定义域是开区间 $(-1,1)$. 如果函数具有实际背景，则函数的定义域需要根据实际背景确定才合理，如例 1 中的利润函数.

下面举几个有关函数的例子.

例 3 函数 $y=2$，定义域 $D=(-\infty,+\infty)$，值域 $W=\{2\}$，它的图形是一条平行于 x 轴的直线，如图 1.8 所示.

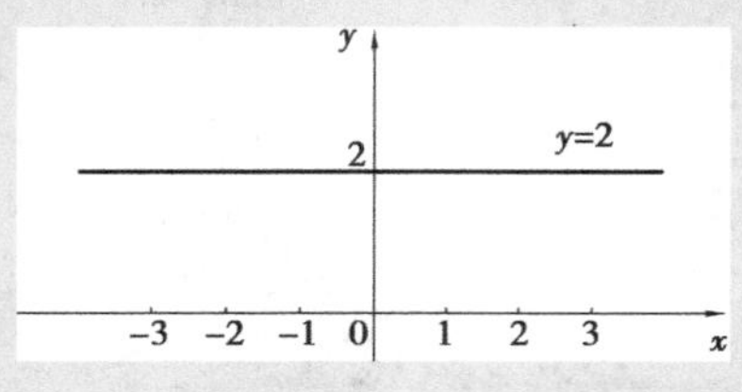

图 1.8

例 4 判断下列函数是否相同，并说明理由.

(1) $y=1$ 与 $y=\sin^2x+\cos^2x$；

(2) $y=2x+1$ 与 $x=2y+1$.

解 (1) 虽然这两个函数的表现形式不同，但它们的定义域 $(-\infty,+\infty)$ 与对应法则均相同，所以这两个函数相同.

(2) 虽然它们的自变量与因变量所用的字母不同，但它们的定义域 $(-\infty,+\infty)$ 和对应法则均相同，所以这两个函数相同.

例 5 求函数 $y=\dfrac{1}{1-x^2}+\sqrt{x+2}$ 的定义域.

解 因为 $\begin{cases}1-x^2\neq 0\\x+2\geqslant 0\end{cases}\Rightarrow\begin{cases}x\neq\pm 1\\x\geqslant -2\end{cases}$，所以 $D=[-2,-1)\cup(1,+\infty)\cup(-1,1)$.

例 6 求函数 $f(x)=\dfrac{\lg(3-x)}{\sin x}+\sqrt{5+4x-x^2}$ 的定义域.

解 要使 $f(x)$ 有意义，则 x 要满足：

$$\begin{cases}3-x>0\\\sin x\neq 0\\5+4x-x^2\geqslant 0\end{cases}\quad 即\quad\begin{cases}x<3\\x\neq k\pi\\-1\leqslant x\leqslant 5\end{cases}\quad (k\ 为整数)$$

所以 $f(x)$ 的定义域为：

$D=\{x\mid -1\leqslant x<0\}\cup\{x\mid 0<x<3\}=[-1,0)\cup(0,3)$.

1.1.4 函数的表示方法

函数的表示方法一般有3种:公式法、图示法和表格法.

1)公式法

公式法就是直接用数学式子表示两个变量之间的函数关系的方法. 它的优点是简明、准确、完整,微积分学中多采用这种函数表示方法. 在前面的例子中也都是用的这种方法.

2)图示法

一个自变量的函数即一元函数,其图形就是一些点的轨迹(图1.9),这些点的横坐标为自变量的取值,纵坐标是对应的函数值. 在平面直角坐标系中把函数定义域中所有的数x对应的点$(x,f(x))$都描绘出来,即得到函数的图形(图1.10). 这种方法的优点是直观醒目,缺点是很难做到准确和完整.

如:

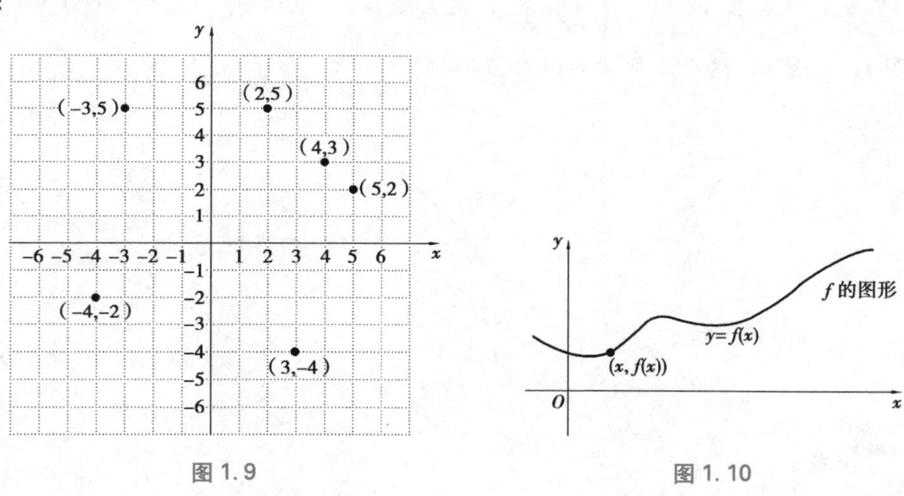

图1.9　　图1.10

3)表格法

表格法就是将自变量x的一系列取值与对应的函数值列成表格,如对数表、三角函数表、平方根表等. 它的优点是用起来方便,在实际工作中是一种常用的函数表示法. 然而这种方法有它的局限性,不能完全反映两个变量之间的规律性.

例7 某城市一年里各月毛线的零售量(单位:kg),如表1.1所示.

表1.1

月份t	1	2	3	4	5	6	7	8	9	10	11	12
零售量s	81	84	45	45	9	5	6	15	94	161	144	123

表1.1表示了某城市毛线零售量s随月份t而变化的函数关系. 这个函数关系是用表格来表达的,它的定义域是

$$D=\{1,2,3,4,5,6,7,8,9,10,11,12\}.$$

需要说明的是,不是每一个函数都可以用上述 3 种方法表示出来.

例如:$f(x)=\begin{cases}0 & \text{当 } x \text{ 为无理数}\\ 1 & \text{当 } x \text{ 为有理数}\end{cases}$

这个函数就不可以用图示法和表格法来表示,但它的确是一个函数,有定义域 $(-\infty,+\infty)$ 和对应关系.

1.1.5 分段函数

几个重要的函数

有些函数,对于其定义域内自变量 x 不同的值,不能用一个统一的数学表达式表示,而要用两个或两个以上的式子表示,这类函数称为分段函数.

有时用几个式子来表示一个(不是几个!)函数,不仅与函数定义不矛盾,而且有现实意义. 在自然科学和工程技术以及经济领域是常见的现象.

例 8 绝对值函数 $y=|x|=\begin{cases}x & x\geqslant 0\\ -x & x<0\end{cases}$. 定义域 $D=(-\infty,+\infty)$, 值域 $W=[0,+\infty)$, 它的图形如图 1.11 所示. 这个函数称为绝对值函数.

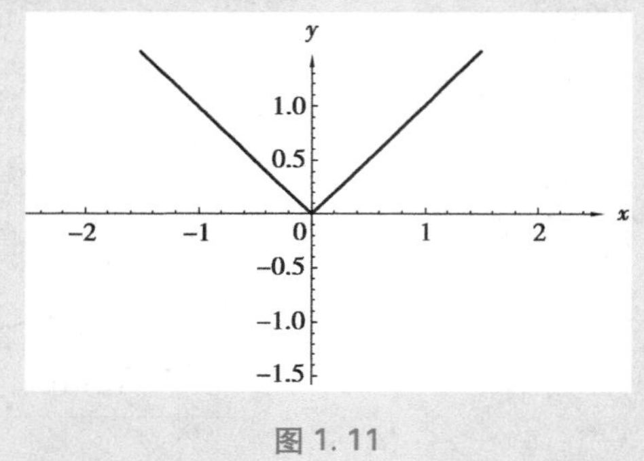

图 1.11

例 9 函数

$$y=\operatorname{sgn} x=\begin{cases}1 & x>0\\ 0 & x=0\\ -1 & x<0\end{cases}$$

称为符号函数,它的定义域 $D=(-\infty,+\infty)$, 值域 $W=\{-1,0,1\}$, 它的图形如图 1.12 所示.

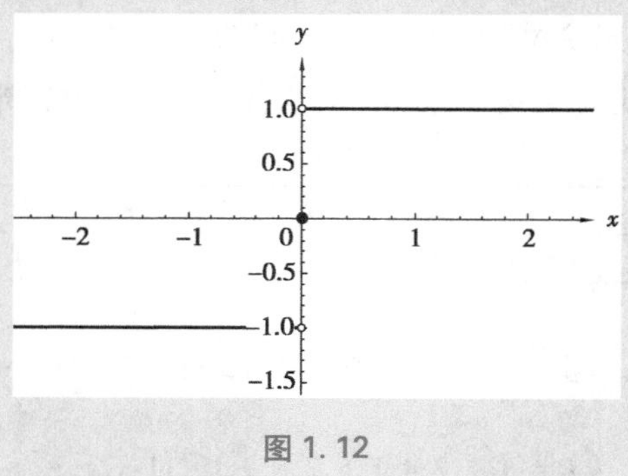

图 1.12

对于任何实数 x,下列关系成立:

$$x=\operatorname{sgn} x \cdot |x|.$$

例 10 设 x 为任一实数. 不超过 x 的最大整数称为 x 的整数部分,记作 $y=[x]$. 例如,$\left[\frac{5}{7}\right]=0$,$[\sqrt{2}]=1$,$[\pi]=3$,$[-1.01]=-2$. 把 x 看作变量,则函数

$$y=[x]$$

的定义域 $D=(-\infty,+\infty)$,值域 $W=\mathbf{Z}$. 它的图形如图 1.13 所示,该图形称为阶梯曲线. 在 x 为整数值处,图形发生跳跃,跃度为 1. 这函数称为取整函数.

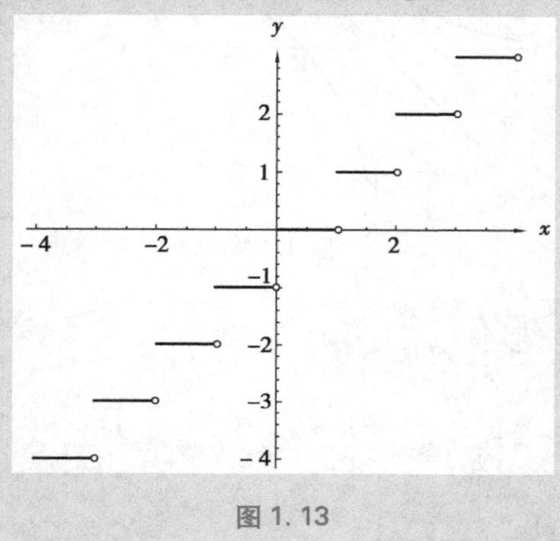

图 1.13

1.1.6 反函数

复合函数与反函数

设某种商品销售总收入为 y,销售量为 x,已知该商品的单价为 a. 对每一个给定的销售量 x,可以通过规则 $y=ax$ 确定销售总收入 y,这种由销售量确定销售总收入的关系称为销售总收入是销售量的函数. 反过来,对每一个给定的销售总收入 y,则可以由规则 $x=\frac{y}{a}$ 确定销售量 x,这种由销售总收入确定销售量的关系称为销售量是销售总收入的函数. 我们称后一函数$\left(x=\frac{y}{a}\right)$是前一函数($y=ax$)的反函数,或者说它们互为反函数.

定义 1.2 设 $y=f(x)$ 是定义在 D 上的一个函数,值域为 W. 如果对每一个 $y\in W$ 有唯一确定的且满足 $y=f(x)$ 的 $x\in D$ 与之对应,其对应规则记作 f^{-1},则这个定义在 W 上的函数 $x=f^{-1}(y)$ 称为 $y=f(x)$ 的反函数,或称它们互为反函数.

函数 $y=f(x)$,x 为自变量,y 为因变量,定义域为 D,值域为 W.

函数 $x=f^{-1}(y)$,y 为自变量,x 为因变量,定义域为 W,值域为 D.

习惯上用 x 表示自变量,y 表示因变量. 因此我们将 $x=f^{-1}(y)$ 改写为以 x 为自变量、以 y 为因变量的函数关系 $y=f^{-1}(x)$,这时我们说 $y=f^{-1}(x)$ 是 $y=f(x)$ 的反函数.

一个函数如果有反函数,它必定是一一对应的函数关系.

例如,在$(-\infty,+\infty)$内,$y=x^2$不是一一对应的函数关系,所以它没有反函数;而在$(0,+\infty)$内,$y=x^2$有反函数$y=\sqrt{x}$;在$(-\infty,0)$内,$y=x^2$有反函数$y=-\sqrt{x}$.

$y=f(x)$与$y=f^{-1}(x)$的图形关于直线$y=x$对称,如图1.14所示.

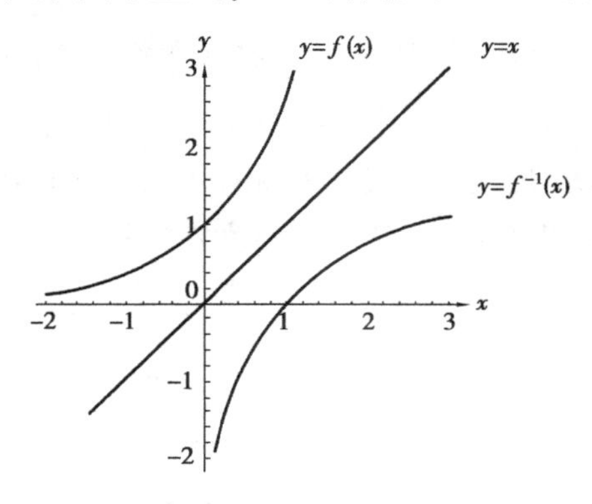

图1.14

例11 求函数$y=\dfrac{1-\sqrt{1+4x}}{1+\sqrt{1+4x}}$的反函数.

解 令$z=\sqrt{1+4x}$,则$y=\dfrac{1-z}{1+z}$,故$z=\dfrac{1-y}{1+y}$,即$\sqrt{1+4x}=\dfrac{1-y}{1+y}$,

解得$x=\dfrac{1}{4}\left[\left(\dfrac{1-y}{1+y}\right)^2-1\right]=-\dfrac{y}{(1+y)^2}$,

改变变量的记号,即得到所求反函数:$y=-\dfrac{x}{(1+x)^2}$.

习题 1.1

1. 用区间表示变量的变化范围.

(1)$2<x\leqslant 6$　　(2)$x\geqslant 0$

(3)$x^2<9$　　(4)$|x-3|\leqslant 4$

2. 求函数$y=\begin{cases}\sin\dfrac{1}{x} & x\neq 0\\ 0 & x=0\end{cases}$的定义域和值域.

3. 设$f(x)=\begin{cases}1 & 0\leqslant x\leqslant 1\\ -2 & 1<x\leqslant 2\end{cases}$,求函数$f(x+3)$的定义域.

4. $y=\lg(-x^2)$是不是函数关系?为什么?

5. 下列各题中,函数$f(x)$和$g(x)$是否相同?为什么?

(1)$f(x)=\dfrac{x^2-1}{x-1},g(x)=x+1$　　(2)$f(x)=x,g(x)=\sqrt{x^2}$

(3)$f(x)=\lg x^2,g(x)=2\lg x$　　(4)$f(x)=\sqrt[3]{x^4-x^3},g(x)=x\sqrt[3]{x-1}$

6. 确定下列函数的定义域：

(1) $y=\sqrt{9-x^2}$ (2) $y=\dfrac{1}{1-x^2}+\sqrt{x+2}$

(3) $y=\dfrac{-5}{x^2+4}$ (4) $y=\arcsin\dfrac{x-1}{2}$

(5) $y=1-e^{1-x^2}$ (6) $y=\dfrac{\lg(3-x)}{\sqrt{|x|-1}}$

(7) $y=\dfrac{1}{\sqrt{9-x^2}}$ (8) $y=\dfrac{2x}{x^2-3x+2}$

7. 设 $f(x)=\sqrt{4+x^2}$，求下列函数值：

$f(0)$，$f(1)$，$f(-1)$，$f\left(\dfrac{1}{a}\right)$，$f(x_0)$，$f(x_0+h)$.

8. 若 $f(t)=2t^2+\dfrac{2}{t^2}+\dfrac{5}{t}+5t$，证明 $f(t)=f\left(\dfrac{1}{t}\right)$.

9. 设 $f(x)=\begin{cases}|\sin x| & |x|<\dfrac{\pi}{3}\\ 0 & |x|\geqslant\dfrac{\pi}{3}\end{cases}$，求 $f\left(\dfrac{\pi}{6}\right)$，$f\left(\dfrac{\pi}{4}\right)$，$f\left(-\dfrac{\pi}{4}\right)$，$f(-2)$，并作出 $y=f(x)$ 的图形.

10. 求下列函数的反函数：

(1) $y=2x+1$ (2) $y=\dfrac{x+2}{x-2}$

(3) $y=x^3+2$ (4) $y=1+\lg(x+2)$

(5) $y=\sqrt[3]{x+1}$ (6) $y=2\sin 3x$

(7) $y=1+\ln(x+2)$ (8) $y=\dfrac{2^x}{2^x+1}$

1.2 具有某些特性的函数

1.2.1 奇函数与偶函数

具有某些特性的函数

考察函数 $y=x^2$ 和 $y=x^3$，如图 1.15 和图 1.16 所示. 对于 $y=f(x)=x^2$，有 $f(-x)=(-x)^2=x^2=f(x)$，其图像关于 y 轴对称. 对于 $y=f(x)=x^3$，有 $f(-x)=(-x)^3=-x^3=-f(x)$，其图像关于原点对称.

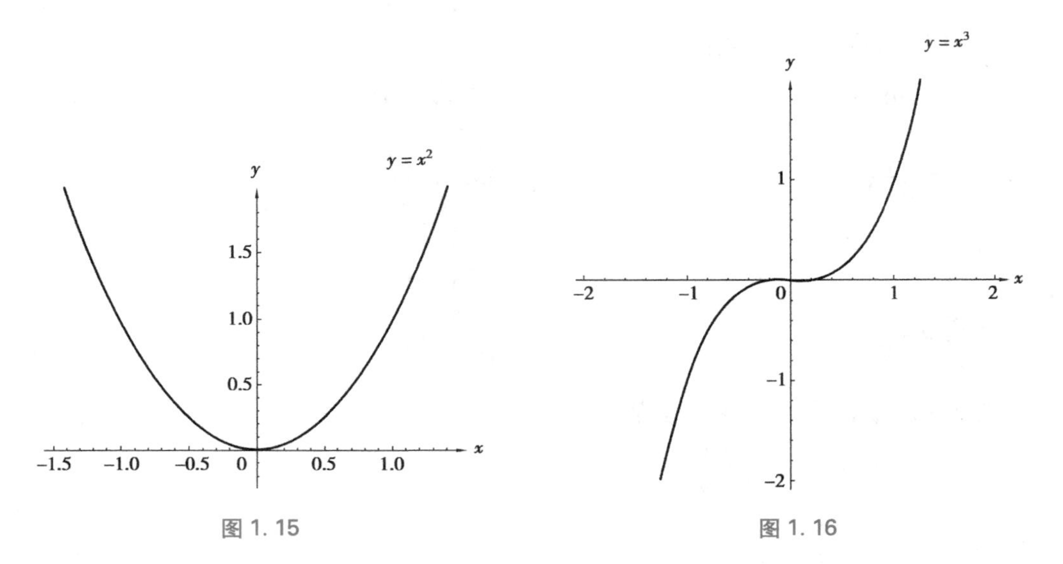

图 1.15

图 1.16

一般地,设函数 $f(x)$ 的定义域 D 关于原点对称(即若 $x\in D$,则必有 $-x\in D$). 如果对于任一 $x\in D$,

$$f(-x)=f(x)$$

恒成立,则称 $f(x)$ 为偶函数. 如果对于任一 $x\in D$,

$$f(-x)=-f(x)$$

恒成立,则称 $f(x)$ 为奇函数.

偶函数的图形关于 y 轴是对称的. 因为若 $f(x)$ 是偶函数,则 $f(-x)=f(x)$,所以如果 $A(x,f(x))$ 是图形上的点,则与它关于 y 轴对称的点 $A_1(-x,f(x))$ 也在图形上(图 1.17).

奇函数的图形关于原点是对称的. 因为若 $f(x)$ 是奇函数,则 $f(-x)=-f(x)$,所以如果 $A(x,f(x))$ 是图形上的点,则与它关于原点对称的点 $A_1(-x,-f(x))$ 也在图形上(图 1.18).

可见,函数 $y=x^2$ 是偶函数,函数 $y=x^3$ 是奇函数. 又易知函数 $y=\cos x$ 是偶函数,函数 $y=\sin x$ 是奇函数,而函数 $y=\sin x+\cos x$ 既非奇函数,也非偶函数.

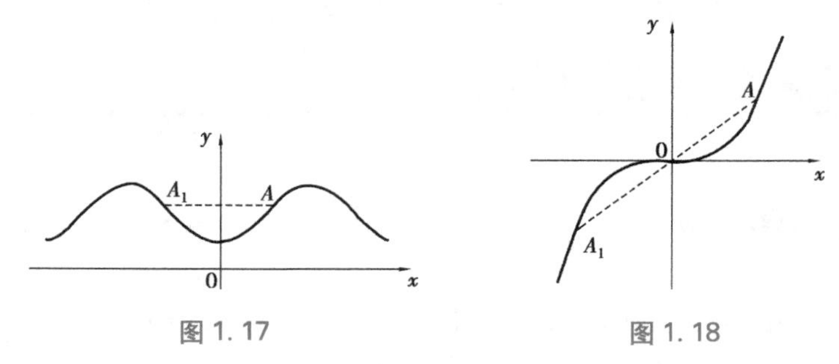

图 1.17

图 1.18

例1 判断函数 $y=\ln(x+\sqrt{1+x^2})$ 的奇偶性.

解 由于

$$f(-x)=\ln(-x+\sqrt{1+(-x)^2})=\ln(-x+\sqrt{1+x^2})$$
$$=\ln\frac{(-x+\sqrt{1+x^2})(x+\sqrt{1+x^2})}{x+\sqrt{1+x^2}}$$
$$=\ln\frac{1}{x+\sqrt{1+x^2}}=-\ln(x+\sqrt{1+x^2})=-f(x).$$

故 $f(x)$ 为奇函数.

1.2.2 周期函数

观察正弦函数 $y=\sin x$ 的图形(图 1.19):

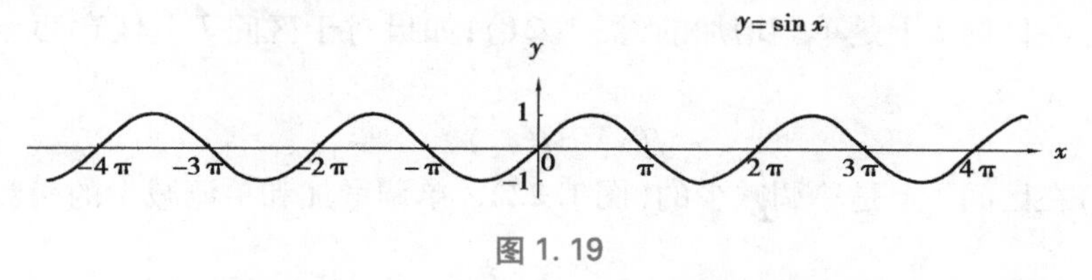

图 1.19

由图 1.19 可以看出,当自变量的变化超过某个范围时,函数的图形又重复前一段范围的形状,像这样的函数,我们称为周期函数. 一般地,设函数 $f(x)$ 的定义域为 D. 如果存在一个不为零的数 T,使得对于任一 $x\in D$ 有 $(x\pm T)\in D$,且

$$f(x+T)=f(x)$$

恒成立,则称 $f(x)$ 为周期函数,称 T 为 $f(x)$ 的周期. 通常我们所说的周期函数的周期是指最小正周期.

例如,函数 $\sin x$, $\cos x$ 都是以 2π 为周期的周期函数(这里的 2π 是 $\sin x$, $\cos x$ 的最小正周期,事实上,4π、6π 等 π 的偶数倍都是它们的周期);函数 $\tan x$ 是以 π 为周期的周期函数.

图 1.20 表示周期为 π 的一个周期函数. 在这函数定义域内每个长度为 π 的区间上,函数图形有相同的形状.

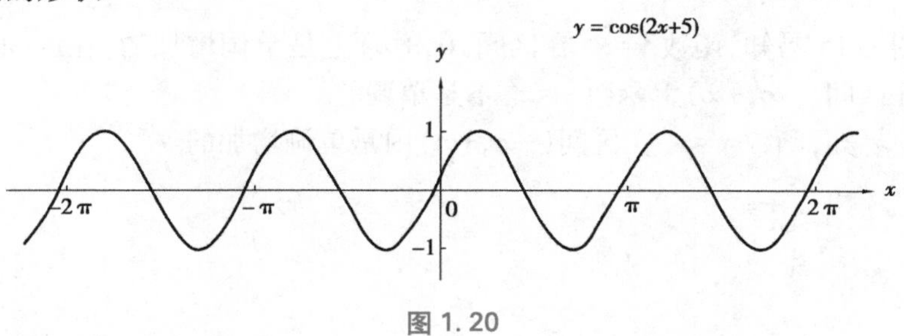

图 1.20

例2 设函数$f(x)$是周期为T的周期函数,试求函数$f(ax+b)$的周期,其中a,b为常数,且$a>0$.

解 因为

$$f\left[a\left(x+\frac{T}{a}\right)+b\right]=f(ax+T+b)=f[(ax+b)+T]=f(ax+b),$$

故按周期函数的定义,$f(ax+b)$的周期为$\frac{T}{a}$.

1.2.3 单调函数

设函数$f(x)$的定义域为D,区间$I\subset D$. 如果对于区间I上任意两点x_1及x_2,当$x_1<x_2$时,恒有

$$f(x_1)<f(x_2),$$

则称函数$f(x)$在区间I上是单调增加的(图1.21);如果对于区间I上任意两点x_1及x_2,当$x_1<x_2$时,恒有

$$f(x_1)>f(x_2),$$

则称函数$f(x)$在区间I上是单调减少的(图1.22). 单调增加和单调减少的函数统称为单调函数.

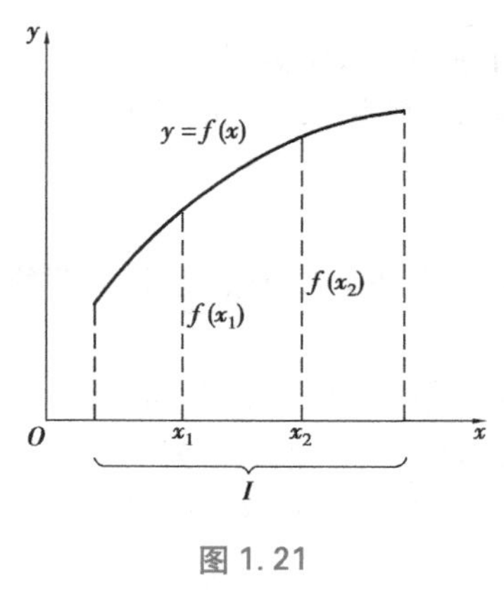

图1.21

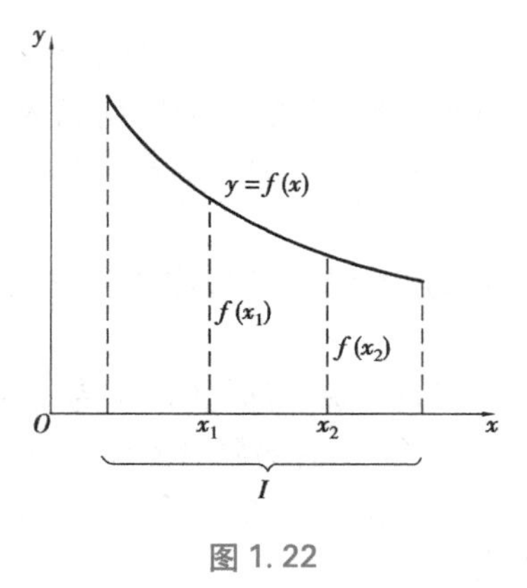

图1.22

例如,从图1.15易知,函数$y=x^2$在区间$[0,+\infty)$上是单调增加的,在区间$(-\infty,0]$上是单调减少的;在区间$(-\infty,+\infty)$上函数$y=x^2$不是单调的.

从图1.16易知,函数$y=x^3$在区间$(-\infty,+\infty)$内是单调增加的.

例 3　证明函数$f(x)=\frac{x}{1+x}$在$(-1,+\infty)$内是单调增加的函数.

证　在$(-1,\infty)$内任取两点x_1,x_2,且$x_1<x_2$,则

$$f(x_1)-f(x_2)=\frac{x_1}{1+x_1}-\frac{x_2}{1+x_2}=\frac{x_1-x_2}{(1+x_1)(1+x_2)}$$

因为x_1,x_2是$(-1,\infty)$内任意两点,所以$1+x_1>0,1+x_2>0$,

又因为$x_1-x_2<0$,故$f(x_1)-f(x_2)<0$,即$f(x_1)<f(x_2)$,

所以$f(x)=\frac{x}{1+x}$在$(-1,+\infty)$内是单调增加的.

1.2.4　有界函数

考察正弦函数$y=\sin x$和正切函数$y=\tan x$的图形(图1.23、图1.24):

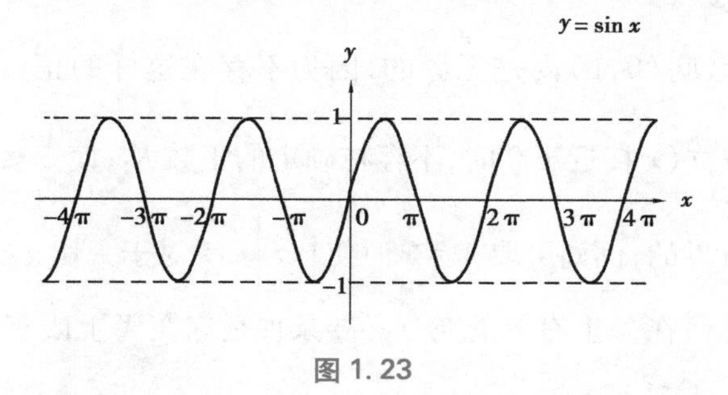

图 1.23

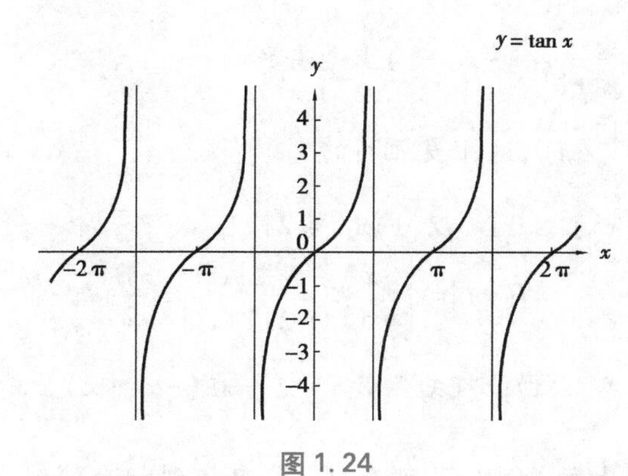

图 1.24

可以看出,$y=\sin x$的图形介于$y=-1$和$y=1$两条水平线之间,像这样的函数我们称为有界函数,而$y=\tan x$的图形则不能用两条水平线界定,像这样的函数我们称为无界函数. 一般地,设函数$f(x)$的定义域为D,数集$X\subset D$. 如果存在数K_1,使得

$$f(x)\leqslant K_1$$

对任一$x\in X$都成立,则称函数$f(x)$在X上有上界,K_1称为函数$f(x)$在X上的一个上界. 如果存在数K_2,使得

$$f(x)\geqslant K_2$$

对任一 $x\in X$ 都成立,则称函数 $f(x)$ 在 X 上有下界,K_2 称为函数 $f(x)$ 在 X 上的一个下界. 如果存在正数 M,使得

$$|f(x)|\leqslant M$$

对任一 $x\in X$ 都成立,则称函数 $f(x)$ 在 X 上有界. 如果这样的 M 不存在,就称函数 $f(x)$ 在 X 上无界;或者说,如果对于任何正数 M,总存在 $x_0\in X$,使 $|f(x_0)|>M$,那么称函数 $f(x)$ 在 X 上无界.

例如,就函数 $f(x)=\sin x$ 在 $(-\infty,+\infty)$ 上来说,1 是它的一个上界,-1 是它的一个下界(当然,大于 1 的任何数也是它的上界,小于-1 的任何数也是它的下界). 又

$$|\sin x|\leqslant 1$$

对任一实数 x 都成立,故函数 $f(x)=\sin x$ 在 $(-\infty,+\infty)$ 内是有界的. 这里 $M=1$(当然也可取大于 1 的任何数作为 M 而使 $|f(x)|\leqslant M$ 成立).

又如函数 $f(x)=\dfrac{1}{x}$ 在开区间 $(0,1)$ 内没有上界,但有下界,例如 1 就是它的一个下界. 函数 $f(x)=\left|\dfrac{1}{x}\right|$ 在开区间 $(0,1)$ 内是无界的,因为不存在这样的正数 M,使 $\left|\dfrac{1}{x}\right|\leqslant M$ 对于 $(0,1)$ 内的一切 x 都成立(x 接近于 0 时,不存在确定的正数 K_1,使 $\dfrac{1}{x}\leqslant K_1$ 成立. 但是 $f(x)=\dfrac{1}{x}$ 在区间 $(1,2)$ 内是有界的,例如可取 $M=1$ 而使 $\left|\dfrac{1}{x}\right|\leqslant 1$ 对于一切 $x\in(1,2)$ 都成立.

容易证明,函数 $f(x)$ 在 X 上有界的充分必要条件是它在 X 上既有上界又有下界.

例 4 证明:

(1) 函数 $y=\dfrac{x}{x^2+1}$ 在 $(-\infty,+\infty)$ 上是有界的;

(2) 函数 $y=\dfrac{1}{x^2}$ 在 $(0,1)$ 上是无界的.

证 (1) 因为 $(1-|x|)^2\geqslant 0$,所以 $|1+x^2|\geqslant 2|x|$,故

$$|f(x)|=\left|\frac{x}{x^2+1}\right|=\frac{2|x|}{2|1+x^2|}\leqslant\frac{1}{2}$$

对一切 $x\in(-\infty,+\infty)$ 都成立,由此可知函数 $y=\dfrac{x}{x^2+1}$ 在 $(-\infty,+\infty)$ 上是有界函数.

(2) 对于无论怎样大的 $M>0$,总可在 $(0,1)$ 内找到相应的 x_0,例如取 $x_0=\dfrac{1}{\sqrt{M+1}}\in(0,1)$,使得 $|f(x_0)|=\dfrac{1}{x_0^2}=\dfrac{1}{\left(\dfrac{1}{\sqrt{M+1}}\right)^2}=M+1>M$,所以 $y=\dfrac{1}{x^2}$ 在 $(0,1)$ 上是无界函数.

习题 1.2

1. 下列函数中哪些是偶函数，哪些是奇函数，哪些既非奇函数又非偶函数？

(1) $y=\frac{1}{x^2}$　　(2) $y=\tan x$

(3) $y=\lg\frac{1-x}{1+x}$　　(4) $y=x^2(1-x^2)$

(5) $y=3x^3-x^2$　　(6) $y=\frac{1-x^2}{1+x^2}$

(7) $y=x(x-1)(x+1)$　　(8) $y=\sin x-\cos x+1$

(9) $y=\frac{a^x+a^{-x}}{2}$　　(10) $y=xe^x$

2. 设 $f(x)=2x^3+6x-3$，求 $g(x)=\frac{1}{2}[f(x)+f(-x)]$ 及 $h(x)=\frac{1}{2}[f(x)-f(-x)]$，并指出 $g(x)$ 及 $h(x)$ 中哪个是奇函数哪个是偶函数？

3. 设下面所考虑的函数都是定义在对称区间 $(-l,l)$ 上的. 证明：

(1) 两个偶函数的和是偶函数，两个奇函数的和是奇函数；

(2) 两个偶函数的乘积是偶函数，两个奇函数的乘积是偶函数，偶函数与奇函数的乘积是奇函数；

(3) 定义在对称区间 $(-l,l)$ 上的任意函数可为一个奇函数与一个偶函数的和.

4. 判断下列函数在指定区间内的单调性：

(1) $y=x^2,(-1,0)$　　(2) $y=\ln x,(0,+\infty)$

(3) $y=\sin x,\left(-\frac{\pi}{2},\frac{\pi}{2}\right)$　　(4) $y=e^x,(-\infty,+\infty)$

5. 设 $f(x)$ 为定义在 $(-l,l)$ 内的奇函数，若 $f(x)$ 在 $(0,l)$ 内单调增加，证明 $f(x)$ 在 $(-l,0)$ 内也单调增加.

6. 下列各函数中哪些是周期函数？对于周期函数，指出其周期.

(1) $y=\cos(x-2)$　　(2) $y=\cos 4x$

(3) $y=1+\sin \pi x$　　(4) $y=x\sin x$

(5) $y=\cos^2 x$　　(6) $y=3$

7. 证明函数 $f(x)=\frac{1}{x^2+2x+5}$ 在其定义域内是有界的.

1.3 初等函数

1.3.1 基本初等函数

在数学的发展过程中,形成了最简单、最常用的六类函数,即常数函数、幂函数、指数函数、对数函数、三角函数和反三角函数,通常称为基本初等函数. 本节将对它们的函数表达式、定义域、值域、主要性质及图形特点作介绍.

1)常数函数

$$y=C(C\text{ 是常数})$$

如图 1.25 所示,该函数的图像通过点$(0,C)$,当 $C\neq0$ 时,是一条平行于 x 轴的直线;当 $C=0$ 时,就是 x 轴. 由图像可知,其定义域为 $\mathbf{R}$,值域为$\{C\}$. 图形关于 y 轴对称,当 $C\neq0$ 时,其为偶函数;当 $C=0$ 时,既是奇函数又是偶函数.

基本初等函数之
常数函数与幂函数

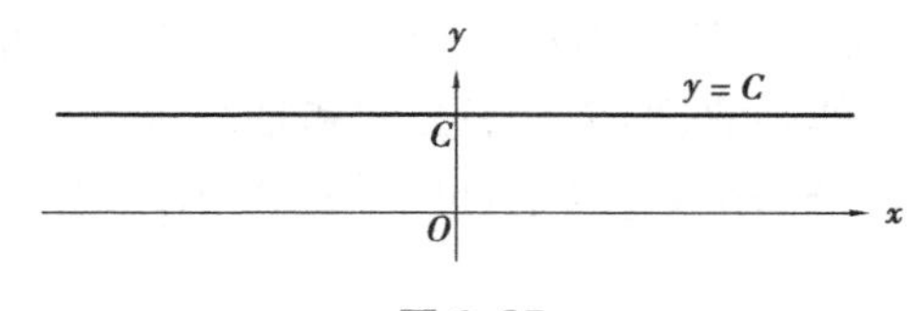

图 1.25

2)幂函数

$$y=x^{a}(a\text{ 是常数,且 }a\neq0)$$

a 取值不同时,幂函数的定义域和值域也不同. 无论 a 为何值,$x>0$ 必定在其定义域内. 当 $x>0$ 时,若 $a>0$,则 $y=x^{a}$ 为单调增函数,如图 1.26(a)所示;若 $a<0$,则 $y=x^{a}$ 为单调减函数,如图 1.26(b)所示.

3)指数函数

$$y=a^{x}(a\text{ 是常数且 }a>0,a\neq1)$$

其定义域是$(-\infty,+\infty)$,值域是$(0,+\infty)$. 当 $a>1$ 时,$y=a^{x}$ 为单调增函数;当 $0<a<1$ 时,$y=a^{x}$ 为单调减函数.

对于任意 $x\in\mathbf{R}$, $a^{x}>0$, 且 $a^{0}=1$, 因此, 指数函数的图形总在 x 轴的上方, 且通过点$(0,1)$,如图 1.27 所示.

一般常见的指数函数是 $y=\mathrm{e}^{x}$($\mathrm{e}=2.718\ 281\ 8\cdots$,是一个无理数).

4)对数函数

$$y=\log_{a}x\ (a\text{ 是常数且 }a>0,a\neq1)$$

基本初等函数之
指数函数与对数函数

其定义域是$(0,+\infty)$,值域是$(-\infty,+\infty)$. 当 $a>1$ 时,$y=\log_{a}x$ 为单调增函数;当 $0<a<1$ 时,$y=\log_{a}x$ 为单调减函数. 由函数的定义可知,函数的图

形在 y 轴的右侧,且过点(1,0),如图 1.28 所示.

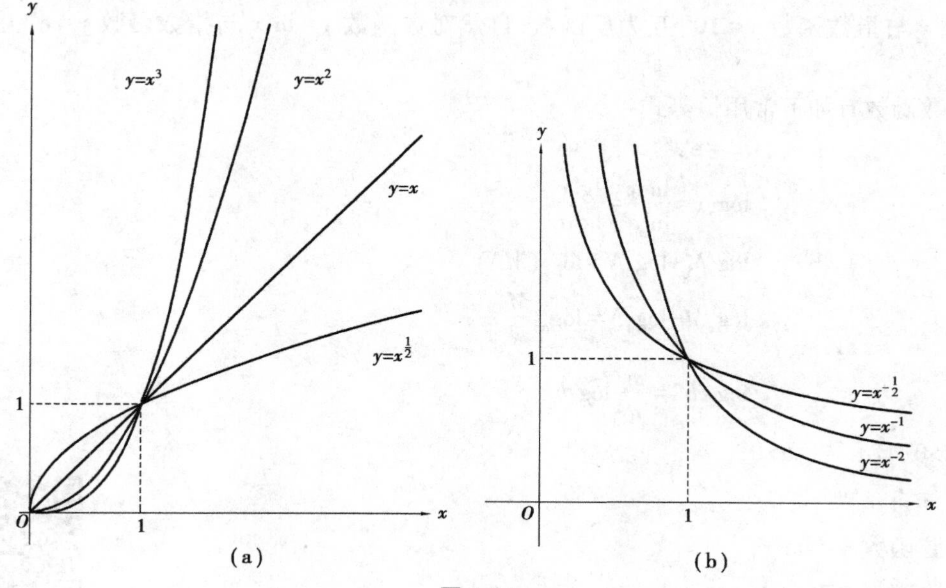

图 1.26

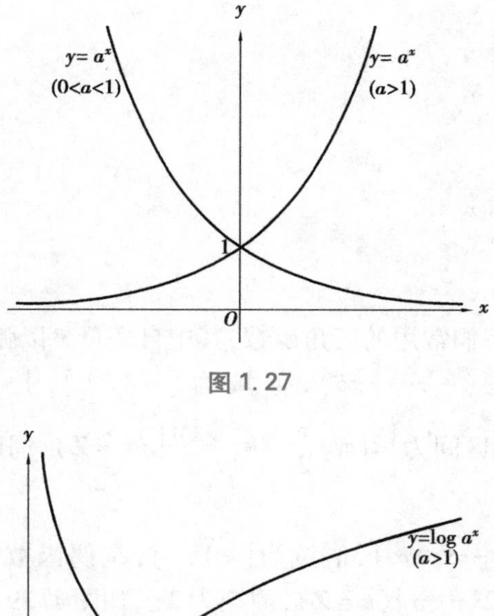

图 1.27

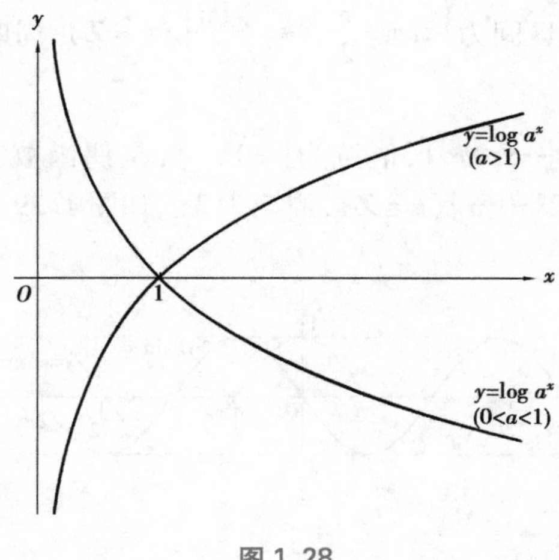

图 1.28

要特别指出的是,对数函数 $y=\log_a x$ 与指数函数 $y=a^x$ 互为反函数. 例如,常用对数函数 $y=\lg x$ 与指数函数 $y=10^x$ 互为反函数;自然对数函数 $y=\ln x$ 与指数函数 $y=e^x$ 互为反函数.

对数函数有如下常用恒等式:

$$a^x=e^{x\ln a}$$

$$\log_a x=\frac{\ln x}{\ln a}=\frac{\lg x}{\lg a}$$

$$\log_a M+\log_a N=\log_a(MN)$$

$$\log_a M-\log_a N=\log_a \frac{M}{N}$$

$$\log_{a^n} b^m=\frac{m}{n}\log_a b$$

其中,$a>0$,且 $a\neq1$,$b>0$.

5)三角函数

基本初等函数之三角函数

正弦函数 $y=\sin x$,

余弦函数 $y=\cos x$,

正切函数 $y=\tan x=\dfrac{\sin x}{\cos x}$,

余切函数 $y=\cot x=\dfrac{\cos x}{\sin x}$,

正割函数 $y=\sec x=\dfrac{1}{\cos x}$,

余割函数 $y=\csc x=\dfrac{1}{\sin x}$.

以上6个三角函数是我们常用的三角函数,其中自变量 x 以弧度为单位表示.

$y=\sin x$ 的定义域是 $(-\infty,+\infty)$,值域为 $[-1,1]$,是奇函数,单调增区间为 $\left[2k\pi-\frac{\pi}{2},2k\pi+\frac{\pi}{2}\right]$,单调减区间为 $\left[2k\pi+\frac{\pi}{2},2k\pi+\frac{3\pi}{2}\right]$ $(k\in\mathbf{Z})$,周期为 2π,如图1.29中的实线所示.

$y=\cos x$ 的定义域是 $(-\infty,+\infty)$,值域为 $[-1,1]$,是偶函数,单调增区间为 $[2k\pi-\pi,2k\pi]$,单调减区间为 $[2k\pi,2k\pi+\pi]$ $(k\in\mathbf{Z})$,周期为 2π,如图1.29中的虚线所示.

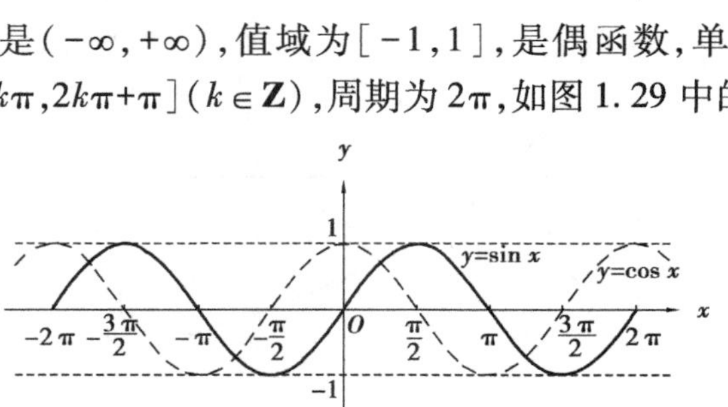

图1.29

正切函数 $y=\tan x$ 的定义域为$\left\{x \middle| x\in\mathbf{R}, x\neq(2k+1)\dfrac{\pi}{2}, k\in\mathbf{Z}\right\}$,值域为$(-\infty,+\infty)$,是奇函数,单调增区间为$\left(k\pi-\dfrac{\pi}{2}, k\pi+\dfrac{\pi}{2}\right)(k\in\mathbf{Z})$,周期为 π,如图 1.30 所示.

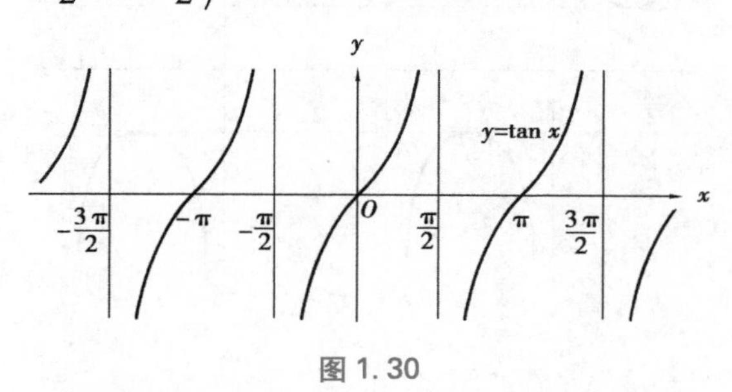

图 1.30

余切函数 $y=\cot x$ 的定义域为$\{x\mid x\in\mathbf{R}, x\neq k\pi, k\in\mathbf{Z}\}$,值域为$(-\infty,+\infty)$,是奇函数,单调减区间为$(k\pi, k\pi+\pi)(k\in\mathbf{Z})$,周期为 π,如图 1.31 所示.

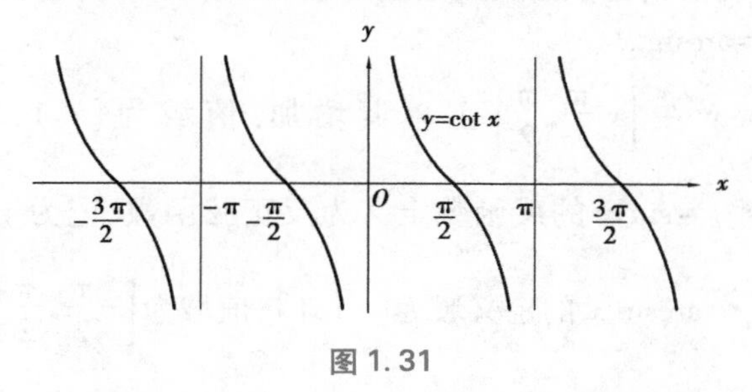

图 1.31

正割函数 $y=\sec x=\dfrac{1}{\cos x}$的定义域为$\{x\mid x\in\mathbf{R}, x\neq k\pi+\dfrac{\pi}{2}, k\in\mathbf{Z}\}$,值域为$(-\infty,-1]\cup[1,+\infty)$,是偶函数,周期为 2π,如图 1.32 所示.

余割函数 $y=\csc x=\dfrac{1}{\sin x}$的定义域为$\{x\mid x\in\mathbf{R}, x\neq k\pi, k\in\mathbf{Z}\}$,值域为$(-\infty,-1]\cup[1,+\infty)$,是奇函数,周期为 2π,如图 1.33 所示.

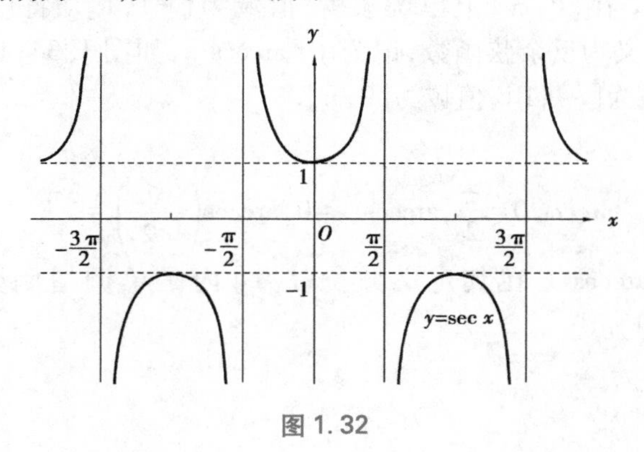

图 1.32

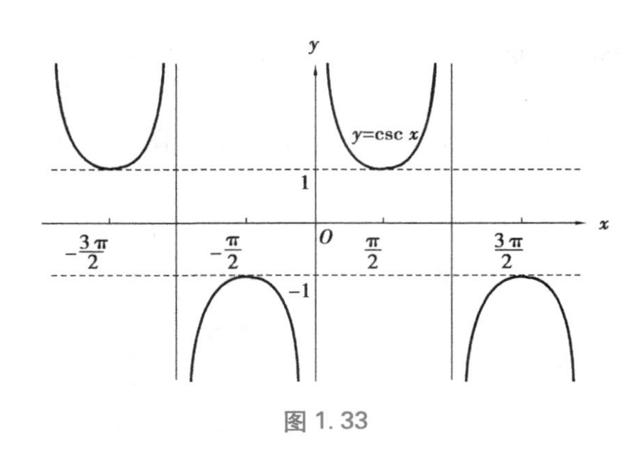

图 1.33

6)反三角函数

基本初等函数之反三角函数

六类三角函数都是周期函数,为了讨论它们的反函数,必须限制 x 的取值范围. 下面介绍四类常见三角函数的反函数数.

(1)反正弦函数 $y=\arcsin x$

正弦函数 $y=\sin x$ 在 $\left[-\frac{\pi}{2},\frac{\pi}{2}\right]$ 上单调增加,值域为 $[-1,1]$. 将 $\left[-\frac{\pi}{2},\frac{\pi}{2}\right]$ 上的正弦函数 $y=\sin x$ 的反函数定义为反正弦函数,记为 $y=\arcsin x$,如图 1.34(a)所示. 反正弦函数 $y=\arcsin x$ 的定义域为 $[-1,1]$,值域为 $\left[-\frac{\pi}{2},\frac{\pi}{2}\right]$.

例如

$$\arcsin 0=0,\arcsin 1=\frac{\pi}{2},\arcsin\left(-\frac{\sqrt{2}}{2}\right)=-\frac{\pi}{4}$$

反正弦函数 $y=\arcsin x$ 在其定义域 $[-1,1]$ 内是单调增函数,且为奇函数,即 $\arcsin(-x)=-\arcsin x(x\in[-1,1])$.

(2)反余弦函数 $y=\arccos x$

余弦函数 $y=\cos x$ 在 $[0,\pi]$ 上单调减少,值域为 $[-1,1]$. 将 $[0,\pi]$ 上的余弦函数 $y=\cos x$ 的反函数定义为反余弦函数,记为 $y=\arccos x$,如图 1.34(b)所示. 反余弦函数 $y=\arccos x$ 的定义域为 $[-1,1]$,值域为 $[0,\pi]$.

例如

$$\arccos 0=\frac{\pi}{2},\arccos 1=0,\arccos\left(-\frac{\sqrt{2}}{2}\right)=\frac{3\pi}{4}$$

反余弦函数 $y=\arccos x$ 在其定义域 $[-1,1]$ 内是单调增函数,且有 $\arccos(-x)=\pi-\arccos x(x\in[-1,1])$.

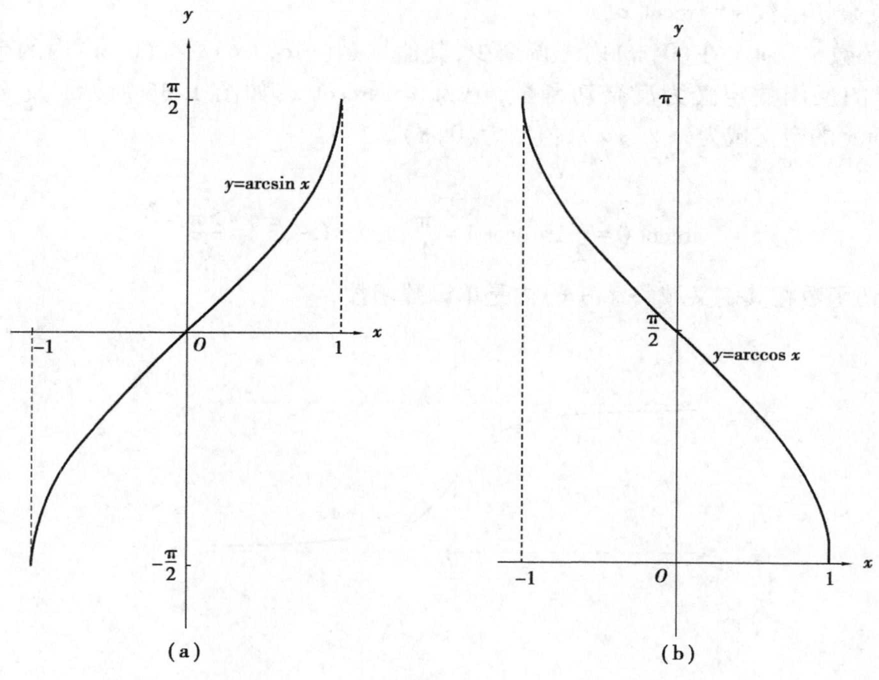

图 1.34

(3)反正切函数 $y=\arctan x$

正切函数 $y=\tan x$ 在$\left(-\frac{\pi}{2},\frac{\pi}{2}\right)$内是单调增加的,其值域为$(-\infty,+\infty)$. 将$\left(-\frac{\pi}{2},\frac{\pi}{2}\right)$内的正切函数 $y=\tan x$ 的反函数定义为反正切函数,记为 $y=\arctan x$,如图 1.35 所示. 反正切函数 $y=\arctan x$ 的定义域为$(-\infty,+\infty)$,值域为$\left(-\frac{\pi}{2},\frac{\pi}{2}\right)$.

例如

$$\arctan 1=\frac{\pi}{4},\arctan 0=0,\arctan(-\sqrt{3})=-\frac{\pi}{3}$$

反正切函数 $y=\arctan x$ 在其定义域$(-\infty,+\infty)$内是单调增函数,且为奇函数,即$\arctan(-x)=-\arctan x\,[x\in(-\infty,+\infty)]$.

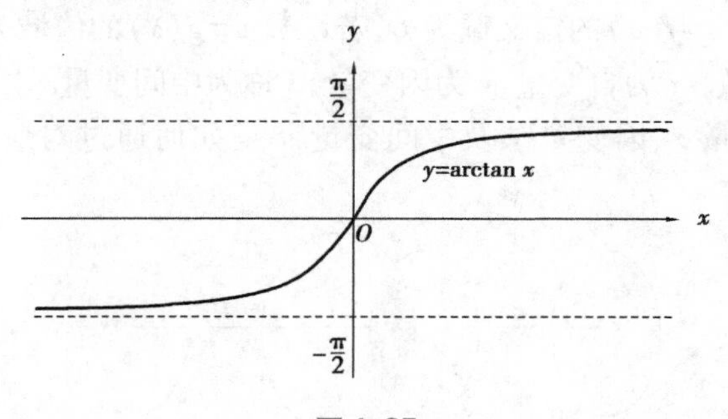

图 1.35

(4)反余切函数 $y=\operatorname{arccot} x$

余切函数 $y=\cot x$ 在$(0,\pi)$内单调减少,其值域是$(-\infty,+\infty)$. 将$(0,\pi)$内的余切函数 $y=\cot x$ 的反函数定义为反余切函数,记为 $y=\operatorname{arccot} x$,如图 1.36 所示. 反余切函数 $y=\operatorname{arccot} x$ 的定义域为$(-\infty,+\infty)$,值域为$(0,\pi)$.

例如

$$\operatorname{arccot} 0=\frac{\pi}{2},\operatorname{arccot} 1=\frac{\pi}{4},\operatorname{arccot}(-\sqrt{3})=\frac{5\pi}{6}$$

反余切函数在其定义域$(-\infty,+\infty)$内是单调减函数.

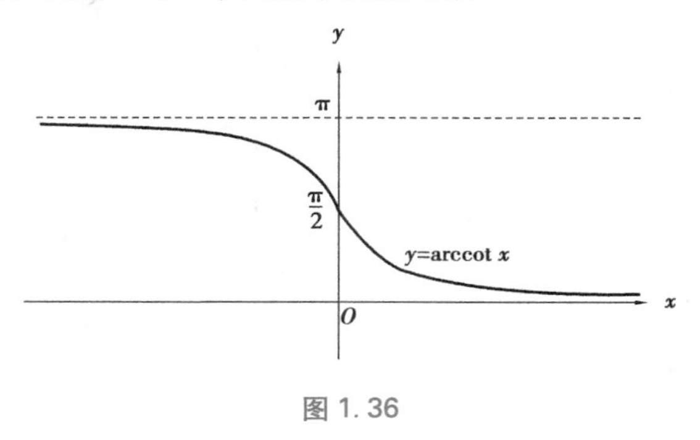

图 1.36

1.3.2 复合函数

在很多实际问题中,变量 x 与 y 之间的函数关系往往是通过另一个变量 u 的联系而构成的. 例如,设变量 y 表示一个养鸡场的成本,u 表示鸡饲料价格,x 表示玉米价格. 在其他因素都不发生变化的情况下,养鸡场的成本受鸡饲料价格的影响,在数学上可以表示为 $y=f(u)$,如果不考虑鸡饲料中其他原料价格对鸡饲料价格的影响,则鸡饲料价格受玉米价格的影响,在数学上可以表示为 $u=g(x)$. 这样一来,不考虑其他任何因素,玉米价格的变化必然引起养鸡场成本的变化,在数学上可以表示为 $y=f\circ g(x)=f(g(x))$,这个式子反映了玉米价格通过鸡饲料价格对养鸡成本产生影响,它就是数学上以 u 为中间变量,以 x 为自变量的一个复合函数.

定义 1.3 设函数 $y=f(u)$的定义域为 D,若函数 $u=g(x)$的值域为 W,$D\cap W$ 非空,则称 $y=f(g(x))$为复合函数. x 为自变量,y 为因变量,u 称为中间变量.

图 1.37 示意自变量 x、因变量 y 及中间变量 u 是如何通过对应法则 g 和 f 建立起联系的.

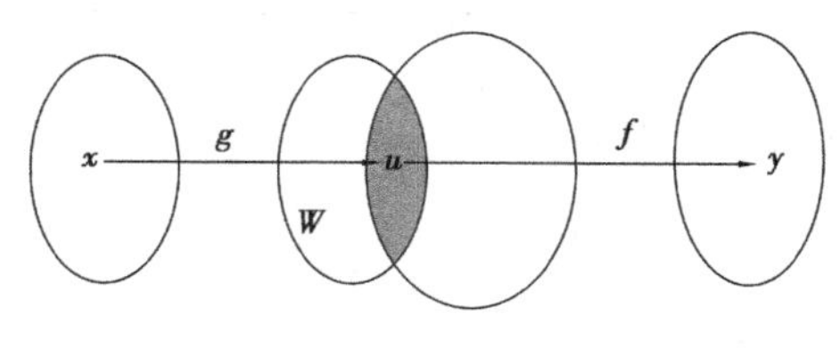

图 1.37

例1 设 $y=f(u)=\arctan u, u=g(t)=\dfrac{1}{\sqrt{t}}, t=h(x)=x^2-1$，求 $f(g(h(x)))$.

解 $f(g(h(x)))=\arctan u=\arctan\dfrac{1}{\sqrt{t}}=\arctan\dfrac{1}{\sqrt{x^2-1}}$.

例2 将下列函数分解成基本初等函数的复合.

(1) $y=\sqrt{\ln\sin^2x}$；

(2) $y=e^{\arctan x^2}$；

(3) $y=\cos^2\ln(2+\sqrt{1+x^2})$.

解 (1) $y=\sqrt{\ln\sin^2x}$ 可由 $y=\sqrt{u}$，$u=\ln v, v=w^2, w=\sin x$ 四个函数复合而成；

(2) $y=e^{\arctan x^2}$ 可由 $y=e^u, u=\arctan v, v=x^2$ 三个函数复合而成；

(3) $y=\cos^2\ln(2+\sqrt{1+x^2})$ 可由 $y=u^2$，$u=\cos v$，$v=\ln w$，$w=2+t$，$t=\sqrt{h}$，$h=1+x^2$ 六个函数复合而成.

1.3.3 初等函数

简单函数与初等函数

由基本初等函数经过有限次四则运算(加、减、乘、除)以及有限次复合步骤所构成的并且可用一个式子表示的函数，叫作初等函数. 例如

$$y=\ln(\sqrt{1-x^2}+2x), y=\tan^2x, y=\cos(1-3x^2)$$

都是初等函数. 在本课程中所讨论的函数绝大多数都是初等函数.

习题 1.3

1. 确定下列函数的定义域：

(1) $y=\sqrt{\lg\dfrac{5x-x^2}{4}}$　　(2) $y=\dfrac{\arccos\dfrac{2x-1}{7}}{\sqrt{x^2-x-6}}$

(3) $y=\sin\sqrt{x}$　　(4) $y=\tan(x+1)$

(5) $y=\arcsin(x-3)$　　(6) $y=\sqrt{3-x}+\arctan\dfrac{1}{x}$

(7) $y=\ln(x+1)$　　(8) $y=e^{\frac{1}{x}}$

2. 设 $f(x)=\dfrac{x}{1-x}$，求 $f(f(x))$ 和 $f(f(f(x)))$.

3. 如果 $f(x)=a^x$，证明

$$f(x)\cdot f(y)=f(x+y),\qquad \frac{f(x)}{f(y)}=f(x-y).$$

4. 如果$f(x)=\log_a x$,证明

$$f(x)+f(y)=f(x\cdot y),\qquad f(x)-f(y)=f\left(\frac{x}{y}\right).$$

5. 利用 $y=\sin x$ 的图形,作出下列函数的图形:

(1) $y=\frac{1}{2}+\sin x$　　(2) $y=\sin\left(x+\frac{\pi}{3}\right)$

(3) $y=3\sin x$　　(4) $y=\sin 2x$

(5) $y=3\sin\left(2x+\frac{2}{3}\pi\right)$

6. 利用图形的"叠加",作出下列函数的图形:

(1) $y=x+\frac{1}{x}$　　(2) $y=x+\sin x$

(3) $y=\sin x+\cos x$

7. 下列函数可以看成由哪些简单函数复合而成:

(1) $y=\sqrt{3x-1}$　　(2) $y=a\cdot\sqrt[3]{1+x}$

(3) $y=(1+\ln x)^5$　　(4) $y=e^{e^{-x^2}}$

(5) $y=\sqrt{\ln\sqrt{x}}$　　(6) $y=\ln^2\arccos x^3$

8. 在下列各题中,求由所给函数复合而成的函数,并求该函数分别对应于给定自变量值 x_1 和 x_2 的函数值:

(1) $y=u^2,u=\sin x,x_1=\frac{\pi}{6},x_2=\frac{\pi}{3}$;

(2) $y=\sin u,u=2x,x_1=\frac{\pi}{8},x_2=\frac{\pi}{4}$;

(3) $y=\sqrt{u},u=1+x^2,x_1=1,x_2=2$;

(4) $y=e^u,u=x^2,x_1=0,x_2=1$;

(5) $y=u^2,u=e^x,x_1=1,x_2=-1$.

9. 设$f(x)$的定义域是$[0,1]$,问(1)$f(x^2)$,(2)$f(\sin x)$,(3)$f(x+a)(a>0)$,(4)$f(x+a)+f(x-a)(a>0)$的定义域各是什么?

10. 设$f(x)=\begin{cases}1 & |x|<1\\ 0 & |x|=1\\ -1 & |x|>1\end{cases}$,$g(x)=e^x$,求$f(g(x))$和$g(f(x))$,并作出这两个函数的图形.

综合习题1

第一部分　判断是非题

1. $y=c$ 是函数(其中 c 为常数). (　　)

2. $y=2\lg x$ 与 $y=\lg x^2$ 是同一个函数. (　　)

3. 给定点列 $(x_1,y_1),(x_2,y_2),\cdots,(x_n,y_n)$,必有函数 $y=f(x)$,使 $y_1=f(x_1),y_2=f(x_2),\cdots,y_n=f(x_n)$. (　　)

4. 若 $f(x)=\dfrac{1}{x}$,则 $f(f(x))=x$. (　　)

5. 若 $f(x)$ 在任一有限区间上皆为有界函数,则 $f(x)$ 在整个数轴上必为有界函数. (　　)

6. $f(n)=\sin n$(n 为自然数)是以 2π 为周期的周期函数. (　　)

7. 设 $f(x)$ 为定义在 $[-a,a]$ 上的任意函数,则 $f(x)+f(-x)$ 必为偶函数. (　　)

8. 若 $f(x)$ 与 $g(x)$ 皆为奇(偶)函数,则 $f(x)+g(x)$ 仍为奇(偶)函数. (　　)

9. 若 $f(x)$ 与 $g(x)$ 皆为奇(偶)函数,则 $f(x)\cdot g(x)$ 仍为奇(偶)函数. (　　)

10. 若 $f(x)$ 为奇函数,$g(x)$ 为偶函数,则 $f(x)\cdot g(x)$ 为奇函数. (　　)

11. 若 $f(x)$ 为偶函数,$x=\varphi(t)$ 为奇函数,则 $y=f(\varphi(t))$ 必为偶函数. (　　)

12. 若 $f(x)$ 为奇函数,$x=\varphi(t)$ 为奇函数,则 $y=f(\varphi(t))$ 必为奇函数. (　　)

13. 若 $f(x)$ 为偶函数,$x=\varphi(t)$ 为偶函数,则 $y=f(\varphi(t))$ 必为偶函数. (　　)

14. 两个单调增函数之和仍为单调增函数. (　　)

15. 两个单调减函数之和仍为单调减函数. (　　)

16. 两个单调增函数之积必为单调增函数. (　　)

17. 两个单调减函数之积必为单调减函数. (　　)

18. 设 $f(x)$ 为单调增函数,则其反函数 $x=\varphi(y)$ 亦必为单调增函数. (　　)

19. 设 $x=f(t)$ 在 $[a,b]$ 上单调增加,$y=F(x)$ 在 $[f(a),f(b)]$ 上单调增加,则 $y=F(f(t))$ 在 $[a,b]$ 上亦必单调增加. (　　)

20. 设 $f(x)$ 在其定义域内每一点都有确定的值,则函数 $f(x)$ 在任一点的充分小的邻域内必有界. (　　)

21. 任何周期函数必有最小正周期. (　　)

22. $y=x^2(-1<x<2)$ 是偶函数. (　　)

23. 由任意的 $y=f(u)$ 及 $u=g(x)$ 必定可以复合成 y 为 x 的函数. (　　)

24. 任何函数 $y=f(x)$ 皆有反函数. (　　)

25. 分段函数都不是初等函数. (　　)

26. $1+x+x^2+\cdots+x^n+\cdots$ 是 x 的函数. (　　)

27. 任何函数 $f(x)$ 都有零点. (　　)

28. 由 $F(x,y)=0$ 必确定出 y 为 x 的函数. (　　)

29. $y=\operatorname{sgn} x=\begin{cases}1 & x>0\\0 & x=0\\-1 & x<0\end{cases}$ 是 x 的函数.(　　)

30. 已知 $f(x-1)=x^2+1$,则 $f(x)=x^2+2x+2$.(　　)

31. 函数 $y=|3x+1|+2$ 可用分段形式表示为 $y=\begin{cases}1-3x & x<-\dfrac{1}{3}\\3+3x & x\geqslant-\dfrac{1}{3}\end{cases}$.(　　)

32. 若对于任意的 x 恒有 $f(x+2)=-f(x)$,则 $f(x)$ 不一定是周期函数.(　　)

33. 如果对于区间 (a,b) 内的两点 x_1,x_2,当 $x_1<x_2$ 时,有 $f(x_1)<f(x_2)$,则 $f(x)$ 在 (a,b) 内为单调增函数.(　　)

34. 函数 $y=\dfrac{a-x}{1+x}$ 的反函数为其本身.(　　)

35. 设 $y=\ln u,u=\sin x-1$,则 y 是 x 的复合函数.(　　)

36. 自变量 x 在某数集 D 上变化时,因变量 y 必须随着变化,y 才是 x 的函数.(　　)

37. 复合函数 $f(\varphi(x))$ 的定义域和 $\varphi(x)$ 的定义域相同.(　　)

38. 如果 $f(x)$、$g(x)$ 的定义域和值域都相同,则 $f(x)=g(x)$.(　　)

39. 若 $f(x)$ 在 (a,b) 内处处有定义,则 $f(x)$ 在 (a,b) 内一定有界.(　　)

40. 两个有界函数的商必为有界函数.(　　)

第二部分　单项选择题

1. 下列集合中(　　)是空集.

(A) $\{0,1,2\}\cap\{0,3,4\}$　　(B) $\{1,2,3\}\cap\{4,5,6\}$

(C) $\{(x,y)\mid y=x$ 且 $y=2x\}$　　(D) $\{x\mid |x|<1$ 且 $x\geqslant 0\}$

2. $f(x)=\dfrac{1}{\lg|x-5|}$ 的定义域是(　　).

(A) $(-\infty,5)\cup(5,+\infty)$　　(B) $(-\infty,6)\cup(6,+\infty)$

(C) $(-\infty,4)\cup(4,+\infty)$　　(D) $(-\infty,4)\cup(4,5)\cup(5,6)\cup(6,+\infty)$

3. 若 $\varphi(x)=\begin{cases}1 & |x|\leqslant 1\\0 & |x|>1\end{cases}$,那么 $\varphi(\varphi(x))=$(　　).

(A) $\varphi(x),x\in(-\infty,+\infty)$　　(B) $1,x\in(-\infty,+\infty)$

(C) $0,x\in(-\infty,+\infty)$　　(D) 不存在

4. 若 $f(x-1)=x(x-1)$,则 $f(x)=$(　　).

(A) $x(x+1)$　　(B) $(x-1)(x-2)$

(C) $x(x-1)$　　(D) 不存在

5. 设 $f(x)=\begin{cases}1 & 0\leqslant x\leqslant 1\\2 & 1<x\leqslant 2\end{cases}$ ($x<0$ 及 $x>2$ 无定义),则 $g(x)=f(2x)+f(x-2)$ 是(　　).

(A) 无意义　　(B) 在 $[0,2]$ 上有意义

(C)在[0,4]有意义　　(D)在[2,4]上有意义

6. 函数 $y=|\sin x|$ 的周期是(　　).

(A)4π　　(B)2π　　(C)π　　(D)$\frac{\pi}{2}$

7. 函数 $y=\lg(x-1)$ 在区间(　　)内有界.

(A)$(1,+\infty)$　　(B)$(2,+\infty)$　　(C)$(1,2)$　　(D)$(2,3)$

8. 下列集合是空集的是(　　).

(A)$\{0\}$

(B)$\{\varphi\}$,其中 φ 为空集

(C)$\{(x,y)\mid x^2+y^2=0,x,y$ 为实数$\}$

(D)$\{(x,y)\mid y=x^2$ 且 $x-y=2,x,y$ 为实数$\}$

9. 设 $f(x)$ 是定义在实数域上的一个函数,且 $f(x-1)=x^2+x+1$,则 $f\left(\frac{1}{x-1}\right)=$(　　).

(A)$\frac{1}{x^2}+\frac{1}{x}+1$　　(B)$\frac{1}{(x-1)^2}+\frac{1}{x-1}+1$

(C)$\frac{1}{x^2+x+1}$　　(D)$\frac{1}{(x-1)^2}+\frac{3}{x-1}+3$

10. 设 $f(x)=\begin{cases}1 & \frac{1}{e}<x<1\\ x & 1\leqslant x<e\end{cases}$,$\varphi(x)=e^x$,则 $f(\varphi(x))=$(　　).

(A)$\begin{cases}1 & \frac{1}{e}<x<1\\ e^x & 1\leqslant x<e\end{cases}$　　(B)$\begin{cases}1 & -1<x<0\\ e^x & 0\leqslant x<1\end{cases}$

(C)$\begin{cases}e^x & -1<x<0\\ x & 0\leqslant x<1\end{cases}$　　(D)$\begin{cases}x & -1<x<0\\ e^x & 0\leqslant x<1\end{cases}$

11. 已知 $f(x)=x,g(x)=\sqrt{x^2}$,则(　　).

(A)在 $-\infty<x<+\infty$ 内,$f(x)=g(x)$　　(B)在 $x>0$ 时,$f(x)=g(x)$

(C)在 $x\geqslant 0$ 时,$f(x)=g(x)$　　(D)在 $x<0$ 时,$f(x)=g(x)$

12. $y=\ln\frac{1+x}{1-x}$ 的定义域是(　　).

(A)$(-\infty,-1)\cup(-1,+\infty)$　　(B)$(-\infty,-1)\cup(1,+\infty)$

(C)$(-\infty,-1)\cup(-1,1)\cup(1,+\infty)$　　(D)$(-1,1)$

13. 设函数 $f(x)$ 的定义域为 $[1,5]$,则函数 $f(1+x^2)$ 的定义域为(　　).

(A)$[1,5]$　　(B)$[0,2]$　　(C)$[-2,2]$　　(D)$[-2,0]$

14. 设函数 $f(x)=|x|,g(x)=x^2-x$,则 $f(g(x))=g(f(x))$ 成立的范围是(　　).

(A)$(-\infty,-1]\cup\{0\}$　　(B)$(-\infty,0]$

(C)$[0,+\infty)$　　(D)$[1,+\infty)\cup\{0\}$

15. 设 $f(x)=\ln x,x>0,y>0$,则下列(　　)成立.

(A)$f(x)+f(y)=f(xy)$　　(B)$f(x)\cdot f(y)=f(xy)$

(C) $f(x+y)=f(x)\cdot f(y)$　　(D) $f(xy)=f(x+y)$

16. 设 $f(x)=\begin{cases}x & x\geqslant 0\\ 0 & x<0\end{cases}$, $g(x)=\begin{cases}x+1 & x<1\\ x & x\geqslant 1\end{cases}$, 则 $f(x)+g(x)=$(　　).

(A) $\begin{cases}x+1 & x<0\\ 2x+1 & 0\leqslant x<1\\ 2x & x\geqslant 1\end{cases}$　　(B) $\begin{cases}0 & x<0\\ x+1 & x<1\\ x & x\geqslant 0\\ x & x\geqslant 1\end{cases}$

(C) $\begin{cases}x+1 & x<1\\ 2x+1 & 0\leqslant x<1\\ x & x\geqslant 1\end{cases}$　　(D) $\begin{cases}x+1 & x<0\\ 2x+1 & 0\leqslant x<1\\ x & x\geqslant 1\end{cases}$

17. $y=x^2+\ln\dfrac{1-x}{1+x}$是(　　).

(A)偶函数

(B)奇函数

(C)非奇非偶函数

(D)在 $-1<x<0$ 是奇函数,在 $0<x<1$ 是偶函数

18. 设 $f(x)$ 在 $(-\infty,+\infty)$ 是偶函数,则 $f(-x)$ 在 $(-\infty,+\infty)$ 是(　　).

(A)奇函数　　(B)偶函数

(C)非奇非偶函数　　(D)没有定义

19. 设 $f(x)$ 为定义在 $(-\infty,+\infty)$ 的任何不恒等于零的函数,则(　　)必是偶函数.

(A) $F(x)=f(x)-f(-x)$　　(B) $F(x)=f(x)+f(-x)$

(C) $F(x)=f(-x)-f(x)$　　(D) $F(x)=f(-x)+f(-x)$

20. 函数 $y=\sin^2 x$ 的最小正周期是(　　).

(A) 2π　　(B) π　　(C) $\dfrac{\pi}{2}$　　(D) π^2

21. 函数 $y=|\sin x|+|\cos x|$ 的最小正周期是(　　).

(A) 2π　　(B) π　　(C) $\dfrac{\pi}{2}$　　(D) $\dfrac{\pi}{4}$

22. 函数 $y=f(x)$ 和其反函数 $y=f^{-1}(x)$ 的图形关于直线(　　)对称.

(A) $y=0$　　(B) $x=0$　　(C) $y=x$　　(D) $y=-x$

23. 函数 $y=\begin{cases}x & -\infty<x<1\\ x^2 & 1\leqslant x\leqslant 4\\ 2^x & 4<x<+\infty\end{cases}$ 的反函数是(　　).

(A) $y=\begin{cases}x & -\infty<x<0\\ \sqrt{x} & 1\leqslant x\leqslant 4\\ \ln x & 4<x<+\infty\end{cases}$　　(B) $y=\begin{cases}x & -\infty<x<1\\ \sqrt{x} & 1\leqslant x\leqslant 16\\ \ln x & 16<x<+\infty\end{cases}$

(C) $y=\begin{cases}x & -\infty<x<0\\ \sqrt{x} & 1\leqslant x\leqslant 4\\ \log_2 x & 4<x<+\infty\end{cases}$　　(D) $y=\begin{cases}x & -\infty<x<1\\ \sqrt{x} & 1\leqslant x\leqslant 16\\ \log_2 x & 16<x<+\infty\end{cases}$

第三部分 多项选择题

1. 设集合 $A=\{a_1,2,3,4\}$, $B=\{1,3,b_3\}$, 则 a_1, b_3 之值取(　　)时, 有 $A\cup B=\{1,2,3,4,5\}$.

(A) $a_1=1, b_3=2$　　(B) $a_1=5, b_3=2$

(C) $a_1=1, b_3=5$　　(D) $a_1=5, b_3=5$

2. 下列 $f(x)$ 与 $g(x)$ 是相同的函数的有(　　).

(A) $f(x)=x, g(x)=(\sqrt{x})^2$　　(B) $f(x)=\sqrt{x^2}, g(x)=|x|$

(C) $f(x)=\lg x^2, g(x)=2\lg x$　　(D) $f(x)=\lg x^2, g(x)=2\lg|x|$

3. 下列函数中偶函数有(　　).

(A) xa^{-x^2}　　(B) $\dfrac{\sin x}{x}$　　(C) $x^2+\cos x$　　(D) $\dfrac{10^x-10^{-x}}{2}$

4. 下列函数中奇函数有(　　).

(A) $\dfrac{|x|}{x}$　　(B) $x^2\sin x$

(C) $\dfrac{a^x-1}{a^x+1}$　　(D) $\log_a(\sqrt{x^2+1}+x)$

5. 设函数 $f(x)$ 在 $(-\infty,+\infty)$ 内有定义, 则下列函数中必为偶函数的有(　　).

(A) $y=|f(x)|$　　(B) $y=f(x^2)$

(C) $y=f(x)+f(-x)$　　(D) $y=c$

6. 设函数 $f(x)$ 在 $(-\infty,+\infty)$ 内有定义, 则下列函数中必为奇函数的有(　　).

(A) $y=-|f(x)|$　　(B) $y=xf(x^2)$

(C) $y=-f(-x)$　　(D) $y=f(x)-f(-x)$

7. 下列函数为单调函数的有(　　).

(A) $y=10^x$　　(B) $y=3-5x$

(C) $y=\arcsin x, y\in\left[-\dfrac{\pi}{2},\dfrac{\pi}{2}\right]$　　(D) $y=2-\lg(x+1)$

8. 函数 $y=\dfrac{2x}{1+x^2}$ 是(　　).

(A) 偶函数　　(B) 奇函数　　(C) 单调函数　　(D) 有界函数

9. 函数 $y=\dfrac{1}{1+x^2}$ 是(　　).

(A) 偶函数　　(B) 奇函数　　(C) 单调函数　　(D) 有界函数

10. 下列(　　)为复合函数.

(A) $y=\left(\dfrac{1}{2}\right)^x$　　(B) $y=\mathrm{e}^{-\sqrt{1+\sin x}}$

(C) $y=\sqrt{-(1+x^2)}$　　(D) $y=\sqrt{-x}\ (x<0)$

11. 下列(　　)为初等函数.

(A) $y=\dfrac{x^2-1}{x-1}$　　(B) $y=\begin{cases}\dfrac{x^2-1}{x-1} & x\neq 1\\ 0 & x=1\end{cases}$

(C) $y=\left[\dfrac{\sin(e^x-1)}{\lg(1+x^2)}\right]^{\frac{1}{2}}$　　(D) $y=\sqrt{-2-\cos x}$

第四部分　计算题与证明题

1. 求下列函数的定义域

(1) $y=\sqrt{16-x^2}+\lg(\sin x)$　　(2) $y=\dfrac{1}{x}\ln\dfrac{1-x}{1+x}$

(3) $y=\sqrt{-x}+\dfrac{1}{\sqrt{2+x}}+\arccos\dfrac{2x}{1+x}$　　(4) $y=\sqrt{2+x-x^2}+\arcsin\left(\lg\dfrac{x}{10}\right)$

(5) $y=\begin{cases}(x+\pi)^2-1 & -5<x<-\pi\\ \cos x & -\pi\leqslant x\leqslant\pi\\ (x-\pi)\sin\dfrac{1}{x-\pi} & \pi<x<9\end{cases}$

2. 已知 $f\left(x+\dfrac{1}{x}\right)=x^2+\dfrac{1}{x^2}$,求 $f(x)$ 的表达式.

3. 已知 $f\left(\dfrac{1}{x}\right)=x+\sqrt{1+x^2}\ (x>0)$,求 $f(x)$.

4. 设 $f(x)$ 满足条件 $2f(x)+f\left(\dfrac{1}{x}\right)=\dfrac{a}{x}$($a$ 为常数),且 $f(0)=0$,求 $f(x)$ 的表达式.

5. 设单值函数 $f(x)$ 满足关系式 $f^2(\ln x)+2xf(\ln x)+x^2\ln x=0\quad(0<x<e)$,且 $f(0)=0$,求 $f(x)$.

6. 设 $z=\sqrt{y}+f(\sqrt[3]{x}-1)$ 且 $y=1$ 时 $z=x$,求 $f(x)$ 及 z 的解析表达式.

7. 判定下列函数的奇偶性.

(1) $f(x)=\dfrac{e^x-1}{e^x+1}\ln\dfrac{1-x}{1+x}$

(2) $f(x)=\sqrt[3]{(1+2x)^2}-\sqrt[3]{(1-2x)^2}$

(3) $f(x)=\sin x-\cos x+1$

8. 若函数 $f(x)$ 在定义域内满足 $f(x)=f(2a-x)$,则称 $f(x)$ 对称于直线 $x=a$. 试证:当函数 $f(x)$ 对称于直线 $x=a$ 及 $x=b(a<b)$ 时,$f(x)$ 必为周期函数.

第 2 章　极限与连续

极限的思想可以追溯到古代，刘徽的割圆术就是建立在直观基础上的一种原始的极限思想的应用；古希腊人的穷竭法也蕴含了极限思想. 到了 16 世纪，荷兰数学家斯泰文在考察三角形重心的过程中改进了古希腊人的穷竭法，他借助几何直观、大胆地运用极限思想思考问题. 他指出了把极限方法发展成为一个实用概念的方向.

极限思想的进一步发展是与微积分的建立紧密相连的. 16 世纪的欧洲处于资本主义萌芽时期，生产力得到极大的发展，对于生产和技术中大量的问题，只用初等数学的方法已无法解决，要求数学突破只研究常量的传统范围，而提供能够用以描述和研究运动、变化过程的新工具，这是促进极限发展、建立微积分的社会背景.

17 世纪，牛顿和莱布尼茨在总结前人经验的基础上，创立了微积分. 但他们当时也还没有完全弄清楚极限的概念，没能把他们的工作建立在严密的理论基础上，他们更多的是凭借几何和物理直观地去开展研究工作. 到了 18 世纪，数学家们基本上弄清了极限的描述性定义. 例如牛顿用路程的改变量 Δs 与时间的改变量 Δt 之比 $\frac{\Delta s}{\Delta t}$ 表示物体的平均速度，让 Δt 无限趋近于零，得到物体的瞬时速度，那时所运用的极限只是接近于直观性的语言描述："当自变量 x 无限地趋近于 x_0 时，函数 $f(x)$ 无限地趋近于 A，那么就说 $f(x)$ 以 A 为极限. "这种描述性语言虽然人们易于接受，但是这种定义没有定量地给出两个"无限过程"之间的联系，不能作为科学论证的逻辑基础. 正因为当时缺少严格的极限定义，微积分理论受到人们的怀疑和攻击. 起初微积分主要应用于力学、天文学和光学，而且出现的数量关系比较简单，因此在那个时候，极限理论方面的缺陷还没有构成严重障碍.

随着微积分应用的更加广泛和深入，遇到的数量关系也日益复杂，例如研究天体运行的轨道等问题已超出直观范围. 在这种情况下，微积分的薄弱之处也越来越暴露出来，对严格的极限定义的需要就显得十分迫切. M. 克莱因在《古今数学思想》中说："随着微积分的概念与技巧的扩展，人们努力去补充被遗漏的基础. 在牛顿和莱布尼茨不成功地企图去解释概念并证明他们的程序是正确的之后，一些微积分方面的书出现了，他们试图澄清混乱，但实际上却更加混乱. "经过 100 多年的争论，直到 19 世纪上半叶，由于对无穷级数的研究，人们对极限概念才有了较明确的认识. 1821 年法国数学家柯西在他的《分析教程》中进一步提出了极限定义的"ε-δ"方法，把极限过程用不等式来刻画，后经德国数学家魏尔斯特拉斯进一步加工，成为现在一般微积分教科书中的柯西极限定义或称"ε-δ"定义.

极限理论的建立，在思想方法上深刻影响了近代数学的发展. 一个数学概念的形成经历了这样漫长的岁月，大家仅从这一点就可以想象出极限概念在微积分这门学科中有多么重要了.

2.1 数列的极限

先看如何用渐近的方法求圆的面积.

课程思政-
数列的极限-
极限发展史

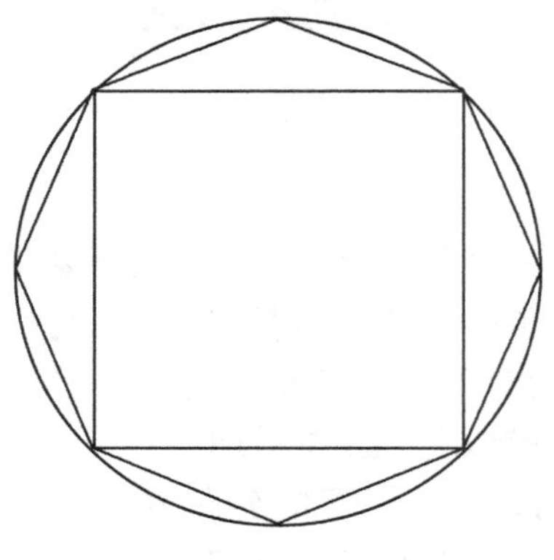

图 2.1

如图 2.1 所示. 设有一圆,首先作内接正四边形,它的面积记为 A_1;再作内接正八边形,它的面积记为 A_2;再作内接正十六边形,它的面积记为 A_3;如此下去,每次边数加倍. 一般地把内接正 $4\times 2^{n-1}$ 边形的面积记为 $A_n(n\in\mathbf{N})$. 这样就得到一系列内接正多边形的面积:

$$A_1,A_2,A_3,\cdots,A_n,\cdots$$

它们构成一列有次序的数. 当 n 越大,内接正多边形的面积与圆的面积的差别就越小,从而以 A_n 作为圆的面积的近似值也越精确. 但是无论 n 取得如何大,只要 n 取定了,A_n 终究只是多边形的面积,而不是圆的面积. 因此,设想 n 无限增大(记为 $n\to\infty$,读作 n 趋于无穷大),即内接正多边形的边数无限增加,在这个过程中,内接正多边形无限接近于圆,同时 A_n 也无限接近于某一确定的数值. 这个确定的数值在数学上称为上面这列有次序的数(即数列) $A_1,A_2,A_3,\cdots,A_n,\cdots$ 当 $n\to\infty$ 时的极限. 在圆面积问题中我们看到,正是这个数列的极限才精确地表达了圆的面积.

在解决实际问题中逐渐形成的这种极限方法,已成为微积分学中的一种基本方法.

2.1.1 数列极限的概念

数列极限的概念

应用案例-数列极限的概念

数列极限的概念-割圆术-动图演示及文字说明

定义 2.1　如果按照某一法则,有第一个数 x_1,第二个数 x_2,……这样依次序排列着,使得对应着任何一个正整数 n 有一个确定的数 x_n,那么,这列有次序的数

$$x_1, x_2, \cdots, x_n, \cdots$$

就叫作数列,记作 $\{x_n\}$.

数列中的每一个数叫作数列的项,第 n 项 x_n 叫作数列的一般项或通项. 例如:

$\left\{\dfrac{n}{n+1}\right\}:\dfrac{1}{2},\dfrac{2}{3},\dfrac{3}{4},\cdots,\dfrac{n}{n+1},\cdots;$

$\{2^n\}:2,4,8,\cdots,2^n,\cdots;$

$\left\{\dfrac{1}{2^n}\right\}:\dfrac{1}{2},\dfrac{1}{4},\dfrac{1}{8},\cdots,\dfrac{1}{2^n},\cdots;$

$\{(-1)^{n+1}\}:1,-1,1,\cdots,(-1)^{n+1},\cdots;$

$\left\{\dfrac{n+(-1)^{n-1}}{n}\right\}:2,\dfrac{1}{2},\dfrac{4}{3},\cdots,\dfrac{n+(-1)^{n-1}}{n},\cdots.$

都是数列的例子,它们的一般项依次为 $\dfrac{n}{n+1},2^n,\dfrac{1}{2^n},(-1)^{n+1},\dfrac{n+(-1)^{n-1}}{n}$.

在几何上,数列 $\{x_n\}$ 可看作数轴上的一个动点,它依次取数轴上的点 $x_1, x_2, \cdots, x_n, \cdots$,如图 2.2 所示.

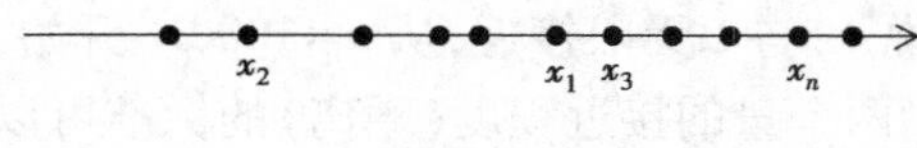

图 2.2

数列 $\{x_n\}$ 可看作自变量为正整数 n 的函数:

$$x_n = f(n)$$

它的定义域是全体正整数,当自变量 n 依次取 1,2,3,…时,对应的函数值就排列成数列 $\{x_n\}$.

我们知道,当 n 无限增大时,如果数列 $\{x_n\}$ 中的项 x_n 无限接近于常数 a,则称 a 为数列 $\{x_n\}$ 的极限.

这里的"n 无限增大","x_n 无限接近于常数 a"是含糊不清的. 我们需要明确什么情况下 n 可以认为是增大到"无限大"了,同时需要明确 x_n 与 a 接近到什么程度就可以认为是"无限接近"了.

我们可以用"距离"这个概念来度量两个数的接近程度. 所谓 n 无限增大时,x_n 无限接近于常数 a,无非是说:随着 n 无限制地增大,距离 $|x_n - a|$ 将任意地小. 我们需要一个标准来衡量两个数的接近程度. 当 x_n 与 a 的距离达到这个标准的时候,我们就说 x_n 与 a 已经无限接近了,此时也称 n 已经充分大了. 而这个标准,在不同的场合是不一样的.

比如,对数列

$$2,\frac{1}{2},\frac{4}{3},\cdots,\frac{n+(-1)^{n-1}}{n},\cdots$$

其通项 $x_n = \dfrac{n+(-1)^{n-1}}{n} = 1 + \dfrac{(-1)^{n-1}}{n}$,我们以 n 为横坐标,x_n 为纵坐标,画出其图形,如图 2.3 所示.

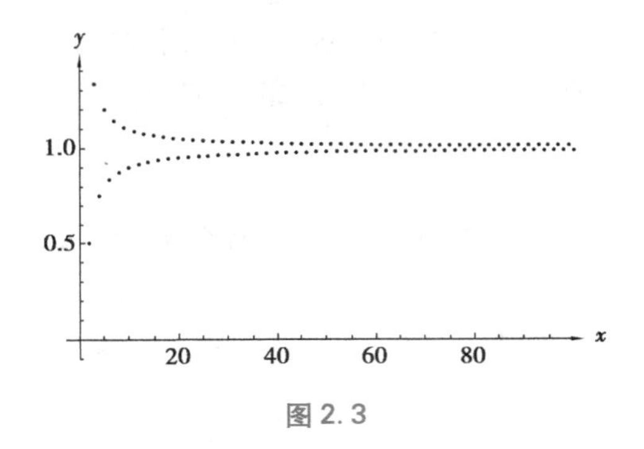

图 2.3

可以看出,随着 n 的无限增大,x_n 无限接近于常数 1. 如果以 0.01 为无限接近的标准,则由

$$|x_n-1|=\frac{1}{n}<0.01$$

知,当 $n>100$ 时,就可以说 x_n 与 1 无限接近,从 $n=101$ 开始,我们就说 n 充分大了. 而如果以 0.000 1 为无限接近的标准,则由

$$|x_n-1|=\frac{1}{n}<0.0001$$

知,当 $n>10000$ 时,才可以说 x_n 与 1 无限接近,从 $n=10001$ 开始,我们才能说 n 充分大了.

"无限接近"意味着衡量两个量的接近程度(距离)的标准可以任意地小(想要它多小就可以有多小),通常用希腊字母 ε 表示,当 x_n 与 a 的距离达到标准的时候,称 n 就已经充分大了,把刚刚可以被称作"充分大"的正整数记作 N,很显然,这个 N 与 ε 有密切的联系,ε 越小,N 越大.

综合上述讨论,我们给出数列极限的"ε-N"定义如下.

定义 2.2 如果对于任意给定的正数 ε,不论它多么小,总存在正整数 N,使得对于 $n>N$ 的一切 x_n,不等式

$$|x_n-a|<\varepsilon$$

恒成立,则称常数 a 是数列 $\{x_n\}$ 的极限,记作

$$\lim_{n\to\infty}x_n=a \quad \text{或当 } n\to\infty \text{时},x_n\to a$$

如果 a 是数列 $\{x_n\}$ 的极限,便说数列 $\{x_n\}$ 收敛于 a. 一个数列如果有极限,便说它是收敛的,否则就说数列是发散的.

例如数列 $\left\{\left(\frac{6}{5}\right)^n\right\}:\frac{6}{5},\frac{36}{25},\frac{216}{125},\cdots,\left(\frac{6}{5}\right)^n,\cdots$,其图形如图 2.4 所示,随着 n 逐渐增大,数列的元素越来越大,不会无限接近某个确定的常数,所以数列 $\left\{\left(\frac{6}{5}\right)^n\right\}$ 是发散的.

再例如数列 $\{(-1)^{n+1}\}:1,-1,1,\cdots,(-1)^{n+1},\cdots$,随着 n 逐渐增大,数列不断交替地取 1 和 -1,也不会无限接近某个确定的常数,所以数列 $\{(-1)^{n+1}\}$ 也是发散的.

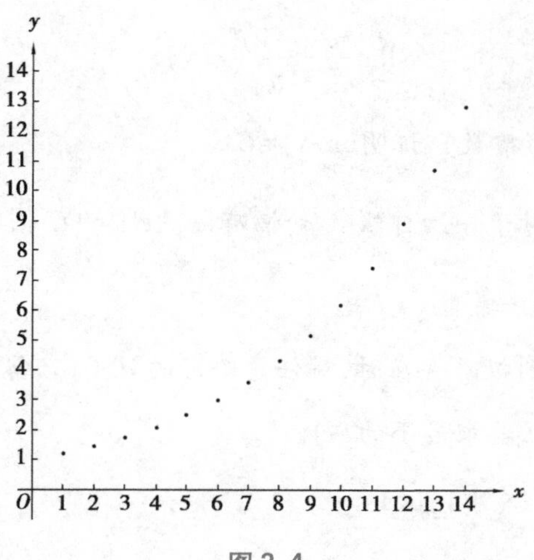

图 2.4

上面的定义中,正数 ε 可以任意给定是很重要的,因为只有这样,不等式 $|x_n-a|<\varepsilon$ 才能表达出 x_n 与 a 无限接近的意思. 此外还应注意到:定义中正整数 N 是与任意给定的正数 ε 密切相关的,它随着 ε 的给定而选定.

数列极限的几何解释:将常数 a 及数列 $x_1,x_2,\cdots,x_n,\cdots$ 在数轴上用它们对应的点表示出来,再在数轴上作点 a 的 ε 邻域,即开区间 $(a-\varepsilon,a+\varepsilon)$,如图 2.5 所示.

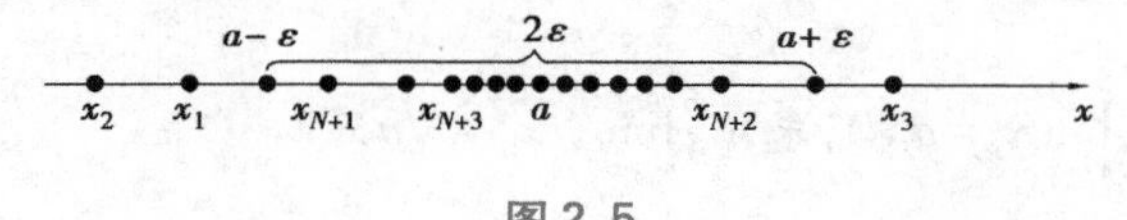

图 2.5

因不等式

$$|x_n-a|<\varepsilon$$

与不等式

$$a-\varepsilon<x_n<a+\varepsilon$$

等价,所以当 $n>N$ 时,所有的点 x_n 都落在 $(a-\varepsilon,a+\varepsilon)$ 内,而只有有限个(至多只有 N 个)在这区间之外.

数列极限的"ε-N"定义并未提供求已知数列极限的方法,但利用它可以证明一个数 a 是不是数列 $\{x_n\}$ 的极限.

例 1　证明 $\lim\limits_{n\to\infty}\dfrac{n+(-1)^{n-1}}{n}=1$.

证　由 $|x_n-1|=\left|\dfrac{n+(-1)^{n-1}}{n}-1\right|=\dfrac{1}{n}$,故对任给 $\varepsilon>0$,要使 $|x_n-1|<\varepsilon$,只需 $\dfrac{1}{n}<\varepsilon$,即 $n>\dfrac{1}{\varepsilon}$. 所以,若取 $N=\left[\dfrac{1}{\varepsilon}\right]$,则当 $n>N$ 时,就有

$$\left|\frac{n+(-1)^{n-1}}{n}-1\right|<\varepsilon.$$

即
$$\lim_{n\to\infty}\frac{n+(-1)^{n-1}}{n}=1.$$

例 2　设 $x_n\equiv C$（C 为常数），证明 $\lim\limits_{n\to\infty}x_n=C$.

证　因对任给 $\varepsilon>0$，对于一切自然数 n，恒有 $|x_n-C|=|C-C|=0<\varepsilon$. 所以，$\lim\limits_{n\to\infty}x_n=C$，即常数数列的极限等于同一常数.

注意：用定义证明数列极限存在时，对任意给定的 $\varepsilon>0$，只需证明 N 的存在性（一般是求出一个具体的 N，但不必要求最小的 N）.

例 3　证明 $\lim\limits_{n\to\infty}q^n=0$，其中 $|q|<1$.

证　任给 $\varepsilon>0$，不妨设 $0<\varepsilon<1$，若 $q=0$，则 $\lim\limits_{n\to\infty}q^n=\lim\limits_{n\to\infty}0=0$；若 $0<|q|<1$，欲使 $|x_n-0|=|q^n|<\varepsilon$，必须 $n\ln|q|<\ln\varepsilon$，即 $n>\dfrac{\ln\varepsilon}{\ln|q|}$，故对任给 $\varepsilon>0$，若取 $N=\left[\dfrac{\ln\varepsilon}{\ln|q|}\right]$，则当 $n>N$ 时，就有 $|q^n-0|<\varepsilon$，

从而证得 $\lim\limits_{n\to\infty}q^n=0$.

例 4　设 $x_n>0$，且 $\lim\limits_{n\to\infty}x_n=a>0$，求证：$\lim\limits_{n\to\infty}\sqrt{x_n}=\sqrt{a}$.

证　任给 $\varepsilon>0$，由于

$$\left|\sqrt{x_n}-\sqrt{a}\right|=\frac{|x_n-a|}{\sqrt{x_n}+\sqrt{a}}<\frac{|x_n-a|}{\sqrt{a}},$$

因此要使 $\left|\sqrt{x_n}-\sqrt{a}\right|<\varepsilon$，即要 $\left|\sqrt{x_n}-\sqrt{a}\right|<\sqrt{a}\,\varepsilon$，

因为 $\lim\limits_{n\to\infty}x_n=a$，所以对 $\varepsilon_0=\sqrt{a}\,\varepsilon>0$，$\exists N>0$，当 $n>N$ 时，$\left|\sqrt{x_n}-\sqrt{a}\right|<\sqrt{a}\,\varepsilon$，从而当 $n>N$ 时，恒有 $\left|\sqrt{x_n}-\sqrt{a}\right|<\varepsilon$，故 $\lim\limits_{n\to\infty}\sqrt{x_n}=\sqrt{a}$.

例 5　证明数列 $x_n=(-1)^{n+1}$ 是发散的.

证　设 $\lim\limits_{n\to\infty}x_n=a$，由定义，对于 $\varepsilon=\dfrac{1}{2}$，$\exists N>0$，使得当 $n>N$ 时，恒有 $|x_n-a|<\dfrac{1}{2}$，即当 $n>N$ 时，$x_n\in\left(a-\dfrac{1}{2},a+\dfrac{1}{2}\right)$，区间长度为 1. x_n 无休止地反复取 $1,-1$ 两个数，不可能同时位于长度为 1 的区间. 因此该数列是发散的.

2.1.2　收敛数列的性质

收敛数列的性质

性质 1（极限的唯一性）　如果数列$\{x_n\}$收敛，则其收敛的极限值唯一.

分析：如果不唯一，即有$\lim\limits_{n\to\infty}x_n=a,\lim\limits_{n\to\infty}x_n=b,a\neq b$. 由于

$$|a-b|=|a-x_n+x_n-b|\leqslant|a-x_n|+|x_n-b|$$
$$=|x_n-a|+|x_n-b|<\varepsilon+\varepsilon=2\varepsilon,\ (\text{当 } n \text{ 充分大时})$$

要想推出矛盾，只要取$\varepsilon\leqslant\dfrac{|a-b|}{2}$即可.

证（反证法）　假设极限不唯一，即有$\lim\limits_{n\to\infty}x_n=a,\lim\limits_{n\to\infty}x_n=b,a\neq b$.

取$\varepsilon=\dfrac{|a-b|}{3}>0$，由$\lim\limits_{n\to\infty}x_n=a$知，存在$N_1$，当$n>N_1$时，恒有$|x_n-a|<\varepsilon$.

同理，由$\lim\limits_{n\to\infty}x_n=b$知，存在$N_2$，当$n>N_2$时，恒有$|x_n-b|<\varepsilon$.

取$N=\max\{N_1,N_2\}$，当$n>N$时，则有

$|a-b|=|a-x_n+x_n-b|\leqslant|x_n-a|+|x_n-b|<\varepsilon+\varepsilon=2\varepsilon=\dfrac{2}{3}|a-b|$，由$|a-b|>0$，推出$1<\dfrac{2}{3}$. 矛盾.

如果数列$\{x_n\}$的极限存在，设极限为a. 由几何意义知，在a的任何给定的ε邻域外仅有有限项.

性质 2（收敛数列的有界性）　如果数列$\{x_n\}$收敛，那么数列$\{x_n\}$一定有界，即存在某正常数M，使得对一切正整数n，恒有$|x_n|\leqslant M$.

证　设$\lim\limits_{n\to\infty}x_n=a$. 由极限定义知，取$\varepsilon=1$，存在正整数$N$，对一切$n>N$，有

$$|x_n-a|<1,$$

由$|x_n|-|a|\leqslant|x_n-a|<1$知，对一切$n>N$，有$|x_n|\leqslant1+|a|$. 设

$$M=\max\{x_1,x_2,\cdots,|x_n|,1+|a|\},$$

则对一切正整数n，恒有$|x_n|\leqslant M$.

数列有界只是数列收敛的必要条件，而非充分条件. 例如，数列$\{(-1)^n\}$有界，但它并不收敛.

推论　若数列$\{x_n\}$无界，则数列$\{x_n\}$发散.

性质 3　设$\lim\limits_{n\to\infty}x_n=a,\lim\limits_{n\to\infty}y_n=b$，且$a<b$，则存在$N$，当$n>N$时（即$n$充分大时），恒有$x_n<y_n$.

证　由于$\lim\limits_{n\to\infty}x_n=a,\lim\limits_{n\to\infty}y_n=b$，且$a<b$. 取$\varepsilon=\dfrac{b-a}{2}>0$，存在$N_1$及$N_2$，使得

$$当\ n>N_1\ 时,|x_n-a|<\frac{b-a}{2},即\frac{3a-b}{2}<x_n<\frac{a+b}{2},$$

$$当\ n>N_2\ 时,|y_n-b|<\frac{b-a}{2},即\frac{a+b}{2}<x_n<\frac{3b-a}{2},$$

取 $N=\max\{N_1,N_2\}$,当 $n>N$ 时,恒有 $x_n<\frac{a+b}{2}$ 且 $\frac{a+b}{2}<y_n$,即 $x_n<y_n$.

推论(收敛数列的保号性) 如果数列 $\{x_n\}$ 收敛于 a,且 $a>0$(或 $a<0$),则对于满足 $0<\eta<a$($a<\eta<0$)的任何常数 η,存在 N_0,当 $n>N_0$ 时,恒有

$$x_n>\eta>0\ (x_n<\eta<0).$$

证 对 $0<\eta<a$,设 $y_n=\eta(n=1,2,\cdots)$,则 $\lim\limits_{n\to\infty}y_n=\eta$. 由 $\lim\limits_{n\to\infty}x_n=a(0<\eta<a)$ 及性质 3 知,存在 N_0,当 $n>N_0$ 时,恒有 $x_n>y_n=\eta>0$.

对 $a<0$ 的情形,同理可证.

性质 4(不等式性质) 如果 $\lim\limits_{n\to\infty}x_n=a$,$\lim\limits_{n\to\infty}y_n=b$,且存在 N_0,当 $n>N_0$ 时,恒有 $x_n\geqslant y_n$,那么 $a\geqslant b$.

证(反证法) 假设 $a<b$,由性质 3 知,则存在 N_1,当 $n>N_1$ 时,有 $x_n<y_n$. 取 $N=\max\{N_0,N_1\}$,当 $n>N$ 时,有 $x_n<y_n$. 这与当 $n>N$ 时 $x_n\geqslant y_n$ 矛盾. 所以,假设不成立. 因此 $a\geqslant b$.

注意性质 4 中,即使存在 N_0,当 $n>N_0$ 时,恒有 $x_n>y_n$,也不能保证 $a>b$. 例如,$x_n=\frac{1}{n}$,$y_n=-\frac{1}{n}$,$x_n>y_n(n=1,2,3,\cdots)$,但 $\lim\limits_{n\to\infty}x_n=0$,$\lim\limits_{n\to\infty}y_n=0$,两个极限相等.

我们该怎么去求极限呢?一般说来,对于简单的数列,我们可以通过几何图形观察得到其极限(对于观察所得结论,必要时给予证明).

例 6 下列各数列是否收敛,若收敛,试指出其收敛于何值.

(1) $\{2^n\}$;(2) $\left\{\frac{1}{2^n}\right\}$;(3) $\{\arctan n\}$;(4) $\left\{\frac{1}{n^2}\right\}$.

解 (1) $\{2^n\}$,如图 2.6 所示. 当 n 无限增大时,2^n 也无限增大. 所以数列 $\{2^n\}$ 发散.

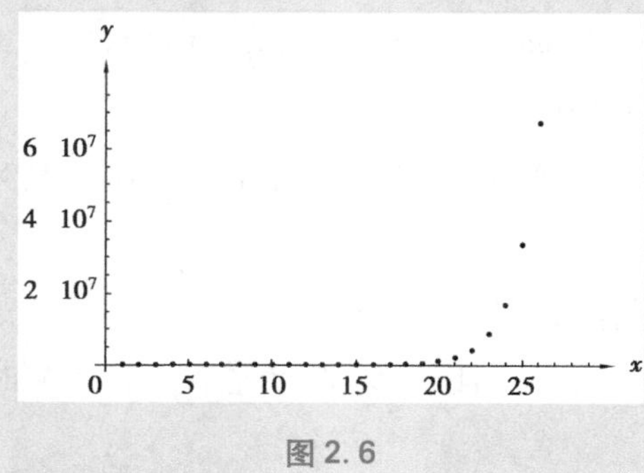

图 2.6

(2) $\left\{\frac{1}{2^n}\right\}$,如图 2.7 所示. 当 n 无限增大时,$\frac{1}{2^n}$无限接近于常数 0,所以$\left\{\frac{1}{2^n}\right\}$收敛于 0.

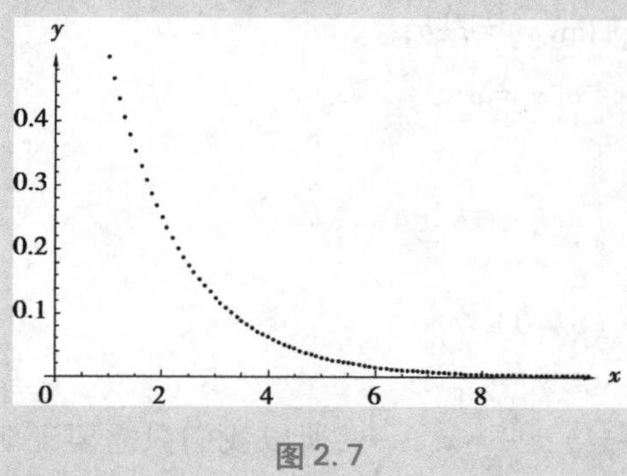

图 2.7

(3) $\{\arctan n\}$,如图 2.8 所示. 当 n 无限增大时,$\arctan n$ 无限接近于常数$\frac{\pi}{2}$,所以$\{\arctan n\}$收敛于$\frac{\pi}{2}$.

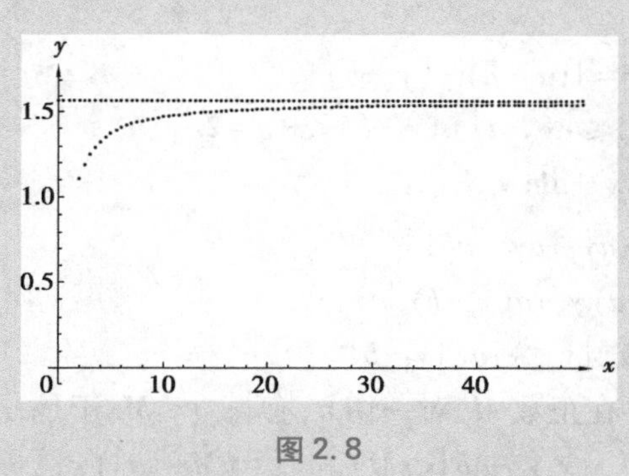

图 2.8

(4) $\left\{\frac{1}{n^2}\right\}$,如图 2.9 所示. 当 n 无限增大时,$\frac{1}{n^2}$无限接近于常数 0,所以$\left\{\frac{1}{n^2}\right\}$收敛于 0.

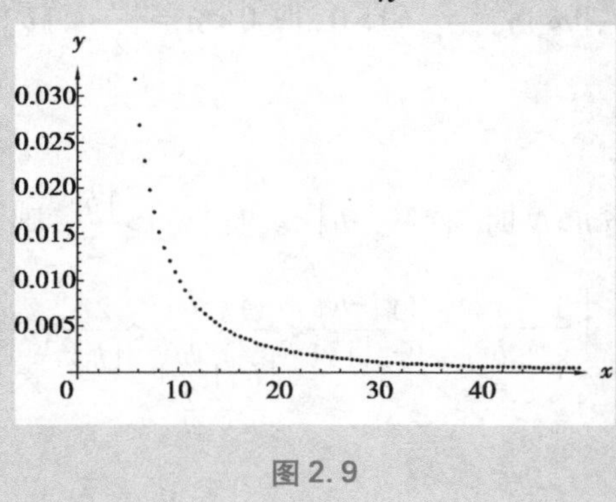

图 2.9

对于更一般的数列,我们有下列极限运算法则.

性质 5(数列极限的四则运算法则)　设$\lim\limits_{n\to\infty} x_n = a$,$\lim\limits_{n\to\infty} y_n = b$,则数列$\{x_n \pm y_n\}$,$\{x_n y_n\}$,

数列极限的四则运算

$\left\{\dfrac{x_n}{y_n}\right\}(b\neq0)$的极限都存在,且

(1) $\lim\limits_{n\to\infty}(x_n\pm y_n)=\lim\limits_{n\to\infty}x_n\pm\lim\limits_{n\to\infty}y_n=a\pm b$;

(2) $\lim\limits_{n\to\infty}(x_ny_n)=\lim\limits_{n\to\infty}x_n\cdot\lim\limits_{n\to\infty}y_n=ab$,

特别地,当 k 为常数时,有

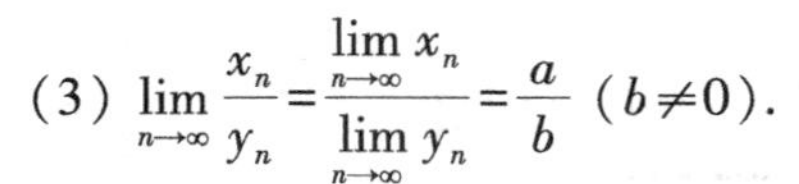

$$\lim_{n\to\infty}kx_n=k\lim_{n\to\infty}x_n=ka;$$

(3) $\lim\limits_{n\to\infty}\dfrac{x_n}{y_n}=\dfrac{\lim\limits_{n\to\infty}x_n}{\lim\limits_{n\to\infty}y_n}=\dfrac{a}{b}$ $(b\neq0)$.

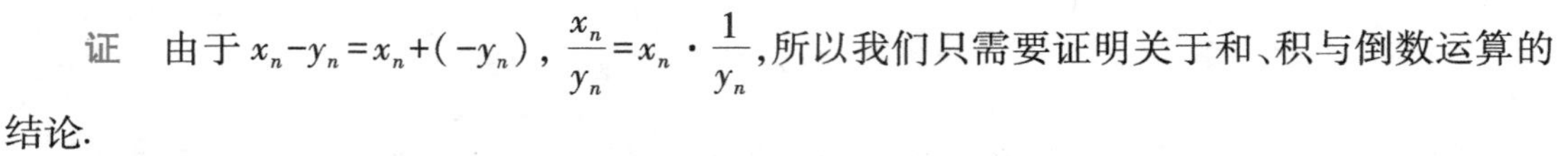

证 由于 $x_n-y_n=x_n+(-y_n)$, $\dfrac{x_n}{y_n}=x_n\cdot\dfrac{1}{y_n}$,所以我们只需要证明关于和、积与倒数运算的结论.

由于$\lim\limits_{n\to\infty}x_n=a$,$\lim\limits_{n\to\infty}y_n=b$,所以,任给 $\varepsilon>0$,分别存在 N_1 和 N_2,当 $n>N_1$ 时,有 $|x_n-a|<\varepsilon$. 当 $n>N_2$ 时,有 $|y_n-b|<\varepsilon$. 取 $N=\max\{N_1,N_2\}$,则当 $n>N$ 时,有 $|x_n-a|<\varepsilon$ 和 $|y_n-b|<\varepsilon$ 都成立. 从而,有

(1)
$$\begin{aligned}|(x_n+y_n)-(a+b)|&=|(x_n-a)+(y_n-b)|\\&\leqslant|x_n-a|+|y_n-b|<\varepsilon+\varepsilon=2\varepsilon,\end{aligned}$$

所以$\lim\limits_{n\to\infty}(x_n+y_n)=a+b=\lim\limits_{n\to\infty}x_n+\lim\limits_{n\to\infty}y_n$.

(2)
$$\begin{aligned}|x_ny_n-ab|&=|x_ny_n-ay_n+ay_n-ab|\\&=|(x_n-a)y_n+a(y_n-b)|\\&\leqslant|x_n-a||y_n|+|a||y_n-b|\end{aligned}$$

由收敛数列的有界性知,存在正数 M,对一切 n,有 $|y_n|\leqslant M$. 于是,

$$|x_ny_n-ab|<\varepsilon M+|a|\varepsilon=(M+|a|)\varepsilon,$$

由 ε 的任意性知,$\lim\limits_{n\to\infty}(x_n\cdot y_n)=a\cdot b=\lim\limits_{n\to\infty}x_n\cdot\lim\limits_{n\to\infty}y_n$.

(3) 由$\lim\limits_{n\to\infty}y_n=b\neq0$ 知,$\lim\limits_{n\to\infty}|y_n|=|b|>0$,取 $0<\eta=\dfrac{|b|}{2}<|b|$,由保号性知,存在 N_0,当 $n>N_0$ 时,有 $|y_n|>\dfrac{|b|}{2}$.

取 $N=\max\{N_0,N_2\}$,当 $n>N$ 时,有 $|y_n-b|<\varepsilon$,且 $|y_n|>\dfrac{|b|}{2}$,则

$$\left|\frac{1}{y_n}-\frac{1}{b}\right|=\frac{|y_n-b|}{|y_n||b|}<\frac{|y_n-b|}{|b|\left|\frac{b}{2}\right|}<\frac{2\varepsilon}{|b|^2},$$

由 ε 的任意性知,

$$\lim_{n\to\infty}\frac{1}{y_n}=\frac{1}{b}=\frac{1}{\lim\limits_{n\to\infty}y_n}(b\neq0).$$

注意 (1)数列极限的四则运算前提是两个数列的极限都存在;

(2)数列极限的四则运算法则可推广到有限个数列的四则运算求极限的情形.

例7 设 $x_n=\frac{1}{2^n}+\arctan n, y_n=2+\frac{1}{n^2}$，求下列极限：

(1) $\lim\limits_{n\to\infty}(x_n+y_n)$；(2) $\lim\limits_{n\to\infty}(x_n-y_n)$；(3) $\lim\limits_{n\to\infty}(x_ny_n)$；(4) $\lim\limits_{n\to\infty}\frac{x_n}{y_n}$.

解 由例6并结合性质5知，$\lim\limits_{n\to\infty}x_n=\frac{\pi}{2}, \lim\limits_{n\to\infty}y_n=2$，所以有

(1) $\lim\limits_{n\to\infty}(x_n+y_n)=\frac{\pi}{2}+2$；

(2) $\lim\limits_{n\to\infty}(x_n-y_n)=\frac{\pi}{2}-2$；

(3) $\lim\limits_{n\to\infty}(x_ny_n)=\frac{\pi}{2}\cdot 2=\pi$；

(4) $\lim\limits_{n\to\infty}\frac{x_n}{y_n}=\frac{\frac{\pi}{2}}{2}=\frac{\pi}{4}$.

例8 求 $\lim\limits_{n\to\infty}\frac{a_0n^m+A_1n^{m-1}+\cdots+a_{m-1}n+a_m}{b_0n^k+b_1n^{k-1}+\cdots+b_{k-1}n+b_k}$，其中 m 与 k 是正整数，$a_0\neq 0, b_0\neq 0$.

解 $\lim\limits_{n\to\infty}\frac{a_0n^m+A_1n^{m-1}+\cdots+a_{m-1}n+a_m}{b_0n^k+b_1n^{k-1}+\cdots+b_{k-1}n+b_k}$

$$=\lim_{n\to\infty}\frac{n^m\left(a_0+A_1\cdot\frac{1}{n}+\cdots+a_{m-1}\cdot\frac{1}{n^{m-1}}+a_m\cdot\frac{1}{n^m}\right)}{n^k\left(b_0+b_1\cdot\frac{1}{n}+\cdots+b_{k-1}\cdot\frac{1}{n^{k-1}}+b_k\cdot\frac{1}{n^k}\right)}$$

$$=\begin{cases}\frac{a_0}{b_0} & m=k\\ 0 & m<k\\ \infty & m>k\end{cases}$$

定义2.3 给定数列 $\{x_n\}$，如果任意从中挑选无穷多项并按照原有次序排列出来，即

$$x_{N_1}, x_{N_2}, \cdots, x_{N_k}, \cdots (N_1<N_2<\cdots<N_k<\cdots)$$

就得到一个以 k 为序号的数列 $\{x_{N_k}\}$，称为原数列 $\{x_n\}$ 的子数列，简称子列.

例如 $x_1, x_3, x_5, \cdots, x_{2k-1}, \cdots; x_2, x_4, x_6, \cdots, x_{2k}, \cdots; x_3, x_6, x_9, \cdots, x_{3k}, \cdots$ 都是 $\{x_n\}$ 的子列，这样的子列有无穷多个. 由子列的定义可知，$N_k\geqslant k$.

性质6（收敛数列与其子数列间的关系） 数列 $\{x_n\}$ 收敛的充要条件是 $\{x_n\}$ 的任一子列 $\{x_{N_k}\}$ 都收敛且极限相等.

子数列的收敛性

证 必要性. 设 $\{x_{N_k}\}$ 是 $\{x_n\}$ 的任意一个子列，由于 $\{x_n\}$ 收敛，即设 $\lim\limits_{n\to\infty}x_n=a$. $\forall\varepsilon>0, \exists N$，当 $n>N$ 时，恒有 $|x_n-a|<\varepsilon$.

取 $K=N$，当 $k>K$ 时，有 $N_k\geqslant k>K=N$，恒有 $|x_{N_k}-a|<\varepsilon$. 所以 $\lim\limits_{n\to\infty}x_{N_k}=a$.

充分性. 若 $\{x_n\}$ 的任意一个子列 $\{x_{n_k}\}$ 都收敛且极限相等，由于 $\{x_n\}$ 本身就是 $\{x_n\}$ 的一

个子列,故$\{x_n\}$收敛.

推论 数列$\{x_n\}$发散的充要条件是$\{x_n\}$有两个子列极限存在但不相等,或有一个子列极限不存在.

我们常用两个子数列极限存在但不相等来判断一个数列发散.

例 9 判断数列$\left\{\sin\frac{n\pi}{4}\right\}$的敛散性.

解 由于$\lim\limits_{k\to\infty}\sin\frac{4k\pi}{4}=0$,$\lim\limits_{k\to\infty}\sin\frac{(8k+2)\pi}{4}=1$,即两个子列$\left\{\sin\frac{4k\pi}{4}\right\}$,$\left\{\sin\frac{(8k+2)\pi}{4}\right\}$的极限都存在但不相等,故$\left\{\sin\frac{n\pi}{4}\right\}$发散.

2.1.3 数列极限存在的准则

数列极限存在的准则之夹挤准则

定理 2.1(夹挤准则) 如果数列$\{x_n\}$、$\{y_n\}$为收敛数列,且$\lim\limits_{n\to\infty}x_n=a$,$\lim\limits_{n\to\infty}y_n=a$,如果存在$N_0$,当$n>N_0$时,恒有$x_n\leqslant z_n\leqslant y_n$,那么数列$\{z_n\}$收敛,且$\lim\limits_{n\to\infty}z_n=a$.

证明 因为$\lim\limits_{n\to\infty}x_n=a$,$\lim\limits_{n\to\infty}y_n=a$,所以根据数列极限的定义,对于任意给定的正数$\varepsilon$,存在正整数$N_1$,当$n>N_1$时,有$|x_n-a|<\varepsilon$;又存在正整数$N_2$,当$n>N_2$时,有$|y_n-a|<\varepsilon$. 现取$N=\max\{N_1,N_2\}$,则当$n>N$时,有

$$|x_n-a|<\varepsilon,|y_n-a|<\varepsilon$$

同时成立,即

$$a-\varepsilon<x_n<a+\varepsilon,a-\varepsilon<y_n<a+\varepsilon$$

同时成立. 又因为$x_n\leqslant z_n\leqslant y_n$,所以当$n>N$时,有

$$a-\varepsilon<x_n\leqslant z_n\leqslant y_n<a+\varepsilon,$$

即

$$|z_n-a|<\varepsilon$$

成立. 这就证明了$\lim\limits_{n\to\infty}z_n=a$.

例 10 求$\lim\limits_{n\to\infty}\left(\frac{1}{\sqrt{n^2+1}}+\frac{1}{\sqrt{n^2+2}}+\cdots+\frac{1}{\sqrt{n^2+n}}\right)$.

解 由于$\frac{n}{\sqrt{n^2+n}}<\frac{1}{\sqrt{n^2+1}}+\cdots+\frac{1}{\sqrt{n^2+n}}<\frac{n}{\sqrt{n^2+1}}$,

又$\lim\limits_{n\to\infty}\frac{n}{\sqrt{n^2+n}}=\lim\limits_{n\to\infty}\frac{1}{\sqrt{1+\frac{1}{n}}}=1$,$\lim\limits_{n\to\infty}\frac{n}{\sqrt{n^2+1}}=\lim\limits_{n\to\infty}\frac{1}{\sqrt{1+\frac{1}{n^2}}}=1$,

故由夹挤准则,得

$$\lim_{n\to\infty}\left(\frac{1}{\sqrt{n^2+1}}+\frac{1}{\sqrt{n^2+2}}+\cdots+\frac{1}{\sqrt{n^2+n}}\right)=1.$$

例 11　求$\lim\limits_{n\to\infty}\left(\frac{1}{n^2}+\frac{1}{(n+1)^2}+\cdots+\frac{1}{(n+n)^2}\right)$.

解　设$x_n=\frac{1}{n^2}+\frac{1}{(n+1)^2}+\cdots+\frac{1}{(n+n)^2}$，显然有

$$\frac{n+1}{4n^2}=\frac{1}{(2n)^2}+\frac{1}{(2n)^2}+\cdots+\frac{1}{(2n)^2}<x_n<\frac{1}{n^2}+\frac{1}{n^2}+\cdots+\frac{1}{n^2}=\frac{n+1}{n^2},$$

又$\lim\limits_{n\to\infty}\frac{n+1}{4n^2}=0$，$\lim\limits_{n\to\infty}\frac{n+1}{n^2}=0$，由夹挤准则知$\lim\limits_{n\to\infty}x_n=0$，即

$$\lim_{n\to\infty}\left(\frac{1}{n^2}+\frac{1}{(n+1)^2}+\cdots+\frac{1}{(n+n)^2}\right)=0.$$

例 12　求$\lim\limits_{n\to\infty}\frac{a^n}{n!}(a>0)$.

解　$\frac{a^n}{n!}=\frac{a\cdot a\cdot\cdots\cdot a\cdot\cdots\cdot a}{1\cdot2\cdot3\cdots([a]+1)([a]+2)\cdots n}=c\cdot\frac{a\cdot a\cdot\cdots\cdot a\cdot\cdots\cdot a}{([a]+2)([a]+3)\cdots n}<\frac{c\cdot a}{n}$，

其中$c=\frac{a\cdot a\cdot\cdots\cdot a}{1\cdot2\cdot3\cdots([a]+1)}$，因此$0<\frac{a^n}{n!}<\frac{c\cdot a}{n}$，而$\lim\limits_{n\to\infty}\frac{c\cdot a}{n}=0$，所以$\lim\limits_{n\to\infty}\frac{a^n}{n!}=0$.

例 13　求$\lim\limits_{n\to\infty}\frac{n!}{n^n}$.

解　由$\frac{n!}{n^n}=\frac{1\cdot2\cdot3\cdot\cdots\cdot n}{n\cdot n\cdot n\cdot\cdots\cdot n}<\frac{1\cdot2\cdot n\cdot n\cdot\cdots\cdot n}{n\cdot n\cdot n\cdot\cdots\cdot n}=\frac{2}{n^2}$，易见$0<\frac{n!}{n^n}<\frac{2}{n^2}$. 又$\lim\limits_{n\to\infty}\frac{2}{n^2}=0$.

所以

$$\lim_{n\to\infty}\frac{n!}{n^2}=0.$$

例 14　求$\lim\limits_{n\to\infty}\sqrt[n]{n}$.

解　令$\sqrt[n]{n}=1+r_n(r_n\geqslant0)$，则

$$n=(1+r_n)^n=1+nr_n+\frac{n(n-1)}{2!}r_n^2+\cdots+r_n^N>\frac{n(n-1)}{2!}r_n^2(n>1),$$

因此，$0\leqslant r_n<\sqrt{\frac{2}{n-1}}$.

由于$\lim\limits_{n\to\infty}\sqrt{\frac{2}{n-1}}=0$，所以$\lim\limits_{n\to\infty}r_n=0$. 故$\lim\limits_{n\to\infty}\sqrt[n]{n}=\lim\limits_{n\to\infty}(1+r_n)=1+\lim\limits_{n\to\infty}r_n=1$.

例 15　求证$\lim\limits_{n\to\infty}\sqrt[n]{a}=1(a>0)$.

解　(1) 当$a=1$时，$\sqrt[n]{1}=1$，故$\lim\limits_{n\to\infty}\sqrt[n]{a}=\lim\limits_{n\to\infty}1=1$.

(2) 当$a>1$时，设$x_n=\sqrt[n]{a}$，显然$x_n>1$. 当$n>a$时，$x_n=\sqrt[n]{a}<\sqrt[n]{n}$. 由例 13 知$\lim\limits_{n\to\infty}\sqrt[n]{n}=1$，所以$\lim\limits_{n\to\infty}\sqrt[n]{a}=1(a>1)$.

(3) 当 $0<a<1$ 时,总存在一个正数 $b(b>1)$,使得 $a=\frac{1}{b}$,由(2)知 $\lim\limits_{n\to\infty}\sqrt[n]{b}=1$,所以

$$\lim_{n\to\infty}\sqrt[n]{a}=\lim_{n\to\infty}\sqrt[n]{\frac{1}{b}}=\frac{1}{\lim\limits_{n\to\infty}\sqrt[n]{b}}=\frac{1}{1}=1.$$

综合上述证明可知 $\lim\limits_{n\to\infty}\sqrt[n]{a}=1(a>0)$.

例 16　求 $\lim\limits_{n\to\infty}\left(1+\frac{1}{n}\right)^{\beta}$,其中 β 是任意常数.

解　当 $\beta=0$ 时,$\lim\limits_{n\to\infty}\left(1+\frac{1}{n}\right)^{\beta}=\lim\limits_{n\to\infty}\left(1+\frac{1}{n}\right)^{0}=1$.

当 β 为正整数 m 时,

$$\lim_{n\to\infty}\left(1+\frac{1}{n}\right)^{m}=\lim_{n\to\infty}\underbrace{\left(1+\frac{1}{n}\right)\left(1+\frac{1}{n}\right)\cdots\left(1+\frac{1}{n}\right)}_{m个}=\underbrace{1\cdot1\cdots1}_{m个}=1.$$

当 β 为负整数 $-k$ 时,

$$\lim_{n\to\infty}\left(1+\frac{1}{n}\right)^{-k}=\lim_{n\to\infty}\frac{1}{\left(1+\frac{1}{n}\right)^{k}}=1.$$

一般地,设 $[\beta]=m$,则 m 为固定的整数,且 $m\leqslant\beta<m+1$,并有

$$\left(1+\frac{1}{n}\right)^{m}\leqslant\left(1+\frac{1}{n}\right)^{\beta}<\left(1+\frac{1}{n}\right)^{m+1}$$

且 $\lim\limits_{n\to\infty}\left(1+\frac{1}{n}\right)^{m}=1$, $\lim\limits_{n\to\infty}\left(1+\frac{1}{n}\right)^{m+1}=1$. 由夹挤准则知 $\lim\limits_{n\to\infty}\left(1+\frac{1}{n}\right)^{\beta}=1$.

如果数列 $\{x_n\}$ 满足条件

$$x_1\leqslant x_2\leqslant x_3\leqslant\cdots\leqslant x_n\leqslant x_{n+1}\leqslant\cdots,$$

就称数列 $\{x_n\}$ 是单调增加的;如果数列 $\{x_n\}$ 满足条件

$$x_1\geqslant x_2\geqslant x_3\geqslant\cdots\geqslant x_n\geqslant x_{n+1}\geqslant\cdots,$$

就称数列 $\{x_n\}$ 是单调减少的. 单调增和单调减数列统称为单调数列.

前面我们讲过,收敛的数列一定有界,但有界的数列不一定收敛. 那么满足什么条件的有界数列才收敛呢? 我们有下面的定理:

定理 2.2(单调有界准则)　如果数列 $\{x_n\}$ 单调增加(减少)有上界(下界),则数列 $\{x_n\}$ 收敛,即单调有界数列一定有极限.

数列极限存在的准则之单调有界准则

对于定理 2.2 我们不作证明,而给出如下几何解释.

从数轴上看,对应于单调数列的点 x_n 只可能向一个方向移动,所以只有两种可能的情形:或者点 x_n 沿数轴移向无穷远($x_n\to+\infty$ 或 $x_n\to-\infty$);或者点 x_n 无限趋于某一个定点 A(图 2.10),也就是数列 $\{x_n\}$ 趋于一个极限. 但现在假定数列是有界的,而有界数列的点 x_n 都落在数轴上某一个区间 $[-M,M]$ 内,那么上述第一种情形就不可能发生了. 这就表示这个数列趋于一个极限,并且这个极限的绝对值不超过 M.

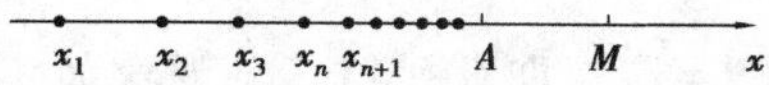

x_1　x_2　x_3　x_n　x_{n+1}　A　M　x

图 2.10

例 17　设有数列 $x_1=\sqrt{3}, x_2=\sqrt{3+x_1}, \cdots, x_n=\sqrt{3+x_{n-1}}, \cdots$，求 $\lim\limits_{n\to\infty} x_n$.

证　显然 $x_{n+1}>x_n$，所以数列 $\{x_n\}$ 是单调递增的. 下面利用数学归纳法证明 $\{x_n\}$ 有界.

因为 $x_1=\sqrt{3}<3$，假定 $x_k<3$，则 $x_{k+1}=\sqrt{3+x_k}<\sqrt{3+3}<3$. 所以 $\{x_n\}$ 是有界的. 从而 $\lim\limits_{n\to\infty} x_n$ 存在，设 $\lim\limits_{n\to\infty} x_n=A$.

由递推关系 $x_{n+1}=\sqrt{3+x_n}$，得 $x_{n+1}^2=3+x_n$，故 $\lim\limits_{n\to\infty} x_{n+1}^2=\lim\limits_{n\to\infty}(3+x_n)$，即 $A^2=3+A$，解得

$$A=\frac{1+\sqrt{13}}{2},\ A=\frac{1-\sqrt{13}}{2}\ (舍去).$$

所以 $\lim\limits_{n\to\infty} x_n=\dfrac{1+\sqrt{13}}{2}$.

例 18　设 $a>0$ 且为常数，数列 $\{x_n\}$ 由下式定义：

$$x_n=\frac{1}{2}\left(x_{n-1}+\frac{a}{x_{n-1}}\right)\quad (n=1,2,\cdots\cdots)$$

其中 x_0 为大于零的常数，求 $\lim\limits_{n\to\infty} x_n$.

解　先证明数列 $\{x_n\}$ 的极限的存在性.

由 $x_n=\dfrac{1}{2}\left(x_{n-1}+\dfrac{a}{x_{n-1}}\right)\Rightarrow 2x_nx_{n-1}=x_{n-1}^2+a$，即 $(x_n-x_{n-1})^2=x_n^2-a\Rightarrow x_n^2\geqslant a$.

由 $a>0, x_0>0$ 知，$x_n>0$，因此 $x_n\geqslant\sqrt{a}$，即 x_n 有下界.

又 $\dfrac{x_{n+1}}{x_n}=\dfrac{1}{2}\left(1+\dfrac{a}{x_n^2}\right)=\dfrac{1}{2}+\dfrac{1}{2}\dfrac{a}{x_n^2}\leqslant 1$，故数列 x_n 单调减少，由单调有界准则知 $\lim\limits_{n\to\infty} x_n$ 存在.

不妨设 $\lim\limits_{n\to\infty} x_n=A$ 对式子 $x_n=\dfrac{1}{2}\left(x_{n-1}+\dfrac{a}{x_{n-1}}\right)$ 两边取极限得：$A=\dfrac{1}{2}\left(A+\dfrac{a}{A}\right)$，

解之得 $A=\sqrt{a}$，即 $\lim\limits_{n\to\infty} x_n=\sqrt{a}$.

例 19　证明重要极限 $\lim\limits_{n\to\infty}\left(1+\dfrac{1}{n}\right)^n$ 存在.

证　设 $x_n=\left(1+\dfrac{1}{n}\right)^n$，因为

$$\sqrt[n+1]{x_n}=\sqrt[n+1]{\left(1+\frac{1}{n}\right)^n\cdot 1}$$

$$<\frac{1}{n+1}\left[\left(1+\frac{1}{n}\right)\cdot n+1\right]=\frac{1}{n+1}[(n+1)+1]=1+\frac{1}{n+1},$$

所以,$x_n=(1+\frac{1}{n})^n<(1+\frac{1}{n+1})^{n+1}=x_{n+1}$,即数列$\{x_n\}$单调增加.

又因为

$$\frac{1}{x_n}=\frac{1}{\left(1+\frac{1}{n}\right)^n}=\left(\frac{n}{n+1}\right)^n$$

$$=\left[\frac{(n-1)\cdot 1+\frac{1}{2}+\frac{1}{2}}{n+1}\right]^n>\left(\sqrt[n+1]{\underbrace{1\cdot 1\cdot\cdots\cdot 1}_{(n-1)\text{个}1}\cdot\frac{1}{2}\cdot\frac{1}{2}}\right)^n=\left(\frac{1}{4}\right)^{\frac{n}{n+1}}$$

所以,$x_n<4^{\frac{n}{n+1}}<4$,即数列$\{x_n\}$有界.

综上所述,由单调有界准则可知$\lim\limits_{n\to\infty}x_n=\lim\limits_{n\to\infty}\left(1+\frac{1}{n}\right)^n$存在.

设此极限为 e,于是

$$\lim_{n\to\infty}\left(1+\frac{1}{n}\right)^n=\mathrm{e}.$$

可以证明,e 是一个无理数,$\mathrm{e}=2.718\,281\,828\,459\,045\cdots$.

指数函数 $y=\mathrm{e}^x$ 以及对数函数 $y=\ln x$ 中的底 e 就是这个常数.

习题 2.1

1. 写出下列数列$\{x_n\}$的前 5 项,并结合图形观察当 $n\to\infty$时,哪些数列有极限,极限为多少?哪些数列没有极限?

(1)$x_n=1-\frac{1}{2^n}$　　(2)$x_n=\frac{n^2-1}{n}$

(3)$x_n=\frac{n-1}{n+1}$　　(4)$x_n=(-1)^n n$

(5)$x_n=\sin\frac{\pi}{n}$　　(6)$x_n=\frac{1+(-1)^n}{2}$

2. 用极限的定义证明:

(1)若 $k>0$,则$\lim\limits_{n\to\infty}\frac{1}{n^k}=0$　　(2)$\lim\limits_{n\to\infty}\frac{2n+1}{3n+1}=\frac{2}{3}$

3. 设 $x_1=0.9$,$x_2=0.99$,$\cdots$,$x_n=\overbrace{0.99\cdots9}^{n}$,求$\lim\limits_{n\to\infty}x_n$. 如果要使 x_n 与其极限之差的绝对值小于 0.000 1,问 n 应满足什么条件?

4. 设数列$\{x_n\}$有界,且$\lim\limits_{n\to\infty}y_n=0$,证明$\lim\limits_{n\to\infty}x_ny_n=0$.

5. 设数列$\{x_n\}$收敛,求证数列$\{x_n\}$必定有界.

6. 设 $x_n=\frac{1+2+\cdots+n}{n^2}$,$y_n=1+\frac{1}{2}+\frac{1}{4}+\cdots+\frac{1}{2^{n-1}}$,求下列极限:

(1) $\lim\limits_{n\to\infty}(x_n+y_n)$　　(2) $\lim\limits_{n\to\infty}(x_n-y_n)$

(3) $\lim\limits_{n\to\infty}(x_ny_n)$　　(4) $\lim\limits_{n\to\infty}\dfrac{x_n}{y_n}$

7. 求下列极限：

(1) $\lim\limits_{n\to\infty}\dfrac{(n+1)(n+2)(n+3)}{5n^3}$　　(2) $\lim\limits_{n\to\infty}(\sqrt{n^2+1}-\sqrt{n^2-1})$

(3) $\lim\limits_{n\to\infty}\left[\dfrac{1}{1\times2}+\dfrac{1}{2\times3}+\cdots+\dfrac{1}{n(n+1)}\right]$　　(4) $\lim\limits_{n\to\infty}\dfrac{1+(-1)^n}{n}$

8. 求下列极限：

(1) $\lim\limits_{n\to\infty}\left[\dfrac{1}{n^2}+\dfrac{1}{(n+1)^2}+\cdots+\dfrac{1}{(n+n)^2}\right]$　　(2) $\lim\limits_{n\to\infty}\dfrac{\sqrt[3]{n^2}\sin n}{n+1}$

9. 利用极限存在准则证明：

(1) $\lim\limits_{n\to\infty}\sqrt{1+\dfrac{1}{n}}=1$

(2) $\lim\limits_{n\to\infty}n\left(\dfrac{1}{n^2+\pi}+\dfrac{1}{n^2+2\pi}+\cdots+\dfrac{1}{n^2+n\pi}\right)=1$

(3) 数列 $\sqrt{2}$，$\sqrt{2+\sqrt{2}}$，$\sqrt{2+\sqrt{2+\sqrt{2}}}$，…的极限存在

[阅读材料]

斐波那契数列与黄金分割问题

斐波那契是欧洲中世纪颇具影响的数学家，公元 1170 年出生于意大利的比萨，早年曾就读于阿尔及尔东部的小港布日，后来又以商人的身份游历了埃及、希腊、叙利亚等地，掌握了当时较为先进的阿拉伯算术、代数和古希腊的数学成果，经过整理研究和发展之后，把它们介绍到欧洲. 公元 1202 年，斐波那契的传世之作《算法之术》出版. 在这部名著中，斐波那契提出了以下饶有趣味的问题.

有人想知道在一年中一对兔子可以繁殖多少对小兔子，就筑了墙把一对兔子圈了进去. 如果这对大兔一个月生一对小兔子，每产一对小兔必为一雌一雄，而每对小兔子生长一个月就成为大兔子，并且所有的兔子全部存活，那么一年后围墙内有多少对兔子.

假设在 1 月 1 日将一对小兔子放进围墙内，用○表示一对小兔子，用●表示一对大兔子. 每对大兔子经过一个月后又繁殖出一对小兔子○，一对小兔子经一个月变成一对大兔子●，不过还未生小兔子. 于是可画出兔子繁衍图(图 2.11).

由图 2.11 可知，6 月份共有 13 对兔子，从 3 月份开始每月的兔子总数恰好等于它前两个月兔子数的总和. 按此规律可写出数列：

$$1,2,3,5,8,13,21,34,55,89,144,233,\cdots$$

该数列称为斐波那契数列. 设其通项为 x_n，则该数列具有下述递推关系：

$$x_n=x_{n-1}+x_{n-2}\quad(n\geqslant3)$$

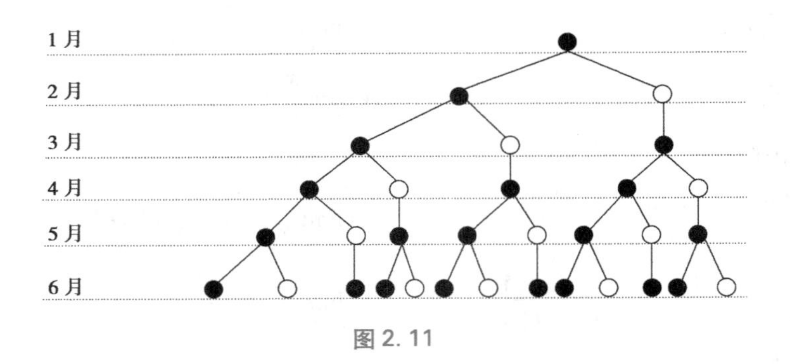

图 2.11

法国数学家比内求出了通项 x_n 为

$$x_n=\frac{1}{\sqrt{5}}\left(\left(\frac{1+\sqrt{5}}{2}\right)^{n+1}-\left(\frac{1-\sqrt{5}}{2}\right)^{n+1}\right)\quad (n=1,2,\cdots)$$

令人惊奇的是,比内公式中的 x_n 是用无理数的幂表示的,然而它所得的结果却是整数.

可以证明,与斐波那契数列密切相关的有两个重要极限:

$$\lim_{n\to\infty}\frac{x_n}{x_{n+1}}=\frac{\sqrt{5}-1}{2}\approx 0.618 \tag{1}$$

$$\lim_{n\to\infty}\frac{x_{n+1}}{x_n}=\frac{\sqrt{5}+1}{2}\approx 1.618 \tag{2}$$

由此可见,多月后兔子的总对数、成年兔子对数和仔兔的对数均以 61.8% 的速率增加.

生物学家也对此产生兴趣. 例如,树木的生长,由于新生的枝条往往需要一段"休息"时间,供自身生长,而后才能萌发新枝. 所以,一株树苗在一段间隔,例如,一年以后长出一条新枝,第二年新枝"休息",老枝依旧萌发,此后,老枝与"休息"过一年的枝同时萌发,当年生的新枝则次年"休息". 这样,一株树木各个年份的枝丫数,便构成斐波那契数列. 这个规律,就是生物学上著名的"鲁德维格定律".

数列 $\{x_n\}$ 有许多性质,美国有一份期刊《斐波那契季刊》,专门刊登有关斐波那契数列的最新性质.

由上述推导知,n 越大,数 $\frac{x_n}{x_{n+1}}$ 越接近 $\frac{\sqrt{5}-1}{2}$. 这就是说,一个所有的项都是有理数的数列,却与 $\frac{\sqrt{5}-1}{2}$ 这样一个无理数有着密切的关系. 这个数就是黄金分割的值.

有趣的是,这个数字在自然界和人们生活中到处可见. 如:①人的肚脐是人体总长的黄金分割点;②大多数门窗的长宽之比是 0.618…;③多数植物茎上,两张相邻叶柄的夹角为 137°28′,这恰好是把圆周分成 1:0.618…的两条半径的夹角,已经证明,这种角度对植物的通风和采光效果是最佳的.

黄金分割数 0.618…在求解最优化问题时起了重要作用,使优选法成为可能. 如在炼钢时需要加入某些化学元素来增加钢材的强度. 假设已知在每吨钢中需加某种化学元素的量为 1 000~2 000 g,为了求得最恰当的加入量,需要在区间[1 000,2 000]进行实验. 如采用"对分法"进行实验(在区间的中点取值的实验结果与两端点取值的实验结果进行比较,选出最佳的元素加入量的方法),其实验次数远远超过采用 0.618…点处作为实验点的实验次数,这种方法称为优选法,也称 0.618 法. 实验证明,用 0.618 法做 16 次实验,就可以完成"对分法"做 2 600 次实验所达到的效果.

2.2 函数的极限

数列是定义在正整数集合上的函数,它的极限只是一种特殊的函数的极限. 现在,我们讨论定义于实数集合上的函数 $y=f(x)$ 的极限.

2.2.1 当 $x\to\infty$ 时函数 $y=f(x)$ 的极限

当变量趋于无穷大时函数的极限

魏尔斯特拉斯-函数的极限

考察函数 $y=1+\dfrac{1}{x}(x\neq0)$,观察下面的计算结果(表 2.1)及其图形(图 2.12).

表 2.1

x	$f(x)$	x	$f(x)$
500	1.002	−500	0.998
1 000	1.001	−1 000	0.999
1 500	1.000 667	−1 500	0.999 333
2 000	1.000 5	−2 000	0.999 5
2 500	1.000 4	−2 500	0.999 6
3 000	1.000 333	−3 000	0.999 667
3 500	1.000 286	−3 500	0.999 714
4 000	1.000 25	−4 000	0.999 75
4 500	1.000 222	−4 500	0.999 778
5 000	1.000 2	−5 000	0.999 8
5 500	1.000 182	−5 500	0.999 818
6 000	1.000 167	−6 000	0.999 833
6 500	1.000 154	−6 500	0.999 846
7 000	1.000 143	−7 000	0.999 857
7 500	1.000 133	−7 500	0.999 867
8 000	1.000 125	−8 000	0.999 875
8 500	1.000 118	−8 500	0.999 882
9 000	1.000 111	−9 000	0.999 889
9 500	1.000 105	−9 500	0.999 895
10 000	1.000 1	−10 000	0.999 9

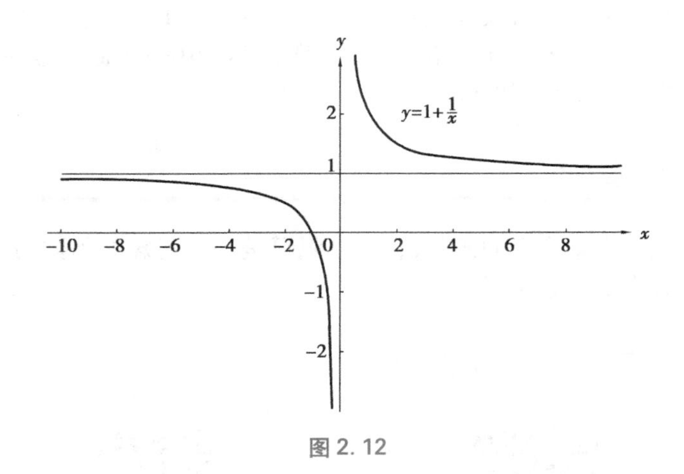

图 2.12

不难看出,当$|x|$无限增大时,y 无限地接近于常数 1. 和数列一样,"当$|x|$无限增大时,y 无限地接近于常数 1",是指"当$|x|$无限增大时,y 与 1 的距离即$|y-1|$可以任意小".

而对于任意给定的正数 ε,要使

$$|y-1|=\left|\left(1+\frac{1}{x}\right)-1\right|=\left|\frac{1}{x}\right|<\varepsilon,$$

只要取$|x|>\dfrac{1}{\varepsilon}$就可以了. 亦即当 x 进入区间

$$\left(-\infty,-\frac{1}{\varepsilon}\right)\cup\left(\frac{1}{\varepsilon},+\infty\right)$$

时,$|y-1|<\varepsilon$ 恒成立. 这时我们就称 x 趋于无穷大时,$y=1+\dfrac{1}{x}$的极限为 1.

与数列的情况类似,这里正数 ε 用来衡量函数 y 和常数 1 的接近程度,而由不等式$|y-1|<\varepsilon$ 解出的$|x|>\dfrac{1}{\varepsilon}$,表明当$|x|>\dfrac{1}{\varepsilon}$时,可以认为$|x|$增大到了充分大,我们把这个刚刚可以认为$|x|$充分大的数记作 X,这个 X 相当于数列极限"ε-N"定义中的 N,只是这里的 X 是一个实数,而数列极限定义中的 N 通常取正整数. 下面我们给出函数极限的"ε-X"定义.

定义 2.4　设函数$f(x)$在$|x|>M$(M 为某一正数)时有定义,如果存在常数 A,使得对于任意给定的正数 ε,无论它多么小,总存在正数 X,使得对于$|x|>X$ 的一切 x,不等式

$$|f(x)-A|<\varepsilon$$

恒成立,则称常数 A 是函数$f(x)$当 $x\to\infty$时的极限,记作

$$\lim_{x\to\infty}f(x)=A \quad 或 \quad f(x)\to A(x\to\infty)$$

如果这样的常数不存在,那么称当 $x\to\infty$时函数$f(x)$极限不存在.

定义中正数 ε 可以任意给定是很重要的,因为只有这样,不等式$|f(x)-A|<\varepsilon$ 才能表达出$f(x)$与 A 无限接近的意思. 此外还应注意到:定义中正数 X 是与任意给定的正数 ε 密切相关的,它随着 ε 的给定而选定. 一般地,ε 越小,相应的 X 越大.

当 $x\to\infty$时$f(x)$以 A 为极限的几何解释:对于任意给定的正数 ε,在坐标平面上作出两条平行直线 $y=A-\varepsilon$ 与 $y=A+\varepsilon$,两平行直线之间形成一个带形区域. 无论 ε 多么小,即无论带形区域多么狭窄,总可以找到 $X>0$,使得点$(x, f(x))$的横坐标 x 全部落入区间$(-\infty,-X)\cup$

$(X,+\infty)$ 时，纵坐标全部落入区间 $(A-\varepsilon,A+\varepsilon)$ 内. 此时 $y=f(x)$ 的图形处于带形区域之内. ε 越小，则带形区域越狭窄，如图 2.13 所示.

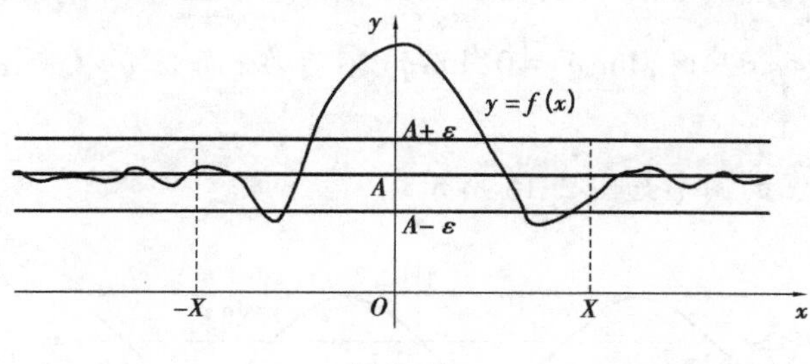

图 2.13

有时我们还需要区分 x 趋于无穷大的符号. 如果 $x>0$ 且无限增大，则称 x 趋于正无穷大，记作 $x\to+\infty$，只要把上述定义中 $|x|>X$ 改为 $x>X$，就得到 $\lim\limits_{x\to+\infty}f(x)=A$ 的定义；同样，如果 $x<0$ 且 $|x|$ 无限增大，则称 x 趋于负无穷大，记作 $x\to-\infty$，只要把上述定义中 $|x|>X$ 改为 $x<-X$，就得到 $\lim\limits_{x\to-\infty}f(x)=A$ 的定义.

由上面的定义，容易得到

定理 2.3 $\lim\limits_{x\to\infty}f(x)=A$ 的充分必要条件是 $\lim\limits_{x\to-\infty}f(x)=\lim\limits_{x\to+\infty}f(x)=A$.

这是判断当 $x\to\infty$ 时 $f(x)$ 是否有极限的唯一工具. 其逆否命题为

推论 若 $\lim\limits_{x\to+\infty}f(x)$ 与 $\lim\limits_{x\to-\infty}f(x)$ 存在但不相等，或 $\lim\limits_{x\to+\infty}f(x)$ 与 $\lim\limits_{x\to-\infty}f(x)$ 至少有一个不存在，则 $\lim\limits_{x\to\infty}f(x)$ 不存在.

例 1 用极限定义证明 $\lim\limits_{x\to\infty}\dfrac{\sin x}{x}=0$.

证 因为 $\left|\dfrac{\sin x}{x}-0\right|=\left|\dfrac{\sin x}{x}\right|\leqslant\dfrac{1}{|x|}$，于是 $\forall\varepsilon>0$，可取 $X=\dfrac{1}{\varepsilon}$，则当 $|x|>X$ 时，恒有 $\left|\dfrac{\sin x}{x}-0\right|<\varepsilon$，故 $\lim\limits_{x\to\infty}\dfrac{\sin x}{x}=0$.

例 2 结合函数的图形，用观察分析的方式求下列极限：

(1) $\lim\limits_{x\to+\infty}e^{x}$，　(2) $\lim\limits_{x\to-\infty}e^{x}$，　(3) $\lim\limits_{x\to+\infty}e^{-x}$，　(4) $\lim\limits_{x\to-\infty}e^{-x}$，

(5) $\lim\limits_{x\to\infty}\sin x$，　(6) $\lim\limits_{x\to+\infty}\arctan x$，　(7) $\lim\limits_{x\to-\infty}\arctan x$，　(8) $\lim\limits_{x\to+\infty}\ln x$.

解 函数 $y=e^{x}$ 和函数 $y=e^{-x}$ 的图形如图 2.14 所示.

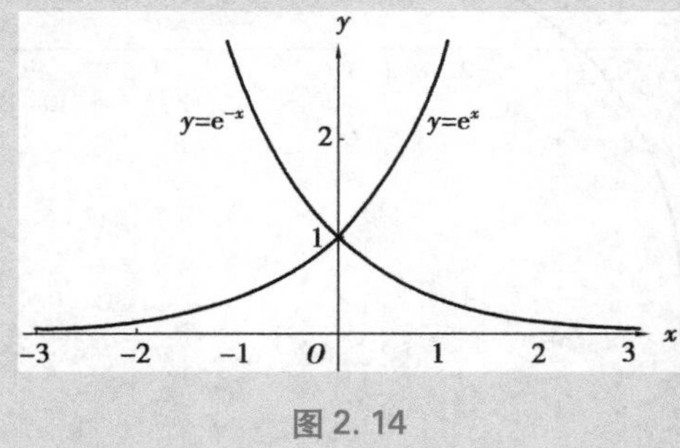

图 2.14

由图 2.14 可知：

(1) $\lim\limits_{x\to+\infty} e^x$ 不存在，(2) $\lim\limits_{x\to-\infty} e^x=0$，(3) $\lim\limits_{x\to+\infty} e^{-x}=0$，(4) $\lim\limits_{x\to-\infty} e^{-x}$ 不存在.

更一般地，当 $0<q<1$ 时，$\lim\limits_{x\to+\infty} q^x=0$，$\lim\limits_{x\to-\infty} q^x$ 不存在；而当 $q>1$ 时，$\lim\limits_{x\to-\infty} q^x=0$，$\lim\limits_{x\to+\infty} q^x$ 不存在.

(5) 函数 $y=\sin x$ 的图形如图 2.15 所示.

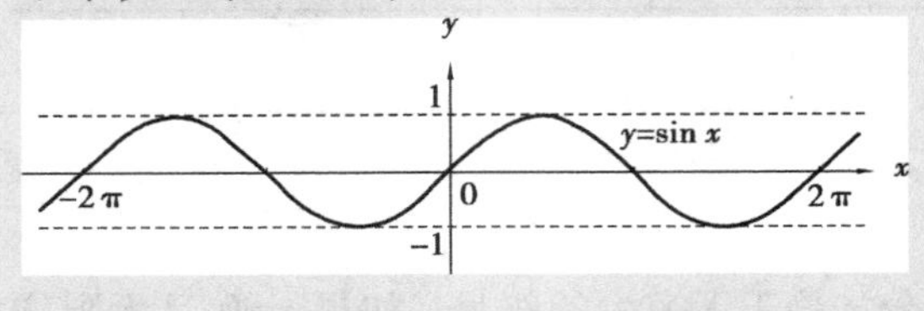

图 2.15

由图 2.15 可知，$\lim\limits_{x\to\infty}\sin x$ 不存在.

函数 $y=\arctan x$ 的图形如图 2.16 所示.

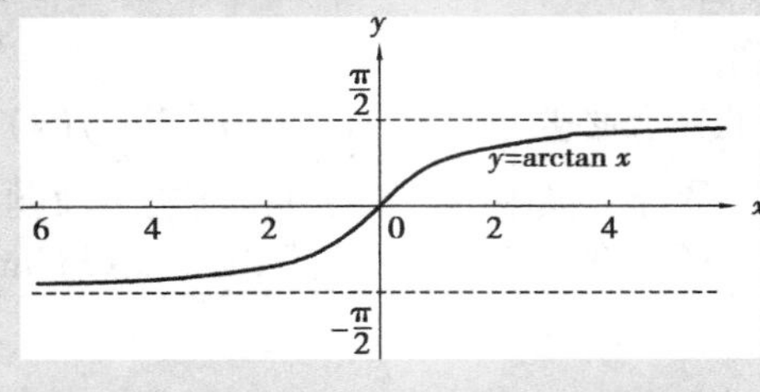

图 2.16

由图 2.16 可知：

(6) $\lim\limits_{x\to+\infty}\arctan x=\dfrac{\pi}{2}$.

(7) $\lim\limits_{x\to-\infty}\arctan x=-\dfrac{\pi}{2}$.

(8) 函数 $y=\ln x$ 的图形如图 2.17 所示.

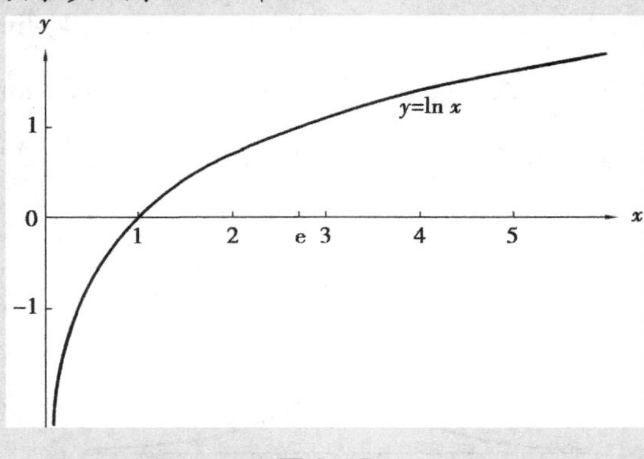

图 2.17

由图 2.17 可知，$\lim\limits_{x \to +\infty} \ln x$ 不存在.

思考：在例 2 的各个极限中，如果将“$x \to +\infty$”或“$x \to +\infty$”都改为“$x \to \infty$”，结果会如何？

2.2.2　当 $x \to x_0$ 时函数 $y=f(x)$ 的极限

自变量趋于有限值时函数的极限

考察函数 $f(x)=2x+3$，观察下面的计算结果(表 2.2)及其图形(图 2.18).

表 2.2

x	$f(x)$
1.5	6
1.8	6.6
1.9	6.8
1.99	6.98
1.999	6.998
1.999 9	6.999 8
…	…
2.000 1	7.000 2
2.001	7.002
2.01	7.02
2.1	7.2
2.3	7.6
2.5	8

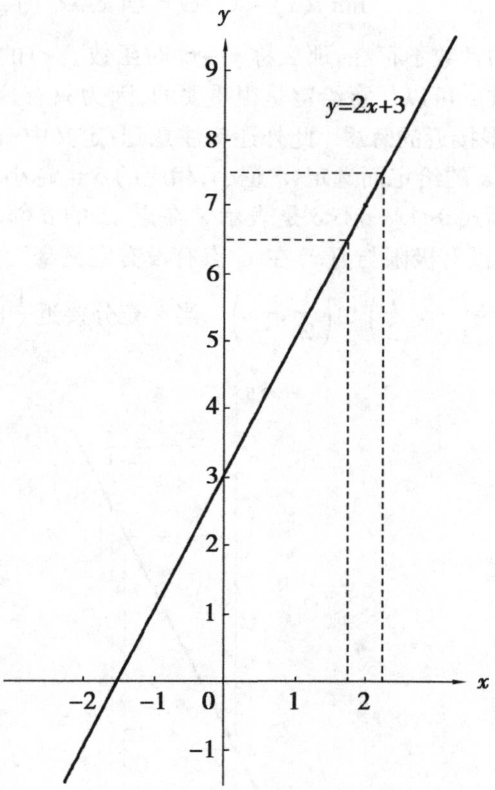

图 2.18

容易看到，当 x 无论从左侧还是右侧无限接近于 2 但又不等于 2 时，$2x+3$ 无限接近于 7. 于是我们说：当 x 趋于 2 时，$2x+3$ 趋于 7，
或记成

$$当\ x\to 2\ 时,2x+3\to 7.$$

一般地,当 x 无限接近于 x_0 但又不等于 x_0 时,函数 $f(x)$ 无限接近于常数 A,则称这个常数 A 是当 x 趋于 x_0 时函数 $f(x)$ 的极限. 记作 $\lim\limits_{x\to x_0}f(x)=A$.

对于 $\lim\limits_{x\to x_0}f(x)=A$,我们应当理解为:当 x 充分接近 x_0 时,$|f(x)-A|$ 可以任意地小. 从图 2.18 可以看出,事先给定一个 $f(x)$ 与常数 A 的接近程度,相应地可以确定一个 x 与 x_0 的接近程度. 习惯上用 δ 来表达 x 与 x_0 的接近程度,用 ε 来表示 $f(x)$ 与常数 A 的接近程度,我们有函数极限的"ε-δ"定义如下:

定义 2.5 设函数 $f(x)$ 在点 x_0 的某空心邻域内有定义,如果存在常数 A,使得对于任意给定的正数 ε,无论它多么小,总存在正数 δ,使得当 $0<|x-x_0|<\delta$ 时,不等式

$$|f(x)-A|<\varepsilon$$

恒成立,则称常数 A 是函数 $f(x)$ 当 $x\to x_0$ 时的极限,记作

$$\lim_{x\to x_0}f(x)=A \quad 或 \quad 当\ x\to x_0\ 时,f(x)\to A$$

如果这样的常数不存在,那么称 $x\to x_0$ 时函数 $f(x)$ 的极限不存在.

定义中正数 ε 可以任意给定是很重要的,因为只有这样,不等式 $|f(x)-A|<\varepsilon$ 才能表达出 $f(x)$ 与 A 无限接近的意思. 此外还应注意到:定义中,正数 δ 是与任意给定的正数 ε 密切相关的,它随着 ε 的给定而选定,ε 越小,相应的 δ 也越小.

定义中不等式 $0<|x-x_0|<\delta$ 是表示 x 在点 x_0 的 δ 邻域内,但 $x\neq x_0$. 这是因为当 $x\to x_0$ 时,函数 $f(x)$ 有没有极限与 $f(x)$ 在 x_0 点有没有定义毫无关系. 如图 2.19 所示,函数 $f(x)=\dfrac{4x^2-1}{2x-1}$ 的定义域为 $\left(-\infty,\dfrac{1}{2}\right)\cup\left(\dfrac{1}{2},+\infty\right)$. 当 x 充分接近 $\dfrac{1}{2}$ 时,函数 $f(x)$ 无限接近于常数 2.

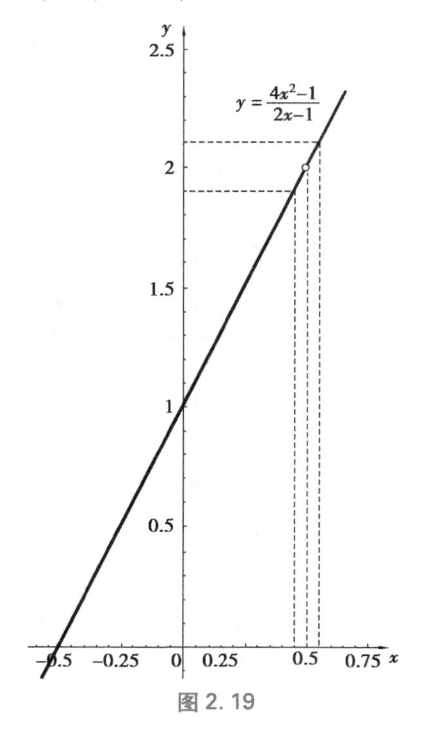

图 2.19

当 $x \to x_0$ 时 $f(x)$ 以 A 为极限的几何解释：对于任意给定的正数 ε，无论 ε 多么小，即无论直线 $y=A-\varepsilon$ 与 $y=A+\varepsilon$ 之间的带形区域多么狭窄，总可以找到 $\delta>0$，当点 $(x,f(x))$ 的横坐标 x 进入区间 $(x_0-\delta,x)\cup(x,x_0+\delta)$ 时，纵坐标全部落入区间 $(A-\varepsilon,A+\varepsilon)$ 内．此时 $y=f(x)$ 的图形处于带形区域之内．ε 越小，则带形区域越狭窄，如图 2.20 所示．

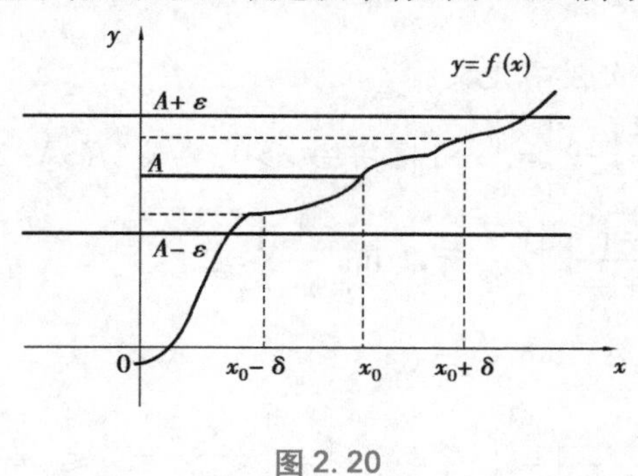

图 2.20

例 3　设 $y=2x-1$，对下列不同的 ε 值，求一个相应的 δ，使得当 $|x-4|<\delta$ 时，有 $|y-7|<\varepsilon$.

(1) $\varepsilon=0.1$；(2) $\varepsilon=0.01$；(3) $\varepsilon=0.001$.

解　(1) 欲使 $|y-7|<0.1$，即

$$|y-7|=|(2x-1)-7|=|2x-8|=2|x-4|<0.1$$

从而
$$|x-4|<\frac{0.1}{2}=0.05,$$

故可取 $\delta=0.05$，当 $|x-4|<\delta$ 时，有 $|y-7|<0.1$.

(2) 欲使 $|y-7|<0.01$，即

$$|y-7|=|(2x-1)-7|=|2x-8|=2|x-4|<0.01$$

从而
$$|x-4|<\frac{0.01}{2}=0.005,$$

故可取 $\delta=0.005$，当 $|x-4|<\delta$ 时，有 $|y-7|<0.01$.

(3) 欲使 $|y-7|<0.001$，即

$$|y-7|=|(2x-1)-7|=|2x-8|=2|x-4|<0.001$$

从而
$$|x-4|<\frac{0.001}{2}=0.0005,$$

故可取 $\delta=0.0005$ 时，当 $|x-4|<\delta$ 时，有 $|y-7|<0.001$.

例 4　(1) 证明 $\lim\limits_{x\to x_0} C=C$（$C$ 为常数）.

(2) 证明 $\lim\limits_{x\to x_0} x=x_0$.

证明　(1) 任给 $\varepsilon>0$，对于任取的 $\delta>0$，当 $0<|x-x_0|<\delta$ 时，都有 $|f(x)-C|=|C-C|=0<\varepsilon$，所以 $\lim\limits_{x\to x_0} C=C$.

(2) 因为 $|f(x)-x_0|=|x-x_0|$，任给 $\varepsilon>0$，取 $\delta=\varepsilon$，当 $0<|x-x_0|<\delta=\varepsilon$ 时，$|f(x)-x_0|=|x-x_0|<\varepsilon$ 成立，所以 $\lim\limits_{x\to x_0}x=x_0$.

例 5 证明 $\lim\limits_{x\to 1}\dfrac{x^2-1}{x-1}=2$.

证明 函数在点 $x=1$ 处没有定义，

因为 $|f(x)-2|=\left|\dfrac{x^2-1}{x-1}-2\right|=|x-1|$，任给 $\varepsilon>0$，要使 $|f(x)-2|<\varepsilon$，只要取 $\delta=\varepsilon$，则当 $0<|x-1|<\delta$ 时，就有 $\left|\dfrac{x^2-1}{x-1}-2\right|<\varepsilon$，所以 $\lim\limits_{x-1}\dfrac{x^2-1}{x-1}=2$.

例 6 证明：当 $x_0>0$ 时，$\lim\limits_{x\to x_0}\sqrt{x}=\sqrt{x_0}$.

证明 因为 $|f(x)-\sqrt{x_0}|=|\sqrt{x}-\sqrt{x_0}|=\left|\dfrac{x-x_0}{\sqrt{x}+\sqrt{x_0}}\right|\leqslant\dfrac{|x-x_0|}{\sqrt{x_0}}$，任给 $\varepsilon>0$，要使 $|f(x)-\sqrt{x_0}|<\varepsilon$，则要 $|x-x_0|<\sqrt{x_0}\,\varepsilon$ 且 $x\geqslant 0$，取 $\delta=\min\{x_0,\sqrt{x_0}\,\varepsilon\}$，则当 $0<|x-x_0|<\delta$ 时，就有 $|\sqrt{x}-\sqrt{x_0}|<\varepsilon$，所以 $\lim\limits_{x\to x_0}\sqrt{x}=\sqrt{x_0}$.

2.2.3 左极限与右极限

在上面讨论 $\lim\limits_{x\to x_0}f(x)=A$ 时，$x\to x_0$ 的方式是任意的，可以从 x_0 的左侧，也可以从 x_0 的右侧无限接近 x_0. 但在有些问题中，往往只能或只需要考虑当 x 从 x_0 的一侧无限接近 x_0 时函数 $f(x)$ 的极限. 例如，函数

$$f(x)=\begin{cases}1 & x<0\\ x & x\geqslant 0\end{cases}$$

如图 2.21 所示.

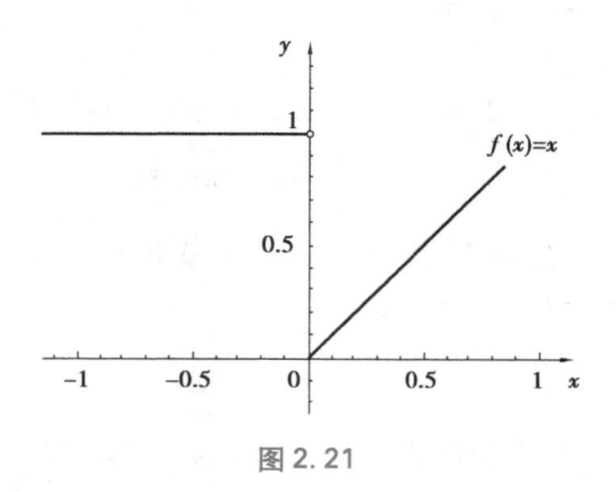

图 2.21

容易看出，当 x 从 0 的左侧趋于 0 时，$f(x)$ 趋于 1；而当 x 从 0 的右侧趋于 0 时，$f(x)$ 趋于 0. 我们分别称它们是 x 趋于 0 时 $f(x)$ 的左极限和右极限.

再考察当 x 趋于 0 时 $y=\sqrt{x}$ 的极限. 由于函数的定义域为 $[0,+\infty)$，因此只能考察其右

极限. 对于 $y=\sqrt{-x}$,由于其定义域为$(-\infty,0]$,因此只能考察其左极限.

定义 2.6　如果对于任意给定的正数 ε,无论它多么小,总存在正数 δ,使得当 $-\delta<x-x_0<0$ 时,不等式

$$|f(x)-A|<\varepsilon$$

恒成立,则称常数 A 是函数 $f(x)$ 当 $x\to x_0$ 时的左极限,记作

$$\lim_{x\to x_0^-}f(x)=A \quad 或 \quad f(x_0-0)=A$$

如果对于任意给定的正数 ε,无论它多么小,总存在正数 δ,使得当 $0<x-x_0<\delta$ 时,不等式

$$|f(x)-A|<\varepsilon$$

恒成立,则称常数 A 是函数 $f(x)$ 当 $x\to x_0$ 时的右极限,记作

$$\lim_{x\to x_0^+}f(x)=A \quad 或 \quad f(x_0+0)=A$$

极限的统一定义

定理 2.4　$\lim\limits_{x\to x_0}f(x)=A$ 的充分必要条件是左右极限都存在并且相等,即

$$f(x_0-0)=f(x_0+0)=A.$$

例 7　结合函数 $f(x)$ 的图形(图 2.22),求下列极限:

(1) $\lim\limits_{x\to-\infty}f(x)$;(2) $\lim\limits_{x\to-5}f(x)$;(3) $\lim\limits_{x\to-3}f(x)$;(4) $\lim\limits_{x\to-1}f(x)$;

(5) $\lim\limits_{x\to0}f(x)$;(6) $\lim\limits_{x\to1}f(x)$;(7) $\lim\limits_{x\to3}f(x)$;(8) $\lim\limits_{x\to+\infty}f(x)$.

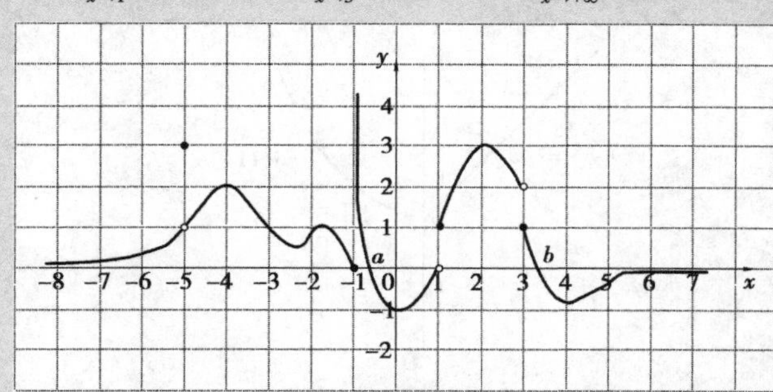

图 2.22

解　由图形可知,

(1) $\lim\limits_{x\to-\infty}f(x)=0$;

(2) $\lim\limits_{x\to-5}f(x)=1$;

(3) $\lim\limits_{x\to-3}f(x)=1$;

(4) $\lim\limits_{x\to-1}f(x)$ 不存在,因为 $f(-1-0)=0$,而当 $x\to1^+$ 时,函数 $f(x)$ 的极限不存在;

(5) $\lim\limits_{x\to0}f(x)=-1$;

(6) $\lim\limits_{x\to1}f(x)$ 不存在,因为 $f(1-0)=0$,而 $f(1+0)=1$;

(7) $\lim\limits_{x\to3}f(x)$ 不存在,因为 $f(3-0)=2$,而 $f(3+0)=1$;

(8) $\lim\limits_{x\to+\infty}f(x)=0$.

例 8　验证$\lim\limits_{x\to 0}\dfrac{|x|}{x}$不存在.

证　$\lim\limits_{x\to 0^-}\dfrac{|x|}{x}=\lim\limits_{x\to 0^-}\dfrac{-x}{x}=\lim\limits_{x\to 0^-}(-1)=-1$;$\lim\limits_{x\to 0^+}\dfrac{|x|}{x}=\lim\limits_{x\to 0^+}\dfrac{x}{x}=\lim\limits_{x\to 0^+}1=1$. 左右极限存在但不相等. 故$\lim\limits_{x\to 0}f(x)$不存在.

例 9　设$f(x)=\begin{cases} x & x\geqslant 0 \\ x+1 & x<0 \end{cases}$, 求$\lim\limits_{x\to 0}f(x)$.

解　因为$\lim\limits_{x\to 0^-}f(x)=\lim\limits_{x\to 0^-}(x+1)=1$, $\lim\limits_{x\to 0^+}f(x)=\lim\limits_{x\to 0^+}x=0$.

即有$\lim\limits_{x\to 0^-}f(x)\neq\lim\limits_{x\to 0^+}f(x)$,所以$\lim\limits_{x\to 0}f(x)$不存在.

例 10　设$f(x)=\begin{cases} 1-x & x<0 \\ x^2+1 & x\geqslant 0 \end{cases}$,　求$\lim\limits_{x\to 0}f(x)$.

解　$x=0$是函数的分段点,如图 2.23 所示.

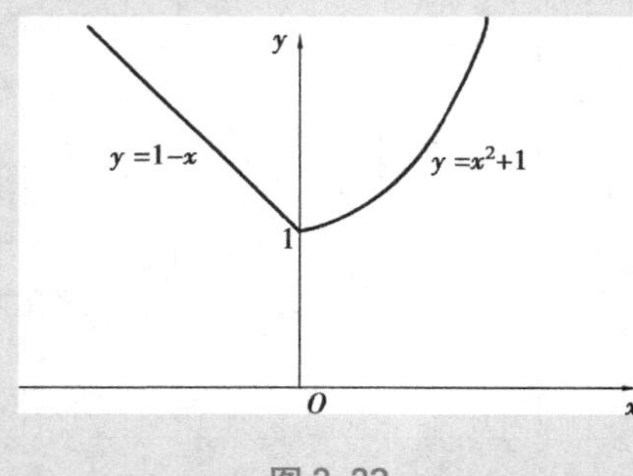

图 2.23

两个单侧极限为

$$\lim_{x\to 0^-}f(x)=\lim_{x\to 0^-}(1-x)=1,\quad \lim_{x\to 0^+}f(x)=\lim_{x\to 0^+}(x^2+1)=1.$$

左右极限存在且相等,故$\lim\limits_{x\to 0}f(x)=1$.

2.2.4　函数极限的性质

函数极限的性质

前面我们引入了下述 6 种类型的函数极限:

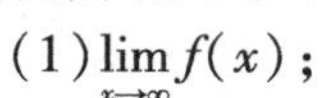

(1) $\lim\limits_{x\to\infty}f(x)$;　(2) $\lim\limits_{x\to+\infty}f(x)$;　(3) $\lim\limits_{x\to-\infty}f(x)$;

(4) $\lim\limits_{x\to x_0}f(x)$;　(5) $\lim\limits_{x\to x_0^+}f(x)$;　(6) $\lim\limits_{x\to x_0^-}f(x)$.

它们具有与数列极限类似的一些性质，现在以$\lim\limits_{x\to x_0}f(x)$为代表来叙述，证明的方法与数列极限性质证明的方法完全类似. 其他类型极限的相似性质的叙述与证明只要作适当修改就可以了(留作练习).

性质 1(唯一性)　若极限$\lim\limits_{x\to x_0}f(x)$存在，则它只有一个极限.

性质 2(局部有界性)　若极限$\lim\limits_{x\to x_0}f(x)$存在，则存在 x_0 的某个空心邻域 $\mathring{U}(x_0)$，使得$f(x)$在 $\mathring{U}(x_0)$内有界.

证　设$\lim\limits_{x\to x_0}f(x)=A$，由 ε-δ 定义，取 $\varepsilon=1$，存在 $\delta_0>0$，当 $x\in\mathring{U}(x_0,\delta_0)$时，恒有

$$|f(x)-A|<1,$$

于是 $A-1<f(x)<A+1$，所以$f(x)$在 $\mathring{U}(x_0,\delta_0)$内有界.

性质 3(局部保号性)　若$\lim\limits_{x\to x_0}f(x)=A$，且 $A>0$(或 $A<0$)，则 $\exists\,\delta>0$，当 $0<|x-x_0|<\delta$ 时，$f(x)>0$（或$f(x)<0$).

证　设 $A>0$，由于$\lim\limits_{x\to x_0}f(x)=A$，取 $0<\varepsilon\leqslant A$，则 $\exists\,\delta>0$，当 $0<|x-x_0|<\delta$ 时，恒有

$$|f(x)-A|<\varepsilon$$

即 $A-\varepsilon<f(x)<A+\varepsilon$.

因为 $A-\varepsilon\geqslant 0$，故 $f(x)>0$.

类似地可以证明 $A<0$ 的情形.

性质 4(不等式性质)　设$\lim\limits_{x\to x_0}f(x)=A$，且 $\exists\,\delta_0>0$，当 $0<|x-x_0|<\delta_0$ 时，$f(x)\geqslant 0$(或$f(x)\leqslant 0$)，则 $A\geqslant 0$(或 $A\leqslant 0$).

证　设$f(x)\geqslant 0$. 假设 $A<0$，则由性质 3，$\exists\,\delta_1>0$，当 $0<|x-x_0|<\delta_1$ 时，$f(x)<0$，取 $\delta=\min\{\delta_0,\delta_1\}$，则由已知条件知，当 $0<|x-x_0|<\delta$ 时，$f(x)<0$，这与$f(x)\geqslant 0$ 的假设矛盾，所以 $A\geqslant 0$.

类似地可以证明$f(x)\leqslant 0$ 的情形.

性质 5(函数极限的四则运算法则)　若$\lim\limits_{x\to x_0}f(x)$与$\lim\limits_{x\to x_0}g(x)$存在，则函数$f(x)\pm g(x)$，$f(x)\cdot g(x)$，$cf(x)$($c$ 为常数)，$\dfrac{f(x)}{g(x)}$($\lim\limits_{x\to x_0}g(x)\neq 0$)在 $x\to x_0$ 时的极限存在，且

(1) $\lim\limits_{x\to x_0}(f(x)\pm g(x))=\lim\limits_{x\to x_0}f(x)\pm\lim\limits_{x\to x_0}g(x)$；

(2) $\lim\limits_{x\to x_0}f(x)g(x)=\lim\limits_{x\to x_0}f(x)\cdot\lim\limits_{x\to x_0}g(x)$；

(3) $\lim\limits_{x\to x_0}cf(x)=c\lim\limits_{x\to x_0}f(x)$；

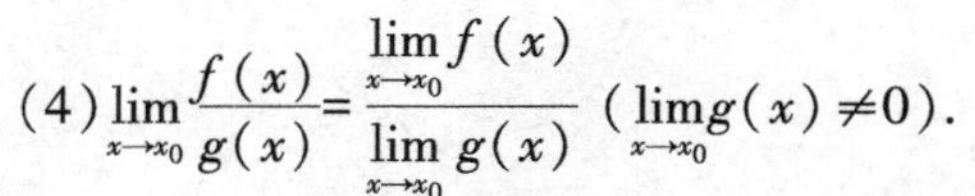

(4) $\lim\limits_{x\to x_0}\dfrac{f(x)}{g(x)}=\dfrac{\lim\limits_{x\to x_0}f(x)}{\lim\limits_{x\to x_0}g(x)}$($\lim\limits_{x\to x_0}g(x)\neq 0$).

函数极限的四则运算

推论 1　设$\lim\limits_{x\to x_0}f(x)=A$，$C$ 是常数，则有$\lim\limits_{x\to x_0}Cf(x)=C\lim\limits_{x\to x_0}f(x)=CA$.

推论 2　设$\lim\limits_{x\to x_0}f_1(x)=A_1$，$\lim\limits_{x\to x_0}f_2(x)=A_2$，$\cdots$，$\lim\limits_{x\to x_0}f_n(x)=A_n$，$K_1,K_2,\cdots,K_n$ 是常数，则有

$\lim\limits_{x\to x_0}[K_1f_1(x)+K_2f_2(x)+\cdots+K_nf_n(x)]$

$$=K_1\lim_{x\to x_0}f_1(x)+K_2\lim_{x\to x_0}f_2(x)+\cdots+K_n\lim_{x\to x_0}f_n(x)$$
$$=K_1A_1+K_2A_2+\cdots+K_nA_n.$$

推论 3　设$\lim\limits_{x\to x_0}f(x)=A$,$n$ 为正整数,则有$\lim\limits_{x\to x_0}[f(x)]^n=[\lim\limits_{x\to x_0}f(x)]^n=A^n$.

推论 4　$\lim\limits_{x\to x_0}f(x)=A\neq 0$,$n$ 为正整数,则有$\lim\limits_{x\to x_0}\dfrac{1}{[f(x)]^n}=\dfrac{1}{A^n}=\dfrac{1}{\lim\limits_{x\to x_0}[f(x)]^n}$.

注意　利用极限四则运算法则求极限时,必须满足定理的条件;参加求极限的函数应为有限个,且每个函数的极限都必须存在;求商的极限时,还需满足分母的极限不为 0. 虽然这些法则是以函数的形式叙述的,但它们对数列同样适用.

例 11　有理函数的极限.

解　设 $P_n(x)=a_0x^n+a_1x^{n-1}+\cdots+a_{n-1}x+a_n$,$n$ 为正整数. 由极限的四则运算法则,可得

$$\lim_{x\to x_0}P_n(x)=a_0x_0^n+a_1x_0^{n-1}+\cdots+a_{n-1}x_0+a_n=P_n(x_0).$$

设 $Q_m(x)=b_0x^m+b_1x^{m-1}+\cdots+b_{m-1}x+b_m$, m 为正整数. 由极限的四则运算法则,可得

$$\lim_{x\to x_0}Q_m(x)=b_0x_0^m+b_1x_0^{m-1}+\cdots+b_{m-1}x_0+b_m=Q_m(x_0).$$

若 $Q_m(x_0)\neq 0$,则

$$\lim_{x\to x_0}\frac{P_n(x)}{Q_m(x)}=\frac{\lim\limits_{x\to x_0}P_n(x)}{\lim\limits_{x\to x_0}Q_m(x)}=\frac{P_n(x_0)}{Q_m(x_0)}.$$

当 a_0,b_0 为常数且不为 0;m,n 为正整数时,

$$\lim_{x\to\infty}\frac{a_0x^n+a_1x^{n-1}+\cdots+a_{n-1}x+a_n}{b_0x^m+b_1x^{m-1}+\cdots+b_{m-1}x+b_m}$$
$$=\lim_{x\to\infty}\frac{x^n\left(a_0+a_1\cdot\dfrac{1}{x}+\cdots+a_{n-1}\cdot\left(\dfrac{1}{x}\right)^{n-1}+a_n\cdot\left(\dfrac{1}{x}\right)^n\right)}{x^m\left(b_0+b_1\cdot\dfrac{1}{x}+\cdots+b_{m-1}\cdot\left(\dfrac{1}{x}\right)^{m-1}+b_m\cdot\left(\dfrac{1}{x}\right)^m\right)}$$
$$=\begin{cases}\dfrac{a_0}{b_0} & n=m\\ 0 & n<m\\ \infty & n>m\end{cases}$$

例 12　求$\lim\limits_{x\to 1}\left(\dfrac{1}{x-1}-\dfrac{3}{x^3-1}\right)$.

解　$$\lim_{x\to 1}\left(\frac{1}{x-1}-\frac{3}{x^3-1}\right)=\lim_{x\to 1}\frac{x^2+x+1-3}{(x-1)(x^2+x+1)}$$
$$=\lim_{x\to 1}\frac{x^2+x-2}{(x-1)(x^2+x+1)}=\lim_{x\to 1}\frac{(x+2)(x-1)}{(x-1)(x^2+x+1)}$$
$$=\lim_{x\to 1}\frac{x+2}{x^2+x+1}=1.$$

性质 6(复合函数的极限运算法则)　设函数 $y=f(g(x))$ 由函数 $y=f(u)$ 与函数 $u=g(x)$ 复合而成,$f[g(x)]$ 在点 x_0 的某空心邻域 $\mathring{U}(x_0,\delta_0)$ 内有定义,若 $\lim\limits_{x\to x_0} g(x)=u_0$,$\lim\limits_{u\to u_0} f(u)=A$,且在 $\mathring{U}(x_0,\delta_0)$ 内 $g(x)\neq u_0$,则

$$\lim_{x\to x_0} f(g(x))=\lim_{u\to u_0} f(u)=A.$$

复合函数的极限

证明　由于 $\lim\limits_{u\to u_0} f(u)=A$,对于任意给定的 $\varepsilon>0$,存在着 $\eta>0$,使得当 $0<|u-u_0|<\eta$ 时, $|f(u)-A|<\varepsilon$ 成立.

又由于 $\lim\limits_{x\to x_0} g(x)=u_0$,对于上面得到的 $\eta>0$,存在着 $\delta_1>0$,使得当 $0<|x-x_0|<\delta_1$ 时,$|g(x)-u_0|<\eta$ 成立.

由于在 $\mathring{U}(x_0,\delta_0)$ 内 $g(x)\neq u_0$,取 $\delta=\min\{\delta_0,\delta_1\}$,则当 $0<|x-x_0|<\delta$ 时,$|g(x)-u_0|<\eta$ 及 $|g(x)-u_0|\neq 0$ 同时成立,即 $0<|g(x)-u_0|=|u-u_0|<\eta$ 成立. 从而

$$|f[g(x)]-A|=|f(u)-A|<\varepsilon$$

成立.

由性质 6,我们可得到求极限的一个重要方法——变量替换法.

例 13　求 $\lim\limits_{x\to 3}\sqrt{\dfrac{x^2-9}{x-3}}$.

解　$y=\sqrt{\dfrac{x^2-9}{x-3}}$ 是由 $y=\sqrt{u}$ 与 $u=\dfrac{x^2-9}{x-3}$ 复合而成的.

因为 $\lim\limits_{x\to 3}\dfrac{x^2-9}{x-3}=6$,所以 $\lim\limits_{x\to 3}\sqrt{\dfrac{x^2-9}{x-3}}=\lim\limits_{u\to 6}\sqrt{u}=\sqrt{6}$.

例 14　求极限 $\lim\limits_{x\to 1}\ln\left[\dfrac{x^2-1}{2(x-1)}\right]$.

解　令 $u=\dfrac{x^2-1}{2(x-1)}$,则当 $x\to 1$ 时,$u=\dfrac{x^2-1}{2(x-1)}=\dfrac{x+1}{2}\to 1$,故

原式 $=\lim\limits_{u\to 1}\ln u=0$.

例 15　已知 $\lim\limits_{x\to+\infty}(5x-\sqrt{ax^2-bx+c})=2$,求 a,b 之值.

解　因为 $\lim\limits_{x\to+\infty}(5x-\sqrt{ax^2-bx+c})=\lim\limits_{x\to+\infty}\dfrac{(5x-\sqrt{ax^2-bx+c})(5x+\sqrt{ax^2-bx+c})}{5x+\sqrt{ax^2-bx+c}}$

$$=\lim_{x\to+\infty}\frac{(25-a)x^2+bx-c}{5x+\sqrt{ax^2-bx+c}}=\lim_{x\to+\infty}\frac{(25-a)x+b-\dfrac{c}{x}}{5+\sqrt{a-\dfrac{b}{x}+\dfrac{c}{x^2}}}=2,$$

故 $\begin{cases}25-a=0\\ \dfrac{b}{5+\sqrt{a}}=2\end{cases}$,解得　$a=25,b=20$.

2.2.5 函数极限的存在准则

函数极限存在的准则

定理 2.5(夹挤准则) 设$\lim\limits_{x\to x_0}f(x)=\lim\limits_{x\to x_0}g(x)=A$,且存在 x_0 的某空心邻域 $\mathring{U}(x_0,\delta)$,使得对一切 $x\in\mathring{U}(x_0,\delta)$,恒有$f(x)\leqslant h(x)\leqslant g(x)$,则$\lim\limits_{x\to x_0}h(x)=A$.

例 16 求$\lim\limits_{x\to 0^+}x\left[\frac{1}{x}\right]$.

解 $\frac{1}{x}-1<\left[\frac{1}{x}\right]\leqslant\frac{1}{x}$,且 $x>0$. 两边同乘以 x,得 $1-x<x\left[\frac{1}{x}\right]\leqslant 1$,又

$$\lim_{x\to 0^+}(1-x)=1,\ \lim_{x\to 0^+}1=1.$$

根据夹挤准则知$\lim\limits_{x\to 0^+}x\left[\frac{1}{x}\right]=1$.

下面这个定理指出,数列极限与函数极限之间存在着一定的关系,即它们在一定条件下能相互转化. 定理 2.6 给出的是 $x\to x_0$ 的情形,对其他 5 种情形的极限,读者自行写出结论和证明.

定理 2.6(归结原则或海涅(Heine)定理) 设$f(x)$在 x_0 的某空心邻域 $\mathring{U}(x_0,\delta)$内有定义,$\lim\limits_{x\to x_0}f(x)$存在的充要条件是对任何以 x_0 为极限且含于 $\mathring{U}(x_0,\delta)$ 的数列$\{x_n\}$,极限$\lim\limits_{n\to\infty}f(x_n)$都存在且相等.

归结原则的意义在于把函数极限归结为数列极限问题来处理,从而我们能通过归结原则和数列极限的有关定理来解决一些问题,比如我们可以证明函数极限的唯一性、局部有界性、局部保号性、不等性质、四则运算法则及夹挤准则. 下面我们用归结原则不证明夹挤准则:

由于$f(x)\leqslant h(x)\leqslant g(x)$,任给$\{x_n\}\subset\mathring{U}(x_0,\delta)$,有

$$f(x_n)\leqslant h(x_n)\leqslant g(x_n)$$

由于$\lim\limits_{x\to x_0}f(x)=\lim\limits_{x\to x_0}g(x)=A$,由归结原则,可得

$$\lim_{n\to\infty}f(x_n)=\lim_{n\to\infty}g(x_n)=A,$$

再由数列的夹挤准则知$\lim\limits_{n\to\infty}h(x_n)=A$,由归结原则知

$$\lim_{x\to x_0}h(x)=A.$$

例 17　证明$\lim\limits_{x\to 0}\sin\dfrac{1}{x}$不存在.

解　取$x_n=\dfrac{1}{n\pi}$，n 是正整数，$\lim\limits_{n\to\infty}x_n=0$，且 $x_n\neq 0$，$\lim\limits_{n\to\infty}\sin\dfrac{1}{x_n}=\lim\limits_{n\to\infty}\sin n\pi=0$；取 $y_n=\dfrac{1}{2n\pi+\dfrac{\pi}{2}}$，$n$ 是正整数，$\lim\limits_{n\to\infty}y_n=0$，且 $y_n\neq 0$，$\lim\limits_{n\to\infty}\sin\dfrac{1}{y_n}=\lim\limits_{n\to\infty}\sin\left(2n\pi+\dfrac{\pi}{2}\right)=1$. 由于 $0\neq 1$，所以$\lim\limits_{x\to 0}\sin\dfrac{1}{x}$不存在.

习题 2.2

1. 通过观察下列各题中的函数的图形，得出其极限情况：

(1) $\lim\limits_{x\to\infty}x^2\sin x$　　(2) $\lim\limits_{x\to\infty}\dfrac{2x+3}{x+\sin x}$

(3) $\lim\limits_{x\to 0}\dfrac{\sin x^2}{x^2}$　　(4) $\lim\limits_{x\to\infty}\left(1+\dfrac{1}{x}\right)^x$

2. 当 $x\to -2$ 时，$x^2\to 4$. 问 δ 等于多少，在 $0<|x+2|<\delta$ 时，有 $|x^2-4|<0.003$？

3. 当 $x\to\infty$时，$\dfrac{1}{x-2}\to 0$. 问 X 等于多少，在 $|x|>X$ 时，有 $\left|\dfrac{1}{x-2}-0\right|<0.01$？

4. 用极限的定义证明：

(1) $\lim\limits_{x\to 3}(3x-1)=8$　　(2) $\lim\limits_{x\to -2}\dfrac{x^2-4}{x+2}=-4$

(3) $\lim\limits_{x\to\infty}\dfrac{2x+3}{x}=2$　　(4) $\lim\limits_{x\to -\infty}2^x=0$

5. 设函数$f(x)=\begin{cases}x-1 & x<0\\ 0 & x=0\\ x+1 & x>0\end{cases}$，讨论当 $x\to 0$ 时，$f(x)$的极限是否存在.

6. 证明函数$f(x)=x|x|$当 $x\to 0$ 时极限为零.

7. 利用定义证明：$\lim\limits_{x\to+\infty}\dfrac{1}{a^x}=\begin{cases}0 & a>1\\ +\infty & 0<a<1\end{cases}$.

8. 设函数$f(x)=\begin{cases}x^2+1 & x\geqslant 2\\ 2x+k & x<2\end{cases}$，问当 k 为何值时，函数$f(x)$在 $x\to 2$ 时的极限存在？

9. 求$f(x)=\dfrac{x}{x}$，$\varphi(x)=\dfrac{|x|}{x}$当 $x\to 0$ 时的左、右极限，并说明它们在 $x\to 0$ 时的极限是否存在.

10. 证明：如果函数$f(x)$当 $x\to x_0$ 时的极限存在，则函数$f(x)$在 x_0 的某个空心邻域内有界.

11. 求下列极限:

(1) $\lim\limits_{x\to 2}\dfrac{x^2-5}{x-3}$ (2) $\lim\limits_{x\to\sqrt{3}}\dfrac{x^2-3}{x^2+2}$

(3) $\lim\limits_{x\to 1}\dfrac{x^2-2x+1}{x-1}$ (4) $\lim\limits_{x\to 0}\dfrac{4x^3-2x^2+4x}{x^2+2x}$

(5) $\lim\limits_{h\to 0}\dfrac{(x+h)^2-x^2}{h}$ (6) $\lim\limits_{x\to\infty}\left(2-\dfrac{1}{x}+\dfrac{1}{x^2}\right)$

(7) $\lim\limits_{x\to\infty}\dfrac{x^2-1}{2x^2-x-3}$ (8) $\lim\limits_{x\to\infty}\dfrac{x^2+x}{x^4-3x^2+1}$

(9) $\lim\limits_{x\to 4}\dfrac{x^2-6x+8}{x^2-5x+4}$ (10) $\lim\limits_{x\to\infty}\left(1+\dfrac{1}{x}\right)\left(2-\dfrac{1}{x^2}\right)$

(11) $\lim\limits_{x\to 1}\left(\dfrac{1}{1-x}-\dfrac{3}{1-x^3}\right)$ (12) $\lim\limits_{x\to 0}\dfrac{x^2}{1-\sqrt{1+x^2}}$

(13) $\lim\limits_{x\to+\infty}\dfrac{\sqrt{1+2x}-3}{\sqrt{x}-2}$ (14) $\lim\limits_{x\to\infty}\dfrac{(2x-1)^{30}(3x-2)^{20}}{(2x+1)^{50}}$

(15) $\lim\limits_{x\to -8}\dfrac{\sqrt{1-x}-3}{2+\sqrt[3]{x}}$ (16) $\lim\limits_{x\to 1}\dfrac{x^n-1}{x-1}$,($n$ 为正整数)

12. 设$\lim\limits_{x\to\infty}\left(\dfrac{x^2-2}{x-1}-ax+b\right)=-5$,求常数 a,b 的值.

13. 若常数 k 使$\lim\limits_{x\to -2}\dfrac{3x^2+kx+k+3}{x^2+x-2}$存在,试求出常数 k 与极限值.

2.3 无穷小量、无穷大量、阶的比较

早在 17、18 世纪微积分学创立之初,其数学理论体系是不严密的,特别是由于对无穷小概念不很清楚,从而导致导数、微分、积分等概念也不清楚. 其中关键问题就是无穷小量究竟是不是零,无穷小及其分析是否合理. 由此引起了数学界甚至哲学界长达一个半世纪的争论,造成了第二次数学危机.

直到 19 世纪 20 年代,一些数学家才开始关注微积分基础的严格性. 从波尔查诺、阿贝尔、柯西、狄里赫利等人的工作开始,到魏尔斯特拉斯、狄德金和康托的工作结束,中间经历了半个多世纪,基本上解决了微积分学的矛盾,为数学分析奠定了一个严格的基础.

欧拉的巨著《无穷小分析引论》与他随后发表的《微分学》《积分学》标志着微积分历史上的一个转折:以往的数学家们都以曲线作为微积分的主要研究对象,而欧拉则第一次把函数放到了中心的地位,并且是建立在函数的微分的基础之上. 波尔查诺正是在无穷小的概念的基础上给出了函数连续性的正确定义.

无穷小概念的正确定义,是微积分学形成完整科学体系的理论基础. 正是在研究无穷小概念的基础上,逐步科学定义和完善了函数、极限、函数连续性、导数、积分等理论概念,使

微积分学作为数学分析理论工具更加严密.

2.3.1　无穷小量

定义 2.7　若 $\lim x=0$,则称 x 为该极限过程中的无穷小量,简称无穷小.

若当 $x\to x_0$ 时 $f(x)$ 为无穷小量,则用 $\varepsilon-\delta$ 定义可以叙述为:设函数 $f(x)$ 在 x_0 的某去心邻域内有定义,任意给定正数 ε(无论 ε 多么小),总存在 $\delta>0$,当 $0<|x-x_0|<\delta$ 时,恒有 $|f(x)|<\varepsilon$.

若当 $x\to\infty$ 时 $f(x)$ 为无穷小量,则用 ε-X 定义可以叙述为:设当 $|x|$ 大于某个正数时函数 $f(x)$ 有定义,任意给定正数 ε(无论 ε 多么小),总存在 $X>0$,当 $|x|>X$ 时,恒有 $|f(x)|<\varepsilon$.

类似地,可以写出数列 $\{x_n\}$ 是无穷小量的 ε-N 定义和自变量的其他变化过程中 $f(x)$ 是无穷小量的定义,留作练习.

根据定义,无穷小量可以理解为在自变量的变化过程中绝对值想要多小就有多小的量(数列或函数).

例 1　因为 $\lim\limits_{x\to1}(x-1)=0$,所以当 $x\to1$ 时,函数 $x-1$ 为无穷小.

因为 $\lim\limits_{x\to\infty}\dfrac{1}{x}=0$,所以当 $x\to\infty$ 时,函数 $\dfrac{1}{x}$ 为无穷小.

注意　(1)定义 2.7 中所说的极限,包括数列极限和各种情形的函数极限.

(2)无穷小量是相对于自变量的某一变化过程而言的. 例如 $\dfrac{1}{x}$,当 $x\to\infty$ 时是无穷小量;当 $x\to1$ 时就不是无穷小量了.

(3)不要把无穷小与很小的正数(例如百万分之一)混为一谈,因为无穷小是这样的函数,在 $x\to x_0$(或 $x\to\infty$)的过程中,这个函数的绝对值能小于任意给定的正数 ε. 一个很小的数,例如百万分之一,并不能小于任意给定的正数 ε,若取 ε 等于千万分之一,则百万分之一就不能小于这个给定的 ε.

(4)零是可以作为无穷小的唯一的常数.

例 2　已知函数 $f(x)$ 的图形如图 2.24 所示,问 x 如何变化时,$f(x)$ 是无穷小量?

解　由图 2.24 可知,$\lim\limits_{x\to-12}f(x)=0$,$\lim\limits_{x\to-8}f(x)=0$,$\lim\limits_{x\to-4^-}f(x)=0$,$\lim\limits_{x\to-2}f(x)=0$,$\lim\limits_{x\to3}f(x)=0$,$\lim\limits_{x\to7}f(x)=0$,$\lim\limits_{x\to+\infty}f(x)=0$.

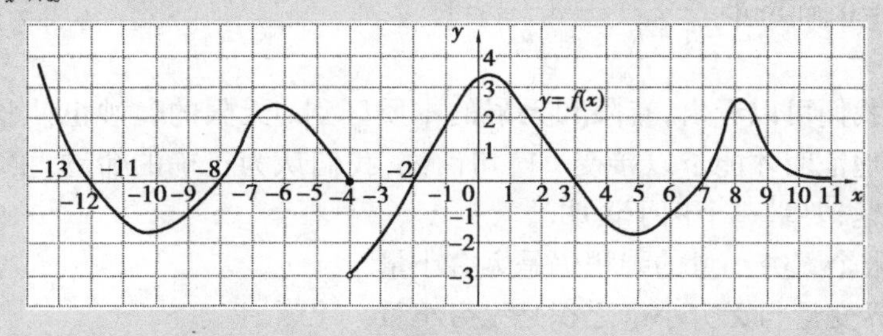

图 2.24

下面的定理说明无穷小量与函数极限的关系.

定理 2.7 $\lim\limits_{x\to x_0} f(x)=A$ 的充分必要条件是:函数 $f(x)$ 在 x_0 的某空心邻域内可以表示为常数 A 和无穷小量 α 之和,即有

$$\lim_{x\to x_0} f(x)=A \Leftrightarrow f(x)=A+\alpha,$$

其中 α 为 $x\to x_0$ 时的无穷小量.

证 必要性:设 $\lim\limits_{x\to x_0} f(x)=A$,则对于任意给定的 $\varepsilon>0$,存在 $\delta>0$,使得当 $0<|x-x_0|<\delta$ 时,总有

$$|f(x)-A|<\varepsilon,$$

即有

$$|[f(x)-A]-0|<\varepsilon.$$

于是,由函数极限的定义可知,

$$\lim_{x\to x_0}[f(x)-A]=0.$$

因此,当 $x\to x_0$ 时,$f(x)-A$ 为无穷小量,记作 $\alpha=f(x)-A$,则有

$$f(x)=A+\alpha$$

其中 α 为 $x\to x_0$ 时的无穷小量.

充分性:设 $f(x)=A+\alpha$,其中 α 为 $x\to x_0$ 时的无穷小量,则对于任意给定的 $\varepsilon>0$,存在 $\delta>0$,使得当 $0<|x-x_0|<\delta$ 时,总有

$$|\alpha|=|f(x)-A|<\varepsilon.$$

于是,根据定义有

$$\lim_{x\to x_0} f(x)=A.$$

这个定理说明:"$f(x)$ 以 A 为极限"与"$f(x)$ 与 A 之差是无穷小量",是两个等价的说法.

注意:在自变量 x 的其他变化过程($x\to\infty$,$x\to+\infty$,$x\to-\infty$,$x\to x_0^+$,$x\to x_0^-$)中,也有类似于定理 2.6 的结论.

2.3.2 无穷小量的性质

课程思政-无穷小的性质-无穷多个无穷小的和不一定是无穷小

性质 1 有限个无穷小量的代数和仍是无穷小量.

注意:无穷多个无穷小的和不一定是无穷小.

例如,$\lim\limits_{n\to\infty}\dfrac{1}{n}=0$,而$\lim\limits_{n\to\infty}\Big(\underbrace{\dfrac{1}{n}+\dfrac{1}{n}+\cdots+\dfrac{1}{n}}_{n个}\Big)=1$.

从这个例子我们可以看出,有限和无限的本质区别. 无限的奥妙也使我们认识到一些结果必须通过推理证明才能予以接受. 换句话说,我们认为正确的命题,要予以证明,我们认为不正确的命题,要举一个例子说明.

性质 2 有限个无穷小量的乘积仍是无穷小量.

性质 3 有界变量与无穷小量之积是无穷小量.

证 设当 $x\to x_0$ 时 $f(x)$ 为有界函数,即存在 x_0 的一个空心邻域 $\mathring{U}(x_0,\delta_0)$,存在常数 $M>$

0,使得当 $x\in \mathring{U}(x_0,\delta_0)$ 时 $|f(x)|\leqslant M$,又设 $\lim\limits_{x\to x_0}\alpha=0$,则对于任意给定的 $\varepsilon>0$,总存在 $\delta_1>0$,使得当 $0<|x-x_0|<\delta_1$ 时,恒有

$$|\alpha|<\frac{\varepsilon}{M}$$

取 $\delta=\min\{\delta_0,\delta_1\}$,当 $x\in \mathring{U}(x_0,\delta)$ 时,恒有

$$|\alpha\cdot f(x)|=|\alpha|\cdot|f(x)|<\frac{\varepsilon}{M}\cdot M=\varepsilon$$

所以 $\alpha f(x)$ 是无穷小量.

推论 1　常数与无穷小量的乘积是无穷小量.

例 3　求 $\lim\limits_{x\to\infty}\dfrac{\sin x}{x}$.

解　因为 $\lim\limits_{x\to\infty}\dfrac{\sin x}{x}=\lim\limits_{x\to\infty}\left(\dfrac{1}{x}\cdot\sin x\right)$,而当 $x\to\infty$ 时,$\dfrac{1}{x}$ 是无穷小量,$\sin x$ 是有界量($|\sin x|\leqslant 1$),所以,$\lim\limits_{x\to\infty}\dfrac{\sin x}{x}=0$.

例 4　求 $\lim\limits_{x\to 0}\left(x^2\sin\dfrac{1}{x}+2x\arctan\dfrac{1}{x}\right)$.

解　因为 $\left|\sin\dfrac{1}{x}\right|\leqslant 1$,$\left|\arctan\dfrac{1}{x}\right|<\dfrac{\pi}{2}$,而当 $x\to 0$ 时,x^2 和 x 是无穷小量,所以,$\lim\limits_{x\to 0}\left(x^2\sin\dfrac{1}{x}+2x\arctan\dfrac{1}{x}\right)=0$.

推论 2　无穷小量除以极限不为零的变量,其商仍是无穷小量.

无穷小阶的比较

2.3.3　无穷小量阶的比较

由无穷小量的性质可知,两个无穷小量的和、差及乘积仍为无穷小量.两个无穷小量的商会什么情况呢?比如,当 $x\to 0$ 时,$x,x^2,2x$ 和 $x-x^2$ 都是无穷小量,从图 2.25 可以看出,它们趋近于零的速度各不相同,因此它们之间的比值的极限也会随之不同.事实上,$\lim\limits_{x\to 0}\dfrac{2x}{x}=2,\lim\limits_{x\to 0}\dfrac{x^2}{x}=0,\lim\limits_{x\to 0}\dfrac{x-x^2}{x}=1$.

一般地,我们有如下定义:

定义 2.8　设 $\lim\limits_{x\to x_0}f(x)=0,\lim\limits_{x\to x_0}g(x)=0$.其中 x_0 可以是常数,也可以是 $-\infty$、$+\infty$、∞.

若 $\lim\limits_{x\to x_0}\dfrac{f(x)}{g(x)}=0$,则称当 $x\to x_0$ 时,$f(x)$ 是比 $g(x)$ 高阶的无穷小量,记为 $f(x)=o(g(x))\ (x\to x_0)$.

若 $\lim\limits_{x\to x_0}\dfrac{f(x)}{g(x)}=c\neq 0$,则称当 $x\to x_0$ 时,$f(x)$ 与 $g(x)$ 是同阶无穷小量.

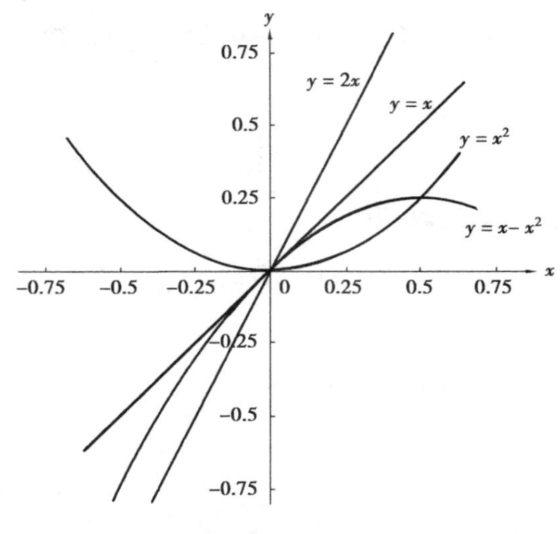

图 2.25

若$\lim\limits_{x \to x_0}\dfrac{f(x)}{g(x)}=1$,则称当$x \to x_0$时,$f(x)$与$g(x)$是等价无穷小量,记为$f(x) \sim g(x)(x \to x_0)$.

$\lim\limits_{x \to x_0}\dfrac{f(x)}{g(x)}=c \neq 0$也可记作$f(x) \sim cg(x)(x \to x_0)$.

若$\lim\limits_{x \to x_0}\dfrac{f(x)}{[g(x)]^k}=c \neq 0(k>0)$,则称当$x \to x_0$时,$f(x)$是$g(x)$的$k$阶无穷小量.

注意 $f(x)=o(g(x))(x \to x_0)$是一个记号,仅表示$\lim\limits_{x \to x_0}\dfrac{f(x)}{g(x)}=0$,不要理解为等式.

由上面的讨论可知,当$x \to 0$时,$2x$与x是同阶无穷小量,x^2是比x高阶的无穷小量,$x-x^2$是与x等价的无穷小量(即$x-x^2 \sim x$).

下面再举一些例子:

因为$\lim\limits_{n \to \infty}\dfrac{\frac{1}{n^2}}{\frac{1}{n}}=0$,所以当$n \to \infty$时,$\dfrac{1}{n^2}$是比$\dfrac{1}{n}$高阶的无穷小量.

因为$\lim\limits_{x \to 3}\dfrac{x^2-9}{x-3}=6$,所以当$x \to 3$时,$x^2-9$与$x-3$是同阶无穷小量.

因为$\lim\limits_{x \to 0}\dfrac{1-\cos x}{\frac{1}{2}x^2}=1$,所以当$x \to 0$时,$1-\cos x$与$\dfrac{1}{2}x^2$是等价无穷小量.

因为$\lim\limits_{x \to 0}\dfrac{\sin x}{x}=1$,所以当$x \to 0$时,$\sin x$与$x$是等价无穷小量.

常用的等价无穷小关系:当$x \to 0$时,$\sin x \sim x$,$\tan x \sim x$,$\arcsin x \sim x$,$\arctan x \sim x$,$1-\cos x \sim \dfrac{1}{2}x^2$,$\ln(1+x) \sim x$,$e^x-1 \sim x$,$a^x-1 \sim x\ln a(a>0)$,$(1+x)^a-1 \sim ax(a \neq 0$且是常

数).

更一般地,当 $\alpha(x)\to 0$ 时, $\sin\alpha(x)\sim\alpha(x)$, $\tan\alpha(x)\sim\alpha(x)$, $\arcsin\alpha(x)\sim\alpha(x)$, $\arctan\alpha(x)\sim\alpha(x)$, $1-\cos\alpha(x)\sim\frac{1}{2}\alpha^2(x)$, $\ln(1+\alpha(x))\sim\alpha(x)$, $e^{\alpha(x)}-1\sim\alpha(x)$, $a^{\alpha(x)}-1\sim\alpha(x)\ln a\ (a>0)$, $(1+\alpha(x))^a-1\sim a\alpha(x)$ ($a\neq 0$ 且是常数).

定理 2.8　α 与 β 是等价无穷小量的充分必要条件是 $\alpha=\beta+o(\beta)$.

证　下面针对 $x\to x_0$ 的情形给出证明. 其他情形的证明过程类似.

必要性:设当 $x\to x_0$ 时 $\alpha\sim\beta$,则

$$\lim_{x\to x_0}\frac{\alpha-\beta}{\beta}=\lim_{x\to x_0}\left(\frac{\alpha}{\beta}-1\right)=\lim_{x\to x_0}\frac{\alpha}{\beta}-1=0,$$

因此, $\alpha-\beta=o(\beta)$,即 $\alpha=\beta+o(\beta)$.

充分性:设 $\alpha=\beta+o(\beta)$,则

$$\lim_{x\to x_0}\frac{\alpha}{\beta}=\lim_{x\to x_0}\frac{\beta+o(\beta)}{\beta}=\lim_{x\to x_0}\left(1+\frac{o(\beta)}{\beta}\right)=1,$$

因此 $\alpha\sim\beta$.

因为当 $x\to 0$ 时, $\sin x\sim x$, $\tan x\sim x$, $1-\cos x\sim\frac{1}{2}x^2$,所以当 $x\to 0$ 时, $\sin x=x+o(x)$, $\tan x=x+o(x)$, $1-\cos x=\frac{1}{2}x^2+o(x^2)$.

例 5　求 $\lim\limits_{x\to 0}\dfrac{\tan 5x-\cos x+1}{\sin 3x}$.

解　由于 $\tan 5x=5x+o(x)$, $\sin 3x=3x+o(x)$, $1-\cos x=\frac{x^2}{2}+o(x^2)$,

故 $$\lim_{x\to 0}\frac{\tan 5x-\cos x+1}{\sin 3x}=\lim_{x\to 0}\frac{5x+o(x)+\frac{x^2}{2}+o(x^2)}{3x+o(x)}=\lim_{x\to 0}\frac{5+\frac{o(x)}{x}+\frac{x}{2}+\frac{o(x^2)}{x}}{3+\frac{o(x)}{x}}=\frac{5}{3}.$$

定理 2.9　设当 $x\to x_0$ 时 $\alpha\sim\alpha_1$, $\beta\sim\beta_1$,且 $\lim\limits_{x\to x_0}\dfrac{\beta_1}{\alpha_1}$ 存在,则 $\lim\limits_{x\to x_0}\dfrac{\beta}{\alpha}=\lim\limits_{x\to x_0}\dfrac{\beta_1}{\alpha_1}$. 其中 x_0 可以是常数,也可以是 $-\infty$、$+\infty$、∞.

证　$$\lim_{x\to x_0}\frac{\beta}{\alpha}=\lim_{x\to x_0}\left(\frac{\beta}{\beta_1}\cdot\frac{\beta_1}{\alpha_1}\cdot\frac{\alpha_1}{\alpha}\right)=\lim_{x\to x_0}\frac{\beta}{\beta_1}\cdot\lim_{x\to x_0}\frac{\beta_1}{\alpha_1}\cdot\lim_{x\to x_0}\frac{\alpha_1}{\alpha}=\lim_{x\to x_0}\frac{\beta_1}{\alpha_1}.$$

等价无穷小替换

定理 2.9 表明,求两个无穷小量之比的极限时,分子分母都可以用等价无穷小量来代替. 因此,如果用来代替的无穷小量选得适当的话,可以使计算简化.

例 6　求 $\lim\limits_{x\to 0}\dfrac{\tan 2x}{\sin 5x}$.

解　当 $x\to 0$ 时, $\tan 2x\sim 2x$, $\sin 5x\sim 5x$,故 $\lim\limits_{x\to 0}\dfrac{\tan 2x}{\sin 5x}=\lim\limits_{x\to 0}\dfrac{2x}{5x}=\dfrac{2}{5}$.

例 7　求$\lim\limits_{x\to 0}\dfrac{\tan x-\sin x}{\sin^3 2x}$.

错解　当 $x\to 0$ 时,$\tan x\sim x,\sin x\sim x$,得

$$\lim_{x\to 0}\frac{\tan x-\sin x}{\sin^3 2x}=\lim_{x\to 0}\frac{x-x}{(2x)^3}=0.$$

正解　当 $x\to 0$ 时,$\sin 2x\sim 2x,\tan x-\sin x=\tan x(1-\cos x)\sim\dfrac{1}{2}x^3$,

故$\lim\limits_{x\to 0}\dfrac{\tan x-\sin x}{\sin^3 2x}=\lim\limits_{x\to 0}\dfrac{\frac{1}{2}x^3}{(2x)^3}=\dfrac{1}{16}$.

注　可以将整个分子或分母用各自的等价无穷小量替换,也可以将属于乘积因子的无穷小量替换成与其等价的无穷小量,而不能把进行加减运算的无穷小量替换成它的等价无穷小量.

例 8　求$\lim\limits_{x\to 0}\dfrac{(1+x^2)^{\frac{1}{3}}-1}{\cos x-1}$.

解　当 $x\to 0$ 时,$(1+x^2)^{\frac{1}{3}}-1\sim\dfrac{1}{3}x^2,\cos x-1\sim-\dfrac{1}{2}x^2$,故

$$\lim_{x\to 0}\frac{(1+x^2)^{\frac{1}{3}}-1}{\cos x-1}=\lim_{x\to 0}\frac{\frac{1}{3}x^2}{-\frac{1}{2}x^2}=-\frac{2}{3}.$$

例 9　求$\lim\limits_{x\to 0}\dfrac{\sqrt{1+\tan x}-\sqrt{1-\tan x}}{\sqrt{1+2x}-1}$.

解　由于 $x\to 0$ 时,$\sqrt{1+2x}-1\sim x,\tan x\sim x$,故

$$\lim_{x\to 0}\frac{\sqrt{1+\tan x}-\sqrt{1-\tan x}}{\sqrt{1+2x}-1}=\lim_{x\to 0}\frac{2\tan x}{x(\sqrt{1+\tan x}+\sqrt{1-\tan x})}$$

$$=\lim_{x\to 0}\frac{2}{\sqrt{1+\tan x}+\sqrt{1-\tan x}}=1.$$

例 10　计算$\lim\limits_{x\to 0}\dfrac{e^x-e^{x\cos x}}{x\ln(1+x^2)}$.

解　注意到当 $x\to 0$ 时,$\ln(1+x^2)\sim x^2,e^{x-x\cos x}-1\sim x-x\cos x$,所以

$$\lim_{x\to 0}\frac{e^x-e^{x\cos x}}{x\ln(1+x^2)}=\lim_{x\to 0}\frac{e^{x\cos x}(e^{x-x\cos x}-1)}{x\ln(1+x^2)}=\lim_{x\to 0}\frac{e^{x\cos x}(x-x\cos x)}{x\cdot x^2}$$

$$=\lim_{x\to 0}\frac{e^{x\cos x}(1-\cos x)}{x^2}=\frac{1}{2}.$$

例 11　计算$\lim\limits_{x\to 0}\dfrac{\sqrt{2}-\sqrt{1+\cos x}}{\sin^2 x}$.

解　$\lim\limits_{x\to 0}\dfrac{\sqrt{2}-\sqrt{1+\cos x}}{\sin^2 x}=\lim\limits_{x\to 0}\dfrac{\sqrt{2}-\sqrt{2\cos^2\dfrac{x}{2}}}{\sin^2 x}=\sqrt{2}\lim\limits_{x\to 0}\dfrac{1-\cos\dfrac{x}{2}}{\sin^2 x}=\sqrt{2}\lim\limits_{x\to 0}\dfrac{\dfrac{1}{2}\left(\dfrac{x}{2}\right)^2}{x^2}=\dfrac{\sqrt{2}}{8}$.

2.3.4　无穷大量

无穷大量及其
与无穷小量的关系

课程思政-
无穷大量-无穷大
与无穷小的关系

在极限不存在的情形中，有一种比较特殊.

例如 $x\to 0$ 时，函数$f(x)=\dfrac{1}{x}$，函数 $g(x)=\dfrac{1}{x^2}$，函数 $h(x)=-\dfrac{1}{x^2}$的绝对值都无限地增大，通常我们给这类函数的极限一种特别的记法：

$$\lim_{x\to 0}\frac{1}{x}=\infty,\lim_{x\to 0}\frac{1}{x^2}=+\infty,\lim_{x\to 0}\left(-\frac{1}{x^2}\right)=-\infty$$

定义 2.9　设$f(x)$在 x_0 的某去心邻域内有定义，任意给定正数 M(无论 M 多么大)，总存在$\delta>0$，当$0<|x-x_0|<\delta$ 时，恒有$|f(x)|>M$，则称$f(x)$是当 $x\to x_0$ 时的无穷大量，记作

$$\lim_{x\to x_0}f(x)=\infty\text{或}f(x)\xrightarrow{x\to x_0}\infty.$$

设当$|x|$大于某个正数时函数$f(x)$有定义，任意给定正数 M(无论 M 多么大)，总存在$X>0$，当$|x|>X$ 时，恒有$|f(x)|>M$，则称$f(x)$是当 $x\to\infty$时的无穷大量，记作

$$\lim_{x\to\infty}f(x)=\infty.$$

无穷大量简称无穷大. 简单地讲，无穷大量就是在自变量的变化过程中绝对值无限增大(想要多大就可以有多大)的量.

若定义中$|f(x)|>M$ 换成$f(x)>M$，则称$f(x)$是当 $x\to x_0(x\to\infty)$时的正无穷大量，记作

$$\lim_{x\to x_0}f(x)=+\infty\text{或}\lim_{x\to\infty}f(x)=+\infty.$$

若定义中$|f(x)|>M$ 换成$f(x)<-M$，则称$f(x)$是当 $x\to x_0(x\to\infty)$时的负无穷大量，记作

$$\lim_{x\to x_0}f(x)=-\infty(\text{或}\lim_{x\to\infty}f(x)=-\infty).$$

作为练习，读者可以自行写出在自变量的其他几种变化过程中函数(或数列)是无穷大的定义.

无穷大量是相对于自变量的某一变化过程而言的. 例如 $x\to 0$ 时，$\dfrac{1}{x}$为无穷大量，而当

$x \to 1$ 或 $x \to \infty$ 时,$\frac{1}{x}$ 不是无穷大量.

由无穷大量与无穷小量的定义可以看出,它们的变化状态恰好相反. 因此,有

定理 2.10 若 $\lim\limits_{x\to x_0} f(x)=\infty$,则 $\lim\limits_{x\to x_0}\frac{1}{f(x)}=0$. 若 $\lim\limits_{x\to x_0} f(x)=0$,且存在 x_0 的某空心邻域 $\mathring{U}(x_0)$,当 $x\in\mathring{U}(x_0)$ 时 $f(x)\neq 0$,则 $\lim\limits_{x\to x_0}\frac{1}{f(x)}=\infty$.

简述为:无穷大量的倒数是无穷小量,恒不为零的无穷小量的倒数是无穷大量.

请读者自己证明该定理.

例 12 计算 $\lim\limits_{x\to 1}\frac{1}{1-x^3}$.

解 由于 $\lim\limits_{x\to 1}(1-x^3)=0$,所以 $\lim\limits_{x\to 1}\frac{1}{1-x^3}=\infty$.

注意 可以直接写 $\lim\limits_{x\to 1}\frac{1}{1-x^3}=\infty$,但不能写成 $\lim\limits_{x\to 1}\frac{1}{1-x^3}=\frac{1}{0}=\infty$.

习题 2.3

1. 根据定义证明:

(1)当 $x\to 3$ 时,$y=\frac{x^2-9}{x+3}$ 为无穷小;

(2)当 $x\to 0$ 时,$y=x\sin\frac{1}{x}$ 为无穷小.

2. 根据定义证明:当 $x\to 0$ 时,函数 $y=\frac{1+2x}{x}$ 是无穷大. x 应满足什么条件,能使 $|y|>10^4$?

3. 下列函数在什么情况下是无穷小,在什么情况下是无穷大?

(1)$y=\frac{1}{x^3}$　　(2)$y=\frac{x-1}{x^2-1}$

(3)$y=\mathrm{e}^{-x}$　　(4)$y=\ln(x+1)$

4. 函数 $y=x\cos x$ 在 $(-\infty,+\infty)$ 内是否有界?当 $x\to+\infty$ 时,这个函数是否为无穷大?

5. 证明:函数 $y=\frac{1}{x}\sin\frac{1}{x}$ 在区间 $(0,1]$ 无界,但当 $x\to 0^+$ 时,这函数不是无穷大.

6. 当 $x\to 0$ 时,$2x-x^2$ 与 x^2-x^3 相比,哪一个是高阶无穷小?

7. 当 $x\to 1$ 时,无穷小 $1-x$ 和下列函数是否同阶?是否等价?

(1)$1-x^2$　　(2)$\frac{1}{2}(1-x^2)$

8. 当 $x\to 0^+$ 时,指出下列函数中关于 x 的同阶无穷小、高阶无穷小、等价无穷小:

(1)$\sqrt{1+x}-1$　(2)$\sin^2 x$　(3)$\cos x-1$　(4)$\frac{1}{2}(\mathrm{e}^{2x}-1)$　(5)$\sin x^2$

9. 把下列函数表示为常数(极限值)与一个当 $x\to\infty$ 时的无穷小的形式：

(1) $f(x)=\dfrac{x^3}{x^3-1}$　　(2) $f(x)=\dfrac{x^3}{2x^3+1}$

10. 用等价无穷小替换定理，求下列极限：

(1) $\lim\limits_{x\to 0}\dfrac{\tan 3x}{2x}$　　(2) $\lim\limits_{x\to 0}\dfrac{\sin(x^n)}{(\sin x)^m}$，($n$、$m$ 为正整数)

(3) $\lim\limits_{x\to 0}\dfrac{\tan x-\sin x}{\sin^3 x}$　　(4) $\lim\limits_{x\to 0}\dfrac{x\sin 3x}{\sin\dfrac{x}{2}\tan 5x}$

(5) $\lim\limits_{x\to 0}\dfrac{e^{\frac{\sin x}{2}}-1}{x}$　　(6) $\lim\limits_{x\to 0}\dfrac{\ln(1+2x-3x^2)}{x}$

(7) $\lim\limits_{x\to 0}\dfrac{\sin 2x}{\sqrt{1+x+x^2}-1}$　　(8) $\lim\limits_{x\to 0}\dfrac{\arcsin 2x}{\sin x}$

(9) $\lim\limits_{n\to\infty}\dfrac{\sqrt[3]{n^4-10n^3-n+1}}{\sqrt{n^3-n-2}}$　　(10) $\lim\limits_{x\to 0}\dfrac{2^x-1}{x}$

11. 设 $x\to 0$ 时，函数 $\sqrt{1+kx^2}-1$ 与 $\cos x-1$ 为等价无穷小，求常数 k 的值.

12. 求下列函数的极限：

(1) $\lim\limits_{x\to 0}\dfrac{\sqrt{1+x\sin x}-\sqrt{\cos x}}{\ln(1+\tan^2 x)}$　　(2) $\lim\limits_{x\to\infty}x\left(a^{\frac{1}{x}}-b^{\frac{1}{x}}\right)$

(3) $\lim\limits_{x\to\infty}x\left[\sin\ln\left(1+\dfrac{3}{x}\right)-\sin\ln\left(1+\dfrac{1}{x}\right)\right]$

2.4 两个重要极限

2.4.1 第一个重要极限 $\lim\limits_{x\to 0}\dfrac{\sin x}{x}=1$

第一个重要极限

应用案例-两个重要极限

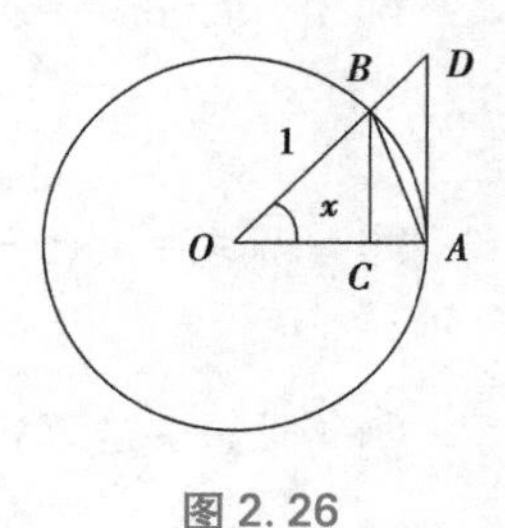

图 2.26

证明　首先注意到，函数 $\dfrac{\sin x}{x}$ 对于一切 $x\neq 0$ 都有定义. 参看图 2.26，图中的圆为单位圆，$BC\perp OA$，$DA\perp OA$. 圆心角 $\angle AOB=x$ $\left(0<x<\dfrac{\pi}{2}\right)$. 显然 $\sin x=CB$，$x=\overset{\frown}{AB}$，$\tan x=AD$. 因为

$$S_{\triangle AOB}<S_{扇形AOB}<S_{\triangle AOD},$$

所以

$$\frac{1}{2}\sin x<\frac{1}{2}x<\frac{1}{2}\tan x,$$

即

$$\sin x<x<\tan x.$$

不等号两边都除以 $\sin x$,就有

$$1<\frac{x}{\sin x}<\frac{1}{\cos x},$$

或

$$\cos x<\frac{\sin x}{x}<1.$$

注意,此不等式当 $-\frac{\pi}{2}<x<0$ 时也成立. 而 $\lim\limits_{x\to0}\cos x=1$,根据夹挤准则, $\lim\limits_{x\to0}\frac{\sin x}{x}=1$.

注:在极限 $\lim\limits_{x\to x_0}\frac{\sin\alpha(x)}{\alpha(x)}$ 中,只要 $\lim\limits_{x\to x_0}\alpha(x)=0$,就有 $\lim\limits_{x\to x_0}\frac{\sin\alpha(x)}{\alpha(x)}=1$.

这是因为,令 $u=\alpha(x)$,则 $u\to0$,于是 $\lim\limits_{x\to x_0}\frac{\sin\alpha(x)}{\alpha(x)}=\lim\limits_{u\to0}\frac{\sin u}{u}=1$.

例 1 求 $\lim\limits_{x\to0}\frac{\tan x}{x}$.

解 $\lim\limits_{x\to0}\frac{\tan x}{x}=\lim\limits_{x\to0}\frac{\sin x}{x}\cdot\frac{1}{\cos x}=\lim\limits_{x\to0}\frac{\sin x}{x}\cdot\lim\limits_{x\to0}\frac{1}{\cos x}=1$.

例 2 求 $\lim\limits_{x\to0}\frac{\tan 3x}{\sin 5x}$.

解 $\lim\limits_{x\to0}\frac{\tan 3x}{\sin 5x}=\lim\limits_{x\to0}\frac{\sin 3x}{\sin 5x}\cdot\frac{1}{\cos 3x}=\lim\limits_{x\to0}\frac{\frac{\sin 3x}{3x}}{\frac{\sin 5x}{5x}}\cdot\frac{3}{5}\frac{1}{\cos 3x}=\frac{1}{1}\times\frac{3}{5}\times1=\frac{3}{5}$.

例 3 求 $\lim\limits_{x\to0}\frac{1-\cos x}{x^2}$.

解 原式 $=\lim\limits_{x\to0}\frac{2\sin^2\frac{x}{2}}{x^2}=\frac{1}{2}\lim\limits_{x\to0}\frac{\sin^2\frac{x}{2}}{\left(\frac{x}{2}\right)^2}=\frac{1}{2}\lim\limits_{x\to0}\left(\frac{\sin\frac{x}{2}}{\frac{x}{2}}\right)^2=\frac{1}{2}\cdot1^2=\frac{1}{2}$.

例 4 如下运算过程是否正确:

$$\lim_{x\to\pi}\frac{\tan x}{\sin x}=\lim_{x\to\pi}\frac{\tan x}{x}.\frac{x}{\sin x}=\lim_{x\to\pi}\frac{\tan x}{x}\lim_{x\to\pi}\frac{x}{\sin x}=1.$$

解 这种运算是错误的. 当 $x\to0$ 时, $\frac{\tan x}{x}\to1$, $\frac{x}{\sin x}\to1$,本题 $x\to\pi$,所以不能应用上述方法进行计算. 正确的做法如下:

令 $x-\pi=t$,则 $x=\pi+t$,当 $x\to\pi$ 时, $t\to0$,于是

$$\lim_{x\to\pi}\frac{\tan x}{\sin x}=\lim_{t\to0}\frac{\tan(\pi+t)}{\sin(\pi+t)}=\lim_{t\to0}\frac{\tan t}{-\sin t}=\lim_{t\to0}\frac{\tan t}{t}\cdot\frac{t}{-\sin t}=-1.$$

例 5　计算$\lim\limits_{x\to 0}\dfrac{\cos x-\cos 3x}{x^2}$.

解　$\lim\limits_{x\to 0}\dfrac{\cos x-\cos 3x}{x^2}=\lim\limits_{x\to 0}\dfrac{2\sin 2x\sin x}{x^2}=\lim\limits_{x\to 0}\dfrac{4\sin 2x}{2x}\cdot\dfrac{\sin x}{x}=4.$

例 6　计算$\lim\limits_{x\to 0}\dfrac{x-\sin 2x}{x+\sin 2x}$.

解　$\lim\limits_{x\to 0}\dfrac{x-\sin 2x}{x+\sin 2x}=\lim\limits_{x\to 0}\dfrac{1-\dfrac{\sin 2x}{x}}{1+\dfrac{\sin 2x}{x}}=\lim\limits_{x\to 0}\dfrac{1-2\dfrac{\sin 2x}{2x}}{1+2\dfrac{\sin 2x}{2x}}=\dfrac{1-2}{1+2}=-\dfrac{1}{3}.$

2.4.2　第二个重要极限 $\lim\limits_{x\to\infty}\left(1+\dfrac{1}{x}\right)^x=\mathrm{e}$

第二个重要极限

其中 e 是一个无理数，e = 2. 718 281 828 459 045…. 指数函数 $y=\mathrm{e}^x$ 以及对数函数 $y=\ln x$ 中的底 e 就是这个常数.

证　先证明$\lim\limits_{x\to+\infty}\left(1+\dfrac{1}{x}\right)^x=\mathrm{e}$.

设 $1<x<+\infty$，令$[x]=n$，则 $n\leqslant x<n+1$，由此得

$$\left(1+\frac{1}{n+1}\right)^n\leqslant\left(1+\frac{1}{n+1}\right)^x<\left(1+\frac{1}{x}\right)^x\leqslant\left(1+\frac{1}{n}\right)^x<\left(1+\frac{1}{n}\right)^{n+1}$$

由 $x\to+\infty$ 有 $n\to\infty$，于是

$$\lim_{x\to+\infty}\left(1+\frac{1}{n+1}\right)^n=\lim_{n\to\infty}\left(1+\frac{1}{n+1}\right)^n=\lim_{n\to\infty}\frac{\left(1+\frac{1}{n+1}\right)^{n+1}}{1+\frac{1}{n+1}}=\mathrm{e}$$

$$\lim_{x\to+\infty}\left(1+\frac{1}{n}\right)^{n+1}=\lim_{n\to\infty}\left(1+\frac{1}{n}\right)^{n+1}=\lim_{n\to\infty}\left(1+\frac{1}{n}\right)^n\left(1+\frac{1}{n}\right)=\mathrm{e}$$

从而由夹挤准则知$\lim\limits_{x\to+\infty}\left(1+\dfrac{1}{x}\right)^x=\mathrm{e}$.

再证明$\lim\limits_{x\to-\infty}\left(1+\dfrac{1}{x}\right)^x=\mathrm{e}$. 令 $x=-y$，则有

$$\lim_{x\to-\infty}\left(1+\frac{1}{x}\right)^x=\lim_{y\to+\infty}\left(1-\frac{1}{y}\right)^{-y}=\lim_{y\to+\infty}\left(\frac{y}{1-y}\right)^y$$

$$=\lim_{y\to+\infty}\left(1+\frac{1}{y-1}\right)^{y-1}\left(1+\frac{1}{y-1}\right)=\mathrm{e}\cdot 1=\mathrm{e},$$

即$\lim\limits_{x\to-\infty}\left(1+\dfrac{1}{x}\right)^x=\mathrm{e}$. 综合得

$$\lim_{x\to\infty}\left(1+\frac{1}{x}\right)^x=\mathrm{e}.$$

若令$\frac{1}{x}=t$，则$\lim\limits_{t\to 0}(1+t)^{\frac{1}{t}}=\mathrm{e}$. 若$\lim\limits_{x\to x_0}f(x)=0$，则

$$\lim_{x\to x_0}(1+f(x))^{\frac{1}{f(x)}}=\mathrm{e}.$$

例 7　求$\lim\limits_{n\to\infty}\left(1+\frac{1}{n}\right)^{n+3}$.

解　$$\lim_{n\to\infty}\left(1+\frac{1}{n}\right)^{n+3}=\lim_{n\to\infty}\left[\left(1+\frac{1}{n}\right)^{n}\cdot\left(1+\frac{1}{n}\right)^{3}\right]$$
$$=\lim_{n\to\infty}\left(1+\frac{1}{n}\right)^{n}\cdot\lim_{n\to\infty}\left(1+\frac{1}{n}\right)^{3}=\mathrm{e}\cdot 1=\mathrm{e}.$$

例 8　求$\lim\limits_{x\to 0}(1-2x)^{\frac{1}{x}}$.

解　$$\lim_{x\to 0}(1-2x)^{\frac{1}{x}}=\lim_{x\to 0}\left[(1-2x)^{-\frac{1}{2x}}\right]^{-2}=\mathrm{e}^{-2}.$$

例 9　求$\lim\limits_{x\to\infty}\left(1+\frac{k}{x}\right)^{x}$.

解　$$\lim_{x\to\infty}\left(1+\frac{k}{x}\right)^{x}=\lim_{x\to\infty}\left[\left(1+\frac{k}{x}\right)^{\frac{x}{k}}\right]^{k}=\left[\lim_{x\to\infty}\left(1+\frac{k}{x}\right)^{\frac{x}{k}}\right]^{k}=\mathrm{e}^{k}.$$

特别地，当$k=-1$时，有$\lim\limits_{x\to\infty}\left(1-\frac{1}{x}\right)^{x}=\mathrm{e}^{-1}$.

例 10　求$\lim\limits_{x\to\infty}\left(\frac{3+x}{2+x}\right)^{2x}$.

解　$$\lim_{x\to\infty}\left(\frac{3+x}{2+x}\right)^{2x}=\lim_{x\to\infty}\left[\left(1+\frac{1}{x+2}\right)^{x}\right]^{2}=\lim_{x\to\infty}\left[\left(1+\frac{1}{x+2}\right)^{x+2-2}\right]^{2}$$
$$=\lim_{x\to\infty}\left[\left(1+\frac{1}{x+2}\right)^{x+2}\right]^{2}\left(1+\frac{1}{x+2}\right)^{-4}=\mathrm{e}^{2}.$$

例 11　求$\lim\limits_{x\to\infty}\left(\frac{x^2}{x^2-1}\right)^{x}$.

解　$$\lim_{x\to\infty}\left(\frac{x^2}{x^2-1}\right)^{x}=\lim_{x\to\infty}\left(1+\frac{1}{x^2-1}\right)^{x}=\lim_{x\to\infty}\left[\left(1+\frac{1}{x^2-1}\right)^{x^2-1}\right]^{\frac{x}{x^2-1}}=\mathrm{e}^{0}=1.$$

习题 2.4

1. 求下列极限：

(1) $\lim\limits_{x\to 0}\frac{\sin kx}{x}$　　(2) $\lim\limits_{x\to 0}x\cot 2x$

(3) $\lim\limits_{x\to 0}\frac{\sin 2x}{\tan 5x}$　　(4) $\lim\limits_{x\to\infty}x^2\sin\frac{2}{x^2}$

(5) $\lim\limits_{x\to 1}\frac{\sin(x^2-1)}{x-1}$　　(6) $\lim\limits_{x\to 0}\frac{1-\cos x}{x\sin x}$

(7) $\lim\limits_{x\to\pi}\dfrac{\sin x}{x-\pi}$　　(8) $\lim\limits_{n\to\infty}2^n\sin\dfrac{x}{2^n}$

2. 求下列极限：

(1) $\lim\limits_{x\to\infty}\left(1+\dfrac{3}{x}\right)^{x+1}$　　(2) $\lim\limits_{x\to 0}\sqrt[x]{1-3x}$

(3) $\lim\limits_{x\to\infty}\left(\dfrac{1+x}{x}\right)^{2x}$　　(4) $\lim\limits_{x\to\infty}\left(\dfrac{2x-1}{2x+3}\right)^{x}$

(5) $\lim\limits_{x\to\frac{\pi}{2}}(1+\cos x)^{3\sec x}$　　(6) $\lim\limits_{x\to 0}(1+2\sin x)^{\frac{1}{x}}$

(7) $\lim\limits_{x\to 0}(1-4x)^{\frac{1-x}{x}}$　　(8) $\lim\limits_{x\to 0}(1+3\tan^2 x)^{\cot^2 x}$

3. 已知$\lim\limits_{x\to\infty}\left(\dfrac{x+1\ 001}{x-5}\right)^{2x+2\ 002}=e^c$，求 c.

2.5 极限在经济中的应用

2.5.1 复利

目前，我国的个人银行存款实行的是单利制，而在国外银行中，经常采用复利制. 如果你有暂时不用的钱，可能决定用它投资来赚取利息. 支付利息有很多不同的方式，例如，一年一次或一年多次. 如果支付利息的方式比一年一次频繁得多且利息不被取出，则对投资者是有利的，因为可用利息赚取利息，这种方式称为复利. 银行所提供的账户无论在利率上还是在复利方式上都有所不同，有些账户提供复利是一年一次，有些是一年4次，而另一些则是每天计复利，有些甚至提供连续复利.

例1　A银行提供每年支付一次、复利为年利率3%的银行账户，B银行提供每年支付4次、复利为年利率3%的账户，它们之间有何差异呢？

解　两种情况中3%都是年利率，一年支付一次，复利3%表示在每年末都要加上当前余额的3%，这相当于当前余额乘以1.03. 如果都存入100元，记A银行的余额为 A，B银行的余额为 B，则余额 A 为

一年后：$A=100\times 1.03$，两年后：$A=100\times 1.03^2$，…，t 年后：$A=100\times 1.03^t$.

而一年支付四次，复利3%表示每年要加四次（即每三个月一次）利息，每次要加上当前余额的$\dfrac{3\%}{4}=0.75\%$，因此，如果同样存入100元，则在年末，已计入四次复利，该账户将拥有 $1\ 000\times 1.007\ 5^4$ 元，所以余额 B 为

一年后：$B=100\times 1.007\ 5^4$，两年后：$B=100\times 1.007\ 5^{4\times 2}$，…，$t$ 年后：$B=100\times 1.007\ 5^{4t}$.

注意这里的3%不是每三个月的利率,年利率被分为四个0.75%的支付额,在上面两种复利方式下,计算一年后的总余额显示

一年一次复利:$A=100\times1.03=103.00$,

一年四次复利:$B=100\times1.0075^4=103.033919\approx103.03$.

因此,随着年份的增加,由于利息赚利息,每年四次复利可赚更多的钱. 所以,支付复利的次数越频繁可赚取的钱越多(尽管差别不是很大).

2.5.2 年有效收益

由上面的例子,我们可以测算出复利的效果,由于在一年支付4次、复利为年利率3%的条件下投100元,一年之后可增加到103.03元,我们就说在这种情形下年有效收益为3.03%.

现在有两种利率描述同一种投资行为:一年支付四次的3%复利和3.03%的年有效收益. 银行称3%为年百分率或年利率,我们称之为票面利率(票面的意思是"仅在名义上"). 然而,正是年有效收益确切地告诉你一笔投资获得的利息究竟有多少. 因此,为比较两种银行账户,只需比较年收益.

例2 银行A提供每月支付一次、年利率为3.6%的复利,而银行B提供每天支付一次、年利率为3.5%的复利,哪种收益好? 若分别将100元投资于两个银行,写出t年后每个银行中所存余额的表达式.

解 由题意知,设在银行A的一年后的余额为A_1,t年后的余额为A_t;设在银行B的一年后的余额为B_1,t年后的余额为B_t. 则有

$$A_1=100\left(1+\frac{0.036}{12}\right)^{12}=100\times1.003^{12}=100\times1.03659998\approx100\times1.0366$$

$$B_1=100\left(1+\frac{0.035}{365}\right)^{365}=100\times1.00009589^{365}=100\times1.03561797\approx100\times1.0356$$

所以银行A账户年有效收益≈3.66%,银行B账户年有效收益≈3.56%. 因此,银行A提供的投资行为效益好. t年后两个银行中所存余额分别为

$$A_t=100\times1.03659998^t\approx100\times1.0366^t,$$

$$B_t=100\times1.03561797^t\approx100\times1.0356^t,$$

由此,我们可以得出:如果年利率为r(票面利率)的利息一年支付n次,那么当初始存入为P元时,t年后余额A_t则为

$$A_t=P\left(1+\frac{r}{n}\right)^{nt}\text{(}r\text{是票面利率)}.$$

2.5.3 连续复利

例如,一笔年利率为3.6%、每年支付n次复利的投资的年有效收益,1年后的余额

为$\left(1+\frac{0.036}{n}\right)^n$，由于

$$\lim_{n\to\infty}\left(1+\frac{0.036}{n}\right)^n=\lim_{n\to\infty}\left[\left(1+\frac{0.036}{n}\right)^{\frac{n}{0.036}}\right]^{0.036}=e^{0.036}\approx 1.036\ 655\ 85.$$

当年有效收益达到这一上界时，我们就说这种利息是连续支付的复利（使用“连续”一词，是因为随着复利支付次数越来越频繁，前后每两次支付的时间越来越接近，该上界被不断地趋近）. 因此，当一个 3.6% 的票面年利率，其复利支付次数频繁得使年有效收益为 3.665 585% 时，我们就说 3.6% 是连续支付的复利，这是从 3.6% 的票面利率中能够取得的最大收益. 由此我们得到，如果初始存款为 P 元的利息水平是年率利为 r 的连续复利，则 t 年后，余额 B 可用如下公式计算：

$$B=Pe^{rt}.$$

在解有关复利的问题时，重要的是弄清利率是票面利率还是年有效收益，以及复利是否为连续的.

在现实世界中，有许多事物的变化都类似连续复利，例如，放射物质的衰变；细胞的繁殖；物体被周围介质冷却或加热；大气随海拔高度的变化；电路接通或切断时，直流电流的产生或消失过程，等等.

2.5.4　现值与将来值

许多商业上的交易都涉及付款方式，例如买房子或汽车，买家可以采取分期付款的方式，但是将来收到付款显然没有现在收到付款划算. 因此为了对其进行补偿，买家将来多支付一些，那么，这多付的一些是多少？

为了简单起见，我们仅考虑利息损失，不考虑通货膨胀的因素. 假设你存入银行 100 元，并且按 3.6% 的年利率以年复利方式获得利息，于是一年后你的存款将变为 103.60 元，所以，今天的 100 元可以购得一年后用 103.60 元购得的东西，我们说 103.60 元是 100 元的将来值，而 100 元是 103.60 元的现值. 一般地，一笔 P 元的付款的将来值 B 元是指这样的一笔款额，现在存入银行账户的 P 元在将来指定时刻加上利息正好等于 B 元.

一笔 P 元的存款，以年复利方式计息，年率为 r，t 年后，款额为 B 元，那么有

$$B=P(1+r)^t \text{ 或 } P=\frac{B}{(1+r)^t}.$$

若把一年分成 n 次来计算复利，年利率仍为 r，计算 t 年，并且如果 B 元为 t 年后 P 元的将来值，而 P 元是 B 元的现值，则

$$B=P\left(1+\frac{r}{n}\right)^{nt} \text{ 或 } P=\frac{B}{\left(1+\frac{r}{n}\right)^{nt}}.$$

当 n 趋于无穷时，则复利计息变成连续的了（即连续复利），即

$$B=Pe^{rt} \text{ 或 } P=\frac{B}{e^{rt}}=Be^{-rt}.$$

例3 你买的彩票中奖1 000 000元,你要在两种兑奖方式中进行选择,一种为分四年每年支付250 000元的分期支付方式,从现在开始支付;另一种为一次性支付总额为960 000元的一次付清方式,也就是现在支付. 假设银行利率为3%,以连续复利方式计息,又假设不缴税,那么你选择哪种兑奖方式?

解 我们选择时考虑的是要现值最大,那么设分四年每年支付250 000元的支付方式的现总值为P. 则

$$\begin{aligned}P&=250\,000+250\,000\mathrm{e}^{-0.03}+250\,000\mathrm{e}^{-0.03\times 2}+250\,000\mathrm{e}^{-0.03\times 3}\\&\approx 250\,000+242\,611.38+235\,441.13+228\,482.80\\&=956\,535.31<960\,000.\end{aligned}$$

因此,最好选择现在一次付清960 000元这种兑奖方式.

习题2.5

1. 求年利率为1.5%的连续复利的年有效收益.

2. 假定你要在银行存入一笔资金,你需要这笔投资10年后价值为120 00元,如果银行以年利率2%,每年支付复利四次的方式付息,你应该投资多少元? 如果复利是连续的,又投资多少元?

3. (1)一银行账户,以5%的年利率按连续复利方式盈利,一对父母打算给孩子攒学费,要使在10年内攒够100 000元,问这对父母必须每年存入多少元?

(2)若这对父母现改为一次存够一总数,用这一总数加上它的盈利作为孩子的将来学费,问在10年后获得100 000元的学费,现在必须一次存入多少元?

2.6 函数的连续性

狄利克雷-函数的连续性

客观世界的许多现象和事物不仅是运动变化的,而且运动变化的过程往往是连续不断的,比如日月行空、岁月流逝、植物生长、物种变化等,这些不断发展、变化的事物在量的方面的变化具有连续性. 本节将要引入的函数的连续性就是刻画连续变化的数学概念.

16、17世纪微积分的酝酿和产生,开启了对物体的连续运动的研究,如伽利略所研究的自由落体运动等. 但直到19世纪以前,数学家们对连续变量的研究仍停留在几何直观的层面上,即把能一笔画成的曲线所对应的函数称为连续函数. 19世纪中叶,在柯西等数学家建立起严格的极限理论之后,连续函数才有了严格的数学表述.

2.6.1 函数连续的概念

函数的连续性

课程思政-函数连续的概念-函数的连续性

气温是时间的函数,当时间变化不大时,气温的变化也不大;物体运动的路程是时间的函数,当时间变化不大时,路程的变化也不大;金属丝的长度是温度的函数,温度变化不大时,长度的变化也不大;等等. 这些现象抽象到数学上称为连续.

设变量 u 从它的一个初值 u_1 变到终值 u_2,终值与初值的差 u_2-u_1 叫作变量 u 的增量,记作 Δu,即

$$\Delta u=u_2-u_1$$

增量 Δu 可以是正的,也可以是负的. 当 Δu 为正时,变量 u 从 u_1 变到 $u_2=u_1+\Delta u$ 是增大的;当 Δu 为负时,变量 u 是减小的.

应该注意到:记号 Δu 并不表示某个量 Δ 与变量 u 的乘积,而是一个整体不可分割的记号.

现在假设函数 $y=f(x)$ 在点 x_0 的某一个邻域内有定义. 当自变量 x 在该邻域内从 x_0 变到 $x_0+\Delta x$ 时,函数 y 相应地从 $f(x_0)$ 变到 $f(x_0+\Delta x)$,因此函数 y 的对应增量为

$$\Delta y=f(x_0+\Delta x)-f(x_0).$$

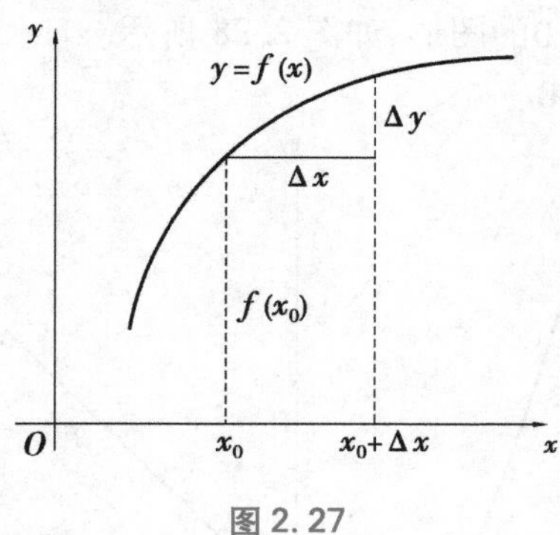

图 2.27

如图 2.27 所示,假如保持 x_0 不变而让自变量的增量 Δx 变动,一般说来,函数 y 的增量 Δy 也要随着变动. 现在我们对连续性的概念可以这样描述:当 Δx 趋于零时,函数 y 的对应增量 Δy 也趋于零,即

$$\lim_{\Delta x\to 0}\Delta y=0,$$

或

$$\lim_{\Delta x\to 0}[f(x_0+\Delta x)-f(x_0)]=0,$$

那么就称函数 $y=f(x)$ 在点 x_0 处是连续的.

定义 2.10 设函数 $y=f(x)$ 在点 x_0 的某一邻域内有定义,如果 $\lim\limits_{\Delta x\to 0}\Delta y=\lim\limits_{\Delta x\to 0}[f(x_0+\Delta x)-f(x_0)]=0$,那么就称函数 $y=f(x)$ 在点 x_0 连续.

从定义 2.10 可以看出,函数在某点连续的实质是函数在该点有定义并且函数值在该点两侧不会发生突变.

例 1 证明函数 $y=x^2$ 在给定点 x_0 处连续.

证 当 x 从 x_0 处产生一个增量 Δx 时,函数 $y=x^2$ 的相应增量为

$$\Delta y=(x_0+\Delta x)^2-x_0{}^2=2x_0x+(\Delta x)^2$$

因为 $\lim\limits_{\Delta x\to 0}\Delta y=\lim\limits_{\Delta x\to 0}[2x_0x+(\Delta x)^2]=0$,

所以 $y=x^2$ 在给定点 x_0 处连续.

如果记 $x=x_0+\Delta x$,则 $\Delta x\to 0$ 就是 $x\to x_0$. 由于

$$\Delta y=f(x_0+\Delta x)-f(x_0)=f(x)-f(x_0),$$

可见 $\Delta y\to 0$ 就是 $f(x)\to f(x_0)$,因此 $\lim\limits_{\Delta x\to 0}\Delta y=0$ 与 $\lim\limits_{x\to x_0}f(x)=f(x_0)$ 相当. 所以,函数 $y=f(x)$ 在点 x_0 处是连续的定义又可以叙述如下.

定义 2.11 如果函数 $y=f(x)$ 满足条件:

(1) 在 x_0 点有定义;

(2) $\lim\limits_{x\to x_0}f(x)$ 存在;

(3) $\lim\limits_{x\to x_0}f(x)=f(x_0)$.

就称函数 $y=f(x)$ 在点 x_0 连续.

观察函数 $f(x)=\begin{cases}x^2 & x<0\\ 0 & x=0\\ x+1 & x>0\end{cases}$ 的图形,如图 2.28 所示.

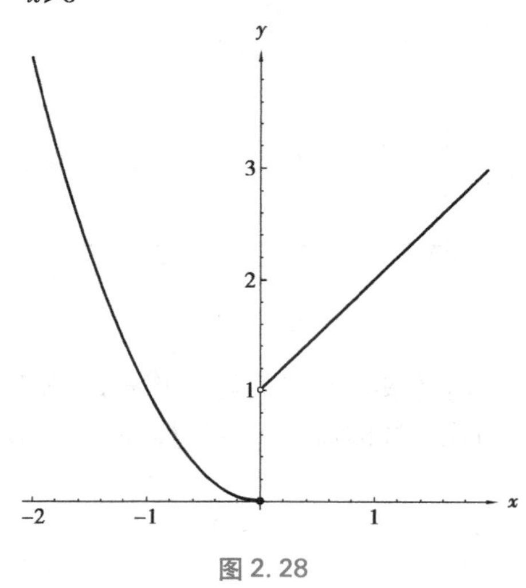

图 2.28

由图 2.28 可知,$\lim\limits_{x\to 0^-}f(x)=0=f(0)$. 这种情况,我们称 $f(x)$ 在 $x=0$ 左连续. 一般地,如

果$\lim\limits_{x \to x_0^-} f(x)=f(x_0-0)$存在且等于$f(x_0)$，即$f(x_0-0)=f(x_0)$，则称函数$f(x)$在点$x_0$左连续.

再观察函数$f(x)=\begin{cases} x-1 & x<1 \\ 2 & x=1 \\ x+1 & x>1 \end{cases}$的图形，如图2.29所示.

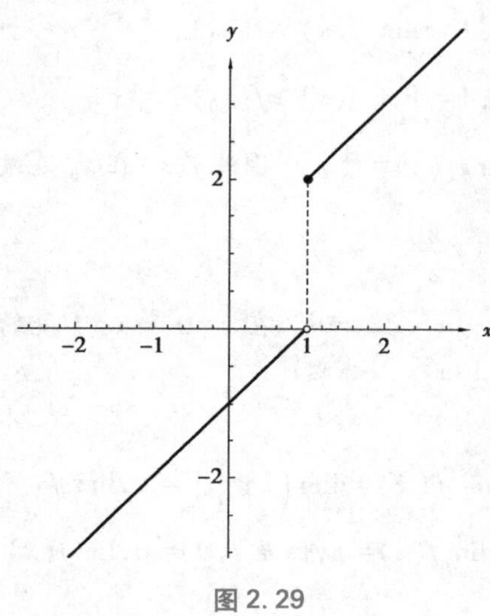

图2.29

由图2.29可知，$\lim\limits_{x \to 1^+} f(x)=2=f(1)$. 这种情况下，我们称$f(x)$在$x=1$右连续. 一般地，如果$\lim\limits_{x \to x_0^+} f(x)=f(x_0+0)$存在且等于$f(x_0)$，即$f(x_0+0)=f(x_0)$，则称函数$f(x)$在点$x_0$右连续.

根据函数在x_0点有极限的充要条件和连续的定义，我们有：

定理2.11　函数$f(x)$在点x_0连续的充分必要条件是$f(x)$在点x_0既左连续又右连续，即

$$f(x_0-0)=f(x_0+0)=f(x_0)$$

在区间上每一点都连续的函数，称为该区间上的连续函数，或者说函数在该区间上连续. 如果区间包括端点，那么函数在右端点连续是指左连续，在左端点连续是指右连续. 使函数连续的区间，称为函数的连续区间.

我们曾经证明，如果$f(x)$是多项式，则对于任意实数x_0，都有$\lim\limits_{x \to x_0} f(x)=f(x_0)$，因此多项式在区间$(-\infty,+\infty)$内是连续的. 对于有理函数$\dfrac{P(x)}{Q(x)}$，其中$P(x)$和$Q(x)$都是多项式，只要$Q(x_0)\neq 0$，就有$\lim\limits_{x \to x_0} \dfrac{P(x)}{Q(x)}=\dfrac{P(x_0)}{Q(x_0)}$，因此有理函数在其定义域内的每一点都是连续的.

例2　试证函数$f(x)=\begin{cases} x\sin\dfrac{1}{x} & x\neq 0 \\ 0 & x=0 \end{cases}$在$x=0$处连续.

证　由于$\lim\limits_{x \to 0} x\sin\dfrac{1}{x}=0$，又$f(0)=0$，故$\lim\limits_{x \to 0} f(x)=f(0)$，由定义2.11知，函数$f(x)$在$x=0$处连续.

例 3 设$f(x)$是定义于$[a,b]$上的单调增加函数，$x_0\in(a,b)$，如果$\lim\limits_{x\to x_0}f(x)$存在，试证明函数$f(x)$在点$x_0$处连续.

证 设$\lim\limits_{x\to x_0}f(x)=A$，由于$f(x)$单调增加，则

当$x<x_0$时，$f(x)<f(x_0)$，$A=\lim\limits_{x\to x_0-0}f(x)\leqslant f(x_0)$，

当$x>x_0$时，$f(x)>f(x_0)$，$A=\lim\limits_{x\to x_0+0}f(x)\geqslant f(x_0)$，

由此可见，$A=f(x_0)$，即$\lim\limits_{x\to x_0}f(x)=f(x_0)$，因此$f(x)$在$x_0$连续.

例 4 讨论函数$f(x)=\begin{cases}1+\dfrac{x}{2} & x<0\\ 0 & x=0\\ 1+x^2 & 0<x\leqslant 1\\ 4-x & x>1\end{cases}$在$x=0$和$x=1$处的连续性.

解 如图 2.30 所示，$\lim\limits_{x\to 0^-}f(x)=\lim\limits_{x\to 0^-}\left(1+\dfrac{x}{2}\right)=1$，$\lim\limits_{x\to 0^+}f(x)=\lim\limits_{x\to 0^+}(1+x^2)=1$. 因为$\lim\limits_{x\to 0^-}f(x)=\lim\limits_{x\to 0^+}f(x)=1$，所以$\lim\limits_{x\to 0}f(x)=1$，但是$f(0)=0$，$\lim\limits_{x\to 0}f(x)\neq f(0)$，故$f(x)$在$x=0$处不连续.

在$x=1$处：$\lim\limits_{x\to 1^-}f(x)=\lim\limits_{x\to 1^-}(1+x^2)=2$，$\lim\limits_{x\to 1^+}f(x)=\lim\limits_{x\to 1^+}(4-x)=3$

因为$\lim\limits_{x\to 1^-}f(x)\neq\lim\limits_{x\to 1^+}f(x)$，所以$\lim\limits_{x\to 1}f(x)$不存在，$f(x)$在$x=1$处不连续.

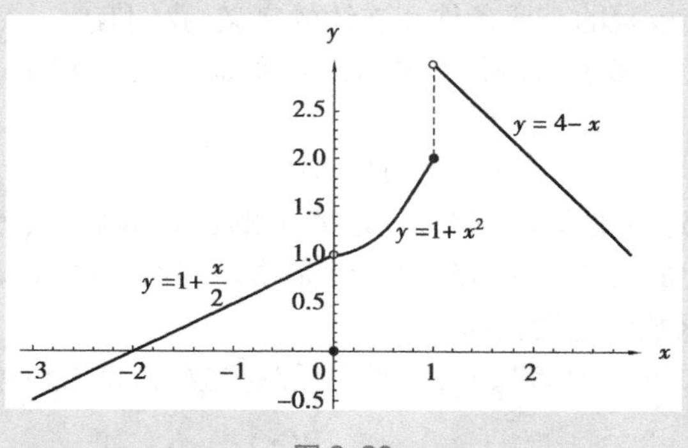

图 2.30

例 5 已知函数$f(x)=\begin{cases}x^2+1 & x<0\\ 2x-b & x\geqslant 0\end{cases}$在点$x=0$处连续，求$b$的值.

解 $\lim\limits_{x\to 0^-}f(x)=\lim\limits_{x\to 0^-}(x^2+1)=1$，$\lim\limits_{x\to 0^+}f(x)=\lim\limits_{x\to 0^+}(2x-b)=-b$，因为$f(x)$点$x=0$处连续，则$\lim\limits_{x\to 0^-}f(x)=\lim\limits_{x\to 0^+}f(x)$，即$b=-1$.

例 6 证明函数$y=\sin x$在区间$(-\infty,+\infty)$内连续.

证 对于$\forall x\in(-\infty,+\infty)$，$\Delta y=\sin(x+\Delta x)-\sin x=2\sin\dfrac{\Delta x}{2}\cdot\cos\left(x+\dfrac{\Delta x}{2}\right)$，

因为 $\left|\cos\left(x+\frac{\Delta x}{2}\right)\right|\leqslant 1 \Rightarrow |\Delta y|<2\left|\sin\frac{\Delta x}{2}\right|<|\Delta x|$，

所以当 $\Delta x\to 0$ 时，$\Delta y\to 0$，即函数 $y=\sin x$ 对任意 $x\in(-\infty,+\infty)$ 都是连续的.

例 7　讨论 $f(x)=\begin{cases}x+2 & x\geqslant 0\\ x-2 & x<0\end{cases}$ 在 $x=0$ 处的连续性.

解　$\lim\limits_{x\to 0^-}f(x)=\lim\limits_{x\to 0^+}(x+2)=2=f(0)$，$\lim\limits_{x\to 0^-}f(x)=\lim\limits_{x\to 0^+}(x-2)=-2\neq f(0)$，右连续但不左连续，故函数 $f(x)$ 在点 $x=0$ 处不连续.

观察函数 $f(x)=\begin{cases}1+\frac{x}{2} & x<0\\ 1+x^2 & 0<x\leqslant 1\\ 4-x & 1<x<2\\ 1 & x=2\\ x & x>2\end{cases}$ 的图形如图 2.31 所示.

从图 2.31 可以看出，在 $x=0$ 处，函数没有定义，其图形是断开的（不连续）；在 $x=1$ 处，函数有定义，但没有极限，其图形也是断开的；在 $x=2$ 处，有定义也有极限，但 $\lim\limits_{x\to 2}f(x)=2\neq f(2)$，其图形仍然是断开的.

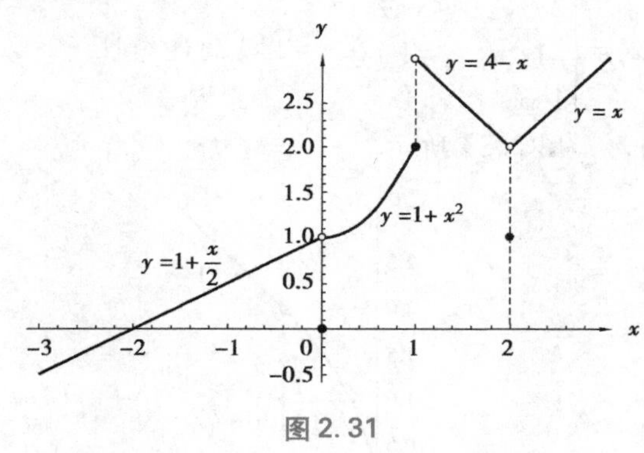

图 2.31

我们把使得函数不连续的点叫作间断点. 根据定义 2.11，下列三类点都是间断点：(1)没有定义的点；(2)极限不存在的点；(3)有定义也有极限，但极限值不等于函数值的点.

比如，在例 7 中，$f(x)=\begin{cases}x+2 & x\geqslant 0\\ x-2 & x<0\end{cases}$，在 $x=0$ 处有定义，但是 $f(0-0)\neq f(0+0)$，即 $\lim\limits_{x\to 0}f(x)$ 不存在，所以 $x=0$ 是 $f(x)$ 的间断点.

根据函数在间断点处的极限情况，我们将间断点分为两类.

函数的间断点

定义 2.12　如果 x_0 是 $f(x)$ 的一个间断点，且 $\lim\limits_{x\to x_0^-}f(x)$ 和 $\lim\limits_{x\to x_0^+}f(x)$ 都存在，那么称 x_0 是第一类间断点；若 $\lim\limits_{x\to x_0^-}f(x)$ 和 $\lim\limits_{x\to x_0^+}f(x)$ 至少有一个不存在，那么称 x_0 是第二类间断点.

下面通过例子来说明函数间断点的几种常见情形.

例 8　讨论函数$f(x)=\begin{cases}-x & x\leqslant 0\\ 1+x & x>0\end{cases}$在 $x=0$ 处的连续性.

解　$f(0-0)=\lim\limits_{x\to 0^-}f(x)=0$, $f(0+0)=\lim\limits_{x\to 0^+}f(x)=1$,

因为 $f(0-0)\neq f(0+0)$, 所以 $x=0$ 为函数的间断点.

如图 2.32,函数 $f(x)$ 的图形在 $x=0$ 处发生了跳跃,所以称这种间断点为跳跃间断点. 跳跃间断点是指函数的左极限和右极限存在但不相等的间断点,属于第一类间断点.

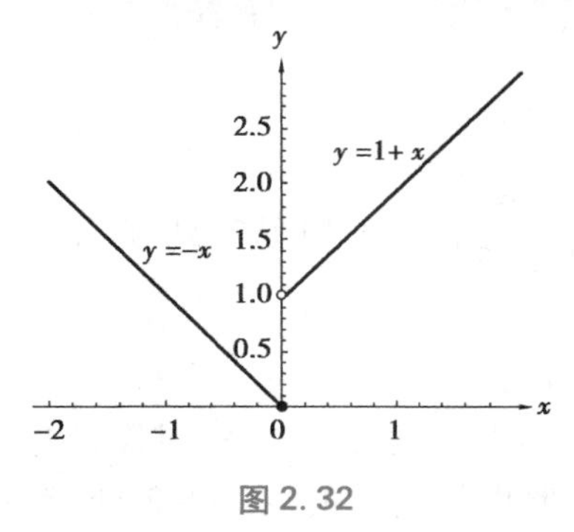

图 2.32

例 9　讨论函数$f(x)=\begin{cases}2\sqrt{x} & 0\leqslant x<1\\ 1 & x=1\\ 1+x & x>1\end{cases}$在 $x=1$ 处的连续性.

解　函数 $f(x)$ 的图形如图 2.33 所示.

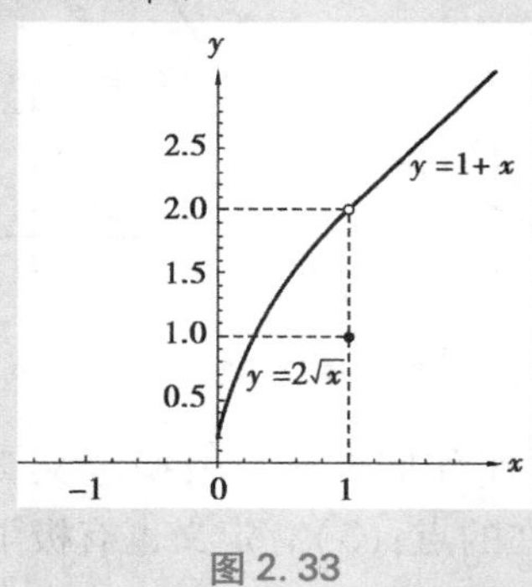

图 2.33

由图 2.33 可知, $f(1)=1$, $f(1-0)=2$, $f(1+0)=2$. $\lim\limits_{x\to 1}f(x)=2\neq f(1)$,

所以 $x=1$ 为函数的间断点.

我们称函数极限存在的间断点(间断点处可能有定义,也可能没有定义)为可去间断点. 如果修改或补充函数在可去间断点处的值可使函数在该点连续.

在例 9 中,若修改定义 $f(1)=2$,则$f(x)=\begin{cases}2\sqrt{x} & 0\leqslant x<1\\ 1+x & x\geqslant 1\end{cases}$在 $x=1$ 处连续.

例10 讨论函数$f(x)=\begin{cases}\dfrac{1}{x} & x>0\\ x & x\leqslant 0\end{cases}$在$x=0$处的连续性.

解 该函数图形如图2.34所示.

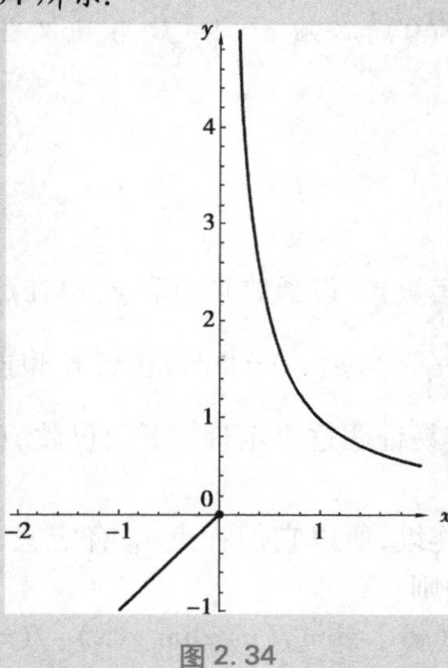

图2.34

由图2.34知，$f(0-0)=0$，$f(0+0)=+\infty$，所以$x=0$为函数的第二类间断点.

我们称使得函数的左极限或右极限为无穷大的间断点为无穷间断点. 无穷间断点是第二类间断点.

例11 讨论函数$f(x)=\sin\dfrac{1}{x}$在$x=0$处的连续性.

解 $f(x)=\sin\dfrac{1}{x}$在$x=0$处没有定义，其图形如图2.35所示，$f(x)=\sin\dfrac{1}{x}$的图形当$x\to 0$时，函数值在-1和$+1$之间变动无限多次，所以$x=0$为间断点且为第二类间断点. 我们称这种间断点为$f(x)$的振荡间断点.

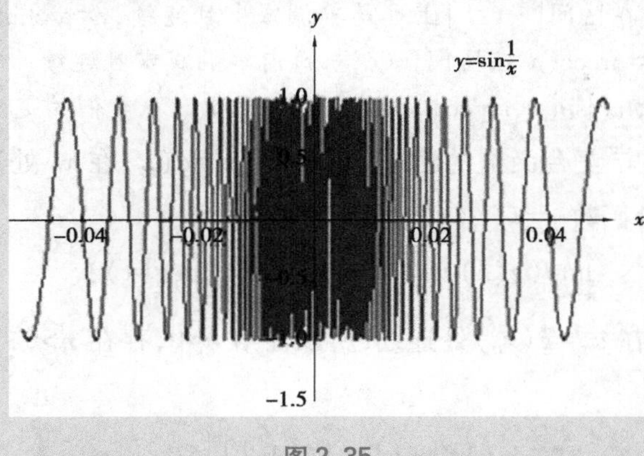

图2.35

例 12　a 取何值时,$f(x)=\begin{cases}\cos x & x<0,\\ a+x & x\geqslant 0,\end{cases}$ 在 $x=0$ 处连续.

解　由于 $f(0)=a$,$\lim\limits_{x\to 0^-}f(x)=\lim\limits_{x\to 0^-}\cos x=1$,$\lim\limits_{x\to 0^+}f(x)=\lim\limits_{x\to 0^+}(a+x)=a$.

要使 $f(0-0)=f(0+0)=f(0)$,必须 $a=1$. 故当且仅当 $a=1$ 时,函数 $f(x)$ 在 $x=0$ 处连续.

2.6.2　连续函数的运算

连续函数的运算与初等函数的连续性

定理 2.12(连续函数的四则运算)　设函数 $f(x)$ 和 $g(x)$ 在点 x_0 连续,则函数 $f(x)\pm g(x)$,$f(x)g(x)$,$\dfrac{f(x)}{g(x)}$(当 $g(x_0)\neq 0$ 时)在点 x_0 也连续.

根据极限的运算法则,很容易证明这个定理. 下面仅就 $f(x)\pm g(x)$ 的连续性进行证明,其他的类似.

因为 $f(x)$ 和 $g(x)$ 在点 x_0 连续,所以它们在点 x_0 有定义,从而 $f(x)\pm g(x)$ 在点 x_0 也有定义,再由连续性和极限运算法则,有

$$\lim_{x\to x_0}[f(x)\pm g(x)]=\lim_{x\to x_0}f(x)\pm\lim_{x\to x_0}g(x)=f(x_0)\pm g(x_0).$$

根据连续性的定义,$f(x)\pm g(x)$ 在点 x_0 连续.

例 13　由于 $\sin x$ 和 $\cos x$ 都在区间 $(-\infty,+\infty)$ 内连续,根据定理 2.10 知,$\sec x$,$\csc x$,$\tan x$,$\cot x$ 在其有定义的区间内都是连续的.

定理 2.13(反函数的连续性)　如果函数 $f(x)$ 在区间 I_x 上单调增加(或单调减少)且连续,那么它的反函数 $x=f^{-1}(y)$ 也在对应的区间 $I_y=\{y\mid y=f(x),x\in I_x\}$ 上单调增加(或单调减少)且连续.

例 14　由于 $y=\sin x$ 在区间 $\left[-\dfrac{\pi}{2},\dfrac{\pi}{2}\right]$ 上单调增加且连续,所以它的反函数 $y=\arcsin x$ 在区间 $[-1,1]$ 上也是单调增加且连续的.

同样,$y=\arccos x$ 在区间 $[-1,1]$ 上也是单调减少且连续;$y=\arctan x$ 在区间 $(-\infty,+\infty)$ 内单调增加且连续;$y=\operatorname{arccot} x$ 在区间 $(-\infty,+\infty)$ 内单调减少且连续.

总之,反三角函数 $\arcsin x$,$\arccos x$,$\arctan x$,$\operatorname{arccot} x$ 在它们的定义域内都是连续的.

定理 2.14(反函数与复合函数的连续性)　设 $u=g(x)$ 在 x_0 处连续,$y=f(u)$ 在 $u_0=g(x_0)$ 处连续,则复合函数 $y=f(g(x))$ 在 x_0 处连续,且

$$\lim_{x\to x_0}f(g(x))=f(g(x_0))=f(\lim_{x\to x_0}g(x)).$$

证　由于 $y=f(u)$ 在 $u_0=g(x_0)$ 处连续,所以任给 $\varepsilon>0$,存在 $\eta>0$,当 $|u-u_0|<\eta$ 时,恒有 $|f(u)-f(u_0)|<\varepsilon$,即

$$|f(g(x))-f(g(x_0))|<\varepsilon,$$

又 $u=g(x)$ 在 x_0 处连续,对于上述 $\eta>0$,存在 $\delta>0$,当 $|x-x_0|<\delta$ 时,恒有 $|g(x)-g(x_0)|<$

η,即$|u-u_0|<\eta$,从而有

$$|f(g(x))-f(g(x_0))|<\varepsilon,$$

由连续函数的定义知,$y=f(g(x))$在x_0处连续,即

$$\lim_{x\to x_0}f(g(x))=f(g(x_0))=f(\lim_{x\to x_0}g(x)).$$

推论 若$\lim\limits_{x\to x_0}g(x)=u_0$,$y=f(u)$在$u=u_0$连续,则

$$\lim_{x\to x_0}f(g(x))=f(\lim_{x\to x_0}g(x)).$$

证 设$h(x)=\begin{cases}g(x) & x\neq x_0\\ u_0 & x=x_0\end{cases}$,则$h(x)$在点$x_0$连续,又$y=f(u)$在$u=u_0=h(x_0)$处连续,由复合函数的连续性知

$$\lim_{x\to x_0}f(h(x))=f(\lim_{x\to x_0}h(x)),$$

由于$x\to x_0$但$x\neq x_0$时,有$h(x)=g(x)$,所以

$$\lim_{x\to x_0}f(g(x))=f(\lim_{x\to x_0}g(x)).$$

注意 定理2.14不仅对$x\to x_0$时成立,对于$x\to x_0^+$,$x\to x_0^-$,$x\to\infty$,$x\to+\infty$,$x\to-\infty$的情形,也都成立,读者可以参照这里的证明过程自己写出证明过程.

例15 讨论函数$y=\sin\dfrac{1}{x}$的连续性.

解 函数$y=\sin\dfrac{1}{x}$是由$y=\sin u$及$u=\dfrac{1}{x}$复合而成的.

因为$\sin u$当$-\infty<u<+\infty$时是连续的,$\dfrac{1}{x}$当$-\infty<x<0$和$0<x<+\infty$时是连续的,根据定理2.14,函数$\sin\dfrac{1}{x}$在无限区间$(-\infty,0)$和$(0,+\infty)$内是连续的.

例16 求$\lim\limits_{x\to0}\dfrac{\ln(1+x)}{x}$.

解 $\lim\limits_{x\to0}\dfrac{\ln(1+x)}{x}=\lim\limits_{x\to0}\ln(1+x)^{\frac{1}{x}}=\ln\left[\lim\limits_{x\to0}(1+x)^{\frac{1}{x}}\right]=\ln e=1.$

例17 求$\lim\limits_{x\to+\infty}\cos(\sqrt{x+1}-\sqrt{x})$.

解
$$\lim_{x\to+\infty}\cos(\sqrt{x+1}-\sqrt{x})=\cos\left[\lim_{x\to+\infty}\frac{(\sqrt{x+1}-\sqrt{x})(\sqrt{x+1}+\sqrt{x})}{\sqrt{x+1}+\sqrt{x}}\right]$$
$$=\cos\left[\lim_{x\to+\infty}\frac{1}{\sqrt{x+1}+\sqrt{x}}\right]=\cos0=1.$$

例18 求$\lim\limits_{x\to0}\dfrac{a^x-1}{x}$.

解 令$a^x-1=y$,则$x=\log_a(1+y)=\dfrac{\ln(1+y)}{\ln a}$,易见当$x\to0$时,$y\to0$,所以

$$\lim_{x\to0}\frac{a^x-1}{x}=\lim_{y\to0}\frac{y\ln a}{\ln(1+y)}=\lim_{y\to0}\frac{\ln a}{\ln(1+y)^{\frac{1}{y}}}=\ln a.$$

在基本初等函数中,我们已经证明了三角函数及反三角函数在它们的定义域内是连续的.

又指数函数 $a^x(a>0,a\neq1)$对于一切实数 x 都有定义,且在区间$(-\infty,+\infty)$内是单调并且连续的,它的值域为$(0,+\infty)$.

由定理 2.13 可知,对数函数$\log_a x$ $(a>0,a\neq1)$作为指数函数 a^x 的反函数在区间$(0,+\infty)$内单调且连续.

幂函数 $y=x^\mu$ 的定义域随μ 的值而异,但无论μ 为何值,在区间$(0,+\infty)$内幂函数总是有定义的. 可以证明,在区间$(0,+\infty)$内幂函数是连续的. 事实上,设 $x>0$,则 $y=x^\mu=a^{\mu\log_a x}$,因此,幂函数 x^μ 可看作由 $y=a^u$,$u=\mu\log_a x$ 复合而成,由此,根据定理 2.13,它在$(0,+\infty)$内是连续的. 如果对于μ 取各种不同值加以分别讨论,可以证明幂函数在它的定义域内是连续的.

定理 2.15　基本初等函数在其定义域内都是连续的.

最后,根据初等函数的定义,由基本初等函数的连续性以及本节有关定理可得下列重要结论:一切初等函数在其定义区间内都是连续的.

所谓定义区间,就是包含在定义域内的区间.

初等函数的连续性在求函数极限中的应用:如果$f(x)$是初等函数,且 x_0 是$f(x)$的定义区间内的点,则$\lim\limits_{x\to x_0}f(x)=f(x_0)$.

例 19　求$\lim\limits_{x\to0}\sqrt{1-x^2}$.

解　初等函数$f(x)=\sqrt{1-x^2}$在点 $x_0=0$ 是有定义的,所以

$$\lim_{x\to0}\sqrt{1-x^2}=\sqrt{1}=1.$$

例 20　求$\lim\limits_{x\to\frac{\pi}{2}}\ln\sin x$.

解　初等函数$f(x)\ln\sin x$ 在点 $x_0=\frac{\pi}{2}$是有定义的,所以

$$\lim_{x\to\frac{\pi}{2}}\ln\sin x=\ln\sin\frac{\pi}{2}=0.$$

例 21　求$\lim\limits_{x\to0}\frac{\sqrt{1+x^2}-1}{x}$.

解　$$\lim_{x\to0}\frac{\sqrt{1+x^2}-1}{x}=\lim_{x\to0}\frac{(\sqrt{1+x^2}-1)(\sqrt{1+x^2}+1)}{x(\sqrt{1+x^2}+1)}=\lim_{x\to0}\frac{x}{\sqrt{1+x^2}+1}=\frac{0}{2}=0.$$

例 22　求$\lim\limits_{x\to0}\frac{\log_a(1+x)}{x}$,$(a>0,a\neq1)$.

解　$$\lim_{x\to0}\frac{\log_a(1+x)}{x}=\lim_{x\to0}\log_a(1+x)^{\frac{1}{x}}=\log_a e=\frac{1}{\ln a}.$$

2.6.3　闭区间上连续函数的性质

闭区间上连续函数的性质

定义 2.13　对于在区间 I 上定义的函数 $f(x)$，如果有 $x_0 \in I$，使得对于任意 $x \in I$ 都有

$$f(x) \leqslant f(x_0),$$

则称 $f(x_0)$ 是函数 $f(x)$ 在区间 I 上的最大值；如果有 $x_0 \in I$，使得对于任意 $x \in I$ 都有

$$f(x) \geqslant f(x_0),$$

则称 $f(x_0)$ 是函数 $f(x)$ 在区间 I 上的最小值.

例如，函数 $f(x)=1+\sin x$ 在区间 $[0,2\pi]$ 上有最大值 2 和最小值 0. 又如函数 $f(x)=\operatorname{sgn} x$ 在区间 $(-\infty,+\infty)$ 内有最大值 1 和最小值 -1. 在开区间 $(0,+\infty)$ 内，$\operatorname{sgn} x$ 的最大值和最小值都是 1. 但函数 $f(x)=x$ 在开区间 (a,b) 内既无最大值又无最小值.

定理 2.16（最大值和最小值定理）　在闭区间上连续的函数在该区间上一定有最大值和最小值.

定理 2.16 说明，如果函数 $f(x)$ 在闭区间 $[a,b]$ 上连续，那么至少有一点 $\xi_1 \in [a,b]$，使 $f(\xi_1)$ 是 $f(x)$ 在 $[a,b]$ 上的最大值，又至少有一点 $\xi_2 \in [a,b]$，使 $f(\xi_2)$ 是 $f(x)$ 在 $[a,b]$ 上的最小值，如图 2.36 所示.

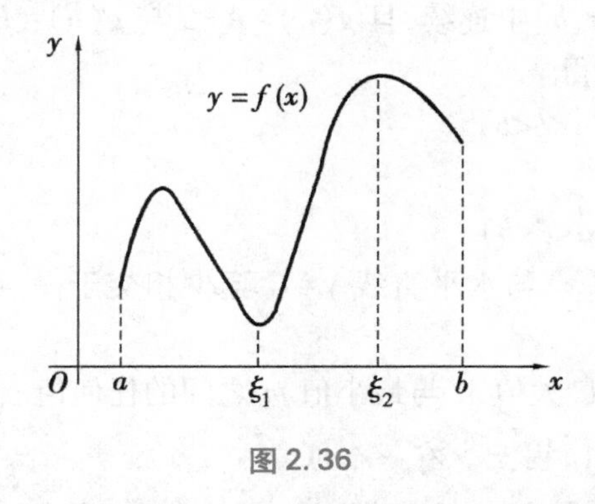

图 2.36

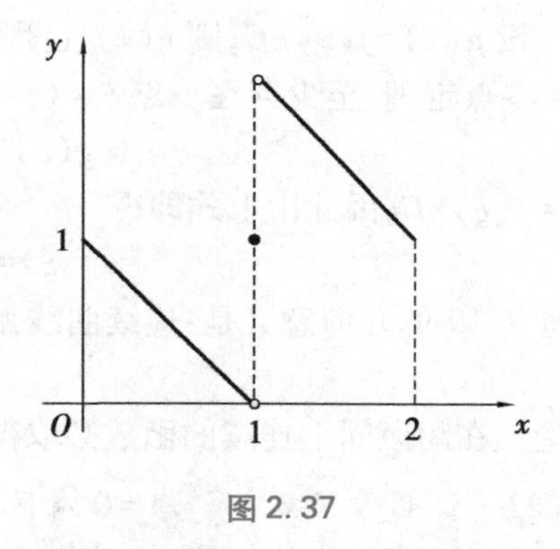

图 2.37

注意　如果函数在开区间内连续，或函数在闭区间上有间断点，那么函数在该区间上就不一定有最大值或最小值. 例如前面提到的函数 $y=x$ 在开区间 (a,b) 内连续，但在开区间 (a,b) 内既无最大值又无最小值. 又如，函数

$$y=f(x)=\begin{cases} -x+1 & 0 \leqslant x<1 \\ 1 & x=1 \\ -x+3 & 1<x \leqslant 2 \end{cases}$$

在闭区间 $[0,2]$ 上有间断点 $x=1$，它在闭区间 $[0,2]$ 上既无最大值又无最小值，如图 2.37 所示.

定理 2.17（有界性定理）　在闭区间上连续的函数一定在该区间上有界.

如果 x_0 使 $f(x_0)=0$，则称 x_0 为函数 $f(x)$ 的零点.

函数 $f(x)$ 的零点，其实就是方程 $f(x)=0$ 的根.

定理 2.18(零点定理) 设函数$f(x)$在闭区间$[a,b]$上连续,且$f(a)$与$f(b)$异号(即$f(a)\cdot f(b)<0$),那么在开区间(a,b)内至少有函数$f(x)$的一个零点,即至少有一点$\xi\in(a,b)$,使得$f(\xi)=0$.

从几何上看,定理 2.18 表示:如果连续曲线弧$y=f(x)$的两个端点位于x轴的不同侧,那么这段曲线弧与x轴至少有一个交点(图 2.38).

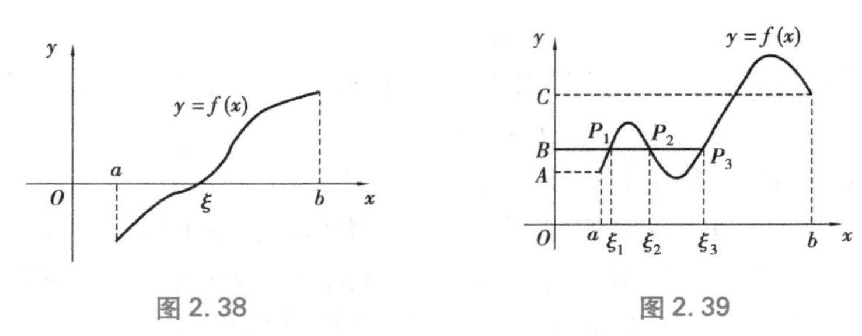

图 2.38　　图 2.39

定理 2.19(介值定理) 设函数$f(x)$在闭区间$[a,b]$上连续,且在这区间的端点取不同的函数值

$$f(x)=A\text{ 及 }f(x)=B,$$

那么,对于A与B之间的任意一个数C,在开区间(a,b)内至少有一点ξ,使得

$$f(\xi)=C\quad(a<\xi<b).$$

证 设$g(x)=f(x)-C$,则$g(x)$在闭区间$[a,b]$上连续,且$g(a)=A-C$与$g(b)=B-C$异号. 根据零点定理,至少存在一点$\xi\in(a,b)$,使得

$$g(\xi)=0\quad(a<\xi<b).$$

但$g(\xi)=f(\xi)-C$,因此由上式即得

$$f(\xi)=C\quad(a<\xi<b).$$

定理 2.19 的几何意义是:连续曲线弧$y=f(x)$与水平直线$y=C$至少相交于一点,如图 2.39.

推论 在闭区间上连续的函数必取得介于最大值M与最小值m之间的任何值.

例 23 证明方程$x^3-4x^2+1=0$在区间$(0,1)$内至少有一个根.

证 函数$f(x)=x^3-4x^2+1$在闭区间$[0,1]$上连续,又$f(0)=1>0$,$f(1)=-2<0$.

根据零点定理,在$(0,1)$内至少有一点ξ,使得$f(\xi)=0$,即

$$\xi^3-4\xi^2+1=0\quad(0<\xi<1).$$

该等式说明方程$x^3-4x^2+1=0$在区间$(0,1)$内至少有一个根是ξ.

例 24 设函数$f(x)$在区间$[a,b]$上连续,且$f(a)<a$,$f(b)>b$,证明:存在$\xi\in(a,b)$,使得$f(\xi)=\xi$.

证 令$g(x)=f(x)-x$,则$g(x)$在$[a,b]$上连续.

而$g(a)=f(a)-a<0$,$g(b)=f(b)-b>0$,由零点定理,存在$\xi\in(a,b)$,使

$$g(\xi)=0,$$

即$f(\xi)=\xi$.

例 25　证明方程

$$\frac{1}{x-1}+\frac{1}{x-2}+\frac{1}{x-3}=0$$

有分别包含于(1,2),(2,3)内的两个实根.

证　当 $x\neq 1,2,3$,用 $(x-1)(x-2)(x-3)$ 乘方程两端,得

$$(x-2)(x-3)+(x-1)(x-3)+(x-1)(x-2)=0.$$

设 $f(x)=(x-2)(x-3)+(x-1)(x-3)+(x-1)(x-2)$,则

$f(1)=(-1)\cdot(-2)=2>0$, $f(2)=1\cdot(-1)=-1<0$, $f(3)=2\cdot 1=2>0$,由零点定理知,$f(x)$ 在(1,2)与(2,3)内至少各有一个零点,即原方程在(1,2)与(2,3)内至少各有一个实根.

习题 2.6

1. 画出下列函数的图形,并研究函数的连续性:

(1) $f(x)=\begin{cases} x^2 & 0\leqslant x\leqslant 1 \\ 2-x & 1<x\leqslant 2 \end{cases}$　　(2) $f(x)=\begin{cases} x & -1\leqslant x\leqslant 1 \\ 1 & x<-1 \text{ 或 } x>1 \end{cases}$

2. 求下列函数的间断点,并指出间断点的类型,若是可去型间断点,则补充或修改定义,使其在该点连续:

(1) $f(x)=\dfrac{x^2-x}{|x|(x^2-1)}$　　(2) $f(x)=\dfrac{1}{\ln(2x-1)}$

(3) $f(x)=\begin{cases} -\dfrac{1}{x} & x\leqslant -1 \\ 2+x & -1<x\leqslant 0 \\ x\sin\dfrac{1}{x} & 0<x\leqslant 2 \end{cases}$　　(4) $f(x)=\begin{cases} \dfrac{1}{x}\arctan x & x\neq 0 \\ 0 & x=0 \end{cases}$

3. 讨论下列函数的连续性,并作出函数的图形:

(1) $f(x)=\lim\limits_{n\to\infty}\dfrac{1}{1+x^n},(x\geqslant 0)$　　(2) $f(x)=\lim\limits_{n\to\infty}\dfrac{1-x^{2n}}{1+x^{2n}}x$

4. 已知 $f(x)=\begin{cases} ax^2+b & 0<x<1 \\ 2 & x=1 \\ \ln(bx+1) & 1<x\leqslant 3 \end{cases}$,问 a,b 为何值时,$f(x)$ 在 $x=1$ 处连续.

5. 求函数 $f(x)=\dfrac{x^3+3x^2-x-3}{x^2+x-6}$ 的连续区间,并求 $\lim\limits_{x\to 0}f(x)$, $\lim\limits_{x\to 2}f(x)$, $\lim\limits_{x\to -3}f(x)$.

6. 设函数 $f(x)=\begin{cases} e^x & x<0 \\ a+x & x\geqslant 0 \end{cases}$,应当怎样选择数 a,使得 $f(x)$ 成为 $(-\infty,+\infty)$ 内的连续函数.

7. 求下列极限

(1) $\lim\limits_{x\to 0}\sqrt{x^2-2x+5}$　　(2) $\lim\limits_{a\to\frac{\pi}{4}}(\sin 2a)^3$

(3) $\lim\limits_{x\to\frac{\pi}{6}}\ln(2\cos 2x)$　　(4) $\lim\limits_{x\to0}\dfrac{\sqrt{x+1}-1}{x}$

(5) $\lim\limits_{x\to1}\dfrac{\sqrt{5x-4}-\sqrt{x}}{x-1}$　　(6) $\lim\limits_{x\to a}\dfrac{\sin x-\sin a}{x-a}$

(7) $\lim\limits_{x\to+\infty}(\sqrt{x^2+x}-\sqrt{x^2-x})$

8. 求下列极限

(1) $\lim\limits_{x\to\infty}e^{\frac{1}{x}}$　　(2) $\lim\limits_{x\to0}\ln\dfrac{\sin x}{x}$

(3) $\lim\limits_{x\to\infty}\left(1+\dfrac{1}{x}\right)^{\frac{x}{2}}$　　(4) $\lim\limits_{x\to0}(1+3\tan^2x)^{\cot^2x}$

9. 设函数$f(x)$在$[a,b]$上连续，且$a<x_1<x_2<\cdots<x_n<b$，求证在(a,b)内至少存在一点ξ，使得$f(\xi)=\dfrac{f(x_1)+f(x_2)+\cdots+f(x_n)}{n}$.

10. 证明方程$x^3-3x=1$至少有一个根介于1和2之间.

11. 证明方程$x=a\sin x+b$(其中$a>0,b>0$)至少有一个正根，并且它不超过$a+b$.

综合习题2

第一部分　判断是非题

1. 若n越大时，u_n-A越小，则数列$\{u_n\}$必以A为极限.(　　)

2. 若n越大时，$|u_n-A|$越小，则数列$\{u_n\}$必以A为极限.(　　)

3. 若n越大时，$|u_n-A|$越接近于零，则数列$\{u_n\}$必以A为极限.(　　)

4. 若对任意给定的$\varepsilon>0$，存在自然数N，当$n>N$时，总有无穷多个u_n满足$|u_n-A|<\varepsilon$，则数列$\{u_n\}$必以A为极限.(　　)

5. 若对任意给定的$\varepsilon>0$，数列$\{u_n\}$中仅有有限多项不满足$|u_n-A|<\varepsilon$，则数列$\{u_n\}$必以A为极限.(　　)

6. 在数列$\{u_n\}$中任意去掉有限多项，所得新数列$\{v_n\}$必与原数列$\{u_n\}$同敛散.(　　)

7. 在数列$\{u_n\}$中任意去掉无穷多项，所得新数列$\{v_n\}$必与原数列$\{u_n\}$同敛散.(　　)

8. 在收敛数列中任意去掉无穷多项后所得的新数列仍收敛.(　　)

9. 在发散数列中任意去掉无穷多项后所得的新数列仍发散.(　　)

10. 对数列$\{u_n\}$，必有$\lim\limits_{n\to\infty}u_n=\lim\limits_{n\to\infty}u_{n+p}$($p$为正整数).(　　)

11. 有界数列必定收敛.(　　)

12. 无界数列必定发散.(　　)

13. 发散数列必定无界.(　　)

14. 单调数列必有极限.(　　)

15. 若单调数列的某一子数列收敛于 A,则该数列必收敛于 A. (　　)
16. 若数列的某一子数列收敛于 A,则该数列必收敛于 A. (　　)
17. 若数列 $\{u_n\}$ 收敛于 A,则其任意子数列 $\{u_{N_k}\}$ 必收敛于 A. (　　)
18. 若从某数列中可选出一个子数列不收敛,则该数列必不收敛. (　　)
19. 从有界数列 $\{u_n\}$ 中,总可以选出一个收敛的子数列 $\{u_{N_k}\}$. (　　)
20. 从无界数列 $\{u_n\}$ 中,总可以选出一个发散于无穷大的子数列 $\{u_{N_k}\}$. (　　)
21. 一个函数有上界,则必有最小的上界. (　　)
22. 一个函数有下界,则必有最大的下界. (　　)
23. 若 $\lim\limits_{x\to\infty} f(x)$ 存在,则 $f(x)$ 必为有界函数. (　　)
24. 若 $\lim\limits_{x\to\infty} f(x)$ 存在,则必存在 M,当 $|x|>M$ 时, $f(x)$ 有界. (　　)
25. 若数列 $\{u_n\}$ 收敛,则其极限必唯一. (　　)
26. 若 $f(x)>0$,且 $\lim\limits_{x\to x_0} f(x)=A$,则必有 $A>0$. (　　)
27. 若 $f(x)>0$,且 $\lim\limits_{x\to x_0} f(x)=A$,则必有 $A\geqslant 0$. (　　)
28. 若 $\lim\limits_{x\to x_0} f(x)=A$,且 $A>0$,则在 x_0 的某邻域内,恒有 $f(x)>0$. (　　)
29. 若 $\lim\limits_{x\to x_0} f(x)=A$,且 $A>0$,则在 x_0 的某邻域内的异于 x_0 的点上,恒有 $f(x)>0$. (　　)
30. 在变化过程中,某量的绝对值越变越小,则此量必为无穷小. (　　)
31. 在变化过程中,某量变得很小很小,则此量必为无穷小. (　　)
32. 在变化过程中,某量变得比任何正数都小,则此量必为无穷小. (　　)
33. 若对任意给定的 $\varepsilon>0$,总存在无穷多个 x_n,使得 $|x_n|<\varepsilon$,则数列 $\{x_n\}$ 必为无穷小. (　　)
34. 若对任意给定的 $\varepsilon>0$,存在自然数 N,当 $n>N$ 时,恒有 $x_n<\varepsilon$,则数列 $\{x_n\}$ 必为无穷小. (　　)
35. 无穷小是非常小的数. (　　)
36. 零是无穷小. (　　)
37. $\dfrac{1}{x}$ 是无穷小. (　　)
38. 无限多个无穷小之和仍为无穷小. (　　)
39. 无穷多个无穷小之积仍为无穷小. (　　)
40. 两个非无穷小之和必定不是无穷小. (　　)
41. 两个非无穷小之积必定不是无穷小. (　　)
42. 无穷大是一个非常大的数. (　　)
43. 无界变量必为无穷大. (　　)
44. 有限个无穷大之和仍为无穷大. (　　)
45. 在某个过程中,若 $f(x)$ 有极限, $g(x)$ 无极限,则 $f(x)+g(x)$ 必无极限. (　　)
46. 在某个过程中,若 $f(x)$ 与 $g(x)$ 都无极限,则 $f(x)+g(x)$ 必无极限. (　　)
47. 在某个过程中,若 $f(x)$ 有极限, $g(x)$ 无极限,则 $f(x)\cdot g(x)$ 必无极限. (　　)
48. 在某个过程中,若 $f(x)$ 有不为零的极限, $g(x)$ 无极限,则 $f(x)\cdot g(x)$ 必无极限. (　　)

49. 在某个过程中,若$f(x)$有极限是零,而$g(x)$无极限但有界,则$f(x)\cdot g(x)$必有极限且极限值为零.(　　)

50. 在某个过程中,若$f(x)$与$g(x)$都无极限,则$f(x)\cdot g(x)$必无极限.(　　)

51. 任意两个无穷小总可以比较其阶的高低.(　　)

52. 若$\lim\limits_{n\to\infty}u_n=A$,则$\lim\limits_{n\to\infty}|u_n|=|A|$.(　　)

53. 若$\lim\limits_{n\to\infty}|u_n|=|A|$,则$\lim\limits_{n\to\infty}u_n=A$.(　　)

54. 若$\lim\limits_{n\to\infty}x_n=A,\lim\limits_{n\to\infty}y_n=A$,则对任意函数$f(x)$必有$\lim\limits_{n\to\infty}f(x_n)=\lim\limits_{n\to\infty}f(y_n)$.(　　)

55. 若$\lim\limits_{n\to\infty}(u_n\cdot v_n)=0$,则必有$\lim\limits_{n\to\infty}u_n=0$或者$\lim\limits_{n\to\infty}v_n=0$.(　　)

56. 运算$\lim\limits_{x\to1}\dfrac{x}{1-x}=\dfrac{\lim\limits_{x\to1}x}{\lim\limits_{x\to1}(1-x)}=\dfrac{1}{0}=\infty$是否正确?(　　)

57. 运算$\lim\limits_{x\to0}\dfrac{x^2\sin\frac{1}{x}}{\sin x}=\lim\limits_{x\to0}x\cdot\lim\limits_{x\to0}\dfrac{x}{\sin x}\cdot\lim\limits_{x\to0}\sin\dfrac{1}{x}=0$是否正确?(　　)

58. 运算$\lim\limits_{n\to\infty}\left(\dfrac{1}{n}+\dfrac{1}{n+1}+\dfrac{1}{n+2}+\cdots+\dfrac{1}{n+n}\right)=\lim\limits_{n\to\infty}\dfrac{1}{n}+\lim\limits_{n\to\infty}\dfrac{1}{n+1}+\lim\limits_{n\to\infty}\dfrac{1}{n+2}+\cdots+\lim\limits_{n\to\infty}\dfrac{1}{n+n}=0+0+0+\cdots+0=0$是否正确?(　　)

59. 当$x\to0$时,$\tan x\sim x,\sin x\sim x$,问运算$\lim\limits_{x\to0}\dfrac{\tan x-\sin x}{x^3}=\lim\limits_{x\to0}\dfrac{x-x}{x^3}=0$是否正确?(　　)

60. 若$\lim\limits_{x\to x_0}f(x)=A$,则对任意的$x_n\to x_0$,必有$\lim\limits_{n\to\infty}f(x_n)=A$.(　　)

61. 若对任意的$x_n\to x_0$,都有$\lim\limits_{n\to\infty}f(x_n)=A$,则$\lim\limits_{x\to x_0}f(x)=A$.(　　)

62. 若$\lim\limits_{x\to x_0^-}f(x)$存在,且$\lim\limits_{x\to x_0^+}f(x)$存在,则$\lim\limits_{x\to x_0}f(x)$必存在.(　　)

63. 设$\lim\limits_{n\to\infty}A_n=A$,则$\lim\limits_{n\to\infty}\dfrac{A_1+A_2+\cdots+A_n}{n}=A$.(　　)

64. 若$\lim\limits_{n\to\infty}A_n=\infty$,则$\lim\limits_{n\to\infty}\dfrac{A_1+A_2+\cdots+A_n}{n}=\infty$.(　　)

65. 设$\lim\limits_{n\to\infty}A_n=A$,且$A_n>0(n=1,2,\cdots\cdots)$,则有$\lim\limits_{n\to\infty}\sqrt[n]{A_1A_2\cdots A_n}=A$.(　　)

66. 若$\lim\limits_{n\to\infty}a_{2n}=A,\lim\limits_{n\to\infty}a_{2n+1}=A$,则$\lim\limits_{n\to\infty}a_n=A$.(　　)

67. 若$x_1=\sqrt{2},x_n=\sqrt{2+x_{n-1}},n=2,3,\cdots$,则由$\lim\limits_{n\to\infty}x_n=\sqrt{2+\lim\limits_{n\to\infty}x_{n-1}}=\sqrt{2+\lim\limits_{n\to\infty}x_n}$可解出$\lim\limits_{n\to\infty}x_n=2$,问运算过程是否正确?(　　)

68. 若$\lim\limits_{x\to a}f(x)=A,\lim\limits_{x\to A}\varphi(x)=B$,则必有$\lim\limits_{x\to a}\varphi(f(x))=B$.(　　)

69. 若$f(x)>\varphi(x)$,且$\lim\limits_{x\to a}f(x)=A,\lim\limits_{x\to a}\varphi(x)=B$,则有$A>B$.(　　)

70. 若$f(x)>\varphi(x)$,且$\lim\limits_{x\to+\infty}f(x)=A,\lim\limits_{x\to+\infty}\varphi(x)=B$,则有$A>B$.(　　)

71. 若$f(x)>\varphi(x)$,且$\lim\limits_{x\to a}f(x)=A,\lim\limits_{x\to a}\varphi(x)=B$,则有$A\geqslant B$.(　　)

72. 若$f(x)>\varphi(x)$,且$\lim\limits_{x\to+\infty}f(x)=A,\lim\limits_{x\to+\infty}\varphi(x)=B$,则有$A\geqslant B$.(　　)

73. 若$f(x)$在x_0连续,则必有$\lim\limits_{x\to x_0}f(x)=f(\lim\limits_{x\to x_0}x)$.(　　)

74. 若 $f(x)$ 在 x_0 有定义,且 $\lim\limits_{x\to x_0}f(x)$ 存在,则 $f(x)$ 在 x_0 必连续.(　　)

75. 设 $f(x)=\begin{cases}1 & x\text{ 为有理数}\\ 0 & x\text{ 为无理数}\end{cases}$,则 $f(x)$ 在实数轴上处处不连续.(　　)

76. 若 $f(x)$ 在 x_0 连续,则 $|f(x)|$ 在 x_0 必连续.(　　)

77. 若 $|f(x)|$ 在 x_0 连续,则 $f(x)$ 在 x_0 必连续.(　　)

78. 分段函数必存在间断点.(　　)

79. 若 $f(x)$ 在 x_0 连续,若 $g(x)$ 在 x_0 不连续,则 $f(x)\cdot g(x)$ 在 x_0 必不连续.(　　)

80. 若 $f(x)$、$g(x)$ 在 x_0 都不连续,则 $f(x)\cdot g(x)$ 在 x_0 必不连续.(　　)

81. 若 $f(x)$ 在 x_0 连续,若 $g(x)$ 在 x_0 不连续,则 $f(x)+g(x)$ 在 x_0 必不连续.(　　)

82. 若 $f(x)$、$g(x)$ 在 x_0 都不连续,则 $f(x)+g(x)$ 在 x_0 必不连续.(　　)

83. 若 $f(x)$ 在 (a,b) 内连续,则 $f(x)$ 在 (a,b) 内必有界.(　　)

84. 若 $f(x)$ 在 $[a,b]$ 上连续,则 $f(x)$ 在 $[a,b]$ 上必有界.(　　)

85. 若 $f(x)$ 在 (a,b) 内连续,则 $f(x)$ 在 (a,b) 内必能取得最大值与最小值.(　　)

86. 若 $f(x)$ 在 $[a,b]$ 上连续,则 $f(x)$ 在 $[a,b]$ 上必能取得最大值与最小值.(　　)

87. 若 $f(x)$ 在 $[a,b]$ 上有定义,在 (a,b) 内连续,且 $f(a)\cdot f(b)<0$,则在 (a,b) 内必有零点.(　　)

88. 若 $f(x)$ 在 $[a,b]$ 上连续,且 $f(a)\cdot f(b)<0$,则在 (a,b) 内必有零点.(　　)

89. 若 $f(x)$ 在 $[a,b]$ 上有定义,在 (a,b) 内连续,且 $f(a)<f(b)$,任给 C 使 $f(a)\leqslant C\leqslant f(b)$,则在 (a,b) 内至少存在一点 ξ,使 $f(\xi)=C$.(　　)

90. 若 $f(x)$ 在 $[a,b]$ 上连续,且 $f(a)<f(b)$,任给 C 使 $f(a)\leqslant C\leqslant f(b)$,则在 (a,b) 内至少存在一点 ξ,使 $f(\xi)=C$.(　　)

91. 初等函数在其定义域内必连续.(　　)

92. 初等函数在其定义区间内必连续.(　　)

93. 若 $f(x)$ 在任何有限区间内连续,则 $f(x)$ 必在无限区 $(-\infty,+\infty)$ 内连续.(　　)

94. 若 $f(x)$ 在 $(-\infty,+\infty)$ 内连续,则 $f(x)$ 在任何一个有限闭区间 $[a,b]$ 上必连续.(　　)

95. 单调有界函数没有第二类间断点.(　　)

96. 设 $f(x)$ 为 $[a,b]$ 上的单调有界函数,且 $f(x)$ 能取到 $f(a)$ 和 $f(b)$ 之间的一切值,则 $f(x)$ 为 $[a,b]$ 上的连续函数.(　　)

97. 设对每一个充分小的 $\delta>0$,都存在 $\varepsilon>0$,使得:当 $|x-x_0|<\delta$ 时,恒有 $|f(x)-f(x_0)|<\varepsilon$,则 $f(x)$ 在 x_0 必连续.(　　)

98. 若对于每一个预先给定的任意小的正数 ε,总存在着一个正数 δ,使得当一切 x 适合不等式 $|x-x_0|<\delta$ 时,恒有 $|f(x)-f(x_0)|<\varepsilon$ 成立,则 $f(x)$ 在 x_0 必连续.(　　)

99. 若 $f(x)$ 及 $g(x)$ 都是连续函数,则 $\varphi(x)=\min\{f(x),g(x)\}$ 也是连续函数.(　　)

100. 设 $f(x)$ 在 $[a,+\infty)$ 内连续,且 $\lim\limits_{x\to+\infty}f(x)$ 存在,则 $f(x)$ 在 $[a,+\infty)$ 内有界.(　　)

101. 如果 $x_n\cdot y_n(n=1,2,\cdots)$ 为无穷小量,则 $x_n,y_n(n=1,2,\cdots)$ 中至少有一个是无穷小量.(　　)

102. 如果 $x\to0$ 时,$f(x)$ 的极限存在,则 $x\to0$ 时,$\dfrac{f(x)}{x}$ 一定为无穷大量.(　　)

103. 若 $x\to x_0$ 时,$f(x)$ 与 $g(x)$ 都为无穷大量,则当 $x\to x_0$ 时,$\dfrac{1}{f^2(x)+g^2(x)}$为无穷小量.(　　)

104. 若初等函数 $f(x)$ 在 x_0 处及其邻域内有定义,则$\lim\limits_{x\to x_0}f(x)$一定存在.(　　)

105. 设 $f(x)=e^x-2$,则在$(0,2)$内至少有一点 x_0,使 $x_0=f(x_0)$.(　　)

106. 在某过程中,$f(x)$无限趋向于 A,就是 $f(x)$越来越接近 A.(　　)

107. 若$\lim\limits_{x\to+\infty}f(x)=A$,则$\lim\limits_{n\to\infty}f(n)=A,(n=1,2,\cdots)$.(　　)

108. 若$\lim\limits_{x\to x_0}f(x)$存在,则 $f(x)$ 在 x_0 处有定义.(　　)

109. 有界量与无穷大之积为无穷大量.(　　)

110. $\lim\limits_{x\to0}\left(\sin x\cdot\sin\dfrac{1}{x}\right)=\lim\limits_{x\to0}\sin x\cdot\lim\limits_{x\to0}\sin\dfrac{1}{x}=0$.(　　)

111. $\lim\limits_{n\to\infty}a^n\sin\dfrac{x}{a^n}=\lim\limits_{n\to\infty}\left(\dfrac{\sin\dfrac{x}{a^n}}{\dfrac{x}{a^n}}\cdot x\right)=x$.(　　)

112. $\lim\limits_{x\to0^+}(1+\dfrac{1}{x})^x=e$.(　　)

第二部分　单项选择题

1. 数列 x_n 与 y_n 的极限分别为 A 与 B,且 $A\neq B$,则数列 $x_1,y_1,x_2,y_2,x_3,y_3,\cdots$的极限为(　　).

(A)A　　(B)B　　(C)$A+B$　　(D)不存在

2. 下列极限存在的有(　　).

(A)$\lim\limits_{x\to0}\dfrac{x(x+1)}{x^3}$　　(B)$\lim\limits_{x\to0}\dfrac{1}{2^x-1}$　　(C)$\lim\limits_{x\to0}e^{\frac{1}{x}}$　　(D)$\lim\limits_{x\to+\infty}\sqrt{\dfrac{x^2+1}{x^2}}$

3. 若$\lim\limits_{x\to a}f(x)=\infty$,$\lim\limits_{x\to a}g(x)=\infty$,则必有(　　).

(A)$\lim\limits_{x\to a}[f(x)+g(x)]=\infty$　　(B)$\lim\limits_{x\to a}[f(x)-g(x)]=0$

(C)$\lim\limits_{x\to a}\dfrac{1}{f(x)+g(x)}=0$　　(D)$\lim\limits_{x\to a}kf(x)=\infty$($k$ 为非零常数)

4. $\lim\limits_{x\to1}\dfrac{\sin(x^2-1)}{x-1}=$(　　).

(A)1　　(B)0　　(C)2　　(D)$\dfrac{1}{2}$

5. $f(x)$在点 $x=x_0$ 处有定义,是当 $x\to x_0$ 时,$f(x)$有极限的(　　).

(A)必要条件　　(B)充分条件

(C)充分必要条件　　(D)无关的条件

6. $f(x)$在点 $x=x_0$ 处有定义,是 $f(x)$ 在 $x=x_0$ 处连续的(　　).

(A)必要条件　　(B)充分条件

(C)充分必要条件　　(D)无关的条件

7. 当 $x\to\infty$时,若$\dfrac{1}{ax^2+bx+c}\sim\dfrac{1}{x+1}$,则 a,b,c 之值一定为(　　).

(A)$a=0,b=1,c=1$　　(B)$a=0,b=1,c$ 为任意常数

(C)$a=0,b$、c 为任意常数　　(D)a、b、c 均为任意常数

8. 当 $x\to\infty$时,若$\dfrac{1}{ax^2+bx+c}=o\left(\dfrac{1}{x+1}\right)$,则 a,b,c 之值一定为(　　).

(A)$a=0,b=1,c=1$　　(B)$a\neq0,b=1,c$ 为任意常数

(C)$a\neq0,b$、c 为任意常数　　(D)a、b、c 均为任意常数

9. 设$f(x)=\sqrt[x]{1-2x}$,则$\lim\limits_{x\to0}f(x)=$(　　).

(A)1　　(B)不存在　　(C)e^{-2}　　(D)e^2

10. $\lim\limits_{x\to\infty}\dfrac{\sin x^2+x}{\cos^2x-x}=$(　　).

(A)∞　　(B)-1　　(C)振荡不存在　　(D)1

11. 若$\lim\limits_{x\to0}\dfrac{\sin 3x}{kx}=2$,则 $k=$(　　).

(A)6　　(B)$\dfrac{1}{6}$　　(C)$\dfrac{2}{3}$　　(D)$\dfrac{3}{2}$

12. 若$\lim\limits_{x\to\infty}\left(\dfrac{x^2+1}{x+1}-\alpha x-\beta\right)=0$,则(　　).

(A)$\alpha=1,\beta=0$　　(B)$\alpha=-1,\beta=1$

(C)$\alpha=1,\beta=-1$　　(D)$\alpha=1,\beta=1$

13. $\lim\limits_{n\to\infty}(A_1{}^n+A_2{}^n+A_3{}^n)^{\frac{1}{n}}=$(　　),其中 A_1,A_2,A_3 均大于零.

(A)A_1　　(B)A_2　　(C)A_3　　(D)$\max\{A_1,A_2,A_3\}$

14. 若$f(x)=\begin{cases}\dfrac{\cos x-\cos 4x}{x^2} & x\neq0\\ kx=0 & x=0\end{cases}$在 $x=0$ 处连续,则 k 应等于(　　).

(A)$-\dfrac{17}{2}$　　(B)$\dfrac{15}{2}$　　(C)$\dfrac{3}{2}$　　(D)1

15. 数列有界是数列极限存在的(　　).

(A)必要条件　　(B)充分条件

(C)充分必要条件　　(D)既非充分也非必要条件

16. $\lim\limits_{n\to\infty}\left(\dfrac{1}{n^2}+\dfrac{2}{n^2}+\cdots+\dfrac{n}{n^2}\right)=$(　　).

(A)$\lim\limits_{n\to\infty}\dfrac{1}{n^2}+\lim\limits_{n\to\infty}\dfrac{2}{n^2}+\cdots+\lim\limits_{n\to\infty}\dfrac{n}{n^2}=0+0+\cdots+0=0$

(B)$\lim\limits_{n\to\infty}\dfrac{1+2+\cdots+n}{n^2}=\infty$

(C) $\lim\limits_{n\to\infty}\dfrac{\frac{n(n+1)}{2}}{n^2}=\dfrac{1}{2}$

(D)极限不存在

17. 若函数$f(x)$在点x_0的极限存在,则(　　).

(A)$f(x)$在x_0的函数值必存在且等于极限值

(B)$f(x)$在x_0的函数值必存在,但不一定等于极限值

(C)$f(x)$在x_0的函数值可以不存在

(D)如果$f(x_0)$存在,则$f(x_0)$必等于极限值

18. 如果$\lim\limits_{x\to x_0^+}f(x)$与$\lim\limits_{x\to x_0^-}f(x)$都存在,则(　　).

(A)$\lim\limits_{x\to x_0}f(x)$存在且$\lim\limits_{x\to x_0}f(x)=f(x_0)$

(B)$\lim\limits_{x\to x_0}f(x)$存在但不一定有$\lim\limits_{x\to x_0}f(x)=f(x_0)$

(C)$\lim\limits_{x\to x_0}f(x)$不一定存在

(D)$\lim\limits_{x\to x_0}f(x)$一定不存在

19. 已知$f(x)=\begin{cases}4-2x & 1<x<\dfrac{5}{2}\\ 2x-6 & \dfrac{5}{2}<x<+\infty\end{cases}$,则$f(x)$在$x=\dfrac{5}{2}$处(　　).

(A)左、右极限都不存在

(B)左、右极限有一个存在,一个不存在

(C)左、右极限都存在但不相等

(D)极限存在

20. 若$\lim\limits_{x\to x_0}f(x)=0$,则(　　).

(A)对于任意函数$g(x)$,都有$\lim\limits_{x\to x_0}f(x)g(x)=0$成立

(B)仅当$\lim\limits_{x\to x_0}g(x)=0$时,才有$\lim\limits_{x\to x_0}f(x)g(x)=0$成立

(C)当$g(x)$有界时,有$\lim\limits_{x\to x_0}f(x)g(x)=0$成立

(D)仅当$g(x)$是常数时,才能使$\lim\limits_{x\to x_0}f(x)g(x)=0$成立

21. 设$f(x)=\dfrac{\sin x^n}{\sin x^m}$($m,n$为正整数),则$\lim\limits_{x\to 0}f(x)=$(　　).

(A)$\begin{cases}0 & n>m\\ 1 & n=m\\ \infty & n<m\end{cases}$　　(B)$\begin{cases}0 & n<m\\ 1 & n=m\\ \infty & n>m\end{cases}$　　(C)1　　(D)$\dfrac{n}{m}$

22. $\lim\limits_{x\to 0}\dfrac{x^2\sin\frac{1}{x}}{\sin x}=$(　　).

(A)1　　(B)∞　　(C)不存在　　(D)0

23. $\lim\limits_{x\to\infty}\dfrac{x+\sin x}{x}=($　　$)$.

(A)0　　(B)1　　(C)不存在　　(D)∞

24. $\lim\limits_{x\to\infty}x\sin\dfrac{1}{x}=($　　$)$.

(A)∞　　(B)不存在　　(C)1　　(D)0

25. $\lim\limits_{x\to0}(1-ax)^{\frac{1}{x}}=($　　$)$. $(a\neq0)$

(A)1　　(B)∞　　(C)$\dfrac{1}{e^a}$　　(D)0

26. $\lim\limits_{x\to1}\dfrac{\sin^2(1-x)}{(x-1)^2(x+2)}=($　　$)$.

(A)$\dfrac{1}{3}$　　(B)$-\dfrac{1}{3}$　　(C)0　　(D)$\dfrac{2}{3}$

27. $\lim\limits_{x\to+\infty}(\sqrt{x+1}-\sqrt{x})=($　　$)$.

(A)1　　(B)∞　　(C)0　　(D)$\dfrac{1}{2}$

28. $\lim\limits_{x\to\infty}\left(1-\dfrac{1}{x}\right)^{2x}=($　　$)$.

(A)2e　　(B)e^{-2}　　(C)e^2　　(D)$\dfrac{2}{e}$

29. 若$\lim\limits_{x\to2}\dfrac{x^2+ax+b}{x^2-x-2}=2$,则必有(　　).

(A)$a=2,b=8$　　(B)$a=2,b=5$

(C)$a=0,b=-8$　　(D)$a=2,b=-8$

第三部分　多项选择题

1. 下列数列极限存在的有(　　).

(A)10,10,10,10,…　　(B)$\dfrac{3}{2},\dfrac{2}{3},\dfrac{4}{5},\dfrac{5}{4},\cdots$

(C)$f(n)=\begin{cases}\dfrac{n}{1+n} & n\text{ 为奇数}\\ \dfrac{n}{1-n} & n\text{ 为偶数}\end{cases}$　　(D)$f(n)=\begin{cases}1+\dfrac{1}{n} & n\text{ 为奇数}\\ (-1)^n & n\text{ 为偶数}\end{cases}$

2. 下列数列收敛的有(　　).

(A)0.9,0.99,0.999,0.9999,…　　(B)$1,\dfrac{1}{2},1+\dfrac{1}{2},\dfrac{1}{3},1+\dfrac{1}{3},\dfrac{1}{4},1+\dfrac{1}{4},\cdots$

(C)$f(n)=(-1)^n\frac{n}{n+1}$ (D)$f(n)=\begin{cases}\frac{2^n-1}{2^n} & n\text{为奇数}\\ \frac{2^n+1}{2^n} & n\text{为偶数}\end{cases}$

3. 下列数列收敛于0的有(　　).

(A)$\frac{1}{2},0,\frac{1}{4},0,\frac{1}{8},0,\cdots$ (B)$1,\frac{1}{3},\frac{1}{2},\frac{1}{5},\frac{1}{3},\frac{1}{7},\frac{1}{4},\frac{1}{9},\cdots$

(C)$f(n)=(-1)^n\frac{1}{n}$ (D)$f(n)=\begin{cases}\frac{1}{n} & n\text{为奇数}\\ \frac{1}{n+1} & n\text{为偶数}\end{cases}$

4. 下列函数变量在给定的变化过程中是无穷小量的有(　　).

(A)$2^{-x}-1(x\to0)$ (B)$\frac{\sin x}{x}(x\to0)$

(C)$\frac{x^2}{\sqrt{x^3-2x+1}}(x\to+\infty)$ (D)$\frac{x^2}{x+1}\left(3-\sin\frac{1}{x}\right)(x\to0)$

5. 下列函数在给定变化过程中是无穷大量的有(　　).

(A)$\frac{x^2}{\sqrt{x^3+1}}(x\to+\infty)$ (B)$\lg x(x\to0^+)$

(C)$\lg x(x\to+\infty)$ (D)$e^{-\frac{1}{x}}(x\to0^-)$

6. 函数$y=\frac{x(x-1)\sqrt{x+1}}{x^3-1}$在过程(　　)中为无穷小量.

(A)$x\to0$ (B)$x\to1$ (C)$x\to-1^+$ (D)$x\to+\infty$

7. 当$x\to a$时,$f(x)$是(　　),则必有$\lim\limits_{x\to a}(x-a)f(x)=0$.

(A)任意函数 (B)无穷小量 (C)有界函数 (D)无穷大量

8. 下列极限正确的有(　　).

(A)$\lim\limits_{x\to0}e^{\frac{1}{x}}=\infty$ (B)$\lim\limits_{x\to0^-}e^{\frac{1}{x}}=0$ (C)$\lim\limits_{x\to0^+}e^{\frac{1}{x}}=+\infty$ (D)$\lim\limits_{x\to\infty}e^{\frac{1}{x}}=1$

9. 当$|x|<1$时,$y=\sqrt{1-x^2}$(　　).

(A)是连续函数 (B)是有界函数

(C)有最大值与最小值 (D)有最大值无最小值

10. 当$x\to0^+$时,(　　)与x是等价无穷小量.

(A)$\frac{\sin x}{\sqrt{x}}$ (B)$\ln(1+x)$ (C)$\sqrt{1+x}-\sqrt{1-x}$ (D)$x^2(x+1)$

第四部分　计算与证明

1. 求下列极限

(1) $\lim\limits_{x\to1}\dfrac{x^3-3x+2}{x^3-1}$

(2) $\lim\limits_{x\to1}\dfrac{x^m-1}{x^n-1}$（$m$、$n$ 为自然数）

(3) $\lim\limits_{\theta\to\frac{\pi}{3}}\dfrac{8\cos^2\theta-2\cos\theta-1}{2\cos^2\theta+\cos\theta-1}$

(4) $\lim\limits_{x\to\infty}\dfrac{(4x^2-3)^3(3x-2)^4}{(3x^2+7)^5}$

(5) $\lim\limits_{n\to\infty}\dfrac{2n^2+3n-1}{3n^2-2n+1}$

(6) $\lim\limits_{x\to\infty}\left(\dfrac{1+3x}{2+5x}+\dfrac{3}{x}\right)$

(7) $\lim\limits_{x\to2}\dfrac{\sqrt{x}-\sqrt{2}}{\sqrt{4x+1}-3}$

(8) $\lim\limits_{x\to+\infty}\left(\sqrt{x^2+x+1}-\sqrt{x^2-x-1}\right)$

(9) $\lim\limits_{x\to-1}\left(\dfrac{1}{x+1}-\dfrac{3}{x^3+1}\right)$

(10) $\lim\limits_{n\to\infty}\left(\sqrt{2}\cdot\sqrt[4]{2}\cdot\sqrt[8]{2}\cdot\cdots\cdot\sqrt[2^n]{2}\right)$

(11) $\lim\limits_{n\to\infty}\left(\dfrac{1}{n^k}+\dfrac{2}{n^k}+\cdots+\dfrac{n}{n^k}\right)$，（$k$ 为常数）

(12) $\lim\limits_{n\to\infty}\left(\dfrac{1}{1\cdot2}+\dfrac{1}{2\cdot3}+\cdots+\dfrac{1}{n(n+1)}\right)$

(13) $\lim\limits_{n\to\infty}\left(1-\dfrac{1}{2^2}\right)\left(1-\dfrac{1}{3^2}\right)\cdots\left(1-\dfrac{1}{n^2}\right)$

(14) $\lim\limits_{n\to\infty}(1+x)(1+x^2)(1+x^4)\cdots(1+x^{2^n})$（$|x|<1$）

(15) $\lim\limits_{n\to\infty}\left(1+\dfrac{1}{2^2}\right)\left(1+\dfrac{1}{2^4}\right)\cdots\left(1+\dfrac{1}{2^{2n}}\right)$

(16) $\lim\limits_{n\to\infty}\dfrac{3^{n+1}+(-2)^{n+1}}{2^n+3^n}$

(17) $\lim\limits_{n\to\infty}\dfrac{\cos^n\theta-\sin^n\theta}{\cos^n\theta+\sin^n\theta}$（$0<\theta<\dfrac{\pi}{2}$）

(18) 已知数列 $F_n=\dfrac{1}{\sqrt{5}}\left[\left(\dfrac{1+\sqrt{5}}{2}\right)^{n+1}-\left(\dfrac{1-\sqrt{5}}{2}\right)^{n+1}\right]$，求 $\lim\limits_{n\to\infty}\dfrac{F_n}{F_{n+1}}$.

(19) $\lim\limits_{n\to\infty}\dfrac{\sqrt{n}\sin(n!)}{n+1}$

(20) $\lim\limits_{x\to+\infty}\left(\sin\sqrt{x+1}-\sin\sqrt{x}\right)$

(21) $\lim\limits_{x\to2}\dfrac{x^3+2x^2}{(x-2)^2}$

(22) $\lim\limits_{x\to+\infty}(2x^3-x+1)$

(23) $\lim\limits_{x\to0}\dfrac{\sin3x}{\tan4x}$

(24) $\lim\limits_{x\to\pi}\dfrac{\sin3x}{\tan4x}$

(25) $\lim\limits_{x\to a}\sin\dfrac{x-a}{2}\tan\dfrac{\pi x}{2a}$

(26) $\lim\limits_{n\to\infty}n^2\left(1-\cos\dfrac{\pi}{n}\right)$

(27) $\lim\limits_{x\to+\infty}\dfrac{x\sqrt{x}\sin\dfrac{1}{x}}{\sqrt{x}-1}$

(28) $\lim\limits_{x\to1^+}\dfrac{\sqrt{\pi}-\sqrt{\arccos x}}{\sqrt{x+1}}$

(29) $\lim\limits_{x\to\infty}\left(1-\dfrac{3}{x}\right)^{2x}$

(30) $\lim\limits_{x\to\infty}\left(\dfrac{x^2}{x^2-1}\right)^{3x}$

(31) $\lim\limits_{x\to\frac{\pi}{4}}(\tan x)^{\tan 2x}$

(32) $\lim\limits_{x\to0^+}\sqrt[x]{\cos\sqrt{x}}$

(33) $\lim\limits_{x\to0}\dfrac{1-\cos x^2}{x\sin x^3}$

(34) $\lim\limits_{x\to0}\dfrac{\tan x-\sin x}{\sin x^3}$

(35) $\lim\limits_{x\to0}\dfrac{\sqrt{1+x\sin x}-\cos x}{x\sin x}$

(36) $\lim\limits_{x\to0}\dfrac{\sqrt{1+\tan x}-\sqrt{1-\tan x}}{e^x-1}$

(37) $\lim\limits_{x\to\infty}x(e^{\frac{1}{x}}-1)$

(38) $\lim\limits_{x\to1^+}\dfrac{\ln(1+\sqrt{x-1})}{\arcsin(2\sqrt{x-1})}$

(39) $\lim\limits_{x\to0}\dfrac{e^x+e^{-x}-2}{\sin^2x}$

(40) $\lim\limits_{x\to0}\dfrac{e^{\tan x}-e^{\sin x}}{\tan x-\sin x}$

(41) $\lim\limits_{n\to\infty}\dfrac{n!}{n^n}$

(42) $\lim\limits_{n\to\infty}\dfrac{2^n}{n!}$

(43) $\lim\limits_{n\to\infty}n\cdot\left(\dfrac{1}{n^2+\pi}+\dfrac{1}{n^2+2\pi}+\cdots+\dfrac{1}{n^2+n\pi}\right)$

(44) $\lim\limits_{n\to\infty}\left(\dfrac{1}{\sqrt{n^2+1}}+\dfrac{1}{\sqrt{n^2+2}}+\cdots+\dfrac{1}{\sqrt{n^2+n}}\right)$

2. 证明下列数列的极限存在,并求极限

(1)数列 $\sqrt{2},\sqrt{2+\sqrt{2}},\cdots,\underbrace{\sqrt{2+\sqrt{2+\cdots+\sqrt{2}}}}_{n\text{层根号}},\cdots$.

(2)数列 $x_0=1,x_1=1+\dfrac{x_0}{1+x_0},\cdots,x_n=1+\dfrac{x_{n-1}}{1+x_{n-1}},\cdots$.

3. 讨论函数 $f(x)=\begin{cases}\dfrac{\sin 2x}{x} & x>0\\ \dfrac{x+1}{a} & x\leqslant0\end{cases}$ 的连续性.

4. 设 $f(x)=\begin{cases}e^{\frac{1}{x}}+1 & x<0\\ a & x=0\\ b+\arctan\dfrac{1}{x} & x>0\end{cases}$,试确定 a、b 之值,使 $f(x)$ 在 $x=0$ 处连续.

5. 设 $f(x)=\begin{cases}\dfrac{\sin x}{\pi+x} & -\infty<x<-\pi\\ \cos x & -\pi\leqslant x\leqslant\pi\\ (x-\pi)\sin\dfrac{1}{x-\pi} & \pi<x<\infty\end{cases}$,研究函数 $f(x)$ 在 $x=-\pi$ 和 $x=\pi$ 的连续性.

6. 讨论函数 $f(x)=\lim\limits_{n\to\infty}\dfrac{x+x^2e^{nx}}{1+e^{nx}}$ 的连续性.

7. 设 $f(x)=\lim\limits_{n\to\infty}\dfrac{x^{2n-1}+ax^2+bx}{x^{2n}+1}$ 为连续函数,试确定 a、b 的值.

8. 求函数 $f(x)=\dfrac{1}{1-e^{\frac{x}{1-x}}}$ 的连续区间、间断点,并判断间断点的类型.

9. 设$f(x)=\begin{cases}\dfrac{(a+b)x+b}{\sqrt{3x+1}-\sqrt{x+3}} & x\neq 1\\ 4 & x=1\end{cases}$,试确定 a、b 之值,使$f(x)$在 $x=1$ 处连续.

10. 设$f(x)=\begin{cases}\dfrac{x}{2} & -2<x<1\\ x^2 & 1\leqslant x\leqslant 2\\ 2^x & 2<x\leqslant 4\end{cases}$,试求$f(x)$的反函数$f^{-1}(x)$的连续区间.

11. 求函数$f(x)=\lim\limits_{n\to\infty}\dfrac{1}{1+(\ln x^2)^{2n+1}}$的连续区间.

12. 讨论函数$f(x)=\lim\limits_{n\to\infty}\dfrac{1-x^{2n}}{1+x^{2n}}\cdot x$ 的连续区间,若有间断点,判别其类型.

13. 设函数$f(x)$在$[a,+\infty]$内连续,且$\lim\limits_{x\to+\infty}f(x)$存在,试证$f(x)$在$[a,+\infty]$上有界.

14. 证明方程 $x\ln x-2=0$ 在$(1,\mathrm{e})$上只有一个实根.

15. 证明奇次多项式$f(x)=a_0x^{2n+1}+a_1x^{2n}+\cdots+a_{2n+1}(a_0\neq 0)$至少存在一个实根.

16. 设$f(x)$在$[0,1]$上连续,且 $0<f(x)<1$,证明方程$f(x)=x$ 在$(0,1)$内至少有一个实根.

17. 设$f(x)$在$[a,b]$上连续,$a<c<d<b$,试证对任意的正数 p 和 q,至少有一点 $\xi\in[c,d]$,使 $pf(c)+qf(d)=(p+q)f(\xi)$.

18. 设函数$f(x)$在闭区间$[0,2a]$上连续,且$f(0)=f(2a)$,则在$[0,a]$上至少有一点 ξ,使$f(\xi)=f(a+\xi)$.

第 3 章　导数与微分

数学中研究导数、微分及其应用的部分称为微分学,研究不定积分、定积分及其应用的部分称为积分学. 微分学与积分学统称为微积分学.

微积分学是高等数学最基本、最重要的组成部分,是现代数学许多分支的基础,是人类认识客观世界、探索宇宙奥秘的有力工具.

积分的雏形可追溯到古希腊和我国魏晋时期,但微分概念直至 16 世纪才应运而生. 微积分的发展历史曲折跌宕,撼人心灵,是培养人们正确世界观、科学方法论和对人们进行文化熏陶的极好素材.

本章将介绍导数与微分这两个概念,以及它们的计算方法.

3.1　导数的概念

3.1.1　引例

从 15 世纪初文艺复兴时期起,欧洲的工业、农业、航海事业与商业贸易得到了大规模的发展,形成了一个新的经济时代. 而 16 世纪的欧洲,正处于资本主义萌芽时期,生产力得到了很大的发展. 生产实践的发展对自然科学提出了新的课题,迫切要求力学、天文学等基础科学的发展,而这些学科都是深刻依赖于数学的,因而也推动了数学的发展. 在各类学科对数学提出的种种要求中,下列三类问题导致了微分学的产生:

(1)求变速运动的瞬时速度;

(2)求曲线上一点处的切线;

(3)求最大值和最小值.

这三类实际问题的现实原型在数学上都可归结为函数相对于自变量变化而变化的快慢程度,即所谓函数的变化率问题. 牛顿从第一个问题出发,莱布尼茨从第二个问题出发,分别给出了导数的概念.

引例 1　直线运动的速度.

设某点沿直线运动. 在直线上引入原点和单位点(即表示实数 1 的点),使直线成为数轴. 此外,再取定一个时刻作为测量时间的零点. 设动点于时刻 t 在直线上的位置的坐标为 s(简称位置 s). 这样,运动完全由某个函数

$$s=f(t)$$

所确定. 这个函数对运动过程中所出现的 t 值有定义,称为位置函数. 在最简单的情形下,该动点所经过的路程与所花的时间成正比. 就是说,无论取哪一段时间间隔,经过的路程与所花时间的比值总是相同的. 这个比值就称为该动点的速度,并说该点作匀速运动. 如果运动不是匀速的,那么在运动的不同时间间隔内,比值会有不同的值. 这样,把比值笼统地称为该动点的速度就不合适了,而需要按不同时刻来考虑. 那么,这种非匀速运动的动点在某一时刻(设为 t_0)的速度应如何理解而又如何求得呢?

我们取从时刻 t_0 到 t 这样一个时间间隔,在这段时间内,动点从位置 $s_0=f(t_0)$ 移动到 $s=f(t)$. 这时有

$$\frac{s-s_0}{t-t_0}=\frac{f(t)-f(t_0)}{t-t_0} \tag{3.1}$$

是动点在这个时间间隔内的平均速度. 如果时间间隔选得较短,式(3.1)在实践中也可用来说明动点在时刻 t_0 的速度. 但对于动点在时刻 t_0 的速度的精确概念来说,这样做是不够的,而更确切地应当这样:令 $t \to t_0$,取式(3.1)的极限,如果这个极限存在,设为 v,即

$$v=\lim_{t \to t_0}\frac{f(t)-f(t_0)}{t-t_0}$$

这时就把这个极限值 v 称为动点在时刻 t_0 的(瞬时)速度.

引例 2　切线问题.

圆的切线可定义为"与曲线只有一个交点的直线",但是对于其他曲线,用"与曲线只有一个交点的直线"作为切线的定义就不一定合适. 例如,对于抛物线 $y=x^2$,在原 O 点处两个坐标轴都符合上述定义,但实际上只有 x 轴是该抛物线在 O 点处的切线. 下面给出切线的定义.

设有曲线 C 及 C 上的一点 M(图 3.1),在点 M 外另取 C 上一点 N,作割线 MN. 当点 N 沿曲线 C 趋于点 M 时,如果割线 MN 绕点 M 旋转而趋于极限位置 MT,直线 MT 就称为曲线 C 在点 M 处的切线. 这里极限位置的含义是:只要弦长 $|MN|$ 趋于零,$\angle NMT$ 也趋于零.

现在就曲线 C 为函数 $y=f(x)$ 的图形(图 3.2)的情形来讨论切线问题. 设 $M(x_0,y_0)$ 是曲线 C 上的一个点,则 $y_0=f(x_0)$.

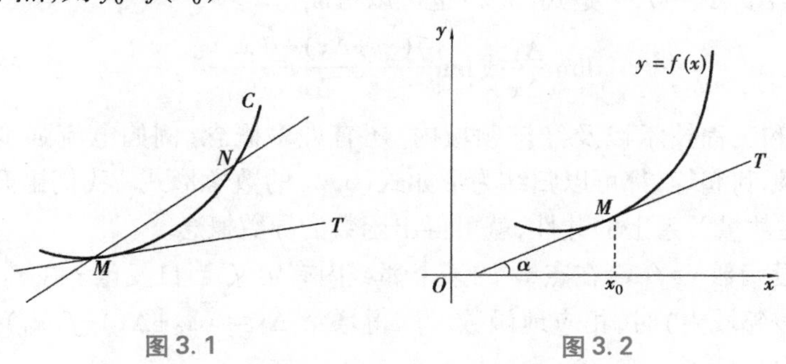

图 3.1　　　　图 3.2

要根据上述定义定出曲线 C 在点 M 处的切线,只要定出切线的斜率就行了. 为此,在点 M 外另取 C 上的一点 $N(x,y)$,于是割线 MN 的斜率为

$$\tan\varphi=\frac{y-y_0}{x-x_0}=\frac{f(x)-f(x_0)}{x-x_0},$$

其中 φ 为割线 MN 的倾角. 当点 N 沿曲线 C 趋于点 M 时,$x\to x_0$. 如果当 $x\to x_0$ 时,上式的极限存在,设为 k,即

$$k=\lim_{x\to x_0}\frac{f(x)-f(x_0)}{x-x_0}$$

存在,则此极限 k 是割线斜率的极限,也就是切线的斜率. 这里 $k=\tan\alpha$,其中 α 是切线 MT 的倾角. 于是,通过点 $M(x_0,f(x_0))$ 且以 k 为斜率的直线 MT 便是曲线 C 在点 M 处的切线.

引例 3 产品总成本的变化率.

设某产品的总成本 C 是产量 q 的函数

$$C=C(q) \qquad (q>0).$$

如果产量 q 由 q_0 改变到 q,总成本取得相应的增量为

$$\Delta C=C(q)-C(q_0),$$

则$\dfrac{\Delta C}{\Delta q}$表示产量由 q_0 到 q 时,产量总成本的平均变化率.

如果极限$\lim\limits_{q\to q_0}\dfrac{C(q)-C(q_0)}{q-q_0}$存在,则称此极限为产量在 q_0 时的变化率,或称为边际成本.

3.1.2 导数的定义

导数的定义

从上面所讨论的 3 个问题可以看出,非匀速直线运动的速度和切线的斜率以及总成本的变化率都归结为如下的极限:

$$\lim_{x\to x_0}\frac{f(x)-f(x_0)}{x-x_0} \tag{3.2}$$

这里 $x-x_0$ 和 $f(x)-f(x_0)$ 分别是函数 $y=f(x)$ 的自变量的增量 Δx 和函数的增量 Δy:

$$\Delta x=x-x_0$$

$$\Delta y=f(x)-f(x_0)=f(x_0+\Delta x)-f(x_0)$$

因 $x\to x_0$ 相当于 $\Delta x\to 0$,于是式(3.2)也可以写成

$$\lim_{\Delta x\to 0}\frac{\Delta y}{\Delta x}\text{或}\lim_{\Delta x\to 0}\frac{f(x_0+\Delta x)-f(x_0)}{\Delta x}$$

在自然科学和工程技术以及经济领域内,还有许多概念,例如电流强度、角速度、线密度、边际收益、边际利润等,都可以归结为形如式(3.2)的数学形式. 我们撇开这些量的具体意义,抓住它们在数量关系上的共性,就可得出函数的导数概念.

定义 3.1 设函数 $y=f(x)$ 在点 x_0 的某个邻域内有定义,当自变量 x 在 x_0 处取得增量 Δx(点 $x_0+\Delta x$ 仍在该邻域内)时,相应地函数 y 取得增量 $\Delta y=f(x_0+\Delta x)-f(x_0)$;如果当 $\Delta x\to 0$ 时,$\dfrac{\Delta y}{\Delta x}$的极限存在,则称函数 $y=f(x)$ 在点 x_0 处可导,并称这个极限为函数 $y=f(x)$ 在点 x_0 处的导数,记为 $y'|_{x=x_0}$,即

$$y'|_{x=x_0}=\lim_{\Delta x\to 0}\frac{\Delta y}{\Delta x}=\lim_{\Delta x\to 0}\frac{f(x_0+\Delta x)-f(x_0)}{\Delta x}, \tag{3.3}$$

也可记作 $f'(x_0)$，$\left.\frac{\mathrm{d}y}{\mathrm{d}x}\right|_{x=x_0}$ 或 $\left.\frac{\mathrm{d}f(x)}{\mathrm{d}x}\right|_{x=x_0}$.

函数 $f(x)$ 在点 x_0 处可导有时也说成 $f(x)$ 在点 x_0 具有导数或导数存在.

导数的定义式也可取不同的形式,常见的有

$$f'(x_0)=\lim_{h\to 0}\frac{f(x_0+h)-f(x_0)}{h}, \tag{3.4}$$

$$f'(x_0)=\lim_{x\to x_0}\frac{f(x)-f(x_0)}{x-x_0}. \tag{3.5}$$

式(3.4)中的 h 即自变量的增量.

在实际中,需要讨论各种具有不同意义的变量的变化"快慢"问题,在数学上就是所谓函数的变化率问题. 导数概念就是函数变化率这一概念的精确描述. 它撇开了自变量和因变量所代表的几何或物理等方面的特殊意义,纯粹从数量方面来刻画变化率的本质:因变量增量 Δy 与自变量增量 Δx 之比 $\frac{\Delta y}{\Delta x}$ 是因变量 y 在以 x_0 和 $x_0+\Delta x$ 为端点的区间上的平均变化率,而导数 $y'|_{x=x_0}$ 则是因变量在点 x_0 处的变化率,由 $y'=\lim\limits_{\Delta x\to 0}\frac{\Delta y}{\Delta x}$ 及极限的含义得,当 Δx 充分小时,有 $y'\approx\frac{\Delta y}{\Delta x}$,即 $\Delta y\approx y'\cdot\Delta x$,这很清晰地表明,当 x 有改变量 Δx 时,y 改变了 $y'\cdot\Delta x$,或说当 x 改变了一个单位,即 $\Delta x=1$ 时,y 改变了 y' 个单位,即 $y'|_{x=x_0}$ 反映了在点 x_0 处因变量随自变量的变化而变化的快慢程度.

在前面的引例中,瞬时速度 v 是路程 s 对时间 t 的导数,即 $v=s'(t)=\frac{\mathrm{d}s}{\mathrm{d}t}$;曲线 $y=f(x)$ 的切线斜率 k 是曲线对应的函数 $y=f(x)$ 对 x 的导数,即 $k=y'=f'(x)=\frac{\mathrm{d}y}{\mathrm{d}t}$;产品总成本的变化率(边际成本)是总成本 C 对产量 q 的导数,即 $C'(q)=\frac{\mathrm{d}C}{\mathrm{d}q}$.

如果极限 $\lim\limits_{\Delta x\to 0}\frac{f(x_0+\Delta x)-f(x_0)}{\Delta x}$ 不存在,就说函数 $y=f(x)$ 在点 x_0 处不可导. 在不可导的情形中,若有 $\lim\limits_{\Delta x\to 0}\frac{f(x_0+\Delta x)-f(x_0)}{\Delta x}=\infty$,也往往说函数 $y=f(x)$ 在点 x_0 处的导数为无穷.

上面讲的是函数在一点处可导. 如果函数 $y=f(x)$ 在开区间 I 内的每点处都可导,就称函数 $f(x)$ 在开区间 I 内可导,这时,对于任一 $x\in I$,都对应着 $f(x)$ 的一个确定的导数值. 这样就构成了一个新的函数,这个函数叫作原来函数 $y=f(x)$ 的导函数,记作 y',$f'(x)$,$\frac{\mathrm{d}y}{\mathrm{d}x}$,或 $\frac{\mathrm{d}f(x)}{\mathrm{d}x}$.

在式(3.3)或式(3.4)中把 x_0 换成 x,即得到导函数的定义式

$$y'=\lim_{\Delta x\to 0}\frac{f(x+\Delta x)-f(x)}{\Delta x}$$

或

$$f'(x)=\lim_{h\to 0}\frac{f(x+h)-f(x)}{h}.$$

注意 在以上两式中,虽然 x 可以取区间 I 内的任何数值,但在极限过程中,x 是常量,Δx 或 h 才是变量.

显然,函数 $f(x)$ 在点 x_0 处的导数 $f'(x_0)$ 就是导函数 $f'(x)$ 在点 $x=x_0$ 处的函数值,即

$$f'(x_0)=f'(x)\big|_{x=x_0}.$$

导函数 $f'(x)$ 简称导数,而 $f'(x_0)$ 是 $f(x)$ 在 x_0 处的导数或导数 $f'(x)$ 在 x_0 处的值.

3.1.3 用定义计算导数

用定义求导数

根据导数的定义,求函数 $f(x)$ 在点 x_0 的导数,可以归结为以下几个步骤:

(1)对应于自变量的增量 Δx,求出函数增量 $\Delta y=f(x_0+\Delta x)-f(x_0)$;

(2)求平均变化率(也叫差商)$\dfrac{\Delta y}{\Delta x}$;

(3) 求极限 $\lim\limits_{\Delta x\to 0}\dfrac{\Delta y}{\Delta x}=\lim\limits_{\Delta x\to 0}\dfrac{f(x_0+\Delta x)-f(x_0)}{\Delta x}$,如果这个极限存在,则 $f'(x_0)=\lim\limits_{\Delta x\to 0}\dfrac{\Delta y}{\Delta x}$.

用定义求函数 $f(x)$ 的导函数,只需要把上述过程中的 x_0 换成 x 就行了. 下面用定义求一些简单函数的导数.

例 1 求函数 $y=x^3$ 在 $x=1$ 处的导数 $f'(1)$.

解 当 x 由 1 变到 $1+\Delta x$ 时,函数相应的增量为

$$\Delta y=(1+\Delta x)^3-1^3=3\cdot\Delta x+3\cdot(\Delta x)^2+(\Delta x)^3,$$

$$\frac{\Delta y}{\Delta x}=3+3\Delta x+(\Delta x)^2,$$

所以 $f'(1)=\lim\limits_{\Delta x\to 0}\dfrac{\Delta y}{\Delta x}=\lim\limits_{\Delta x\to 0}(3+3\Delta x+(\Delta x)^2)=3.$

例 2 求函数 $f(x)=C$ (C 为常数)的导数.

解 $f'(x)=\lim\limits_{h\to 0}\dfrac{f(x+h)-f(x)}{h}=\lim\limits_{h\to 0}\dfrac{C-C}{h}=0$,即 $(C)'=0$.

例 3 设函数 $f(x)=\sin x$,求 $(\sin x)'$ 及 $(\sin x)'\big|_{x=\frac{\pi}{4}}$.

解 $(\sin x)'=\lim\limits_{h\to 0}\dfrac{\sin(x+h)-\sin x}{h}=\lim\limits_{h\to 0}\cos\left(x+\dfrac{h}{2}\right)\cdot\dfrac{\sin\dfrac{h}{2}}{\dfrac{h}{2}}=\cos x$,即

$$(\sin x)'=\cos x$$

所以 $(\sin x)'\big|_{x=\frac{\pi}{4}}=\cos x\big|_{x=\frac{\pi}{4}}=\dfrac{\sqrt{2}}{2}.$

用类似的方法，可求得 $(\cos x)'=-\sin x$.

例 4　求函数 $y=x^n$(n 为正整数)的导数.

解　$(x^n)'=\lim\limits_{h\to0}\dfrac{(x+h)^n-x^n}{h}=\lim\limits_{h\to0}\left[nx^{n-1}+\dfrac{n(n-1)}{2!}x^{n-2}h+\cdots+h^{n-1}\right]=nx^{n-1}$，即

$$(x^n)'=nx^{n-1}.$$

更一般地，对于幂函数 $y=x^\mu$(μ 为常数)，有

$$(x^\mu)'=\mu x^{\mu-1}.$$

利用这个公式，可以很方便地求出幂函数的导数，例如：

当 $\mu=\dfrac{1}{2}$ 时，$y=x^{\frac{1}{2}}=\sqrt{x}$($x>0$)的导数为

$$(x^{\frac{1}{2}})'=(\sqrt{x})'=\frac{1}{2}x^{\frac{1}{2}-1}=\frac{1}{2\sqrt{x}},$$

即

$$(\sqrt{x})'=\frac{1}{2\sqrt{x}};$$

当 $\mu=-1$ 时，$y=x^{-1}=\dfrac{1}{x}$($x\neq0$)的导数为

$$(x^{-1})'=\left(\frac{1}{x}\right)'=(-1)x^{-1-1}=-x^{-2}=-\frac{1}{x^2},$$

即

$$\left(\frac{1}{x}\right)'=-\frac{1}{x^2}$$

例 5　求函数 $f(x)=a^x$($a>0,a\neq1$)的导数.

解　$(a^x)'=\lim\limits_{h\to0}\dfrac{a^{n+h}-a^x}{h}=a^x\lim\limits_{h\to0}\dfrac{a^h-1}{h}=a^x\ln a$，即

$$(a^x)'=a^x\ln a,$$

特别地，当 $a=\mathrm{e}$ 时，因 $\ln\mathrm{e}=1$，故有

$$(\mathrm{e}^x)'=\mathrm{e}^x.$$

例 6　求函数 $y=\log_a x$($a>0,a\neq1$)的导数.

解　$y'=\lim\limits_{h\to0}\dfrac{\log_a(x+h)-\log_a x}{h}=\lim\limits_{h\to0}\dfrac{\log_a\left(1+\dfrac{h}{x}\right)}{\dfrac{h}{x}}\cdot\dfrac{1}{x}=\dfrac{1}{x}\lim\limits_{h\to0}\log_a\left(1+\dfrac{h}{x}\right)^{\frac{x}{h}}$

$=\dfrac{1}{x}\log_a\mathrm{e}$. 即

$$(\log_a x)'=\frac{1}{x}\log_a\mathrm{e},$$

特别地，当 $a=\mathrm{e}$ 时，由上式得自然对数函数的导数公式：

$$(\ln x)'=\frac{1}{x}$$

例7 试用导数定义求下列各极限(假设各极限均存在):

(1) $\lim\limits_{x\to a}\dfrac{f(2x)-f(2a)}{x-a}$;

(2) $\lim\limits_{x\to 0}\dfrac{f(x)}{x}$,其中 $f(0)=0$.

解 (1) $\lim\limits_{x\to a}\dfrac{f(2x)-f(2a)}{x-a}=\lim\limits_{2x\to 2a}\dfrac{f(2x)-f(2a)}{\frac{1}{2}\cdot(2x-2a)}=2\cdot\lim\limits_{2x\to 2a}\dfrac{f(2x)-f(2a)}{2x-2a}=2f'(2a)$;

(2) 因为 $f(0)=0$,于是 $\lim\limits_{x\to 0}\dfrac{f(x)}{x}=\lim\limits_{x\to 0}\dfrac{f(x)-f(0)}{x-0}=f'(0)$.

3.1.4 单侧导数

定义 3.2 如果 $\lim\limits_{h\to 0^-}\dfrac{f(x_0+h)-f(x_0)}{h}$ 存在,我们则称它是 $f(x)$ 在 x_0 处的左导数,记为 $f'_-(x_0)$,即

$$f'_-(x_0)=\lim_{h\to 0^-}\frac{f(x_0+h)-f(x_0)}{h}=\lim_{x\to x_0^-}\frac{f(x)-f(x_0)}{x-x_0};$$

如果 $\lim\limits_{h\to 0^+}\dfrac{f(x_0+h)-f(x_0)}{h}$ 存在,我们则称它是 $f(x)$ 在 x_0 处的右导数,记为 $f'_+(x_0)$,即

$$f'_+(x_0)=\lim_{h\to 0^+}\frac{f(x_0+h)-f(x_0)}{h}=\lim_{x\to x_0^+}\frac{f(x)-f(x_0)}{x-x_0}.$$

由极限存在定理知,$\lim\limits_{h\to 0}\dfrac{f(x_0+h)-f(x_0)}{h}$ 存在的充分必要条件是 $\lim\limits_{h\to 0^-}\dfrac{f(x_0+h)-f(x_0)}{h}$ 及 $\lim\limits_{h\to 0^+}\dfrac{f(x_0+h)-f(x_0)}{h}$ 都存在且相等,故有以下结论:

定理 3.1 函数 $f(x)$ 在点 x_0 处可导的充分必要条件是左导数 $f'_-(x_0)$ 和右导数 $f'_+(x_0)$ 都存在且相等,即 $f'(x_0)=f'_-(x_0)=f'_+(x_0)=A$.

如果函数 $f(x)$ 在开区间 (a,b) 内可导,且右导数 $f'_+(a)$ 和左导数 $f'_-(b)$ 都存在,就说 $f(x)$ 在闭区间 $[a,b]$ 上可导.

例8 求函数 $f(x)=|x|$ 在 $x=0$ 点的导数.

解 由 $f(x)=|x|=\begin{cases}x & x\geqslant 0\\ -x & x<0\end{cases}$ 得

$$f'_-(0)=\lim_{x\to 0^-}\frac{-x-0}{x-0}=-1,f'_+(0)=\lim_{x\to 0^+}\frac{x-0}{x-0}=1$$

由于 $f'_-(0)\neq f'_+(0)$,故 $\lim\limits_{x\to x_0}\dfrac{f(x)-f(x_0)}{x-x_0}$ 不存在,即函数 $f(x)=|x|$ 在 $x=0$ 点不可导.

例 9　求函数 $f(x)=\begin{cases}\sin x & x<0\\ x & x\geqslant 0\end{cases}$ 在 $x=0$ 处的导数.

解　当 $\Delta x<0$ 时，$\Delta y=f(0+\Delta x)-f(0)=\sin\Delta x-0=\sin\Delta x$，故

$$f'_-(0)=\lim_{\Delta x\to 0^-}\frac{\Delta y}{\Delta x}=\lim_{\Delta x\to 0^-}\frac{\sin\Delta x}{\Delta x}=1,$$

当 $\Delta x>0$ 时，$\Delta y=f(0+\Delta x)-f(0)=\Delta x-0=\Delta x$，故

$$f'_+(0)=\lim_{\Delta x\to 0^+}\frac{\Delta y}{\Delta x}=\lim_{\Delta x\to 0^+}\frac{\Delta x}{\Delta x}=1,$$

由 $f'_-(0)=f'_+(0)=1$，得 $f'(0)=\lim\limits_{\Delta x\to 0}\dfrac{\Delta y}{\Delta x}=1$.

3.1.5　导数的几何意义

导数的几何意义与物理意义

导数的定义-动图演示及文字说明

由引例 2 关于切线问题的讨论以及导数的定义可知：函数 $y=f(x)$ 在点 x_0 处的导数 $f'(x_0)$ 在几何上表示曲线 $y=f(x)$ 在点 $M(x_0,f(x_0))$ 处的切线的斜率，即

$$f'(x_0)=\tan\alpha,$$

其中 α 是切线与 x 轴正向的夹角，如图 3.3 所示.

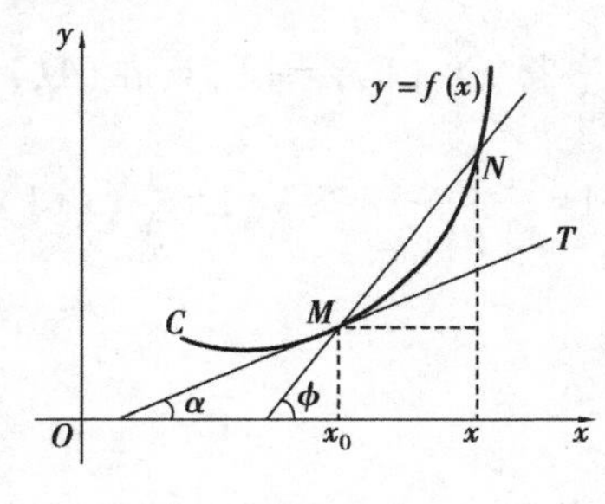

图 3.3

如果 $y=f(x)$ 在点 x_0 处的导数为无穷，这时曲线 $y=f(x)$ 的割线以垂直于 x 轴的直线 $x=x_0$ 为极限位置，即曲线 $y=f(x)$ 在点 $M(x_0,f(x_0))$ 处具有垂直于 x 轴的切线 $x=x_0$.

根据导数的几何意义并应用直线的点斜式方程，可知曲线 $y=f(x)$ 在点 $M(x_0,f(x_0))$ 处的切线方程为

$$y-y_0=f'(x_0)(x-x_0).$$

过切点 $M(x_0,f(x_0))$ 且与切线垂直的直线叫作曲线 $y=f(x)$ 在点 $M(x_0,f(x_0))$ 处的法

线. 如果$f'(x_0)\neq 0$,法线斜率为$-\frac{1}{f'(x_0)}$,从而法线方程为

$$y-y_0=-\frac{1}{f'(x_0)}(x-x_0).$$

例 10　求曲线$y=\frac{1}{x}$在点$\left(\frac{1}{2},2\right)$处的切线的斜率,并写出在该点处的切线方程和法线方程.

解　由导数的几何意义,得切线斜率为

$$k=y'\big|_{x=\frac{1}{2}}=\left(\frac{1}{x}\right)'\bigg|_{x=\frac{1}{2}}=\left(-\frac{1}{x^2}\right)'\bigg|_{x=\frac{1}{2}}=-4,$$

所求切线方程为$y-2=-4\left(x-\frac{1}{2}\right)$,即$4x+y-4=0$.

法线方程为$y-2=\frac{1}{4}\left(x-\frac{1}{2}\right)$,即$2x-8y+15=0$.

例 11　求曲线$y=\sqrt{x}$在$(4,2)$处的切线方程.

解　因为$y'=(\sqrt{x})'=\frac{1}{2\sqrt{x}}$,$y'\big|_{x=4}=\frac{1}{2\sqrt{4}}=\frac{1}{4}$,

故所求切线方程为$y-2=\frac{1}{4}(x-4)$,即$-x+4y-4=0$.

例 12　曲线$y=\sqrt[3]{x}$在哪一点有垂直于x轴的切线?哪一点处的切线与$y=\frac{1}{3}x-1$平行?并写出切线方程.

解　(1) $y'=(x^{\frac{1}{3}})'=\frac{1}{3}x^{-\frac{2}{3}}$,所以在$(0,0)$点有$y'\big|_{x=0}=\infty$,即有垂直于$x$轴的切线. 故切线方程为:$x=0$,即$y$轴.

(2)由$y'=(x^{\frac{1}{3}})'=\frac{1}{3}x^{-\frac{2}{3}}=\frac{1}{3}$得$x=\pm1$,$y=\pm1$,故在$(1,1)$和$(-1,-1)$处的切线与$y=\frac{1}{3}x-1$平行. 切线方程为:$y-1=\frac{1}{3}(x-1)$及$y+1=\frac{1}{3}(x+1)$,即$x-3y\pm2=0$.

3.1.6　经济学中的导数

在一个反映某项经济活动的函数$y=f(x)$中,自变量改变一个单位时引起因变量的改变量,称为边际.

总成本函数$C(x)$表示生产x单位产品时所需的成本. 当产量由x变到$x+\Delta x$时,总成本函数的改变量为

$$\Delta C=C(x+\Delta x)-C(x)$$

这时,总成本函数的平均变化率为

$$\frac{\Delta C}{\Delta x}=\frac{C(x+\Delta x)-C(x)}{\Delta x}$$

它表示产量由 x 变到 $x+\Delta x$ 时，在平均意义下的边际成本．当总成本函数 $C(x)$ 可导时，其变化率

$$C'(x)=\lim_{\Delta x\to 0}\frac{\Delta C}{\Delta x}=\lim_{\Delta x\to 0}\frac{C(x+\Delta x)-C(x)}{\Delta x}$$

表示产量为 x 时的边际成本，即边际成本是总成本函数关于产量的导数，其经济意义是：$C'(x)$ 近似等于产量为 x 时再生产一个单位产品所需增加的成本．这是因为当 $\Delta x=1$ 时，有

$$C(x+1)-C(x)=\Delta C(x)\approx C'(x)\Delta x=C'(x)$$

以上对边际成本的讨论方法，同样适用于其他经济函数，比如收益、利润等函数．

例 13　假定生产 8～30 台散热器时，生产 x 台的成本为

$$C(x)=x^3-6x^2+15x$$

美元，而

$$R(x)=x^3-3x^2+12x$$

为销售 x 台散热器的收入．如果工厂每天生产 10 台散热器，请问每天多生产 1 台散热器的边际成本是多少？每天销售 11 台散热器估计会增加多少收入？

解　当每天生产 10 台散热器时多生产 1 台散热器的成本约为 $C'(10)$：

$C'(x)=3x^2-12x+15$，

$C'(10)=3\times10^2-12\times10+15=195$

边际成本大约是 195 美元．边际收入为

$$R'(x)=3x^2-6x+12$$

边际收入函数估算多销售一台产品增加的收入．如果当前每天销售 10 台散热器，当每天销售 11 台散热器时，预期可以增加收入约为

$$R'(x)=3\times10^2-6\times10+12=252(\text{美元}).$$

例 14　设某种产品的收益 R(元)为产量 x(t)的函数

$$R=R(x)=800x-\frac{x^2}{4}\ (x\geqslant 0)$$

求 (1) 生产 200 t 到 300 t 时总收入的平均变化率；

(2) 生产 100 t 时收益对产量的变化率．

解　(1) $\Delta x=300-200=100$，$\Delta R=R(300)-R(200)=6\ 750$．故

$$\frac{\Delta R}{\Delta x}=\frac{R(300)-R(200)}{\Delta x}=\frac{6\ 750}{100}=675\ (\text{元/t}).$$

(2) 设产量由 x_0 变到 $x_0+\Delta x$，则

$$\frac{\Delta R}{\Delta x}=\frac{R(x_0+\Delta x)-R(x_0)}{\Delta x}=800-\frac{1}{2}x_0-\frac{1}{4}\Delta x,$$

故

$$R'(x_0)=\lim_{\Delta x\to 0}\frac{\Delta R}{\Delta x}=\lim_{\Delta x\to 0}\left(800-\frac{1}{2}x_0-\frac{1}{4}\Delta x\right)=800-\frac{1}{2}x_0.$$

当 $x_0=100$ 时，收益对产量的变化率为

$$R'(100)=800-\frac{1}{2}\times100=750\ (\text{元/t}).$$

3.1.7 什么情况下函数在一点没有导数

观察图 3.4—图 3.7：

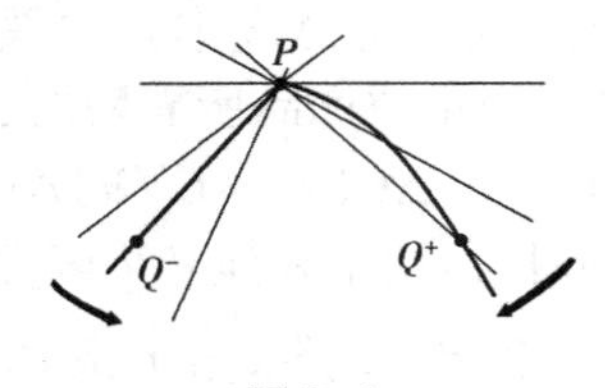

图 3.4

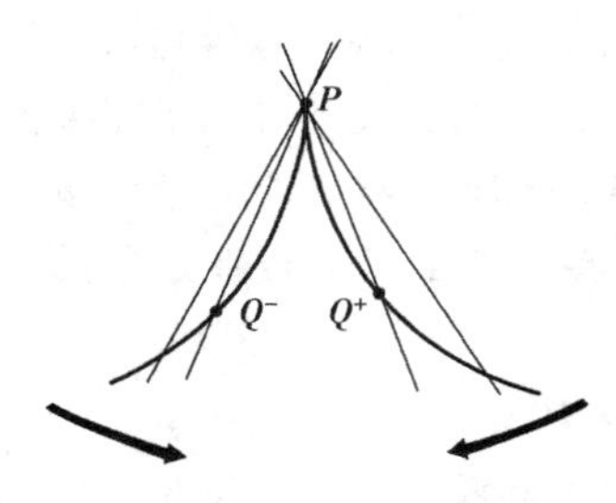

图 3.5

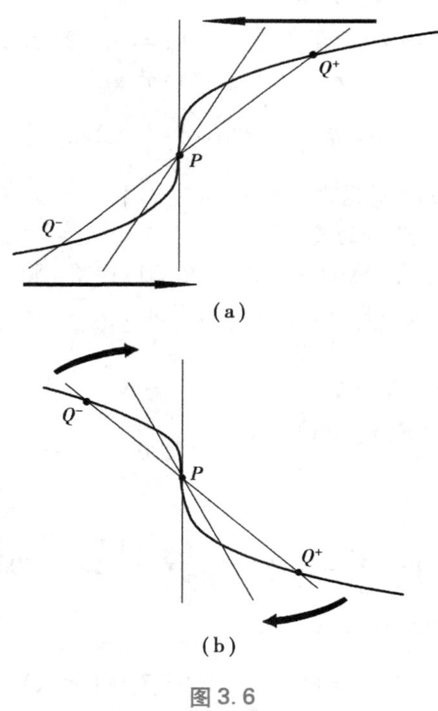

图 3.6

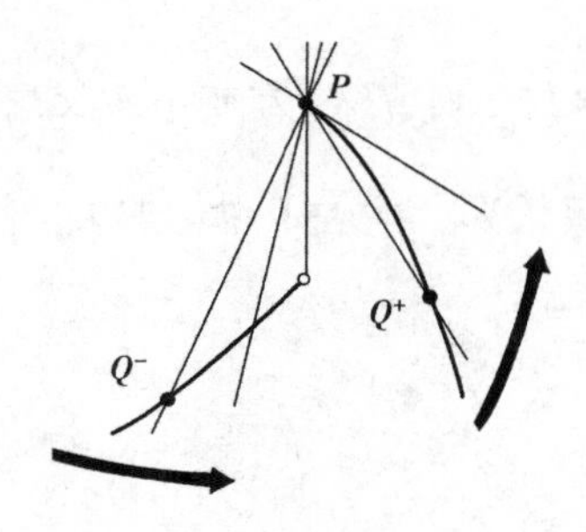

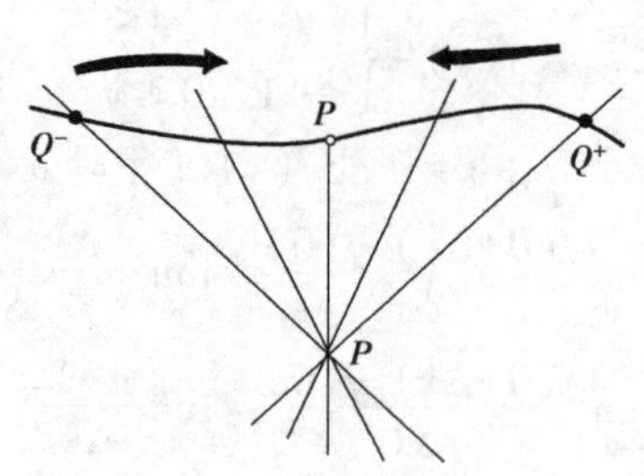

图 3.7

通过对上述图形的观察分析可知,如果在函数$f(x)$的图形上,通过点$P(x_0,f(x_0))$及邻近点Q的割线的斜率在Q趋于P时趋于一个有限的极限,则函数$f(x)$在x_0处有导数. 只要割线到不了极限位置,或者当Q趋于P时割线变成垂直于x轴的直线,就不存在导数. 因此,可导性是函数$f(x)$的图形上一种"光滑性"条件.

3.1.8　函数的可导性与连续性的关系

函数可导
与函数连续的关系

定理 3.2　可导函数一定是连续函数.

设函数$y=f(x)$在点x处可导,即

$$\lim_{\Delta x\to 0}\frac{\Delta y}{\Delta x}=f'(x)$$

存在. 由具有极限的函数与无穷小量的关系可知

$$\frac{\Delta y}{\Delta x}=f'(x)+\alpha,$$

其中当$\Delta x\to 0$时α为无穷小. 上式两边同乘以Δx,得

$$\Delta y=f'(x)\cdot\Delta x+\alpha\cdot\Delta x.$$

由此可见,当$\Delta x\to 0$时,$\Delta y\to 0$. 这就是说,函数$y=f(x)$在点x处是连续的. 所以,如果函数$y=f(x)$在点x处可导,则函数在该点必连续.

另一方面,一个函数在某点连续却不一定在该点处可导,如图 3.4—图 3.6 所示的情况.

例 15　讨论$f(x)=\begin{cases}x\sin\dfrac{1}{x} & x\neq 0\\ 0 & x=0\end{cases}$在$x=0$处的连续性与可导性.

解　因为$\sin\dfrac{1}{x}$是有界函数,所以$\lim\limits_{x\to 0}x\sin\dfrac{1}{x}=0$.

因为$f(0)=\lim\limits_{x\to 0}f(x)=0$,所以$f(x)$在$x=0$处连续.

但在$x=0$处有$\dfrac{\Delta y}{\Delta x}=\dfrac{(0+\Delta x)\sin\dfrac{1}{0+\Delta x}}{\Delta x}=\sin\dfrac{1}{\Delta x}$,当$\Delta x\to 0$时,$\dfrac{\Delta y}{\Delta x}$在$-1$和$1$之间振荡而极限不存在,所以$f(x)$在$x=0$处不可导.

例 16 设函数 $f(x)=\begin{cases} a & x<0 \\ x^2+1 & 0\leqslant x<1 \end{cases}$,问 a 取何值时,$f(x)$ 为可导函数?

解 只需讨论在 $x=0$ 处 $f(x)$ 可导时 a 的取值情况. 在 $x=0$ 处,因为

$$\lim_{x\to 0^+}\frac{\Delta y}{\Delta x}=\lim_{x\to 0^+}\frac{f(0+\Delta x)-f(0)}{\Delta x}=\lim_{x\to 0^+}\frac{(\Delta x)^2+1-1}{\Delta x}=0,$$

$$\lim_{x\to 0^-}\frac{\Delta y}{\Delta x}=\lim_{x\to 0^-}\frac{f(0+\Delta x)-f(0)}{\Delta x}=\lim_{x\to 0^-}\frac{a-1}{\Delta x},$$

要使在 $x=0$ 处可导,必须 $\lim\limits_{x\to 0^-}\dfrac{a-1}{\Delta x}=0$,由此得 $a=1$.

所以当 $a=1$ 时,$f(x)$ 为可导函数.

例 17 设函数 $f(x)=\begin{cases} 2e^x+a & x<0 \\ x^2+bx+1 & x\geqslant 0 \end{cases}$

(1)欲使 $f(x)$ 在 $x=0$ 处连续,a,b 为何值?

(2)欲使 $f(x)$ 在 $x=0$ 处可导,a,b 为何值?

解 (1) 若 $f(x)$ 在 $x=0$ 处连续,则有 $\lim\limits_{x\to 0^-}f(x)=\lim\limits_{x\to 0^+}f(x)=f(0)=1$,即 $2+a=1$,于是 $a=-1$,b 为任何实数时,$f(x)$ 在 $x=0$ 连续.

(2) 若 $f(x)$ 在 $x=0$ 处可导,则 $f(x)$ 在 $x=0$ 处连续,由(1)有 $a=-1$. 又

$$f'_-(0)=\lim_{x\to 0^-}\frac{f(0+\Delta x)-f(0)}{\Delta x}=\lim_{x\to 0^-}\frac{2e^{\Delta x}+a-1}{\Delta x}=2,$$

$$f'_+(0)=\lim_{x\to 0^+}\frac{f(0+\Delta x)-f(0)}{\Delta x}=\lim_{x\to 0^+}\frac{\Delta x^2+b\Delta x+1-1}{\Delta x}=\lim_{x\to 0^+}(\Delta x+b)=b$$

由 $f'_-(0)=f'_+(0)$,得 $b=2$. 故当 $b=2,a=-1$ 时,$f(x)$ 在 $x=0$ 可导.

上述两个例子说明,函数在某点处连续是函数在该点处可导的必要条件,但不是充分条件. 由定理 3.2 还知道,若函数在某点处不连续,则它在该点处一定不可导.

在微积分理论尚不完善的时候,人们普遍认为连续函数除个别点外都是可导的. 1872 年德国数学家魏尔斯特拉斯构造出一个处处连续但处处不可导的例子,这与人们基于直观的普遍认识大相径庭,从而震惊了数学界和思想界. 这就促使人们在微积分研究中从依赖直观转向理性思维,大大促进了微积分逻辑基础的创建工作.

习题 3.1

1. 根据定义求下列函数在指定点的导数:

(1) $f(x)=\ln x,x=2$　　(2) $f(x)=e^x,x=1$

2. 根据定义求下列函数的导数:

(1) $y=\dfrac{1}{x}$　　(2) $y=\cos x$

(3) $y=ax+b$(a,b 是常数)　　(4) $y=\sqrt{x}$

3. 下列各题中均假定 $f'(x_0)$ 存在，结合导数的定义观察下列极限，指出 A 是什么：

(1) $\lim\limits_{\Delta x \to 0} \dfrac{f(x_0-\Delta x)-f(x_0)}{\Delta x}=A$；

(2) $\lim\limits_{x \to 0} \dfrac{f(x)}{x}=A$，其中 $f(0)=0$ 且 $f'(0)$ 存在；

(3) $\lim\limits_{x \to 0} \dfrac{f(tx)-f(0)}{x}=A$，其中 $f'(0)$ 存在；

(4) $\lim\limits_{h \to 0} \dfrac{f(x_0+h)-f(x_0-h)}{h}=A$.

4. 已知 $y=\begin{cases} x^2 & x<1 \\ x & x\geqslant 1 \end{cases}$，求 $\dfrac{\mathrm{d}y}{\mathrm{d}x}$.

5. 如果 $f(x)$ 为偶函数，且 $f'(0)$ 存在，证明 $f'(0)=0$.

6. 求曲线 $y=x^2$ 在点 $(-1,1)$ 处的切线方程和法线方程.

7. 求曲线 $y=\mathrm{e}^x$ 在点 $(0,1)$ 处的切线方程和法线方程.

8. 在抛物线 $y=x^2$ 上取横坐标为 $x_1=1$ 及 $x_2=3$ 的两点，作过这两点的割线. 问该抛物线上哪一点有切线平行于这条割线?

9. 讨论下列函数的可导性与连续性：

(1) $y=\begin{cases} x^2\sin\dfrac{1}{x} & x\neq 0 \\ 0 & x=0 \end{cases}$　　(2) $y=|\cos x|$

10. 设函数 $f(x)=\begin{cases} x^2 & x\leqslant 1 \\ ax+b & x>1 \end{cases}$，为使函数 $f(x)$ 在 $x=1$ 处连续且可导，a,b 应取什么值?

11. 已知 $f(x)=\begin{cases} x^2 & x\geqslant 0 \\ -x & x<0 \end{cases}$，求 $f'_+(0)$ 及 $f'_-(0)$，又 $f'(0)$ 是否存在?

12. 已知 $f(x)=\begin{cases} \sin x & x<0 \\ x & x\geqslant 0 \end{cases}$，求 $f'(x)$.

13. 证明：双曲线 $xy=a^2$ 上任一点处的切线与两坐标轴构成的三角形的面积等于 $2a^2$.

3.2 导数的运算

求函数的变化率——导数，是理论研究和实践应用中经常遇到的一个普遍问题. 但根据定义求导往往非常困难，有时甚至是不可行的. 能否找到求导的一般法则或常用函数的求导公式，使求导的运算变得更为简单易行呢? 从微积分诞生之日起，数学家们就在探求这一途径. 牛顿和莱布尼茨都做了大量的工作. 特别是博学多才的数学符号大师莱布尼茨对此做出了不朽的贡献. 今天我们所学的微积分学中的法则、公式，特别是所采用的符号，大多数是由莱布尼茨创造的.

3.2.1 函数的和、差、积、商的求导法则

函数的和、差、积、商的求导法则

定理 3.3 设函数 $u=u(x)$ 及 $v=v(x)$ 在点 x 处可导,则 $u\pm v, u\cdot v$, $\frac{u}{v}(v\neq 0)$都在点 x 处可导,且

(1) $(u\pm v)'=u'\pm v'$;

(2) $(uv)'=u'v+uv'$,特别地,$v=c$(常数)时,$(cu)'=cu'$;

(3) $\left(\frac{u}{v}\right)'=\frac{u'v-uv'}{v^2}\ (v\neq 0)$,特别地,$\left(\frac{1}{v}\right)'=-\frac{v'}{v^2}\ (v\neq 0)$.

证 (1) 设$f(x)=u(x)+v(x)$,则由导数的定义有

$$
\begin{aligned}
f'(x)&=\lim_{h\to 0}\frac{f(x+h)-f(x)}{h}\\
&=\lim_{h\to 0}\frac{[u(x+h)+v(x+h)]-[u(x)+v(x)]}{h}\\
&=\lim_{h\to 0}\left[\frac{u(x+h)-u(x)}{h}+\frac{v(x+h)-v(x)}{h}\right]\\
&=u'(x)+v'(x)
\end{aligned}
$$

即

$$[u(x)+v(x)]'=u'(x)+v'(x),$$

类似地,有

$$[u(x)-v(x)]'=u'(x)-v'(x).$$

(2) 设$f(x)=u(x)\cdot v(x)$,则由导数的定义有

$$
\begin{aligned}
f'(x)&=\lim_{h\to 0}\frac{f(x+h)-f(x)}{h}\\
&=\lim_{h\to 0}\frac{u(x+h)v(x+h)-u(x)v(x)}{h}\\
&=\lim_{h\to 0}\frac{1}{h}[u(x+h)v(x+h)-u(x)v(x+h)+u(x)v(x+h)-u(x)v(x)]\\
&=\lim_{h\to 0}\left[\frac{u(x+h)-u(x)}{h}\cdot v(x+h)+u(x)\cdot\frac{v(x+h)-v(x)}{h}\right]\\
&=\lim_{h\to 0}\frac{u(x+h)-u(x)}{h}\cdot\lim_{h\to 0}v(x+h)+u(x)\cdot\lim_{h\to 0}\frac{v(x+h)-v(x)}{h}\\
&=u'(x)v(x)+u(x)v'(x)
\end{aligned}
$$

即

$$[u(x)v(x)]'=u'(x)v(x)+u(x)v'(x)$$

特别地,如果 $v=C$ (C 是常数),则

$$[Cu(x)]'=Cu'(x)$$

(3)设$f(x)=\dfrac{u(x)}{v(x)}$,$v(x)\neq 0$,则由导数的定义有

$$f'(x)=\lim_{h\to 0}\frac{f(x+h)-f(x)}{h}=\lim_{h\to 0}\frac{\dfrac{u(x+h)}{v(x+h)}-\dfrac{u(x)}{v(x)}}{h}$$

$$=\lim_{h\to 0}\frac{u(x+h)v(x)-u(x)v(x+h)}{v(x+h)v(x)h}$$

$$=\lim_{h\to 0}\frac{[u(x+h)-u(x)]v(x)-u(x)[v(x+h)-v(x)]}{v(x+h)v(x)h}$$

$$=\lim_{h\to 0}\frac{\dfrac{u(x+h)-u(x)}{h}\cdot v(x)-u(x)\cdot\dfrac{v(x+h)-v(x)}{h}}{v(x+h)v(x)}$$

$$=\frac{u'(x)v(x)-u(x)v'(x)}{[v(x)]^2}.$$

即

$$\left(\frac{u(x)}{v(x)}\right)'=\frac{u'(x)v(x)-u(x)v'(x)}{[v(x)]^2}.$$

应用数学归纳法,可把(1)、(2)推广到任意有限个可导函数的情形,即若$u_i=u_i(x)$ ($i=1,2,\cdots,n$)均可导,则

$(u_1+u_2+\cdots+u_n)'=u'_1+u'_2+\cdots+u'_n$;

$(u_1u_2\cdots u_n)'=u'_1u_2\cdots u_n+u_1u'_2\cdots u_n+\cdots+u_1u_2\cdots u'_n$.

例 1　求$y=x^3-2x^2+\sin x$的导数.

解　$y'=(x^3)'-(2x^2)'+(\sin x)'=3x^2-4x+\cos x$.

例 2　求$y=2\sqrt{x}\sin x$的导数.

解　$y'=(2\sqrt{x}\sin x)'=2(\sqrt{x}\sin x)'=2[(\sqrt{x})'\sin x)'+\sqrt{x}(\sin x)']$

$$=2\left(\frac{1}{2\sqrt{x}}\sin x+\sqrt{x}\cos x\right)=\frac{1}{\sqrt{x}}\sin x+2\sqrt{x}\cos x.$$

例 3　求$y=\tan x$的导数.

解　$y'=(\tan x)'=\left(\dfrac{\sin x}{\cos x}\right)'=\dfrac{(\sin x)'\cos x-\sin x(\cos x)'}{\cos^2 x}$

$$=\frac{\cos^2 x+\sin^2 x}{\cos^2 x}=\frac{1}{\cos^2 x}=\sec^2 x,$$

即$(\tan x)'=\sec^2 x$.

同理可得:$(\cot x)'=-\csc^2 x$.

例 4　求$y=\sec x$的导数.

解　$y'=(\sec x)'=\left(\dfrac{1}{\cos x}\right)'=\dfrac{-(\cos x)'}{\cos^2 x}=\dfrac{\sin x}{\cos^2 x}=\sec x\tan x$.

同理可得:$(\csc x)'=-\csc x\cot x$.

例5　已知 $y=\sqrt{x}(x^3-4\cos x-\sin 1)$,求(1)$y'$;(2)$[y(1)]'$;(3)$y'(1)$.

解　(1)用乘积法则:$y'=\frac{1}{2\sqrt{x}}(x^3-4\cos x-\sin 1)+\sqrt{x}(3x^2+4\sin x)$;

(2) $y(1)=1-4\cos 1-\sin 1$ 是常数,故$[y(1)]'=0$;

(3) $y'(1)=y'|_{x=1}=\frac{7}{2}-2\cos 1+\frac{7}{2}\sin 1$.

3.2.2　反函数的导数

反函数的求导法则

定理3.4(反函数求导法则)　设 $y=f(x)$ 是函数 $x=\varphi(y)$ 的反函数. 如果 $\varphi(y)$ 在点 y_0 的某邻域内连续、严格单调且 $\varphi'(y_0)\neq 0$,则 $f(x)$ 在点 $x_0(x_0=\varphi(y_0))$ 可导,且

$$f'(x_0)=\frac{1}{\varphi'(y_0)} \text{ 或 } \left.\frac{\mathrm{d}y}{\mathrm{d}x}\right|_{x=x_0}=\frac{1}{\left.\frac{\mathrm{d}x}{\mathrm{d}y}\right|_{y=y_0}}.$$

证　给 x_0 以改变量 $\Delta x\neq 0$,由于 $\varphi(y)$ 严格单调,所以 $y=f(x)$ 也严格单调,从而可知$\Delta y\neq 0$. 由 $\varphi(y)$ 在 y_0 处连续知,$f(x)$ 在 x_0 处也连续,因此 $\Delta x\to 0$ 等价于 $\Delta y\to 0$. 又 $\varphi'(y_0)\neq 0$,于是

$$f'(x_0)=\lim_{\Delta x\to 0}\frac{\Delta y}{\Delta x}=\lim_{\Delta y\to 0}\frac{1}{\frac{\Delta x}{\Delta y}}=\frac{1}{\varphi'(y_0)} \text{ 或 } \left.\frac{\mathrm{d}y}{\mathrm{d}x}\right|_{x=x_0}=\frac{1}{\left.\frac{\mathrm{d}x}{\mathrm{d}y}\right|_{y=y_0}}.$$

例6　求函数 $y=\arcsin x$ 的导数.

解　因为 $x=\sin y$ 在 $I_y=\left(-\frac{\pi}{2},\frac{\pi}{2}\right)$ 内单调、可导,且$(\sin y)'=\cos y>0$,所以在对应区间 $I_x=(-1,1)$ 内有

$$(\arcsin x)'=\frac{1}{(\sin y)'}=\frac{1}{\cos y}=\frac{1}{\sqrt{1-\sin^2 y}}=\frac{1}{\sqrt{1-x^2}}$$

同理可得

$$(\arccos x)'=-\frac{1}{\sqrt{1-x^2}},(\arctan x)'=\frac{1}{1+x^2},(\operatorname{arccot} x)'=-\frac{1}{1+x^2}$$

例7　求函数 $y=\log_a x$ 的导数.

解　因为 $x=a^y$ 在 $I_y=(-\infty,+\infty)$ 内单调、可导,且$(a^y)'=a^y\ln a\neq 0$,所以在对应区间 $I_x=(0,+\infty)$ 内有

$$(\log_a x)'=\frac{1}{(a^y)'}=\frac{1}{a^y\ln a}=\frac{1}{x\ln a}.$$

特别地

$$(\ln x)'=\frac{1}{x}.$$

3.2.3　复合函数的求导法则

到目前为止，对于 $\ln\tan x, e^{x^2}, \sin\dfrac{2x}{1+x^2}$ 等较复杂的函数，我们还不知道它们是否可导，可导的话又该如何求它们的导数？

先看一个实例：养鸡场的养鸡成本随着鸡饲料价格的变化而变化，而鸡饲料价格又受玉米价格的变化而变化. 如果不考虑其他的影响，假设玉米价格有一个单位的变化将引起鸡饲料价格 a 个单位的变化，且鸡饲料价格有一个单位的变化将引起养鸡场成本 b 个单位的变化. 那么在不考虑其他因素的影响时，玉米价格产生一个单位的变化将引起养鸡场成本有几个单位的变化？

很显然，答案是 ab. 如果记养鸡场的养鸡成本为 $C(x)$，鸡饲料价格为 $x(p)$，其中 p 表示玉米价格，则有 $\dfrac{dx}{dp}=a, \dfrac{dC}{dx}=b$，上面的问题是求 $\dfrac{dC}{dp}$，于是有 $\dfrac{dC}{dp}=ab=\dfrac{dC}{dx}\cdot\dfrac{dx}{dp}$. 一般地，我们有

定理 3.5（复合函数的求导法则）　如果 $u=\varphi(x)$ 在点 x_0 可导，而 $y=f(u)$ 在点 $u_0=\varphi(x_0)$ 可导，则复合函数 $y=f(\varphi(x))$ 在点 x_0 可导，且其导数为

$$\frac{dy}{dx}\Big|_{x=x_0}=f'(u_0)\varphi'(x_0).$$

证　由于 $y=f(u)$ 在点 u_0 可导，因此

$$\lim_{\Delta u\to 0}\frac{\Delta y}{\Delta u}=f'(u_0)$$

存在，于是根据函数极限与无穷小量的关系有

$$\frac{\Delta y}{\Delta u}=f'(u_0)+\alpha,$$

其中 α 是当 $\Delta u\to 0$ 时的无穷小量. 上式中 $\Delta u\neq 0$，用 Δu 乘两边，得

$$\Delta y=f'(u_0)\Delta u+\alpha\cdot\Delta u, \tag{3.6}$$

当 $\Delta u=0$ 时，规定 $\alpha=0$，这时因为 $\Delta y=f(u_0+\Delta u)-f(u_0)=0$，而（式 3.6）右端变为零，故式（3.6）对 $\Delta u=0$ 也成立. 用 $\Delta x\neq 0$ 除式（3.6）两边，得

$$\frac{\Delta y}{\Delta x}=f'(u_0)\frac{\Delta u}{\Delta x}+\alpha\cdot\frac{\Delta u}{\Delta x},$$

于是 $\displaystyle\lim_{\Delta x\to 0}\frac{\Delta y}{\Delta x}=\lim_{\Delta x\to 0}\left[f'(u_0)\frac{\Delta u}{\Delta x}+\alpha\cdot\frac{\Delta u}{\Delta x}\right]$.

根据函数在某点可导必在该点连续的性质知道，当 $\Delta x\to 0$ 时，$\Delta u\to 0$，从而可以得到

$$\lim_{\Delta x\to 0}\alpha=\lim_{\Delta u\to 0}\alpha=0.$$

又因为 $u=\varphi(x)$ 在点 x_0 可导，有

$$\lim_{\Delta x\to 0}\frac{\Delta u}{\Delta x}=\varphi'(x_0),$$

故

$$\lim_{\Delta x\to 0}\frac{\Delta y}{\Delta x}=f'(u_0)\cdot\lim_{\Delta x\to 0}\frac{\Delta u}{\Delta x}=f'(u_0)\varphi'(x_0).$$

根据上述法则,如果 $u=\varphi(x)$ 在开区间 I 内可导,$y=f(u)$ 在开区间 I_1 内可导,且当 $x\in I$ 时,对应的 $u\in I_1$,那么复合函数 $y=f(\varphi(x))$ 在开区间 I 内可导,且有

$$\frac{dy}{dx}=\frac{dy}{du}\cdot\frac{du}{dx}.$$

例 8　求函数 $y=\ln\sin x$ 的导数.

解　设 $y=\ln u, u=\sin x$.

则　$\dfrac{dy}{dx}=\dfrac{dy}{du}\cdot\dfrac{du}{dx}=\dfrac{1}{u}\cdot\cos x=\dfrac{\cos x}{\sin x}=\cot x.$

例 9　求函数 $y=(x^2+1)^{10}$ 的导数.

解　设 $y=u^{10}, u=x^2+1$. 则

$$\frac{dy}{dx}=\frac{dy}{du}\cdot\frac{du}{dx}=10u^9\cdot 2x=10(x^2+1)^9\cdot 2x=20x(x^2+1)^9.$$

注意　在求复合函数 $y=f\{g[h(x)]\}$ 的导数时,要从外层到内层(或从左往右),逐层推进. 先求 f 对大括号内的变量 u 的导数($u=g[h(x)]$),再求 g 对中括号内的变量 v 的导数($v=h(x)$),最后求 h 对小括号内的变量 x 的导数. 在这里,首先要始终明确所求的导数是哪个函数对哪个变量(不管是自变量还是中间变量)的导数;其次,在逐层求导时,不要遗漏,也不要重复. 熟练之后可以不设中间变量的字母.

例 10　求函数 $y=(x+\sin^2 x)^3$ 的导数.

解　$y'=[(x+\sin^2 x)^3]'$

$=3(x+\sin^2 x)^2(x+\sin^2 x)'$

$=3(x+\sin^2 x)^2[1+2\sin x\cdot(\sin x)']$

$=3(x+\sin^2 x)^2(1+\sin 2x).$

例 11　求函数 $y=e^{\sin^2(1-x)}$ 的导数.

解一　设中间变量, 令 $y=e^u, u=v^2, v=\sin w, w=1-x$.

于是 $y'_x=y'_u\cdot u'_v\cdot v'_w\cdot w'_x$

$=(e^u)'\cdot(v^2)'\cdot(\sin w)'\cdot(1-x)'$

$=e^u\cdot 2v\cdot\cos w\cdot(-1)=-e^{\sin^2(1-x)}\cdot 2\sin(1-x)\cos(1-x)$

$=-\sin 2(1-x)\cdot e^{\sin^2(1-x)}.$

解二　不设中间变量.

$y'=e^{\sin^2(1-x)}\cdot 2\sin(1-x)\cdot\cos(1-x)\cdot(-1)$

$=-\sin 2(1-x)\cdot e^{\sin^2(1-x)}.$

例 12　$y=\ln\cos(e^x)$，求$\frac{dy}{dx}$.

解　$\frac{dy}{dx}=[\ln\cos(e^x)]'=\frac{1}{\cos(e^x)}\cdot[\cos(e^x)]'$

$$=\frac{1}{\cos(e^x)}\cdot[-\sin(e^x)]\cdot(e^x)'=-e^x\tan(e^x).$$

例 13　设 $x>0$，证明幂函数的导数公式

$$(x^\mu)'=\mu x^{\mu-1}.$$

证明　$(x^\mu)'=(e^{\mu\ln x})'=e^{\mu\ln x}\cdot(\mu\ln x)'=e^{\mu\ln x}\cdot\mu x^{-1}=\mu x^{\mu-1}$.

例 14　求函数 $y=\ln\frac{\sqrt{x^2+1}}{\sqrt[3]{x-2}}(x>2)$ 的导数.

解　因为 $y=\frac{1}{2}\ln(x^2+1)-\frac{1}{3}\ln(x-2)$，所以

$$\begin{aligned}y'&=\frac{1}{2}\cdot\frac{1}{x^2+1}\cdot(x^2+1)'-\frac{1}{3}\cdot\frac{1}{x-2}\cdot(x-2)'\\&=\frac{1}{2}\cdot\frac{1}{x^2+1}\cdot 2x-\frac{1}{3(x-2)}\\&=\frac{x}{x^2+1}-\frac{1}{3(x-2)}.\end{aligned}$$

例 15　求函数 $y=\frac{x}{2}\sqrt{a^2-x^2}+\frac{a^2}{2}\arcsin\frac{x}{a}(a>0)$ 的导数.

解　$y'=\left(\frac{x}{2}\sqrt{a^2-x^2}\right)'+\left(\frac{a^2}{2}\arcsin\frac{x}{a}\right)'$

$$\begin{aligned}&=\left(\frac{x}{2}\right)'\cdot\sqrt{a^2-x^2}+\frac{x}{2}(\sqrt{a^2-x^2})'+\frac{a^2}{2}\left(\arcsin\frac{x}{a}\right)'\\&=\frac{1}{2}\sqrt{a^2-x^2}+\frac{x}{2}\cdot\frac{1}{2}\frac{(a^2-x^2)'}{\sqrt{a^2-x^2}}+\frac{a^2}{2}\frac{\left(\frac{x}{a}\right)'}{\sqrt{1-\left(\frac{x}{a}\right)^2}}\\&=\frac{1}{2}\sqrt{a^2-x^2}-\frac{1}{2}\frac{x^2}{\sqrt{a^2-x^2}}+\frac{a^2}{2\sqrt{a^2-x^2}}\\&=\sqrt{a^2-x^2}.\end{aligned}$$

例 16　求函数 $y=\sqrt{x+\sqrt{x+\sqrt{x}}}$ 的导数.

解　$y'=\dfrac{1}{2\sqrt{x+\sqrt{x+\sqrt{x}}}}\left(x+\sqrt{x+\sqrt{x}}\right)'$

$$=\frac{1}{2\sqrt{x+\sqrt{x+\sqrt{x}}}}\left(1+\frac{1}{2\sqrt{x+\sqrt{x}}}(x+\sqrt{x})'\right)$$

$$=\frac{1}{2\sqrt{x+\sqrt{x+\sqrt{x}}}}\left(1+\frac{1}{2\sqrt{x+\sqrt{x}}}\left(1+\frac{1}{2\sqrt{x}}\right)\right).$$

例 17　求函数 $y=x^{a^a}+a^{x^a}+a^{a^x}(a>0)$ 的导数.

解　$y'=a^a x^{a^a-1}+a^{x^a}\ln a\cdot(x^a)'+a^{a^x}\cdot\ln a\cdot(a^x)'$

$$=a^a x^{a^a-1}+ax^{a-1}a^{x^a}\ln a+a^x a^{a^x}\cdot\ln^2 a.$$

例 18　设 $f(x)=\begin{cases}x & x<0\\ \ln(1+x) & x\geqslant 0\end{cases}$,求 $f'(x)$.

解　求分段函数的导数时,在每一段内的导数可按一般求导法则进行计算,但在分段点处的导数要用定义分别计算左右导数进行处理.

当 $x<0$ 时,$f'(x)=1$;

当 $x>0$ 时,$f'(x)=[\ln(1+x)]'=\dfrac{1}{1+x}\cdot(1+x)'=\dfrac{1}{1+x}$;

当 $x=0$ 时,$f'_-(0)=\lim\limits_{h\to 0^-}\dfrac{0+h-\ln(1+0)}{h}=1$,

$$f'_+(0)=\lim_{h\to 0^+}\frac{\ln[1+(0+h)]-\ln(1+0)}{h}=1,$$

即 $f'(0)=1$.

所以　$f'(x)=\begin{cases}1 & x\leqslant 0\\ \dfrac{1}{1+x} & x>0\end{cases}$.

例 19　求函数 $f(x)=\begin{cases}2x & 0<x\leqslant 1\\ x^2+2 & x<x<2\end{cases}$ 的导数.

解　当 $0<x<1$ 时,$f'(x)=(2x)'=2$,

当 $1<x<2$ 时,$f'(x)=(x^2+1)'=2x$,

当 $x=1$ 时,

$$f'_-(1)=\lim_{x\to 1^-}\frac{f(x)-f(1)}{x-1}=\lim_{x\to 1^-}\frac{2x-2}{x-1}=2,$$

$$f'_+(1)=\lim_{x\to 1^+}\frac{f(x)-f(1)}{x-1}=\lim_{x\to 1^+}\frac{x^2+2-2}{x-1}=\lim_{x\to 1^+}\frac{x^2}{x-1}=+\infty,$$

由于 $f'_+(1)$ 不存在,所以 $f'(1)$ 不存在. 因此

$$f'(x)=\begin{cases}2 & 0<x<1\\ 2x & 1<x<2\end{cases}.$$

例20 已知$f(u)$可导,求函数$y=f(\sec x)$的导数.

解 $y'=[f(\sec x)]'=f'(\sec x)\cdot(\sec x)'=f'(\sec x)\cdot\sec x\cdot\tan x$

注意 求此类含抽象函数的导数时,应特别注意记号表示的真实含义,此例中,$f'(\sec x)$表示对$\sec x$求导,而$[f(\sec x)]'$表示对x求导.

3.2.4 基本导数公式

为了解决初等函数的求导问题,前面已经求出了全部基本初等函数的导数,还推出了函数的和、差、积、商的求导法则以及复合函数的求导法则. 利用这些导数公式以及求导法则,可以比较方便地求初等函数的导数. 这里将这些导数公式和求导法则归纳如下.

1)基本初等函数的导数公式

(1) $(C)'=0$, (2) $(x^{\mu})'=\mu x^{\mu-1}$,

(3) $(\sin x)'=\cos x$, (4) $(\cos x)'=-\sin x$,

(5) $(\tan x)'=\sec^2 x$, (6) $(\cot x)'=-\csc^2 x$,

(7) $(\sec x)'=\sec x\tan x$, (8) $(\csc x)'=-\csc x\cot x$,

(9) $(a^x)'=a^x\ln a$, (10) $(\mathrm{e}^x)'=\mathrm{e}^x$,

(11) $(\log_a|x|)'=\dfrac{1}{x\ln a}=\dfrac{1}{x}\log_a \mathrm{e}$, (12) $(\ln|x|)'=\dfrac{1}{x}$,

(13) $(\arcsin x)'=\dfrac{1}{\sqrt{1-x^2}}$, (14) $(\arccos x)'=-\dfrac{1}{\sqrt{1-x^2}}$,

(15) $(\arctan x)'=\dfrac{1}{1+x^2}$, (16) $(\operatorname{arccot} x)'=-\dfrac{1}{1+x^2}$.

2)函数和、差、积、商的求导法则

设$u=u(x)$,$v=v(x)$都可导,则

(1) $(u\pm v)'=u'\pm v'$, (2) $(Cu)'=Cu'$(C是常数),

(3) $(uv)'=u'v+uv'$, (4) $\left(\dfrac{u}{v}\right)'=\dfrac{u'v-uv'}{v^2}$ $(v\neq 0)$.

3)复合函数的求导法则

设$y=f(u)$,而$u=\varphi(x)$且$f(u)$及$\varphi(x)$都可导,则复合函数$y=f(\varphi(x))$的导数为

$$\frac{\mathrm{d}y}{\mathrm{d}x}=\frac{\mathrm{d}y}{\mathrm{d}u}\cdot\frac{\mathrm{d}u}{\mathrm{d}x}\text{ 或 }y'(x)=f'(u)\cdot\varphi'(x).$$

3.2.5 隐函数的导数

隐函数的导数

函数 $y=f(x)$ 表示两个变量 y 与 x 之间的对应关系,这种对应关系可以用各种不同方式表达. 前面我们遇到的函数,例如 $y=\sin x, y=\ln x+\sqrt{1+x^2}$ 等,这种函数表达方式的特点是:等号左端是因变量的符号,而右端是含有自变量的式子,当自变量取定义域内任一值时,由该式子能确定对应的函数值. 用这种方式表达的函数叫作显函数. 有些函数的表达方式却不是这样,例如,方程

$$2x+y^3-1=0$$

表示一个函数,因为当变量 x 在 $(-\infty,+\infty)$ 内取值时,变量 y 有确定的值与之对应. 例如,当 $x=0$ 时, $y=1$;当 $x=-1$ 时, $y=\sqrt[3]{3}$,等等. 这样的函数称为隐函数.

一般地,如果在方程 $F(x,y)=0$ 中,当 x 取某区间内的任一值时,相应地总有满足该方程的唯一的 y 值存在,那么就说方程 $F(x,y)=0$ 在该区间内确定了一个隐函数.

把一个隐函数化成显函数,叫作隐函数的显化. 例如从方程 $2x+y^3-1=0$ 中解出 $y=\sqrt[3]{1-2x}$,就把隐函数化成了显函数. 隐函数的显化有时是困难的,甚至是不可能的. 但在实际问题中,有时需要直接由方程计算出它所确定的隐函数的导数.

事实上,如果方程 $F(x,y)=0$ 确定了一个隐函数 $y=y(x)$,则

$$F(x,y(x))\equiv 0$$

在上式两边对 x 求导,利用复合函数的求导法则,可以得到一个关于 $y'(x)$ 的方程,从这个方程中解出 $y'(x)$ 即可.

下面通过具体例子来说明这种方法.

例 21　求由下列方程所确定的函数 $y=y(x)$ 的导数.

$$y\sin x-\cos(x-y)=0.$$

解　在方程两边同时对自变量 x 求导,得

$$y\cos x+\sin x\cdot\frac{\mathrm{d}y}{\mathrm{d}x}+\sin(x-y)\cdot\left(1-\frac{\mathrm{d}y}{\mathrm{d}x}\right)=0,$$

整理得

$$[\sin(x-y)-\sin x]\frac{\mathrm{d}y}{\mathrm{d}x}=\sin(x-y)+y\cos x,$$

解得

$$\frac{\mathrm{d}y}{\mathrm{d}x}=\frac{\sin(x-y)+y\cos x}{\sin(x-y)-\sin x}.$$

例 22　求由方程 $xy-\mathrm{e}^x+\mathrm{e}^y=0$ 所确定的隐函数 y 的导数 $\frac{\mathrm{d}y}{\mathrm{d}x},\left.\frac{\mathrm{d}y}{\mathrm{d}x}\right|_{x=0}$.

解　方程两边对 x 求导,得

$$y+x\frac{\mathrm{d}y}{\mathrm{d}x}-\mathrm{e}^x+\mathrm{e}^y\frac{\mathrm{d}y}{\mathrm{d}x}=0,$$

解得

$$\frac{\mathrm{d}y}{\mathrm{d}x}=\frac{\mathrm{e}^x-y}{x+\mathrm{e}^y}.$$

由原方程知 $x=0$ 时，$y=0$，所以

$$\left.\frac{\mathrm{d}y}{\mathrm{d}x}\right|_{x=0}=\left.\frac{\mathrm{e}^x-y}{x+\mathrm{e}^y}\right|_{\substack{x=0\\y=0}}=1.$$

例 23　求由方程 $xy+\ln y=1$ 所确定的函数 $y=f(x)$ 在点 $M(1,1)$ 处的切线方程.

解　在方程两边同时对自变量 x 求导，得

$$y+xy'+\frac{1}{y}y'=0,$$

解得

$$y'=-\frac{y^2}{xy+1}$$

在点 $M(1,1)$ 处，$y'\Big|_{\substack{x=1\\y=1}}=-\frac{1^2}{1\times1+1}=-\frac{1}{2}$

于是，在点 $M(1,1)$ 处的切线方程为

$$y-1=-\frac{1}{2}(x-1),\text{即 } x+2y-3=0.$$

形如 $y=u(x)^{v(x)}$ 的函数称为幂指函数. 直接使用前面介绍的求导法则不能求出幂指函数的导数，对于这类函数，可以先在函数两边取对数，将显函数转换成隐函数，然后利用隐函数的求导法则求出所求导数，我们把这种方法称为对数求导法. 对数求导法，不仅适用于幂指函数，还适用于函数的表达式是多个因子的乘积(或乘法与除法的混合运算)等复杂的函数表达式的情形. 下面举例来说明这种方法.

对数求导法

例 24　设 $y=x^{\sin x}(x>0)$，求 y'.

解　等式两边取对数得

$$\ln y=\sin x\cdot\ln x,$$

两边对 x 求导得

$$\frac{1}{y}y'=\cos x\cdot\ln x+\sin x\cdot\frac{1}{x},$$

所以

$$y'=y\left(\cos x\cdot\ln x+\sin x\cdot\frac{1}{x}\right)=x^{\sin x}\left(\cos x\cdot\ln x+\frac{\sin x}{x}\right).$$

例 25 设$(\cos y)^x=(\sin x)^y$,求y'.

解 在等式两边取对数,得

$$x\ln\cos y=y\ln\sin x$$

等式两边对x求导,得

$$\ln\cos y-x\frac{\sin y}{\cos y}\cdot y'=y'\ln\sin x+y\cdot\frac{\cos x}{\sin x},$$

解得

$$y'=\frac{\ln\cos y-y\cot x}{x\tan y+\ln\sin x}.$$

例 26 设$y=\dfrac{(x+1)\sqrt[3]{x-1}}{(x+4)^2\mathrm{e}^x}$,求$y'$.

解 等式两边取对数,得

$$\ln y=\ln|x+1|+\frac{1}{3}\ln|x-1|-2\ln|x+4|-x,$$

上式两边对x求导,得 $\dfrac{y'}{y}=\dfrac{1}{x+1}+\dfrac{1}{3(x-1)}-\dfrac{2}{x+4}-1$,

所以 $$y'=\frac{(x+1)\sqrt[3]{x-1}}{(x+4)^2\mathrm{e}^x}\left[\frac{1}{x+1}+\frac{1}{3(x-1)}-\frac{2}{x+4}-1\right].$$

习题 3.2

1. 求下列函数的导数:

(1)$y=4x^3-2x^2+5$

(2)$y=2^x\ln x$

(3)$y=2x^3\sin x$

(4)$y=3\tan x-4$

(5)$y=(3+2x)(2-3x)$

(6)$y=\dfrac{\ln x}{x}+\dfrac{1}{\ln x}$

(7)$y=\dfrac{\mathrm{e}^x}{x^2}+\dfrac{2}{x}$

(8)$y=\dfrac{1+\cos t}{1-\sin t}$

(9)$y=\dfrac{4}{x^5}+\dfrac{7}{x^4}-\dfrac{2}{x}+12$

(10)$y=5x^3-2^x+3\mathrm{e}^x$

(11)$y=2\tan x+\sec x-1$

(12)$y=x^2\ln x$

(13)$y=\mathrm{e}^x\cos x$

(14)$y=\ln x-2\lg x+3\log_2x$

(15)$y=\dfrac{1}{1+x+x^2}$

(16)$y=\dfrac{5x^2-3x+4}{x^2-1}$

(17)$y=\dfrac{2\csc x}{x^2}$

(18)$y=\dfrac{2\ln x+x^3}{3\ln x+x^2}$

2. 求下列函数在给定点处的导数:

(1)$y=\sin x-\cos x$,求$y'\big|_{x=\frac{\pi}{6}}$和$y'\big|_{x=\frac{\pi}{4}}$;

(2)$\rho=\varphi\sin\varphi+\frac{1}{2}\cos\varphi$,求$\left.\frac{\mathrm{d}\rho}{\mathrm{d}\varphi}\right|_{\varphi=\frac{\pi}{4}}$;

(3)$f(x)=\frac{3}{5-x}+\frac{x^2}{5}$,求$f'(0)$和$f'(2)$.

3. 求曲线 $y=\sin x+x^2$ 在横坐标为 $x=0$ 点处的切线方程和法线方程.

4. 求曲线 $y=x-\frac{1}{x}$与 x 轴交点处的切线方程.

5. 以初速度 v_0 竖直上抛的物体,其上升高度 s 与时间 t 的关系是 $s=v_0t-\frac{1}{2}gt^2$,求:

(1)该物体的速度 $v(t)$;

(2)该物体达到最高点的时刻.

6. 设 $N(x)$ 为一个年度卖出的计算机的台数,当时的价格是每台 x 美元. 如果 $N(1\ 000)=500\ 000$ 且 $N'(1\ 000)=-100$,说明会出现什么情况.

7. 已知收益 $R(x)=5x$,成本 $C(x)=0.001x^2+1.2x+60$. 求:

(1)利润 $L(x)$;

(2)$R(100)$,$C(100)$和 $L(100)$;

(3)$R'(x)$,$C'(x)$和 $L'(x)$;

(4)$R'(100)$,$C'(100)$和 $L'(100)$;

(5)描述(2)和(4)中每个结果的含义.

8. 某公司预计,在花费 a 美元做广告以后,公司将卖出 N 件产品,其中 $N(a)=-a^2+300a+6$,且 a 以千美元计.

(1)卖出的件数关于花在广告上的总费用的变化率是多少?

(2)在花出 10 000 美元广告费以后将卖出多少件产品?

(3)在 $a=10$ 处的变化率是多少?

(4)说明你对(1)和(3)所做解答的意义.

9. 某公司确定,在推销一种产品 t 个月后,每月的销售额(千美元)可表示成 $S(t)=2t^3-40t^2+220t+160$.

(1)分别求 1 个月、4 个月、6 个月、9 个月、20 个月后的每月销售额;

(2)求变化率 $S'(t)$;

(3)分别求在 $t=1$,$t=4$,$t=6$,$t=9$,$t=20$ 处的变化率;

(4)解释该公司的主管为什么不必为 6 月份的销售额下降而发愁.

10. 某件产品的供给函数可表示为

$$S(p)=0.08p^3+2p^2+10p+11,$$

其中 S 是以价格 p(美元)卖出的产品数.

(1)求供给关于价格的变化率$\frac{\mathrm{d}S}{\mathrm{d}p}$;

(2)当单价为 3 美元时,销售商能卖出多少件产品?

(3)在 $p=3$ 处的变化率是多少?

(4)你能预测,对于 p 的值,$\frac{dS}{dp}$是正还是负吗?为什么?

11. 假定生产 x 台收音机的每日成本(单位:美元)是

$$C(x)=0.002x^3+0.1x^2+42x+300,$$

且平常每日生产40台收音机.

(1)平常每日成本是多少?

(2)当 $x=40$ 时,边际成本是多少?

(3)计算每日增加产量至42台的每日成本.

12. 对于剂量为 x cm^3 的一种药物,所引起的血压 B 可近似地表示成

$$B(x)=0.05x^2-0.3x^3.$$

(1)求血压关于剂量的变化率,即药物的敏感度.

*(2)说明敏感度的意义.

13. 一个病人在患病期间的体温 T 可表示成

$$T=\frac{4t}{t^2+1}+98.6,$$

其中,T 是在时间 t 时的(华氏)温度.

(1)求温度关于时间的变化率;

(2)求在 $t=2$ h 的温度;

(3)求在 $t=2$ h 的变化率.

14. 求下列函数的导数:

(1)$y=\sqrt{3-2x^2}$

(2)$y=e^{2x^3}$

(3)$y=\arcsin\sqrt{x}$

(4)$y=\ln(x+\sqrt{a^2+x^2})$

(5)$y=\ln\cos e^{-x^2}$

(6)$y=\arctan\frac{1}{x}$

(7)$y=\arcsin(1-2x)$

(8)$y=e^{-\frac{x}{2}}\cos 3x$

(9)$y=\arccos\frac{1}{x}$

(10)$y=\frac{1-\ln x}{1+\ln x}$

(11)$y=\ln(\sec x+\tan x)$

(12)$y=\ln(\csc x-\cot x)$

15. 求下列函数的导数:

(1)$y=\left(\arcsin\frac{x}{2}\right)^2$

(2)$y=\ln\tan\frac{x}{2}$

(3)$y=\sqrt{1+\ln^2 x}$

(4)$y=e^{\arctan\sqrt{x}}$

(5)$y=\sin^n x\cos nx$

(6)$y=\arctan\frac{x+1}{x-1}$

(7)$y=\frac{\arcsin x}{\arccos x}$

(8)$y=\ln[\ln(\ln x)]$

(9)$y=\frac{\sqrt{1+x}-\sqrt{1-x}}{\sqrt{1+x}+\sqrt{1-x}}$

(10)$y=\arcsin\sqrt{\frac{1-x}{1+x}}$

16. 设f可导，求下列函数的导数$\frac{dy}{dx}$：

(1) $y=f(e^x+x^e)$　　(2) $y=\cos 2x-f(\sin^2 x)$

(3) $y=[f(x^2+a)]^n$　　(4) $y=f[f(x+\ln x)]$

(5) $y=e^{f\left(\frac{1}{x}+\arctan x\right)}$　　(6) $y=f(\sin^2 x)+f(\cos^2 x)$

17. 设$f(x)=\begin{cases}\ln(1+x) & x>0\\ 0 & x=0\\ \dfrac{\sin^2 x}{x} & x<0\end{cases}$，求$f'(x)$.

18. 设函数$f(t)$可导，且$y=f(a+t)-f(a-t)$，求$\left.\frac{dy}{dt}\right|_{t=0}$.

19. 设$f(t)=\lim\limits_{x\to\infty} t\left(\frac{x+t}{x-t}\right)^x$，求$f'(t)$.

20. 求由下列方程确定的隐函数的导数y'：

(1) $xy=e^{x+y}$　　(2) $x^2+xy=\arctan(xy)$

(3) $y-xe^y=1$　　(4) $x^3+y^3-a=0$（a是常数）

21. 用对数求导法求下列函数的导数：

(1) $y=x\cdot\sqrt{\frac{(1-x)^3}{(1+x^2)(2-3x)}}$　　(2) $y=\left(\frac{x}{1+x}\right)^x$

(3) $y=x^{\ln x}$　　(4) $y=\sqrt[5]{\frac{x-5}{\sqrt[5]{x^2+2}}}$

(5) $y=\frac{\sqrt{x+2}(3-x)^4}{(x+1)^5}$　　(6) $y=\sqrt{x\sqrt{1-e^x}\sin x}$

22. 某公司确定，其关于生产x件产品的总成本函数是

$$C(x)=\sqrt{5x^2+60},$$

并且计划在未来数月根据函数

$$x(t)=20t+40$$

增加产量，其中t是从现在算起的月数.

(1) 求边际成本$\frac{dC}{dx}$；

(2) 求$\frac{dC}{dt}$；

(3) 解释$\frac{dC}{dt}$的含义；

(4) 当$t=4$时，成本将以多快的速率上升？

23. 效用是出现在经济学中的一类函数. 当某用户得到x件产品时，就会获得一定量的满足或效用U. 假定对一个新的视频游戏，其效用与所得到的微型磁带的盘数x有关，且可表示为

$$U(x)=80\sqrt{\frac{2x+1}{3x+4}}.$$

(1)求边际效用;

(2)说明边际效用的意义.

24. 假定某个产品的需求函数可以表示成

$$D(p)=\frac{80\ 000}{p},$$

而价格 p 是时间的函数且可表示成 $p=1.6t+9$,其中 t 以天数计.

(1)求作为时间 t 的函数的需求;

(2)求作为时间 t 的函数的边际需求;

(3)求 $t=100$ d 时的需求量的变化率.

25. 卡铂抗癌化学药品的剂量与该药品的几个参数有关,也与患者的年龄、体重和性别有关. 对于女性患者,下面给出关于某个药品的量的函数式:

$$D=0.85A(c+25) \quad 和 \quad c=(140-y)\frac{w}{72x},$$

其中 A 和 x 与使用哪种药品有关,D 是剂量,以毫克(mg)计,c 称为内生肌酐清除率. y 是患者的年龄(岁),w 是患者的体重(kg).

(1)设患者为 45 岁的女性,且该药品有参数 $A=5$ 和 $x=0.6$. 利用这一信息求 D 和 c 的函数式,使得 D 为 c 的函数而 c 为 w 的函数;

(2)用(1)中的函数式计算$\frac{\mathrm{d}D}{\mathrm{d}c}$;

(3)用(1)中的函数式计算$\frac{\mathrm{d}c}{\mathrm{d}w}$;

(4)计算$\frac{\mathrm{d}D}{\mathrm{d}w}$;

*(5)说明导数$\frac{\mathrm{d}D}{\mathrm{d}w}$的意义.

3.3 高阶导数

3.3.1 高阶导数的概念

高阶导数

在变速直线运动中,路程 $s=s(t)$ 关于时间 t 的导数$\frac{\mathrm{d}s}{\mathrm{d}t}$是物体的瞬时速度,即 $v=\frac{\mathrm{d}s}{\mathrm{d}t}$. 速度 v 仍为时间 t 的函数,其关于时间 t 的导数是物体的加速度,即 $a=\frac{\mathrm{d}v}{\mathrm{d}t}$. 于是,加速度 a 是路程 s 关于时间 t 的导数,称为路程 s 关于时间 t 的二阶导数.

一般地,如果函数 $y=f(x)$ 的导函数 $f'(x)$ 在点 x 处可导,则称导函数 $f'(x)$ 在点 x 处的导数为函数 $y=f(x)$ 的二阶导数,记为

$$y''\text{或}f''(x)\text{或}\frac{\mathrm{d}^2y}{\mathrm{d}x^2}\text{或}\frac{\mathrm{d}^2f(x)}{\mathrm{d}x^2}.$$

类似地定义 $y=f(x)$ 的三阶导数为二阶导数的导数,记为

$$y'''\text{或}f'''(x)\text{或}\frac{\mathrm{d}^3y}{\mathrm{d}x^3}\text{或}\frac{\mathrm{d}^3f(x)}{\mathrm{d}x^3}.$$

一般地,如果函数 $y=f(x)$ 的 $n-1$ 阶导函数存在且可导,则称 y 的 $n-1$ 阶导数的导数为函数 $y=f(x)$ 的 n 阶导数,记为

$$y^{(n)}\text{或}f^{(n)}(x)\text{或}\frac{\mathrm{d}^ny}{\mathrm{d}x^n}\text{或}\frac{\mathrm{d}^nf(x)}{\mathrm{d}x^n}.$$

n 阶导数在 x_0 处的值记为

$$y^{(n)}\mid x=x_0\text{或}f^{(n)}(x_0)\text{或}\left.\frac{\mathrm{d}^ny}{\mathrm{d}x^n}\right|_{x=x_0}.$$

二阶和二阶以上的导数统称为高阶导数. 如果函数 $y=f(x)$ 的 n 阶导数存在,则称 $f(x)$ 为 n 阶可导.

例 1 设 $y=ax+b$,求 y''.

解 $y'=$,$y''=0$.

例 2 求指数函数 $y=\mathrm{e}^x$ 的 n 阶导数.

解 $y'=\mathrm{e}^x,y''=\mathrm{e}^x,\cdots,y^{(n)}=\mathrm{e}^x$.

例 3 设 $y=\arctan x$,求 $f'''(0)$.

解 $y'=\dfrac{1}{1+x^2},y''=\left(\dfrac{1}{1+x^2}\right)'=\dfrac{-2x}{(1+x^2)^2}$,

$$y'''=\left(\frac{-2x}{(1+x^2)^2}\right)'=\frac{2(3x^2-1)}{(1+x^2)^3},f'''(0)=\left.\frac{2(3x^2-1)}{(1+x^2)^3}\right|_{x=0}=-2.$$

例 4 证明:函数 $y=\sqrt{2x-x^2}$ 满足关系式 $y^3y''+1=0$.

证 对 $y=\sqrt{2x-x^2}$ 求导,得

$$y'=\frac{1}{2\sqrt{2x-x^2}}\cdot(2x-x^2)'=\frac{1-x}{2\sqrt{2x-x^2}}$$

$$y''=\frac{(1-x)'\cdot\sqrt{2x-x^2}-(1-x)\cdot(\sqrt{2x-x^2})'}{2x-x^2}=\frac{-\sqrt{2x-x^2}-(1-x)\dfrac{2-2x}{2\sqrt{2x-x^2}}}{2x-x^2}$$

$$=\frac{-2x+x^2-(1-x)^2}{(2x-x^2)\sqrt{2x-x^2}}=-\frac{1}{(2x-x^2)^{3/2}}=-\frac{1}{y^3}.$$

代入原方程,得 $y^3y''+1=0$.

例 5 $y=x^{\alpha}(\alpha\in\mathbf{R})$,求 $y^{(n)}$.

解 $y'=\alpha x^{\alpha-1}, y''=(\alpha x^{\alpha-1})'=\alpha(\alpha-1)x^{\alpha-2}$,

$y'''=(\alpha(\alpha-1)x^{\alpha-2})'=\alpha(\alpha-1)(\alpha-2)x^{\alpha-3}$,

…

$y^{(n)}=\alpha(\alpha-1)\cdots(\alpha-n+1)x^{\alpha-n}(n\geqslant 1)$,

若 α 为自然数 n,则 $y^{(n)}=(x^n)^{(n)}=n!, y^{(n+1)}=(n!)'=0$.

例 6 设 $y=\ln(1+x)$,求 $y^{(n)}$.

解 $y'=\dfrac{1}{1+x}, y''=-\dfrac{1}{(1+x)^2}, y'''=\dfrac{2!}{(1+x)^3}, y^{(4)}=-\dfrac{3!}{(1+x)^4},\cdots$

$$y^{(n)}=(-1)^{n-1}\frac{(n-1)!}{(1+x)^n}\quad(n\geqslant 1, 0!=1).$$

例 7 设 $y=\sin kx$,求 $y^{(n)}$.

解 $y'=k\cos kx=k\sin\left(kx+\dfrac{\pi}{2}\right)$,

$y''=(y')'=k^2\cos\left(kx+\dfrac{\pi}{2}\right)=k^2\sin\left(kx+\dfrac{\pi}{2}+\dfrac{\pi}{2}\right)=k^2\sin\left(kx+2\cdot\dfrac{\pi}{2}\right)$,

$y'''=(y'')'=k^3\cos\left(kx+2\cdot\dfrac{\pi}{2}\right)$,

…

$y^{(n)}=k^n\sin\left(kx+n\cdot\dfrac{\pi}{2}\right)$,即 $(\sin kx)^{(n)}=k^n\sin\left(kx+n\cdot\dfrac{\pi}{2}\right)$.

同理可得 $(\cos kx)^{(n)}=k^n\cos\left(kx+n\cdot\dfrac{\pi}{2}\right)$.

例 8 设 $y=e^{ax}\sin bx$(a,b 为常数),求 $y^{(n)}$.

解 $y'=(e^{ax})'\sin bx+e^{ax}(\sin bx)'=ae^{ax}\sin bx+be^{ax}\cos bx$

$=e^{ax}(a\sin bx+b\cos bx)$

$=e^{ax}\cdot\sqrt{a^2+b^2}\sin(bx+\varphi)\ (\varphi=\arctan\dfrac{b}{a})$,

$y''=\sqrt{a^2+b^2}\cdot[ae^{ax}\sin(bx+\varphi)+be^{ax}\cos(bx+\varphi)]$

$=\sqrt{a^2+b^2}\cdot e^{ax}\cdot\sqrt{a^2+b^2}\sin(bx+2\varphi)$

…

$y^{(n)}=(a^2+b^2)^{\frac{n}{2}}\cdot e^{ax}\sin(bx+n\varphi)$. $(\varphi=\arctan\dfrac{b}{a})$

3.3.2 隐函数的二阶导数

如果方程 $F(x,y)=0$ 能够确定一个具有二阶导数的函数 $y=y(x)$,则利用复合函数的求导法则,在方程 $F(x,y)=0$ 两边对 x 求导,可得到关于 x、y 及 y' 的方程

$$G(x,y,y')=0, \tag{3.7}$$

根据式(3.7)可以解出 y 对 x 的一阶导数 $y'(x)$. 再在式(3.7)两边对 x 求导,或得到关于 x、y、y'及 y''的方程

$$G(x,y,y',y'')=0, \tag{3.8}$$

从式(3.8)中解出 y'',并将从式(3.7)中解出的一阶导数 $y'(x)$代入即可.

例 9　设 $x^4-xy+y^4=1$,求 y''在点(0,1)处的值.

解　方程两边对 x 求导得

$$4x^3-y-xy'+4y^3y'=0, \tag{3.9}$$

代入 $x=0,y=1$ 得 $y'\Big|_{\substack{x=0\\y=1}}=\dfrac{1}{4}$;将式(3.9)两边再对 x 求导得

$$12x^2-2y'-xy''+12y^2(y')^2+4y^3y''=0,$$

代入 $x=0,y=1,y'\Big|_{\substack{x=0\\y=1}}=\dfrac{1}{4}$得

$$y''\Big|_{\substack{x=0\\y=1}}=-\frac{1}{16}.$$

例 10　设 $xy-e^x+e^y=0$,求 y''.

解　方程两边对 x 求导得

$$y+xy'-e^x+e^yy'=0, \tag{3.10}$$

由式(3.10)解得 $y'=\dfrac{e^x-y}{x+e^y}$;将式(3.10)两边再对 x 求导得

$$2y'+xy''-e^x+e^y(y')^2+e^yy''=0, \tag{3.11}$$

由式(3.11)解得

$$y''=\frac{e^x-2y'-e^y(y')^2}{x+e^y}=\frac{e^x-2\cdot\dfrac{e^x-y}{x+e^y}-e^y\left(\dfrac{e^x-y}{x+e^y}\right)^2}{x+e^y}$$

$$=\frac{e^x}{x+e^y}-\frac{2(e^x-y)}{(x+e^y)^2}-\frac{e^y(e^x-y)^2}{(x+e^y)^3}.$$

习题 3.3

1. 求下列函数的二阶导数:

(1) $y=xe^{2x}$　　(2) $y=\ln(1-x^2)$

(3) $y=\arctan x$　　(4) $y=\sin^2(1+2x)$

(5) $y=\ln(x+\sqrt{1+x^2})$　　(6) $y=(1+x^2)\arctan x$

(7) $y=e^{-t}\sin t$　　(8) $y=xe^{x^2}$

2. 已知 $f''(x)$存在且 $f(x)\neq 0$,求$\dfrac{d^2y}{dx^2}$:

(1) $y=f(x^2)$　　(2) $y=\ln[f(x)]$

3. 设 $f(x)$ 的 n 阶导数存在,求 $[f(ax+b)]^{(n)}$,(其中 a,b 是常数).

4. 验证函数 $y=e^x\sin x$ 满足关系式:$y''-2y'+2y=0$.

5. 求下列函数的 n 阶导数的一般表达式:

(1) $y=x^n+A_1x^{n-1}+A_2x^{n-2}+\cdots+a_{n-1}x+A_n$($A_1,A_2,\cdots,A_n$ 都是常数)

(2) $y=\sin^2 x$　　(3) $y=x\ln x$

(4) $y=xe^x$　　(5) $y=3^x$

6. 设 $x^3+y^3+e^{-x}=0$,求 $y''(0)$.

7. 求由下列方程所确定的隐函数 y 的二阶导数 $\dfrac{d^2y}{dx^2}$:

(1) $x^2-y^2=1$　　(2) $b^2x^2+a^2y^2=a^2b^2$

(3) $y=\tan(x+y)$　　(4) $y=1+xe^y$

3.4 微 分

先分析一个具体问题. 一块正方形金属薄片受到温度变化的影响,其边长由 x_0 变到 $x_0+\Delta x$(图 3.8),问此薄片的面积改变了多少?

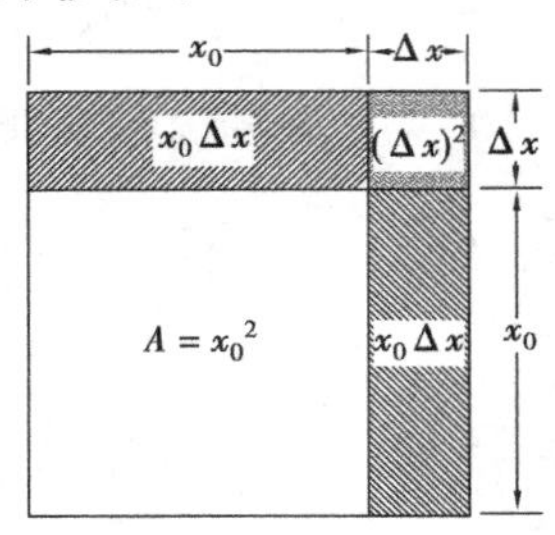

图 3.8

设此薄片的边长为 x,面积为 A,则 A 为 x 的函数:$A=x^2$. 薄片受温度变化的影响时面积的改变量可以看成当自变量 x 自 x_0 取得增量 Δx 时,面积 A 相应的增量 ΔA,即

$$\Delta A=(x_0+\Delta x)^2-x_0^2=2x_0\Delta x+(\Delta x)^2.$$

从上述薄片面积的改变量可以看出,ΔA 分成两部分,第一部分为 $2x_0\Delta x$ 是 Δx 的线性函数,即图中带有斜线的两个矩形面积之和,而第二部分 $(\Delta x)^2$ 即为图中带有交叉斜线的小正方形的面积,当 $\Delta x\to 0$ 时,第二部分 $(\Delta x)^2$ 是比 Δx 高阶的无穷小,即 $(\Delta x)^2=o(\Delta x)$. 由此可见,如果边长改变微小,即当 $|\Delta x|$ 很小时,面积的改变量 ΔA 可以近似地用第一部分来代替.

在理论研究和实际应用中,常常会遇到这样的问题:当自变量 x_0 有微小变化 Δx 时,求函数 $y=f(x)$ 的微小改变量

$$\Delta y=f(x_0+\Delta x)-f(x_0).$$

这个问题初看起来似乎只要做减法运算就可以了,然而,对于较复杂的函数 $f(x)$,差值

$f(x_0+\Delta x)-f(x_0)$却是一个更复杂的表达式,不易求出其值. 一个想法是:我们设法将 Δy 表示成 Δx 的线性函数,即线性化,从而把复杂问题化为简单问题. 微分就是实现这种线性化的一种数学模型.

3.4.1　微分的概念

微分的定义
及微分的运算

课程思政-微分
的概念-函数的微分

1)微分的定义

定义 3.3　设函数 $y=f(x)$在某区间内有定义,x_0 及 $x_0+\Delta x$ 在该区间内,如果函数的增量

$$\Delta y=f(x_0+\Delta x)-f(x_0)$$

可表示为

$$\Delta y=A\Delta x+o(\Delta x),$$

其中 A 是不依赖于 Δx 的常数,而 $o(\Delta x)$是比 Δx 高阶的无穷小,那么称函数 $y=f(x)$在点 x_0 是可微分的,而 $A\Delta x$ 叫作函数 $y=f(x)$在点 x_0 相应于自变量增量 Δx 的微分,记作 $\mathrm{d}y$,即

$$\mathrm{d}y=A\Delta x.$$

函数 $y=f(x)$满足什么条件能将函数的增量 Δy 表示成自变量增量 Δx 的线性函数? 如何表示出来?

假如 $y=f(x)$在 x_0 的某个邻域内是可导的,则有

$$\lim_{\Delta x\to 0}\frac{\Delta y}{\Delta x}=\lim_{\Delta x\to 0}\frac{f(x_0+\Delta x)-f(x_0)}{\Delta x}=f'(x_0),$$

根据函数极限与无穷小量的关系,可得

$$\frac{\Delta y}{\Delta x}=f'(x_0)+\alpha,$$

其中 α 是当 $\Delta x\to 0$ 时的无穷小量. 于是有

$$\Delta y=f'(x_0)\cdot\Delta x+\alpha\cdot\Delta x,$$

在上式中,$f'(x_0)\cdot\Delta x$ 是 Δx 的线性函数,$\alpha\cdot\Delta x$ 当 $\Delta x\to 0$ 时是 Δx 的高阶无穷小量. 由微分的定义可知,$\mathrm{d}y=f'(x_0)\Delta x$.

反之,若函数 $f(x)$在点 x_0 处可微分,则由微分的定义可知,

$$\Delta y=A\Delta x+o(\Delta x)$$

等式两端同时除以 Δx,并取极限有

$$\lim_{\Delta x\to 0}\frac{\Delta y}{\Delta x}=A$$

由此可见,$f(x)$在点 x_0 处可导,且导数等于 A,即 $f'(x_0)=A$.

于是,我们有

定理 3.6 函数$f(x)$在点x_0处可微分的充分必要条件是函数$f(x)$在x_0点处可导,且

$$dy=f'(x_0)\Delta x.$$

例 1 求函数$y=x^2$当x由1改变到1.01的微分.

解 因为$dy=(x^2)'\Delta x=2x\Delta x$,由题设条件知$x=1$,$\Delta x=1.01-1=0.01$,所以 $dy=2\times1\times0.01=0.02$.

例 2 求函数$y=x^3$在$x=2$处的微分.

解 函数$y=x^3$在$x=2$处的微分为 $dy=(x^3)'|_{x=2}\Delta x=12\Delta x$.

函数$y=f(x)$在任意点x的微分,称为函数的微分,记作dy或$df(x)$,即

$$dy=f'(x)\Delta x$$

例如,函数$y=\cos x$的微分为$dy=(\cos x)'\Delta x=-\sin x\cdot\Delta x$;函数$y=e^x$ $dy=(e^x)'\Delta x=e^x\Delta x$.

由于$(x)'=1$,所以自变量x的微分,$dx=(x)'\Delta x=\Delta x$. 于是函数$y=f(x)$的微分又可记作

$$dy=f'(x)dx.$$

从而有

$$\frac{dy}{dx}=f'(x).$$

这就是说,函数的微分dy与自变量的微分dx之商等于该函数的导数. 因此,导数也叫作"微商".

2)微分的几何意义

在直角坐标系中,函数$y=f(x)$的图形是一条曲线. 对于某一固定的x_0,曲线上有一个确定的点$M(x_0,y_0)$,当自变量x有微小增量Δx时,就得到曲线上另一点$N(x_0+\Delta x,y_0+\Delta y)$. 过点$M$作曲线的切线$MT$. 由图3.9可知,当$\Delta y$是曲线的纵坐标增量时,$dy$就是切线纵坐标增量. 当$|\Delta x|$很小时,在点$M$的附近,切线段$MP$可近似代替曲线段$MN$.

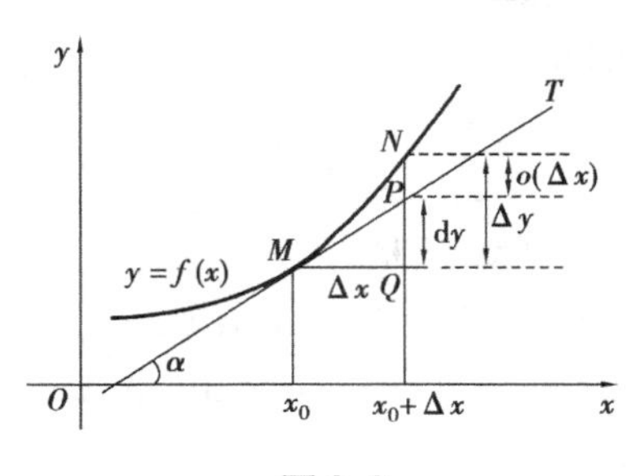

图 3.9

3.4.2　微分的基本性质

1）基本微分公式

从函数微分的表达式

$$dy=f'(x)dx$$

可以看出，要计算函数的微分，只要计算函数的导数，再乘以自变量的微分即可. 因此，可得到如下基本微分公式：

(1) $dC=0$，　　(2) $d(x^{\mu})=\mu x^{\mu-1}dx$，

(3) $d(\sin x)=\cos x dx$，　　(4) $d(\cos x)=-\sin x dx$，

(5) $d(\tan x)=\sec^2 x dx$，　　(6) $d(\cot x)=-\csc^2 x dx$，

(7) $d(\sec x)=\sec x\tan x dx$，　　(8) $d(\csc x)=-\csc x\cot x dx$，

(9) $d(a^x)=a^x\ln a dx$，　　(10) $d(e^x)=e^x dx$，

(11) $d(\log_a|x|)=\dfrac{1}{x\ln a}=\dfrac{1}{x}\log_a e dx$，　　(12) $d(\ln|x|)=\dfrac{1}{x}dx$，

(13) $d(\arcsin x)=\dfrac{1}{\sqrt{1-x^2}}dx$，　　(14) $d(\arccos x)=-\dfrac{1}{\sqrt{1-x^2}}dx$，

(15) $d(\arctan x)=\dfrac{1}{1+x^2}dx$，　　(16) $d(\operatorname{arccot} x)=-\dfrac{1}{1+x^2}dx$.

2）微分四则运算法则

根据微分的定义，结合函数和、差、积、商的求导法则，可推得相应的微分法则（设 $u=u(x)$，$v=v(x)$ 都可导）：

(1) $d(u\pm v)=du\pm dv$，　　(2) $d(Cu)=Cdu$（C 是常数），

(3) $d(uv)=vdu+udv$　　(4) $d\left(\dfrac{u}{v}\right)=\dfrac{vdu-udv}{v^2}$（$v\neq 0$）.

例 3　求函数 $y=x^3e^{2x}$ 的微分.

解　$dy=d(x^3e^{2x})=e^{2x}d(x^3)+x^3d(e^{2x})=3x^2e^{2x}dx+2x^3e^{2x}dx$

$=x^2e^{2x}(3+2x)dx.$

例 4　求函数 $y=\dfrac{\sin x}{x}$ 的微分.

解　$dy=d\left(\dfrac{\sin x}{x}\right)=\dfrac{xd(\sin x)-\sin x dx}{x^2}=\dfrac{x\cos x-\sin x}{x^2}dx$

3）一阶微分形式不变性

微分形式不变性

定理 3.7　若 $u=g(x)$ 在点 x 处可微分，$y=f(u)$ 在点 $u(u=g(x))$ 处可微分，则复合函数 $y=f(g(x))$ 在点 x 处可微分，且

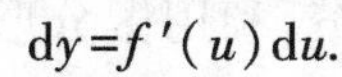

$$dy=f'(u)du.$$

证　由复合函数求导法则知，$y=f(g(x))$ 在点 x 处可导，所以在点 x 处可微分. 且

$$dy=f'(g(x))g'(x)dx=f'(g(x))dg(x)=f'(u)du,$$

即 $dy=f'(u)du$.

由此可见,无论 u 是自变量还是中间变量(另一个变量的可微分函数),一阶微分的形式 $dy=f'(u)du$ 保持不变. 这一性质为称为一阶微分形式不变性. 这一性质表明,当变换自变量时(设 u 为另一变量的任一可微分函数时),一阶微分形式 $dy=f'(u)du$ 并不改变.

例5 设 $y=\sin(2x+1)$,求 dy.

解 设 $y=\sin u, u=2x+1$,则

$$\begin{aligned}dy&=d(\sin u)=\cos u du=\cos(2x+1)d(2x+1)\\&=\cos(2x+1)\cdot 2dx=2\cos(2x+1)dx.\end{aligned}$$

注 与复合函数求导类似,求复合函数的微分也可不写出中间变量,这样更加直接和方便.

例6 设 $y=\ln(1+e^{x^2})$,求 dy.

解 $$\begin{aligned}dy&=d\ln(1+e^{x^2})=\frac{1}{1+e^{x^2}}d(1+e^{x^2})=\frac{1}{1+e^{x^2}}e^{x^2}d(x^2)\\&=\frac{e^{x^2}}{1+e^{x^2}}2xdx=\frac{e^{x^2}}{1+e^{x^2}}2xdx=\frac{2xe^{x^2}}{1+e^{x^2}}dx.\end{aligned}$$

例7 设 $y=e^{\sin^2 x}$,求 dy.

解 应用微分形式不变性有

$$\begin{aligned}dy&=e^{\sin^2x}d(\sin^2x)=e^{\sin^2x}\cdot 2\sin x d(\sin x)\\&=e^{\sin^2x}\cdot 2\sin x\cos x dx=e^{\sin^2x}\sin 2x dx.\end{aligned}$$

例8 已知 $y=\dfrac{e^{2x}}{x^2}$,求 dy.

解 $$dy=\frac{x^2d(e^{2x})-e^{2x}d(x^2)}{(x^2)^2}=\frac{x^2e^{2x}\cdot 2dx-e^{2x}\cdot 2xdx}{x^4}=\frac{2e^{2x}(x-1)}{x^3}dx.$$

例9 在下列等式的括号中填入适当的函数,使等式成立.

(1) $d(\quad)=\cos\omega t dt$; (2) $d(\sin x^2)=(\quad)d(\sqrt{x})$.

解 (1) 因为 $d(\sin\omega t)=\omega\cos\omega t dt$,所以 $\cos\omega t dt=\dfrac{1}{\omega}d(\sin\omega t)=d\left(\dfrac{1}{\omega}\sin\omega t\right)$;一般地,有 $d\left(\dfrac{1}{\omega}\sin\omega t+C\right)=\cos\omega t dt$.

(2) 因为 $\dfrac{d(\sin x^2)}{d(\sqrt{x})}=\dfrac{2x\cos x^2dx}{\frac{1}{2\sqrt{x}}dx}=4x\sqrt{x}\cos x^2$,所以

$$d(\sin x^2)=(4x\sqrt{x}\cos x^2)d(\sqrt{x}).$$

利用一阶微分形式不变性,我们可以很方便地求出由 $F(x,y)=0$ 确定的隐函数 $y=f(x)$ 的导数,其思想是:在方程 $F(x,y)=0$ 两边求微分,利用微分形式不变性(可以理解为:把方

程中的两个变量看作是相互独立的变量)，得到一个关于 $\mathrm{d}x$ 与 $\mathrm{d}y$ 的方程，从该方程中解出 $\frac{\mathrm{d}y}{\mathrm{d}x}$，即得到隐函数的导数.

例 10　求由方程 $\mathrm{e}^{xy}=2x+y^3$ 所确定的隐函数 $y=f(x)$ 的导数 $\frac{\mathrm{d}y}{\mathrm{d}x}$.

解　对方程两边求微分，得

$$\mathrm{d}(\mathrm{e}^{xy})=\mathrm{d}(2x+y^3),$$

$$\mathrm{e}^{xy}\mathrm{d}(xy)=\mathrm{d}(2x)+\mathrm{d}(y^3),$$

$$\mathrm{e}^{xy}(y\mathrm{d}x+x\mathrm{d}y)=2\mathrm{d}x+3y^2\mathrm{d}y,$$

于是　$\frac{\mathrm{d}y}{\mathrm{d}x}=\frac{2-y\mathrm{e}^{xy}}{x\mathrm{e}^{xy}-3y^2}$.

3.4.3　微分在近似计算中的应用

微分在近似计算中的应用

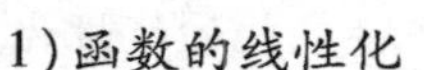

1)函数的线性化

定义 3.4　如果 $f(x)$ 在点 x_0 处可微分，那么近似函数

$$L(x)=f(x_0)+f'(x_0)(x-x_0)$$

就称为 $f(x)$ 在点 x_0 处的线性化. 近似式 $f(x)\approx L(x)$ 称为 $f(x)$ 在点 x_0 处的标准线性近似，点 x_0 称为该近似的中心.

从几何角度来看，$f(x)$ 在点 x_0 处的线性化，其实就是曲线 $y=f(x)$ 在 $(x_0,f(x_0))$ 处的切线. 只要切线在保持同曲线接近的范围内，$L(x)$ 就给出对 $f(x)$ 的充分逼近.

例 11　求 $f(x)=\sqrt{1+x}$ 在 $x=0$ 与 $x=3$ 处的线性化.

解　首先不难求得 $f'(x)=\frac{1}{2\sqrt{1+x}}$，则

$$f(0)=1,\ f(3)=2,\ f'(0)=\frac{1}{2},\ f'(3)=\frac{1}{4},$$

于是，根据上面的线性化定义知，$f(x)$ 在 $x=0$ 处的线性化为

$$L(x)=f(0)+f'(0)(x-0)=\frac{1}{2}x+1,$$

在 $x=3$ 处的线性化为

$$L(x)=f(3)+f'(3)(x-3)=\frac{1}{4}x+\frac{5}{4}.$$

如图 3.10 所示.

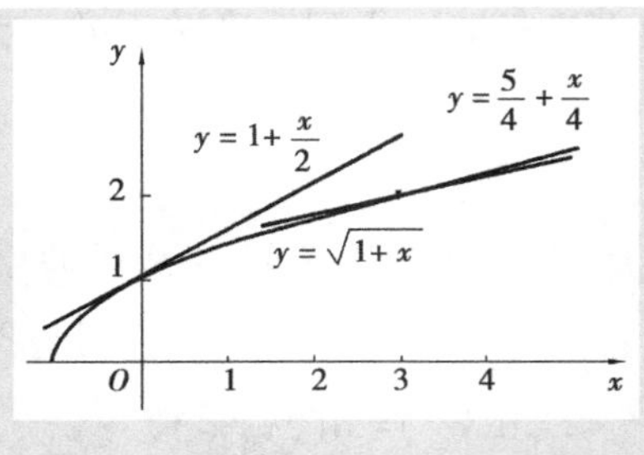

图 3.10

故

$$\sqrt{1+x}\approx 1+\frac{1}{2}x(\text{在 } x=0 \text{ 处}),$$

$$\sqrt{1+x}\approx \frac{1}{4}x+\frac{5}{4}(\text{在 } x=3 \text{ 处}).$$

例 12　求 $f(x)=\ln(1+x)$ 在 $x=0$ 处的线性化.

解　首先求得 $f'(x)=\frac{1}{1+x}$,得 $f'(0)=1$,又 $f(0)=0$,于是 $f(x)$ 在 $x=0$ 处的线性化为

$$L(x)=f(0)+f'(0)(x-0)=x.$$

一些常用函数在 $x=0$ 处的标准线性近似公式:

$\sqrt[n]{1+x}\approx 1+\frac{1}{n}x$;$\sin x\approx x$($x$ 为弧度);$\tan x\approx x$(x 为弧度);$e^x\approx 1+x$;$\ln(1+x)\approx x$.

例 13　半径 10 cm 的金属圆片加热后,半径伸长了 0.05 cm,问面积大约增大了多少?

解　设 $A=\pi r^2$,$r=10(\text{cm})$,$\Delta r=0.05(\text{cm})$.

记面积增加值为 ΔA,则

$$\Delta A\approx dA=2\pi r\cdot\Delta r=2\pi\times10\times0.05=\pi(\text{cm}^2).$$

例 14　计算 $\cos 60°30'$ 的近似值.

解　设 $f(x)=\cos x$,则 $f'(x)=-\sin x$ (x 为弧度),取 $x_0=\frac{\pi}{3}$,$\Delta x=\frac{\pi}{360}$,$f\left(\frac{\pi}{3}\right)=\frac{1}{2}$,$f'\left(\frac{\pi}{3}\right)=-\frac{\sqrt{3}}{2}$. 所以

$$\cos 60°30'=\cos\left(\frac{\pi}{3}+\frac{\pi}{360}\right)=\cos\frac{\pi}{3}-\sin\frac{\pi}{3}\cdot\frac{\pi}{360}=\frac{1}{2}-\frac{\sqrt{3}}{2}\cdot\frac{\pi}{360}\approx 0.4924$$

例 15　计算下列各数的近似值:

(1) $\sqrt[3]{998.5}$;　　(2) $e^{-0.03}$.

解　(1) $\sqrt[3]{998.5}=\sqrt[3]{1000-1.5}=\sqrt[3]{1000\left(1-\frac{1.5}{1000}\right)}=10\sqrt[3]{1-0.0015}$

$$=10\left(1-\frac{1}{3}\times0.0015\right)=9.995.$$

(2) $e^{-0.03}\approx 1-0.03=0.97$.

2)误差估计

在生产实践中,经常要测量各种数据. 但是有的数据不易直接测量,这时我们就通过测量其他有关数据后,根据某种公式算出所要的数据. 例如,要计算圆钢的截面积 A,可先用卡尺测量圆钢截面的直径 D,然后根据公式 $A=\frac{\pi D^2}{4}$算出 A.

由于测量仪器的精度、测量的条件和测量的方法等各种因素的影响,测得的数据往往带有误差,而根据带有误差的数据计算所得的结果也会有误差,我们就把它叫作间接测量误差.

下面就讨论怎样利用微分来估计间接测量误差.

先说明什么叫绝对误差、什么叫相对误差.

如果某个量的精确值为 A,它的近似值为 a,那么 $|a-A|$ 叫作 a 的绝对误差,而绝对误差与 $|a|$ 的比值$\frac{|a-A|}{|a|}$叫作 a 的相对误差.

在实际工作中,某个量的精确值往往是无法知道的,于是绝对误差和相对误差也就无法求得. 但是根据测量仪器的精度等因素,有时能够确定误差在某一个范围内. 如果某个量的精确值是 A,测得它的近似值是 a,又知道它的误差不超过 δ_A,则

$$|a-A|\leqslant\delta_A,$$

那么 δ_A 叫作测量 A 的绝对误差限,而$\frac{\delta_A}{|a|}$叫作测量 A 的相对误差限.

例 16　设测得圆钢截面的直径 $D=60.03$ mm,测量 D 的绝对误差限 $\delta_D=0.05$ mm. 利用公式 $A=\frac{\pi D^2}{4}$计算圆钢的截面积时,试估计面积的误差.

解　我们把测量 D 时所产生的误差当作自变量 D 的增量 ΔD,那么,利用公式 $A=\frac{\pi D^2}{4}$来计算 A 时所产生的误差就是函数 A 的对应增量 ΔA. 当 $|\Delta D|$很小时,可以利用微分 $\mathrm{d}A$ 近似地代替增量 ΔA,即

$$\Delta A\approx\mathrm{d}A=A'\cdot\Delta D=\frac{\pi}{2}D\cdot\Delta D.$$

由于 D 的绝对误差限为 $\delta_D=0.05$ mm,所以

$$|\Delta D|\leqslant\delta_D=0.05,$$

而　$|\Delta A|\approx|\mathrm{d}A|=\frac{\pi}{2}D\cdot|\Delta D|\leqslant\frac{\pi}{2}D\cdot\delta_D$,

因此得出 A 的绝对误差限约为

$$\delta_A=\frac{\pi}{2}D\cdot\delta_D=\frac{\pi}{2}\times60.03\times0.05\approx4.715(\mathrm{mm}^2);$$

A 的相对误差限约为

$$\frac{\delta_A}{A}=\frac{\frac{\pi}{2}D\cdot\delta_D}{\frac{\pi}{4}D^2}=\frac{2\delta_D}{D}=\frac{2\times0.05}{60.03}\approx0.17\%.$$

一般地,根据直接测量的 x 值按公式 $y=f(x)$ 计算 y 值时,如果已知测量 x 的绝对误差限是 δ_x,即

$$|\Delta x|\leqslant\delta_x,$$

那么,当 $y'\neq0$ 时,y 的绝对误差

$$|\Delta y|\approx|\mathrm{d}y|=|y'|\cdot|\Delta x|\leqslant|y'|\cdot\delta_x,$$

即 y 的绝对误差限大约为

$$\delta_y=|y'|\cdot\delta_x;$$

相应地,y 的相对误差限大约为

$$\frac{\delta_y}{|y|}=\left|\frac{y'}{y}\right|\cdot\delta_x.$$

以后常把绝对误差限与相对误差限简称为绝对误差与相对误差.

例 17　正方形边长为 (2.41 ± 0.005) m,求出它的面积,并估计绝对误差与相对误差.

解　设正方形的边长为 x,面积为 y,则 $y=x^2$.

当 $x=2.41$ 时,$y=(2.41)^2=5.8081(\mathrm{m}^2)$, $y'|_{x=2.41}=2x|_{x=2.41}=4.82$.

因为边长的绝对误差为 $\delta_x=0.005$,所以面积的绝对误差为

$$\delta_x=4.82\times0.005=0.0241(\mathrm{m}^2).$$

面积的相对误差为 $\dfrac{\delta_y}{|y|}=\dfrac{0.0241}{5.8081}\approx0.4\%$.

习题 3.4

1. 求下列函数的微分:

(1) $y=x^2e^{2x}$　　(2) $y=e^x\sin^2x$

(3) $y=\arctan\sqrt{x}$　　(4) $y=\ln\sqrt{1-x^2}$

(5) $y=\arcsin\sqrt{1-x^2}$　　(6) $y=e^{-x}\cos(3-x)$

(7) $y=\arctan\dfrac{1-x^2}{1+x^2}$　　(8) $s=A\sin(\omega t+\varphi)$($A,\omega,\varphi$ 是常数)

(9) $y=1+xe^y$　　(10) $y^2=x+\arccos y$

2. 将适当的函数填入下列括号内,使等式成立:

(1) d(　　) $=2\mathrm{d}x$　　(2) d(　　) $=3x\mathrm{d}x$

(3) d(　　) $=\cos t\mathrm{d}t$　　(4) d(　　) $=\sin\omega x\mathrm{d}x$

(5) d(　　) $=\dfrac{1}{1+x}\mathrm{d}x$　　(6) d(　　) $=e^{-2x}\mathrm{d}x$

(7) $d(\quad)=\frac{1}{\sqrt{x}}dx$　　　　(8) $d(\quad)=\sec^2 3x dx$

3. 设 $y=x^2\ln x^2+\cos x$,求 $dy|_{x=1}$.

4. 设 $xy^2+\arctan y=\frac{\pi}{4}$,求 $dy|_{x=0}$.

5. 水管壁的正截面是一个圆环(图 3.11),设它的内半径为 R_0,壁厚为 h,利用微分来计算这个圆环面积的近似值.

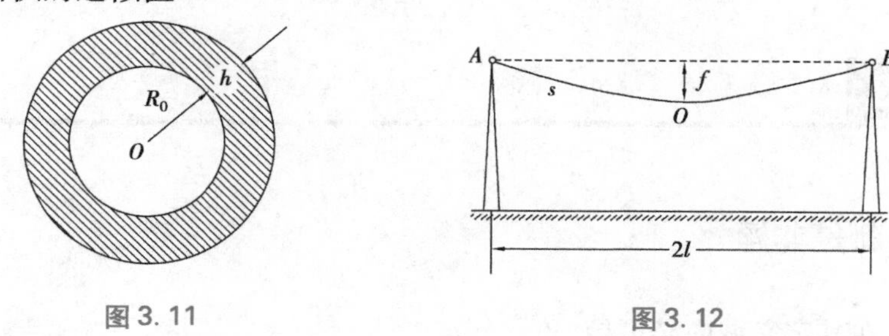

图 3.11　　　　图 3.12

6. 扩音器插头为圆柱形,截面半径 r 为 0.15 cm,长度 l 为 4 cm,为了提高它的导电性能,要在该圆柱的侧面镀上一层厚为 0.001 cm 的纯铜,问每个插头约需多少克纯铜?(纯铜的密度为 8.9 g/cm^3)

7. 如图 3.12 所示的电缆 AOB 的长为 s,跨度为 $2l$,电缆的最低点 O 与杆顶连线 AB 的距离为 f,则电缆长可按下面的公式计算

$$s=2l\left(1+\frac{2f^2}{3l^2}\right),$$

当 f 变化了 Δf 时,电缆长的变化大约为多少?

8. 设扇形的圆心角 $\alpha=60°$,半径 $R=100$ cm,如图 3.13 所示. 如果 R 不变,α 减少 $30'$,问扇形面积大约改变了多少?又如果 α 不变,R 增加 1 cm,问扇形面积大约改变了多少?

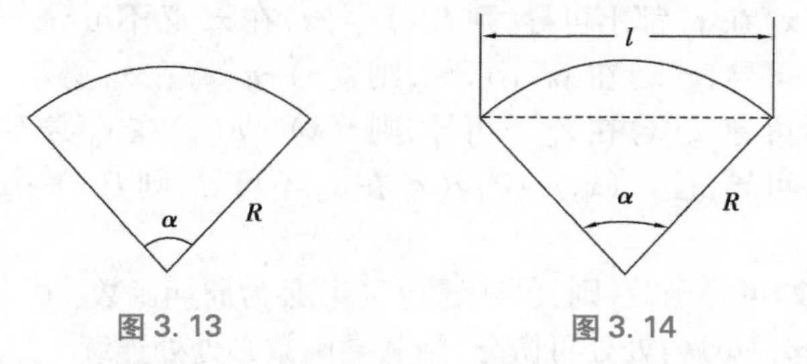

图 3.13　　　　图 3.14

9. 某厂生产如图 3.14 所示的扇形板,半径 $R=200$ mm,要求中心角 α 为 55°. 产品检验时,一般用测量弦长 l 的办法来间接测量中心角 α. 如果测量弦长 l 时的误差 $\delta_l=0.1$ mm,问由此而引起的中心角测量误差 δ_α 是多少?

10. 计算下列三角函数的近似值:

(1) $\cos 29°$　　　　(2) $\tan 136°$

11. 计算下列反三角函数的近似值:

(1) arcsin 0.500 2　　　　(2) arccos 0.499 5

12. 当$|x|$较小时,证明下列近似公式:

(1)$\tan x\approx x$(x是角度的弧度值)　　(2)$\ln(1+x)\approx x$

(3)$\frac{1}{1+x}\approx 1-x$

并计算 $\tan 45'$和 $\ln 1.002$ 的近似值.

13. 计算下列各根式的近似值:

(1)$\sqrt[3]{996}$　　(2)$\sqrt[6]{65}$

综合习题 3

第一部分　判断是非题

1. 初等函数在其定义域内必可导.(　　)
2. 若$f(x)$在x_0可导,则$f(x)$在x_0必连续.(　　)
3. 若$f(x)$在x_0连续,则$f(x)$在x_0必可导.(　　)
4. 若$f(x)$在x_0不连续,则$f(x)$在x_0必不可导.(　　)
5. 若$f(x)$在x_0不可导,则$f(x)$在x_0必不连续.(　　)
6. 若$f(x)$在x_0不可导,则曲线$y=f(x)$在$(x_0,f(x_0))$点处必无切线.(　　)
7. 若曲线$y=f(x)$处处有切线,则函数$y=f(x)$必处处可导.(　　)
8. 若$f(x)$在x_0可导,则$|f(x)|$在x_0必可导.(　　)
9. 若$|f(x)|$在x_0可导,则$f(x)$在x_0必可导.(　　)
10. 若$f(x)+g(x)$在x_0可导,则$f(x)$与$g(x)$在x_0必皆可导.(　　)
11. 若$f(x)\cdot g(x)$在x_0可导,则$f(x)$与$g(x)$在x_0必皆可导.(　　)
12. 若$f(x)$与$g(x)$在x_0都不可导,则$f(x)+g(x)$在x_0必不可导.(　　)
13. 若$f(x)$在x_0可导,$g(x)$在x_0不可导,则$f(x)+g(x)$在x_0必不可导.(　　)
14. 若$f(x)$在x_0可导,$g(x)$在x_0不可导,则$f(x)\cdot g(x)$在x_0必不可导.(　　)
15. 若$f(x)$在x_0可导,且$f'(x_0)\neq 0$,$g(x)$在x_0不可导,则$f(x)\cdot g(x)$在x_0必不可导.(　　)
16. 若$f(x)$为周期可导函数,则其导函数$f'(x)$必为周期函数.(　　)
17. 若函数在$(-\infty,+\infty)$内处处可微分,则其导函数必处处连续.(　　)
18. 若$f(x)$为$(-l,l)$内的可导偶函数,则导数$f'(x)$必为$(-l,l)$内的奇函数.(　　)
19. 若$f(x)$为$(-l,l)$内的可导奇函数,则导数$f'(x)$必为$(-l,l)$内的偶函数.(　　)
20. 若$f(x)$为$(-l,l)$内的可导偶函数,则导数$f'(x)$必为$(-l,l)$内的偶函数.(　　)
21. 若$f(x)$为$(-l,l)$内的可导奇函数,则导数$f'(x)$必为$(-l,l)$内的奇函数.(　　)
22. 若$y=f(x)$在(a,b)内可导,则其反函数在相应点处必定可导.(　　)
23. 若$f(x)$在x_0可导,则$f(x)$在x_0必可微分.(　　)
24. 若$f(u)$在u_0不可导,$u=g(x)$在x_0可导,且$u_0=g(x_0)$,则$f[g(x)]$在x_0必不可导.

(　　)

25. 若$f(u)$在u_0不可导，$u=g(x)$在x_0不可导，且$u_0=g(x_0)$，则$f[g(x)]$在x_0必不可导.(　　)

26. 若$f(u)$在u_0可导，$u=g(x)$在x_0不可导，且$u_0=g(x_0)$，则$f[g(x)]$在x_0必不可导.(　　)

27. 若$f'(x_0)$存在，则在x_0的某邻域内必存在$x\neq x_0$，使$f(x)$仍可导.(　　)

第二部分　单项选择题

1. 设对于任意的x，都有$f(-x)=-f(x)$，$f'(-x_0)=-k\neq 0$，则$f'(x_0)=$(　　).

(A)k　　(B)$-k$　　(C)$\frac{1}{k}$　　(D)$-\frac{1}{k}$

2. 已知$y=\sin x$，则$y^{(10)}=$(　　).

(A)$\sin x$　　(B)$\cos x$　　(C)$-\sin x$　　(D)$-\cos x$

3. 已知$y=x\ln x$，则$y^{(10)}=$(　　).

(A)$-\frac{1}{x^9}$　　(B)$\frac{1}{x^9}$　　(C)$\frac{8!}{x^9}$　　(D)$-\frac{8!}{x^9}$

4. 已知$y=\mathrm{e}^{f(x)}$，则$y''=$(　　).

(A)$\mathrm{e}^{f(x)}$　　(B)$\mathrm{e}^{f(x)}f''(x)$

(C)$\mathrm{e}^{f(x)}[f'(x)+f''(x)]$　　(D)$\mathrm{e}^{f(x)}\{[f'(x)]^2+f''(x)\}$

5. 设$f(x)$在x_0处可导，则$\lim\limits_{\Delta x\to 0}\frac{f(x_0-\Delta x)-f(x_0)}{\Delta x}=$(　　).

(A)$-f'(x_0)$　　(B)$f'(-x_0)$　　(C)$f'(x_0)$　　(D)$2f'(x_0)$

6. 设$f(x)$在x_0处不连续，则$f(x)$在x_0处(　　).

(A)必不可导　　(B)一定可导　　(C)可能可导　　(D)无极限

7. 若$f'(x_0)=-3$，则$\lim\limits_{h\to 0}\frac{f(x_0+h)-f(x_0-3h)}{h}=$(　　).

(A)-3　　(B)-6　　(C)-9　　(D)-12

8. 若$f(x)$在x_0处可导，则$|f(x)|$在x_0处(　　).

(A)必可导　　(B)连续但不一定可导

(C)一定不可导　　(D)不连续

9. 设$f(x)=x|x|$，则$f'(0)=$(　　).

(A)0　　(B)1　　(C)-1　　(D)不存在

10. 若$f(x)$在x_0处可导，$g(x)$在x_0处不可导，则$F(x)=f(x)+g(x)$，$G(x)=f(x)-g(x)$在x_0处(　　).

(A)一定都不可导　　(B)一定都可导

(C)恰有一个可导　　(D)至少有一个可导

11. 设$f(x)=\begin{cases}x^2 & x\leqslant 1\\ ax+b & x>1\end{cases}$在$x=1$处可导，则$a$、$b$的值为(　　).

(A) $a=1, b=2$　　(B) $a=2, b=-1$

(C) $a=-1, b=2$　　(D) $a=-2, b=1$

12. 设 $f(x)=\begin{cases} e^{ax} & x<0 \\ b+\sin 2x & x\geqslant 0 \end{cases}$ 在 $x=0$ 处可导,则 a、b 的值为(　　).

(A) $a=2, b=1$　　(B) $a=1, b=2$

(C) $a=-2, b=1$　　(D) $a=2, b=-1$

13. 设 $f(x)$ 是周期可导函数,则 $f'(x)$ 是(　　).

(A)一定仍为周期函数,且周期相同

(B)一定仍为周期函数,但周期不一定相同

(C)一定不是周期函数

(D)不一定是周期函数

14. 设 $f(x)$ 为 $(-a,a)$ $(a>0)$ 内的可导奇函数,则 $f'(x)$ 是(　　).

(A)必为 $(-a,a)$ 内的奇函数

(B)必为 $(-a,a)$ 内的偶函数

(C)必为 $(-a,a)$ 内的非奇非偶函数

(D)可能为奇函数,也可能为偶函数

15. 若抛物线 $y=ax^2$ 与曲线 $y=\ln x$ 相切,则 $a=$(　　).

(A)1　　(B) $\frac{1}{2}$　　(C) $\frac{1}{2e}$　　(D)2e

16. 曲线 $y=x^2+x-2$ 在点 $(1,0)$ 处的切线方程为(　　).

(A) $y=2(x-1)$　　(B) $y=4(x-1)$

(C) $y=4x-1$　　(D) $y=3(x-1)$

17. 函数 $f(x)=\begin{cases} \frac{\sqrt{1+x}-1}{x} & x\neq 0 \\ \frac{1}{2} & x=0 \end{cases}$ 在 $x=0$ 处(　　).

(A)不连续　　(B)连续不可导

(C)连续且仅有一阶导数　　(D)连续且有二阶导数

18. 设函数 $f(x)$ 在点 x_0 处的导数 $f'(x_0)=0$,则曲线 $y=f(x)$ 在点 $(x_0,f(x_0))$ 的法线(　　).

(A)与 x 轴平行　　(B)与 x 轴垂直

(C)与 y 轴垂直　　(D)与 x 轴不平行也不垂直

19. 要使函数 $f(x)=\begin{cases} x^n \sin\frac{1}{x} & x\neq 0 \\ 0 & x=0 \end{cases}$ 在 $x=0$ 处的导函数连续,则 $n=$(　　).

(A)0　　(B)1　　(C)2　　(D) $\geqslant 3$

20. 函数 $y=|\sin x|$ 在 $x=0$ 处的导数是(　　).

(A)0　　(B)1　　(C)−1　　(D)不存在

21. 设 $f(x)$ 与 $g(x)$ 在 $x=0$ 处都可导,$f(0)=g(0)=0$,$g'(0)\neq 0$,则 $\lim\limits_{x\to 0}\frac{f(x)}{g(x)}=$(　　).

(A)$\frac{f'(0)}{g'(0)}$　　(B)$\frac{f(0)}{g(0)}$　　(C)$\frac{f'(x)}{g'(x)}$　　(D)以上都不对

22. 设$f(x)=\frac{1}{1+x}$,且$f(x_0)=17$,则$f[f'(x_0)]=$(　　).

(A)289　　(B)-288　　(C)$-\frac{1}{288}$　　(D)$-\frac{1}{300}$

23. 设$f(x)$是偶函数,在$x=0$处可导,则$f'(0)=$(　　).

(A)1　　(B)-1　　(C)0　　(D)以上都不对

24. 点作直线运动的规律为$s=10+20t-5t^2(t>0)$,在$t=2$时的速度为0,则在该时刻的加速度为(　　).

(A)0　　(B)不存在　　(C)-10　　(D)20

25. 设$f(x)=(x-a)\varphi(x)$,而$\varphi(x)$在$x=a$处连续但不可导,则$f(x)$在点$x=a$处(　　).

(A)连续但不可导　　(B)可能可导,也可能不可导

(C)仅有一阶导数　　(D)可能有二阶导数

26. 设$f(x)=\varphi(a+bx)-\varphi(a-bx)$,其中$\varphi(x)$在$(-\infty,+\infty)$内有定义,且在$x=a$处可导,则$f'(0)=$(　　).

(A)$2a$　　(B)$2b$　　(C)$2b\varphi'(a)$　　(D)$2\varphi'(a)$

27. 设$y=f(\sin x)$,则$\mathrm{d}y=$(　　).

(A)$f'(\sin x)\mathrm{d}x$　　(B)$-f'(\sin x)\cos x\mathrm{d}x$

(C)$f'(\sin x)\mathrm{d}\sin x$　　(D)$f'(\sin x)\sin x\mathrm{d}x$

28. 设$y=f(\mathrm{e}^{-x})$,则$\mathrm{d}y=$(　　).

(A)$f'(\mathrm{e}^{-x})\mathrm{d}x$　　(B)$\mathrm{e}^{-x}f'(\mathrm{e}^{-x})\mathrm{d}x$

(C)$-\mathrm{e}^{-x}f'(\mathrm{e}^{-x})\mathrm{d}x$　　(D)$-f'(\mathrm{e}^{-x})\mathrm{d}x$

29. 下列各式中(A为常数)正确的等式是(　　).

(A)$\frac{\mathrm{d}}{\mathrm{d}x}(x^x)=xx^{x-1}$　　(B)$\frac{\mathrm{d}}{\mathrm{d}x}(A^x)=AA^{x-1}$

(C)$\frac{\mathrm{d}}{\mathrm{d}x}(A^x)=xA^{x-1}$　　(D)$\frac{\mathrm{d}}{\mathrm{d}x}(x^A)=Ax^{A-1}$

30. 设$F(x)=\max[f_1(x),f_2(x)]$,$0<x<2$,其中$f_1(x)=x$,$f_2(x)=x^2$,则$f'(x)=$(　　).

(A)$\begin{cases}1 & 0<x<\frac{1}{2}\\ 2x & \frac{1}{2}<x<2\end{cases}$　　(B)$\begin{cases}1 & 0<x\leqslant\frac{1}{2}\\ 2x & \frac{1}{2}<x<2\end{cases}$

(C)$\begin{cases}1 & 0<x<1\\ 2x & 1<x<2\end{cases}$　　(D)$\begin{cases}1 & 0<x\leqslant 1\\ 2x & 1<x<2\end{cases}$

31. 设$y=f(\mathrm{e}^x)\mathrm{e}^{f(x)}$,且$f'(x)$存在,则$y'=$(　　).

(A)$f'(\mathrm{e}^x)\mathrm{e}^{f(x)}+f(\mathrm{e}^x)\mathrm{e}^{f(x)}$　　(B)$f'(\mathrm{e}^x)\mathrm{e}^{f(x)}f'(x)$

(C)$f'(\mathrm{e}^x)\mathrm{e}^x\mathrm{e}^{f(x)}+f(\mathrm{e}^x)\mathrm{e}^{f(x)}\cdot f'(x)$　　(D)$f'(\mathrm{e}^x)\mathrm{e}^{f(x)}$

32. 设$f(x)=x(x+1)(x+2)\cdots(x+n)$,则$f'(0)=$(　　).

(A)0　(B)n　(C)$1+2+\cdots+n$　(D)$n!$

33. 设 $y=x^3+x^2+x+1$,则 $y^{(4)}(0)=$(　　).

(A)1　(B)3　(C)6　(D)0

34. 设 $y=x^n+a_1x^{n-1}+a_2x^{n-2}+\cdots+a_{n-1}x+a_n$,则 $y^{(n)}=$(　　).

(A)$n!$　(B)$(n+1)!\ +a_1$　(C)$(n-1)!$　(D)0

35. 设 $f(x)=\ln\dfrac{1}{1-x}$,则 $f^{(n)}(0)=$(　　).

(A)$(n-1)!$　(B)$(-1)^n(n-1)!$

(C)$-(n-1)!$　(D)$(n-2)!$

36. 设 $y=xe^x$,则 $y^{(n)}=$(　　).

(A)xe^x+e^x　(B)xe^x+ne^x　(C)$xe^x+(n-1)e^x$　(D)xe^x+e^{nx}

37. 设 $y=x+\ln x$,则 $\dfrac{dx}{dy}=$(　　).

(A)$\dfrac{x+1}{x}$　(B)$\dfrac{x}{x+1}$　(C)$-\dfrac{x+1}{x}$　(D)$-\dfrac{x}{x+1}$

38. 设 $y=\sin(x+y)$,则 $\dfrac{dy}{dx}=$(　　).

(A)$\cos(x+y)$　(B)$\dfrac{1}{1-\cos(x+y)}$

(C)$\dfrac{\cos(x+y)}{1-\cos(x+y)}$　(D)$\dfrac{1+\cos(x+y)}{1-\cos(x+y)}$

39. 如果 $x^4-xy+y^4=1$,则 $\left.\dfrac{d^2y}{dx^2}\right|_{\substack{x=0\\y=1}}=$(　　).

(A)$\dfrac{1}{16}$　(B)$-\dfrac{1}{16}$　(C)$\dfrac{1}{8}$　(D)$-\dfrac{1}{8}$

40. 当 $|\Delta x|$ 充分小,$f'(x_0)\neq 0$ 时,函数的改变量 Δy 与微分 $dy=f'(x_0)\Delta x$ 的关系是(　　).

(A)$\Delta y=dy$　(B)$\Delta y<dy$　(C)$\Delta y>dy$　(D)$\Delta y\approx dy$

41. 若 $f(x)$ 为可微分函数,当 $\Delta x\to 0$ 时,则在点 x 处的 $\Delta y-dy$ 是关于 Δx 的(　　).

(A)高阶无穷小　(B)等价无穷小　(C)低阶无穷小　(D)不可比较

42. 若 $f(x)$ 为可微分函数,则 dy(　　).

(A)与 Δx 无关　(B)为 Δx 的线性函数

(C)当 $\Delta x\to 0$ 时,为 Δx 的高阶无穷小　(D)与 Δx 为等价无穷小

43. 若函数 $y=f(x)$ 有 $f'(x_0)=\dfrac{1}{2}$,则当 $\Delta x\to 0$ 时,该函数在 $x=x_0$ 处的微分 dy 是(　　).

(A)与 Δx 等价的无穷小　(B)与 Δx 同阶的无穷小

(C)比 Δx 低阶的无穷小　(D)比 Δx 高阶的无穷小

44. 设 $y=f(u)$,$u=\varphi(x)$,则 $dy=$(　　).

(A)$f'(u)dx$　(B)$f'(u)\varphi'(x)dx$　(C)$f'(u)\varphi'(x)du$　(D)$f'(x)\varphi'(x)dx$

45. 若 $y=\ln\tan\frac{u}{2}$，$u=\arcsin v$，$v=\cos 2x$，则 $\mathrm{d}y=$（　　）.

(A) $-2\sec 2x\mathrm{d}x$　　(B) $2\sec 2x\mathrm{d}x$　　(C) $2\sec 2x$　　(D) $-2\sec 2x$

46. 设 $\mathrm{d}y=\sin\omega x\mathrm{d}x$，则 $y=$（　　）.

(A) $\frac{1}{\omega}\cos\omega x+c$　　(B) $-\frac{1}{\omega}\cos\omega x+c$　　(C) $\cos\omega x+c$　　(D) $-\cos\omega x$

47. 函数 $y=f(x)$ 在点 x 处有增量 $\Delta x=0.2$，对应函数增量的主部等于 0.8，则 $f'(x)=$（　　）.

(A) 0.4　　(B) 0.16　　(C) 4　　(D) 1.6

48. 利用微分近似计算 $\sin 29°30'\approx$（　　）.

(A) 0.5　　(B) 0.492 4　　(C) 0.507 6　　(D) 0.500 1

49. $\sqrt[6]{65}$ 的近似值为（　　）.

(A) 2.005 2　　(B) 1.994 8　　(C) 2.010 4　　(D) 2.000 8

50. 设 $f(x)=\mathrm{e}^x$，$\varphi(x)=\cos x$，则 $\dfrac{f\left[\frac{\mathrm{d}}{\mathrm{d}x}\varphi(x)\right]+\varphi\left[\frac{\mathrm{d}}{\mathrm{d}x}f(x)\right]}{\frac{\mathrm{d}}{\mathrm{d}x}f[\varphi(x)]+\frac{\mathrm{d}}{\mathrm{d}x}\varphi[f(x)]}=$（　　）.

(A) $\dfrac{\mathrm{e}^x(-\sin x+\cos x)}{-\mathrm{e}^{\cos x}\sin x-\mathrm{e}^x\sin\mathrm{e}^x}$　　(B) $\dfrac{\mathrm{e}^{-\sin x}+\mathrm{e}^{\cos x}}{\mathrm{e}^x(-\sin x)+(-\sin x)\mathrm{e}^x}$

(C) $\dfrac{\mathrm{e}^{-\sin x}+\cos\mathrm{e}^x}{-\mathrm{e}^x(\sin x+\sin\mathrm{e}^x)}$　　(D) $\dfrac{\mathrm{e}^{-\sin x}+\cos\mathrm{e}^x}{-\mathrm{e}^{\cos x}\sin x-\mathrm{e}^x\sin\mathrm{e}^x}$

51. 设 $y=f(x)$，$x=\mathrm{e}^t$，则 $\dfrac{\mathrm{d}^2y}{\mathrm{d}t^2}=$（　　）.

(A) $\mathrm{e}^{2t}f''(x)$　　(B) $x^2f''(x)+xf'(x)$

(C) $\mathrm{e}^tf''(x)$　　(D) $xf''(x)+xf(x)$

52. 设 $f(x)=\mathrm{e}^{\tan^k x}$，且 $f'\left(\frac{\pi}{4}\right)=\mathrm{e}$，则 $k=$（　　）.

(A) 1　　(B) -1　　(C) $\frac{1}{2}$　　(D) 2

53. 若 $f(x)=\sin(1-2x)$，则 $f^{(n)}(x)=$（　　）.

(A) $(-2)^n\sin\left(\frac{n\pi}{2}+1-2x\right)$　　(B) $(-2)^n\sin\left(\frac{n\pi}{2}-1+2x\right)$

(C) $(-2)^n\cos\left(\frac{n\pi}{2}+1-2x\right)$　　(D) $(-2)^n\cos\left(\frac{n\pi}{2}-1+2x\right)$

54. 设 $f'(x)=\sqrt[3]{\cos x}$，则 $\dfrac{\mathrm{d}f(\ln\cos x)}{\mathrm{d}x}=$（　　）.

(A) $\sqrt[3]{\cos(\ln\cos x)}$　　(B) $\frac{1}{3}\tan x\sqrt[3]{\cos^2(\ln\cos x)}$

(C) $-\sqrt[3]{\cos(\ln\cos x)}\tan x$　　(D) $\frac{1}{\cos x}\sqrt[3]{\cos(\ln\cos x)}$

55. 设$f(x)=\arctan\sqrt{x}$,则$\lim\limits_{x\to0}\dfrac{f(x_0-x)-f(x_0)}{x}=$(　　).

(A)$\dfrac{1}{1+x_0}$　(B)$-\dfrac{1}{1+x_0^2}$　(C)$\dfrac{2\sqrt{x_0}}{1+x_0}$　(D)$-\dfrac{1}{2\sqrt{x_0}(1+x_0)}$

56. 设$f(x)=\mathrm{e}^{-\frac{1}{x}}$,则$\lim\limits_{\Delta x\to0}\dfrac{f'(2-\Delta x)-f'(2)}{\Delta x}=$(　　).

(A)$\dfrac{1}{16\sqrt{\mathrm{e}}}$　(B)$-\dfrac{1}{16\sqrt{\mathrm{e}}}$　(C)$\dfrac{3}{16\sqrt{\mathrm{e}}}$　(D)$-\dfrac{3}{16\sqrt{\mathrm{e}}}$

57. 设$y=f(x)$,且$f'(x^2)=\dfrac{1}{x^2}$,则$\mathrm{d}y=$(　　).

(A)$\dfrac{2}{x}\mathrm{d}x$　(B)$-\dfrac{2}{x^2}\mathrm{d}x$　(C)$\ln x^2\mathrm{d}x$　(D)$\dfrac{1}{x}\mathrm{d}x$

58. 设$y=f(x)$,已知$\lim\limits_{x\to0}\dfrac{f(x_0)-f(x_0+2x)}{6x}=3$,则$\mathrm{d}y\big|_{x=x_0}=$(　　).

(A)$-9\mathrm{d}x$　(B)$18\mathrm{d}x$　(C)$-3\mathrm{d}x$　(D)$2\mathrm{d}x$

59. 设$f'(x)=\mathrm{e}^{-x}$,且$f(0)=-1$,则$[f(\mathrm{e}^x)\mathrm{e}^{f(x)}]'=$(　　).

(A)$\dfrac{\mathrm{e}^x+\mathrm{e}^{-x}}{\mathrm{e}^{\mathrm{e}^x-\mathrm{e}^{-x}}}$　(B)$\dfrac{\mathrm{e}^x-\mathrm{e}^{-x}}{\mathrm{e}^{\mathrm{e}^x+\mathrm{e}^{-x}}}$　(C)$\dfrac{\mathrm{e}^{\mathrm{e}^x-\mathrm{e}^{-x}}}{\mathrm{e}^x-\mathrm{e}^{-x}}$　(D)$\dfrac{\mathrm{e}^{\mathrm{e}^x+\mathrm{e}^{-x}}}{\mathrm{e}^x+\mathrm{e}^{-x}}$

60. 已知$f'(x)=\dfrac{2x}{\sqrt{a^2-x^2}}$,则$\dfrac{\mathrm{d}f(\sqrt{a^2-x^2})}{\mathrm{d}x}=$(　　).

(A)-2　(B)$-\dfrac{2x}{|x|}$　(C)$-\dfrac{1}{\sqrt{a^2-x^2}}$　(D)$\dfrac{2}{\sqrt{a^2-x^2}}$

61. 已知$f(x)$为可导偶函数,且$\lim\limits_{x\to0}\dfrac{f(1+x)-f(1)}{2x}=-2$,则曲线$y=f(x)$在$(-1,2)$处的切线方程是(　　).

(A)$y=4x+6$　(B)$y=-2x-2$　(C)$y=x+3$　(D)$y=-x+1$

第三部分　多项选择题

1. 设$f(x)$可导且下列各极限均存在,则(　　)成立.

(A)$\lim\limits_{x\to0}\dfrac{f(x)-f(0)}{x}=f'(0)$

(B)$\lim\limits_{h\to0}\dfrac{f(a+2h)-f(a)}{h}=f'(a)$

(C)$\lim\limits_{\Delta x\to0}\dfrac{f(x_0)-f(x_0-\Delta x)}{\Delta x}=f'(x_0)$

(D)$\lim\limits_{\Delta x\to0}\dfrac{f(x_0+\Delta x)-f(x_0-\Delta x)}{2\Delta x}=f'(x_0)$

2. 若$\lim\limits_{x\to a}\dfrac{f(x)-f(a)}{x-a}=A$，$A$ 为常数，则必有（　　）.

(A) $f(x)$ 在点 $x=a$ 处连续　　(B) $f(x)$ 在点 $x=a$ 处可导

(C) $\lim\limits_{x\to a}f(x)$ 存在　　(D) $f(x)-f(a)=A(x-a)+o(x-a)$

3. 设函数 $f(x)$ 在点 x_0 及其邻域内有定义，且有

$$f(x_0+\Delta x)-f(x_0)=a\Delta x+b(\Delta x)^2$$

a，b 为常数，则有（　　）.

(A) $f(x)$ 在点 $x=x_0$ 处连续

(B) $f(x)$ 在点 $x=x_0$ 处可导且 $f'(x_0)=a$

(C) $f(x)$ 在点 $x=x_0$ 处可微且 $\mathrm{d}f(x)\big|_{x=x_0}=a\mathrm{d}x$

(D) $f(x_0+\Delta x)\approx f(x_0)+a\Delta x$　（当 Δx 充分小时）

4. 函数 $f(x)=\dfrac{|x|}{x}$ 是（　　）.

(A) 奇函数　　(B) 非奇非偶函数

(C) 有界函数　　(D) 在有定义的区间内处处可导函数

5. 函数 $f(x)=\begin{cases}x & x<0\\ x\mathrm{e}^x & x\geqslant 0\end{cases}$ 在 $x=0$ 处（　　）.

(A) 连续　　(B) 可导　　(C) 可微　　(D) 连续、不可导

6. $f(x)=\begin{cases}1 & x<0\\ 1-x^2 & 0\leqslant x<1\\ x-1 & x\geqslant 1\end{cases}$（　　）.

(A) 在点 $x=0$ 处可导　　(B) 在点 $x=0$ 处不可导

(C) 在点 $x=1$ 处可导　　(D) 在点 $x=1$ 处不可导

7. $y=|x-1|$ 在 $x=1$ 处（　　）.

(A) 连续　　(B) 不连续　　(C) 可导　　(D) 不可导

8. 下列函数中（　　）的导数等于 $\dfrac{1}{2}\sin 2x$.

(A) $\dfrac{1}{2}\sin^2 x$　　(B) $\dfrac{1}{4}\cos 2x$　　(C) $-\dfrac{1}{2}\cos^2 x$　　(D) $1-\dfrac{1}{4}\cos 2x$

9. 曲线 $y=x^3-3x$ 上切线平行于 x 轴的点有（　　）.

(A) $(0,0)$　　(B) $(1,2)$　　(C) $(-1,2)$　　(D) $(1,-2)$

10. 若 $f(u)$ 可导，且 $y=f(\mathrm{e}^x)$，则有（　　）.

(A) $\mathrm{d}y=f'(\mathrm{e}^x)\mathrm{d}x$　　(B) $\mathrm{d}y=f'(\mathrm{e}^x)\mathrm{d}\mathrm{e}^x$

(C) $\mathrm{d}y=[f(\mathrm{e}^x)]'\mathrm{d}\mathrm{e}^x$　　(D) $\mathrm{d}y=f'(\mathrm{e}^x)\mathrm{e}^x\mathrm{d}x$

第四部分　计算与证明

1. 已知 $f'(x_0)=-1$，求$\lim\limits_{x\to 0}\dfrac{x}{f(x_0-2x)-f(x_0-x)}$.

2. 设曲线$f(x)=x^3+ax$与$g(x)=bx^2+c$都经过点$(-1,0)$，且在点$(-1,0)$有公共切线，求a,b,c.

3. 设$y=a^x+x^a+x^x+a^a$(a为常数)，求$\dfrac{d^2y}{dx^2}$.

4. 设$y=\dfrac{1-x}{1+x}$，求$y^{(n)}$.

5. 设$y=f(2x+1)$，且$f'(x)=\dfrac{\sin x}{x}$，求$\dfrac{dy}{dx}\Big|_{x=0}$.

6. 设方程$e^{x+y}+y^2=\cos x$确定y为x的函数，求dy.

7. 设$y=f(\ln x)e^{f(x)}$，其中f为可微分函数，求dy.

8. 设$f(x)=\begin{cases} x^n\sin\dfrac{1}{x} & x\neq 0 \\ 0 & x=0 \end{cases}$($n$为整数)，问$n$取何值时：

(1)$f(x)$在$x=0$处连续；

(2)$f(x)$在$x=0$处可导，并求$f'(x)$；

(3)$f'(x)$在$x=0$处连续.

9. 甲船以6 km/h的速率向东行驶，乙船以8 km/h的速率向南行驶. 在中午12点整，乙船位于甲船之北16 km处. 问下午1点整两船相离的速率为多少？

10. 落在平静水面上的石头，产生同心波纹，若最外一圈波半径增大率是6 m/s，问在2 s末扰动水面面积的增大率是多少？

11. 有一底半径为R cm，高为H cm的正圆锥容器，以每秒a cm^{3}的速度往容器中注水，试求容器的水位在锥高一半时，水面的上升速度.

12. 某个产品的需求函数可以表示为

$$D(p)=100-\sqrt{p},$$

其中D是以价格p(美元)卖出的产品数.

(1)求购买量关于价格的变化率$\dfrac{dD}{dp}$；

(2)当单价是25美元时，消费者将要买多少件产品？

(3)在$p=25$处的变化率是多少？

(4)你能预测，对于p的值，$\dfrac{dD}{dp}$是正还是负吗？为什么？

13. 职工的月生产率M(以生产的产品数计)是可以用其供职的年数t的函数来表示的. 对某个产品，其生产率函数可表示为

$$M(t)=-2t^2+100t+180.$$

(1)分别求职工供职5年，10年，25年和45年后的生产率；

(2)求边际生产率；

(3)分别求$t=5,t=10,t=25$和$t=45$处的边际生产率；

(4)说明职工的边际生产率可能与其经验和年龄有何关系.

14. 某个小城市的人口P(以千人计)可表示成

$$P(t)=\frac{500t}{2t^2+9},$$

其中 t 是时间(以月计).

(1)求增长率;

(2)求 12 个月后的人口;

(3)求 $t=12$ 时的人口增长率.

15. 某国的未偿总消费者信贷(以 10 亿美元计)可以用函数

$$C(x)=(19+1.16x-0.03x^2+0.001x^3)^2$$

来建模,其中 x 是从 1980 年算起的年数.

(1)求$\frac{dC}{dx}$;

(2)说明$\frac{dC}{dx}$的意义;

(3)用该模型预测消费者信贷在 2014 年将以多快的速度上升.

16. 某公司正在销售微型计算机. 它确定其总利润可表示成

$$P(x)=0.08x^2+80x+260,$$

其中 x 是生产并且卖出的产品数. 假定 x 是时间(以月为单位)的函数,其中 $x=5t+1$.

(1)求作为时间 t 的函数的总利润;

(2)求作为时间 t 的函数的边际利润;

(3)求 $t=48$ 个月时总利润的变化率.

第 4 章　微分中值定理与导数的应用

前面讲到,导致微分学产生的第三类问题是“求最大值和最小值”. 此类问题在当时的生产实践中具有深刻的应用背景,例如,求炮弹从炮管里射出后运行的水平距离(即射程),其依赖于炮筒对地面的倾斜角(即发射角). 又如,在天文学中,求行星离开太阳的最远和最近距离等. 一直以来,导数作为函数的变化率,在研究函数变化的性态中有着十分重要的意义,因而在自然科学、工程技术以及社会科学等领域中得到广泛的应用.

在第 3 章中,我们介绍了微分学的两个基本概念——导数与微分,以及它们的计算方法. 本章以微分中值定理为基础,进一步介绍利用导数研究函数的性态,例如判断函数的单调性和曲线的凹凸性,求函数的极限、极值、最大(小)值以及函数作图的方法,最后讨论导数在经济学中的应用.

4.1　微分中值定理

微分中值定理建立了函数值与导数之间的联系,揭示了函数在某区间上的整体性质与该区间内部某一点的导数之间的关系,是用微分学知识解决应用问题的理论基础.

4.1.1　罗尔定理

罗尔定理

罗尔-罗尔定理

想象一下,你正开车沿着高速公路行驶. 我看到你在一家加油站停了下来,车的方向没有改变,尽管你可以随时改变车的方向. 过了一会儿,我又在这家加油站看到了你,但在中间这段时间没有看到你做什么. 我可得出以下结论:在我没有看到你的某个时刻,你的车速为零.

其中的原因可由下面介绍的定理进行解释.

定理 4.1(罗尔(Rolle)定理)　设$f(x)$在闭区间$[a,b]$上连续,在开区间(a,b)内可导,且$f(a)=f(b)$,则至少存在一点$\xi\in(a,b)$,使得$f'(\xi)=0$.

证明　(1) 如果$f(x)$是常函数,则$f'(x)\equiv 0$,定理的结论显然成立.

(2)如果$f(x)$不是常函数,则$f(x)$在(a,b)内至少有一个最大值点或最小值点,不妨设有一最大值点$\xi\in(a,b)$,于是

$$f'(\xi)=f'_-(\xi)=\lim_{x\to\xi^-}\frac{f(x)-f(\xi)}{x-\xi}\geqslant 0,$$

$$f'(\xi)=f'_+(\xi)=\lim_{x\to\xi^+}\frac{f(x)-f(\xi)}{x-\xi}\leqslant 0,$$

所以$f'(\xi)=0$.

在上述运动过程中,我们说$f(t)$是汽车在时刻t的位移. 这意味着$f'(t)$是时刻t的车速. 时刻a和b是我在加油站观察的时刻;$f(a)=f(b)$说明在时刻a和b你所在的位置相同——都是在加油站. 而ξ是你停下来的时刻,因而$f'(\xi)=0$.

从几何角度来看,如果连续曲线$y=f(x)$在$[a,b]$上除$(a,f(a))$和$(b,f(b))$两点外是光滑的,在$x=a$和$x=b$处曲线的纵坐标是相等的,则在(a,b)内至少有一点ξ,曲线在$(\xi,f(\xi))$点的切线是水平的,如图 4.1 所示.

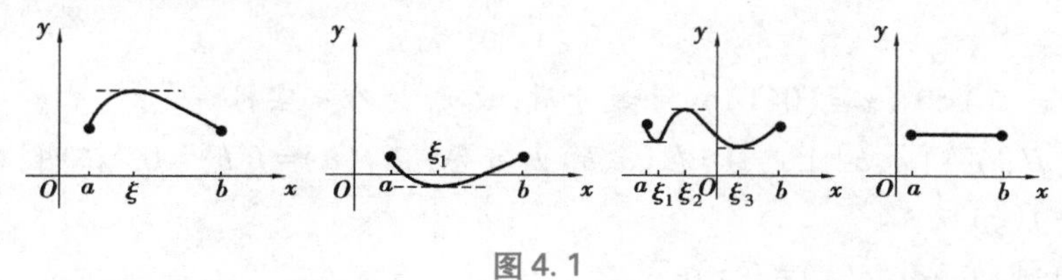

图 4.1

在图 4.1 的前两个图中,仅仅有一个可能的数值ξ使得导数为零. 在第三个图中,有 3 个潜在的数值使得导数为零,这是可以的,因为罗尔定理说至少有一个. 第四个图像为常数函数图像,导数一直为零. 这说明ξ可以取a和b之间的任何值.

如果函数在区间$[a,b]$的图形如图 4.2 所示,则不能应用罗尔定理.

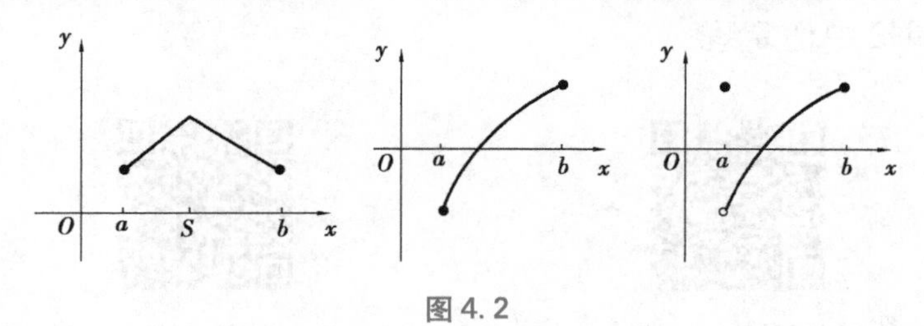

图 4.2

在图 4.2 中,因为它们都不满足罗尔定理的要求:分别是函数在开区间(a,b)内不可导(在s点导数不存在),$f(a)\neq f(b)$,函数在闭区间$[a,b]$内不连续(在a点不连续),所以罗尔定理不成立.

例 1　对函数$f(x)=\sin^2 x$在区间$[0,\pi]$上验证罗尔定理的正确性.

解　显然$f(x)$在$[0,\pi]$上连续,在$(0,\pi)$内可导,且$f(0)=f(\pi)=0$,

而在$(0,\pi)$内存在一点$\xi=\frac{\pi}{2}$,使

$$f'\left(\frac{\pi}{2}\right)=(2\sin x\cos x)\Big|_{x=\frac{\pi}{2}}=0.$$

例 2 判断函数 $f(x)=(x-1)(x-2)(x-3)$ 的导数有几个零点及这些零点所在的范围.

解 因为 $f(1)=f(2)=f(3)=0$,所以 $f(x)$ 在闭区间 $[1,2]$、$[2,3]$ 上满足罗尔定理的3个条件,从而,在 $(1,2)$ 内至少存在一点 ξ_1,使 $f'(\xi_1)=0$,即 ξ_1 是 $f'(x)$ 的一个零点;

同样,在 $(2,3)$ 内至少存在一点 ξ_2,使 $f'(\xi_2)=0$,即 ξ_2 是 $f'(x)$ 的一个零点;

又因为 $f'(x)$ 为二次多项式,最多只能有两个零点,故 $f'(x)$ 恰好有两个零点,分别在区间 $(1,2)$ 和 $(2,3)$ 内.

例 3 证明方程 $x^5-5x+1=0$ 有且仅有一个小于1的正实根.

证 设 $f(x)=x^5-5x+1=1$,则 $f(x)$ 在 $[0,1]$ 上连续,且 $f(0)=1,f(1)=-3$. 由介值定理,存在 $x_0\in(0,1)$,使 $f(x_0)=0$,即为方程的小于1的正实根.

又假设另有 $x_1\in(0,1)$,$x_1\neq x_0$,使 $f(x_1)=0$. 因为 $f(x)$ 在 x_0,x_1 之间满足罗尔定理的条件,所以至少存在一点 ξ (在 x_0,x_1 之间),使得

$$f'(\xi)=0.$$

但 $f'(x)=5(x^4-1)<0\ (x\in(0,1))$,导致矛盾,故 x_0 为唯一实根.

例 4 设 $f(x)$ 在 $[a,b]$ 上连续,在 (a,b) 内可导,且 $f(a)=f(b)=0$. 证明:存在 $\xi\in(a,b)$,使 $f'(\xi)=f(\xi)$ 成立.

证 引进辅助函数 $\varphi(x)=f(x)\mathrm{e}^{-x}$,

由于 $\varphi(a)=\varphi(b)=0$,易知 $\varphi(x)$ 在 $[a,b]$ 上满足罗尔定理,且 $\varphi'(x)=f'(x)\mathrm{e}^{-x}-f(x)\mathrm{e}^{-x}$,因此,在 (a,b) 内至少存在一点 $\xi\in(a,b)$,使 $\varphi'(\xi)=0$,即 $f'(\xi)\mathrm{e}^{-\xi}-f(\xi)\mathrm{e}^{-\xi}=0$,因 $\mathrm{e}^{-\xi}\neq0$,所以 $f'(\xi)=f(\xi)$.

4.1.2 拉格朗日中值定理

拉格朗日中值定理

拉格朗日-拉格朗日中值定理

假设你开始了另一段旅行,在两个小时之内行驶了 120 km,平均速度为 60 km/h. 这并不是说你在整个行驶过程中每个小时车速都准确地为 60 km. 那么,你的车速会在行驶的某一时刻正好为 60 km/h 吗?

下面的拉格朗日中值定理能够给出回答.

定理 4.2(拉格朗日(Lagrange)中值定理) 设 $f(x)$ 在闭区间 $[a,b]$ 上连续,在开区间 (a,b) 内可导,则至少存在一点 $\xi\in(a,b)$,使得

$$f'(\xi)=\frac{f(b)-f(a)}{b-a}.$$

如果把$f(t)$看作汽车在时刻t的位移，则$f'(t)$是就是时刻t的速度. 时刻a和b是观察段的起始和终止时刻；$f'(\xi)$是在时刻a和b之间某点处的瞬时速度，$\frac{f(b)-f(a)}{b-a}$是从时刻a到时刻b这段时间的运行平均速度.

如图 4.3 所示，由于$f'(\xi)$在几何上代表曲线$y=f(x)$在点$(\xi,f(\xi))$处的切线斜率，$\frac{f(b)-f(a)}{b-a}$则代表曲线$y=f(x)$上的弦AB的斜率，则拉格朗日中值定理在几何上可以解释为：如果连续曲线$y=f(x)$在$[a,b]$上除$A(a,f(a))$和$B(b,f(b))$两点外是光滑的，则在(a,b)内至少有一点ξ，曲线在$(\xi,f(\xi))$点的切线与弦AB平行.

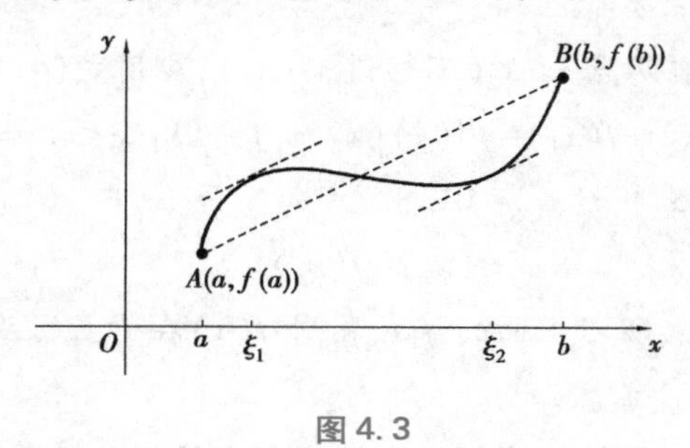

图 4.3

在图 4.3 所示中，点A和点B既在曲线$y=f(x)$上，又在直线AB上，利用这一关系，我们可以构造一个函数来证明拉格朗日中值定理.

证明　作辅助函数$g(x)=f(x)-f(a)-\frac{f(b)-f(a)}{b-a}(x-a)$.

容易验证函数$g(x)$满足罗尔定理的条件：$g(a)=g(b)=0$，$g(x)$在闭区间$[a,b]$上连续，在开区间(a,b)内可导，且

$$g'(x)=f'(x)-\frac{f(b)-f(a)}{b-a}.$$

根据罗尔定理，可知在开区间(a,b)内至少有一点ξ，使$g'(\xi)=0$，即

$$f'(\xi)-\frac{f(b)-f(a)}{b-a}=0,$$

由此得

$$f'(\xi)=\frac{f(b)-f(a)}{b-a}.$$

定理证毕.

拉格朗日中值定理的结论也可以写成

$$f(b)-f(a)=f'(\xi)(b-a), \tag{4.1}$$

式(4.1)称为拉格朗日中值公式.

若x与$x+\Delta x$为区间$[a,b]$内两个点，则式(4.1)在x与$x+\Delta x$之间就成为

$$f(x+\Delta x)-f(x)=f'(x+\theta\Delta x)\cdot\Delta x \quad (0<\theta<1), \tag{4.2}$$

由于θ在 0 与 1 之间，所以$x+\theta\Delta x$是在x与$x+\Delta x$之间.

如果记$f(x)$为y，则式(4.2)又可写成

$$\Delta y = f'(x+\theta\Delta x)\cdot\Delta x\quad(0<\theta<1),\tag{4.3}$$

我们知道,函数的微分 $dy=f'(x)\cdot\Delta x$ 是函数的增量 Δy 的近似表达式,一般说来,以 dy 近似代替 Δy 时所产生的误差只有当 $\Delta x\to 0$ 时才趋于零;而式(4.3)则表示 $f'(x+\theta\Delta x)\cdot\Delta x$ 在 Δx 为有限时就是增量 Δy 的准确表达式. 因此这个定理也叫作**有限增量定理**,它在微分学中占有重要地位,有时也叫作**微分中值定理**,它精确地表达了函数在一个区间上的增量与函数在这区间内某点处的导数之间的关系. 在某些问题中当自变量 x 取得有限增量 Δx 而需要函数增量的准确表达式时,拉格朗日中值定理就显示出它的价值.

例 5 证明:如果函数 $f(x)$ 在区间 I 上的导数恒为零,那么 $f(x)$ 在区间 I 上是一个常数.

证明 在区间 I 上任取两点 x_1、x_2(不妨设 $x_1<x_2$),应用式(4.1)就得

$$f(x_2)-f(x_1)=f'(\xi)(x_2-x_1)\quad(x_1<\xi<x_2).$$

由假定,$f'(\xi)=0$,所以 $f(x_2)-f(x_1)=0$,即

$$f(x_2)=f(x_1).$$

因为 x_1、x_2 是 I 上任意两点,所以上面的等式表明:$f(x)$ 在 I 上的函数值总是相等的,这就是说,$f(x)$ 在区间 I 上是一个常数.

从上述论证中可以看出,虽然拉格朗日中值定理中的 ξ 的准确数值不知道,但在这里并不妨碍它的应用.

例 6 验证函数 $f(x)=\arctan x$ 在 $[0,1]$ 上满足拉格朗日中值定理,并求出相应的 ξ 值.

解 $f(x)=\arctan x$ 在 $[0,1]$ 上连续,在 $(0,1)$ 可导,故满足拉格朗日中值定理的条件,由

$$f(1)-f(0)=f'(\xi)(1-0)\quad(0<\xi<1)$$

即

$$\arctan 1-\arctan 0=\left.\frac{1}{1+x^2}\right|_{x=\xi}=\frac{1}{1+\xi^2}=\frac{\pi}{4}$$

得

$$\xi=\sqrt{\frac{4-\pi}{\pi}}\quad(0<\xi<1).$$

例 7 证明当 $x>0$ 时,$\dfrac{x}{1+x}<\ln(1+x)<x$.

证 设 $f(x)=\ln(1+x)$,则 $f(x)$ 在 $[0,x]$ 上满足拉格朗日定理的条件. 由

$$f(x)-f(0)=f'(\xi)(x-0)\quad(0<\xi<x),$$

及 $f(0)=0$,$f'(x)=\dfrac{1}{1+x}$,得

$$\ln(1+x)=\frac{x}{1+\xi}\quad(0<\xi<x),$$

又因为 $1<1+\xi<1+x$,所以 $\dfrac{1}{1+x}<\dfrac{1}{1+\xi}<1$,得

$$\frac{x}{1+x}<\frac{x}{1+\xi}<x,$$

即　$\frac{x}{1+x}<\ln(1+x)<x.$

用拉格朗日中值定理证明不等式的一般想法是:

分析阶段:根据你要证明的不等式,构造出形如$\frac{f(b)-f(a)}{b-a}$的表达式.

证明阶段:(1)作辅助函数$f(x)$,验证$f(x)$在区间$[a,b]$上满足拉格朗日中值定理的条件,得到一个等式$f'(\xi)=\frac{f(b)-f(a)}{b-a}$;

(2)算出$f'(\xi)$的表达式;

(3)将$f'(\xi)$的表达式中的ξ分别换成a和b,就得到所需要的不等式.

例8　证明:对任何实数x_1和x_2,恒有$|\sin x_1-\sin x_2|\leqslant|x_1-x_2|$.

证　设$f(x)=\sin x$,则$f(x)$在任何有限区间上满足拉格朗日定理的条件. 于是有

$$\cos\xi=\frac{\sin x_1-\sin x_2}{x_1-x_2},(\xi\text{在}x_1\text{和}x_2\text{之间}),$$

由$|\cos\xi|\leqslant1$,有

$$|\cos\xi|=\frac{|\sin x_1-\sin x_2|}{|x_1-x_2|}\leqslant1$$

得　$|\sin x_1-\sin x_2|\leqslant|x_1-x_2|$.

4.1.3　柯西中值定理

柯西中值定理

柯西-柯西中值定理

定理4.3(柯西(Cauchy)中值定理)　设函数$f(x)$和$g(x)$在闭区间$[a,b]$上连续,在开区间(a,b)内可导,且$g'(x)$在(a,b)内的每一点处均不为零,那么在(a,b)内至少存在一点ξ,使得

$$\frac{f'(\xi)}{g'(\xi)}=\frac{f(b)-f(a)}{g(b)-g(a)}\tag{4.4}$$

证明　将式(4.4)变形为

$$f'(\xi)=\frac{f(b)-f(a)}{g(b)-g(a)}g'(\xi),$$

$$\left[f(x)-\frac{f(b)-f(a)}{g(b)-g(a)}g(x)\right]'\bigg|_{x=\xi}.$$

可作辅助函数

$$F(x)=f(x)-\frac{f(b)-f(a)}{g(b)-g(a)}g(x),$$

不难验证,$F(x)$在$[a,b]$上满足罗尔定理的全部条件,故在(a,b)内至少存在一点ξ,使得

$$F'(\xi)=f'(\xi)-\frac{f(b)-f(a)}{g(b)-g(a)}g'(\xi)=0.$$

而由任意$x\in(a,b)$均有$g'(x)\neq0$知,$g'(\xi)\neq0$且$g(b)\neq g(a)$. 故由上式,可得式(4.4)成立.

公式(4.4)称为柯西(Cauchy)中值公式.

特别地,当$g(x)=x$时,式(4.4)便成为拉格朗日中值公式. 因此,拉格朗日中值定理可看作柯西中值定理的特殊情形.

例 9 若$f(x)$在$[a,b]$上连续,在(a,b)内可导且$a>0$,试证在(a,b)内方程$2x[f(b)-f(a)]=(b^2-a^2)f'(x)$至少存在一个根.

证明 因为所给方程等价于方程

$$\frac{f'(x)}{(x^2)'}=\frac{f(b)-f(a)}{b^2-a^2},$$

而$f(x)$、x^2在$[a,b]$上满足柯西中值定理的条件,所以在(a,b)内至少存在一个ξ,使得

$$\frac{f'(\xi)}{2\xi}=\frac{f(b)-f(a)}{b^2-a^2},$$

即

$$2\xi[f(b)-f(a)]=(b^2-a^2)f'(\xi).$$

故在(a,b)内,方程$2x[f(b)-f(a)]=(b^2-a^2)f'(x)$至少有一个根$\xi$.

4.1.4 泰勒(Taylor)中值定理

泰勒-泰勒中值定理

由于多项式对数值计算和理论分析都十分方便,所以在研究某些复杂函数时,通常希望把它们表示(或近似表示)成一个多项式. 如果$f(x)$在x_0的某邻域$U(x_0)$内能够表示(或近似表示)为一个多项式$P_n(x)$,那么这个多项式$P_n(x)$的系数应如何确定呢?$f(x)-P_n(x)$又是多少呢?

下面我们就来讨论这个问题.

(1)若要把一个关于x的多项式$f(x)=b_0+b_1x+\cdots+b_nx^n$在$U(x_0)$内表示为$x-x_0$的多项式

$$P_n(x)=a_0+a_1(x-x_0)+\cdots+a_n(x-x_0)^n,$$

则由多项式函数具有任意阶导数知,只要对上式两边求1至n阶导数,并令$x=x_0$,就不难得到

$$a_0=P_n(x_0),a_k=\frac{P_n^{(k)}(x_0)}{k!}\ (k=1,2,\cdots,n)$$

而由 $P_n(x)=f(x)$，便有

$$a_0=f(x_0),a_k=\frac{f^{(k)}(x_0)}{k!}\ (k=1,2,\cdots,n)$$

于是，

$$f(x)=P_n(x)$$
$$=f(x_0)+f'(x_0)(x-x_0)+\frac{f''(x_0)}{2!}(x-x_0)^2+\cdots+\frac{f^{(n)}(x_0)}{n!}(x-x_0)^n.$$

（2）若 $f(x)$ 不是多项式，而是一个在 $U(x_0)$ 具有直到 $n+1$ 阶导数的一般函数，则只要我们仿照上式构造一个多项式

$$P_n(x)=f(x_0)+f'(x_0)(x-x_0)+\frac{f''(x_0)}{2!}(x-x_0)^2+\cdots+\frac{f^{(n)}(x_0)}{n!}(x-x_0)^n,$$

并记 $f(x)$ 与 $P_n(x)$ 之误差为 $R_n(x)$，就得到

$$f(x)=P_n(x)+R_n(x).$$

当 $|R_n(x)|$ 很小且在我们的允许范围之内时，就可用 $P_n(x)$ 去近似代替 $f(x)$，即有

$$f(x)\approx f(x_0)+f'(x_0)(x-x_0)+\frac{f''(x_0)}{2!}(x-x_0)^2+\cdots+\frac{f^{(n)}(x_0)}{n!}(x-x_0)^n.$$

现在的问题是：如何确定误差 $R_n(x)$.

关于这个问题，英国数学家泰勒（Taylor）在 1751 年发表的《增量方法》一书中所提出的重要命题，给出了这个问题的确切答案.

定理 4.4（泰勒（Taylor）中值定理）　若函数 $f(x)$ 在含 x_0 的某个区间 (a,b) 内有直到 $n+1$ 阶导数，则对于任意 $x\in(a,b)$，均有

$$f(x)=f(x_0)+f'(x_0)(x-x_0)+\frac{f''(x_0)}{2!}(x-x_0)^2+\cdots+\frac{f^{(n)}(x_0)}{n!}(x-x_0)^n+R_n(x) \tag{4.5}$$

且

$$R_n(x)=\frac{f^{(n+1)}(\xi)}{(n+1)!}(x-x_0)^{n+1}(\xi\text{ 介于 }x_0\text{ 与 }x\text{ 之间}). \tag{4.6}$$

证　作辅助函数

$$F(t)=f(x)-\left[f(t)+f'(t)(x-t)+\frac{f''(t)}{2!}(x-t)^2+\cdots+\frac{f^{(n)}(t)}{n!}(x-t)^n\right],$$

并记 $F(t)=f(x)-\sum\limits_{k=0}^{n}\frac{f^{(k)}(t)}{k!}(x-t)^k$，则 $F(t)$ 在区间 $[x,x_0]$ 或 $[x_0,x]$ 上连续并可导，且

$$F'(t)=-\sum_{k=0}^{n}\left[\frac{f^{(k+1)}(t)}{k!}(x-t)^k-\frac{f^{(k)}(t)}{k!}\cdot k(x-t)^{k-1}\right]=-\frac{f^{(n+1)}(t)}{n!}\cdot(x-t)^n,$$

令 $G(t)=(x-t)^{n+1}$，则 $F(t)$ 和 $G(t)$ 满足柯西中值定理的条件，故在 x_0 与 x 之间至少存在一点 ξ，使得

$$\frac{F(x)-F(x_0)}{G(x)-G(x_0)}=\frac{f'(\xi)}{G'(\xi)}=\frac{1}{n!}f^{(n+1)}(\xi)(x-\xi)^n\cdot\frac{1}{(n+1)(x-\xi)^n}=\frac{1}{(n+1)!}f^{(n+1)}(\xi),$$

因为 $F(x)=G(x)=0$, $F(x_0)=R_n(x)$,所以,由上式便有

$$R_n(x)=\frac{1}{(n+1)!}f^{(n+1)}(\xi)\cdot G(x_0),$$

$$R_n(x)=\frac{f^{(n+1)}(\xi)}{(n+1)!}(x-x_0)^{n+1}(\xi \text{ 在 } x_0 \text{ 与 } x \text{ 之间}).$$

式(4.5)称为函数 $f(x)$ 在 $x=x_0$ 处的 n 阶泰勒公式或泰勒展开式.

$P_n(x)=f(x_0)+f'(x_0)(x-x_0)+\cdots+\frac{f^{(n)}(x_0)}{n!}(x-x_0)^n$ 称为 $f(x)$ 在 x_0 处的 n 阶泰勒多项式,式(4.6)称为 $f(x)$ 在 x_0 处的 n 阶拉格朗日余项.

由泰勒中值定理可知,若 $f(x)$ 满足定理条件,则 $f(x)$ 就可以近似地表示为多项式 $P_n(x)$,而近似表示的误差 $R_n(x)$ 可由式(4.6)来估计.

在式(4.5)中,令 $n=0$,则可得拉格朗日公式

$$f(x)=f(x_0)+f'(\xi)(x-x_0) \quad (\xi \text{ 在 } x_0 \text{ 与 } x \text{ 之间})$$

且 $f'(\xi)(x-x_0)=R_0(x)$.

因此,泰勒公式是拉格朗日公式的推广.

在式(4.5)中,令 $x_0=0$,则可得到一个新的公式:

$$f(x)=f(0)+f'(0)x+\cdots+\frac{f^{(n)}(0)}{n!}x^n+R_n(x) \tag{4.7}$$

且

$$R_n(x)=\frac{f^{(n+1)}(\xi)}{(n+1)!}x^{n+1} \quad (\xi \text{ 在 } 0 \text{ 与 } x \text{ 之间}) \tag{4.8}$$

或

$$R_n(x)=\frac{f^{(n+1)}(\theta x)}{(n+1)!}x^{n+1} \quad (0<\theta<1) \tag{4.9}$$

式(4.7)称为麦克劳林(Maclaurin)公式或麦克劳林展开式,而式(4.8)与式(4.9)均称为拉格朗日余项.

例 10　写出 $f(x)=\mathrm{e}^x$ 的 n 阶麦克劳林展开式.

解　因为 $f(x)=f'(x)=f''(x)=\cdots=f^{(n)}(x)=\mathrm{e}^x$,所以

$f(0)=f'(0)=f''(0)=\cdots=f^{(n)}(0)=1$, $f^{(n+1)}(\theta x)=\mathrm{e}^{\theta x}$　$(0<\theta<1)$.

于是,$f(x)=\mathrm{e}^x$ 的 n 阶麦克劳林展开式为

$$\mathrm{e}^x=1+x+\frac{x^2}{2}+\cdots+\frac{x^n}{n!}+R_n(x),$$

其中余项

$$R_n(x)=\frac{\mathrm{e}^{\theta x}}{(n+1)!}x^{n+1}(0<\theta<1).$$

在 e^x 的麦克劳林展开式中,令 $x=1$,则当 n 较大时,就有

$$\mathrm{e}\approx 1+1+\frac{1}{2!}\cdots+\frac{1}{n!},$$

由式(4.9)知,这时所产生的误差为

$$|R_n|=\frac{e^{\theta}}{(n+1)!}<\frac{3}{(n+1)!}.$$

当 $n=10$ 时,可算出 $e\approx2.718\ 282$,其误差不超过 10^{-7}.

例11 写出函数 $f(x)=\ln(1+x)$ 的 $n=2$ 阶麦克劳林展开式.

解 由于 $f(x)=\ln(1+x)$

$f'(x)=(1+x)^{-1}, f'(0)=1$,

$f''(x)=-(1+x)^{-2}, f''(0)=-1!$,

$f^{(3)}(x)=2!\ (1+x)^{-3}, f^{(3)}(\xi)=2!\ (1+\xi)^{-3}$,

所以,$f(x)=\ln(1+x)$ 的 $n=2$ 阶麦克劳林展开式

$$\ln(1+x)=f(0)+\frac{f'(0)}{1!}x+\frac{f''(0)}{2!}x^2+R_2(x)=x-\frac{1}{2}x^2+R_2(x)$$

这里,$R_2(x)=\dfrac{f'''(\xi)}{3!}x^3=\dfrac{x^3}{3(1+\xi)^3}$ (ξ 在0与 x 之间).

可见,泰勒中值定理可用来近似求函数值,并且 n 取得越大近似程度越好.

习题 4.1

1. 验证下列函数在所给区间上是否满足罗尔定理,如果满足,试求定理中的 ξ:

(1) $f(x)=x^3-x,[-1,1]$　　(2) $f(x)=1-\sqrt[3]{x^2},[-1,1]$

2. 验证下列函数在所给区间上是否满足拉格朗日中值定理,如果满足,试求出定理中的 ξ:

(1) $f(x)=1+\sqrt[3]{x-1},[2,9]$　　(2) $f(x)=\begin{cases}-x+1 & 0\leqslant x\leqslant1\\ x-1 & 1<x\leqslant3\end{cases}$

3. 验证柯西中值定理对函数 $f(x)=x^3+x+2$ 及 $g(x)=x^2+1$ 在区间 $[0,1]$ 上的正确性,并求出相应的 ξ 值.

4. 证明方程 $x^5+10x+3=0$ 有且只有一个实根.

5. 证明:当 $x>1$ 时,有 $e^x>ex$.

6. 证明恒等式:$2\arctan x+\arcsin\dfrac{2x}{1+x^2}=\pi\quad(x\geqslant1)$.

7. 设 $a>b>0,n>1$,证明:$nb^{n-1}(a-b)<a^n-b^n<na^{n-1}(a-b)$.

8. 设 $a>b>0$,证明:$\dfrac{a-b}{a}<\ln\dfrac{a}{b}<\dfrac{a-b}{b}$.

9. 证明:$|\arctan a-\arctan b|\leqslant|a-b|$.

10. 若方程 $a_0x^n+a_1x^{n-1}+\cdots+a_{n-1}x=0$ 有一个正根 $x=x_0$,证明:$na_0x^{n-1}+a_1(n-1)x^{n-2}+\cdots+a_{n-1}=0$ 必有一个小于 x_0 的正根.

11. 若函数 $f(x)$ 在 (a,b) 内具有二阶导数,且 $f(x_1)=f(x_2)=f(x_3)$,其中 $a<x_1<x_2<x_3<b$,证明:在 (x_1,x_3) 内至少有一点 ξ,使得 $f''(\xi)=0$.

12. 设$f(x)$,$g(x)$在$[a,b]$上连续,在(a,b)内可导,且$f(a)=f(b)=0$,$g(x)\neq 0$,试证:至少存在一个$\xi\in(a,b)$使$f'(\xi)g(\xi)=g'(\xi)f(\xi)$.

13. 证明:若函数$f(x)$在$(-\infty,+\infty)$内满足关系式$f'(x)=f(x)$,且$f(0)=1$,则$f(x)=e^x$.

14. 设函数$y=f(x)$在$x=0$的某邻域内具有n阶导数,且$f(0)=f'(0)=\cdots=f^{(n-1)}(0)=0$,试用柯西中值定理证明:

$$\frac{f(x)}{x^n}=\frac{f^{(n)}(\theta x)}{n!}\quad(0<\theta<1).$$

15. 按$(x-4)$的乘幂展开多项式$f(x)=x^4-5x^3+x^2-3x+4$.

16. 求下列函数在$x=0$处的泰勒公式:

(1)$f(x)=\sin x$　　(2)$f(x)=(1+x)^m$

[阅读材料]

微分中值定理的几何与工程背景

拉格朗日中值定理的几何背景是:连接曲线$y=f(x)$两端点$A(a,f(a))$与$B(b,f(b))$的弦AB的斜率恰为曲线上某一点切线的斜率.

拉格朗日中值定理的工程背景是:(1)如果把$y=f(x)$看成是质点作变速直线运动的位置函数,那么拉格朗日中值定理所揭示的是质点在时间段$[a,b]$上的平均速度恰好可以用时间段$[a,b]$内部某一时刻的瞬时速度来表示;(2)如果把$y=f(x)$看成是电流通过某一导线横截面的电量,x表示时间,那么拉格朗日中值定理表示在$b-a$这段时间内通过导线的平均电量(电流强度)恰好可以用时间段$[a,b]$内部某一时刻的瞬时电流强度来表示;(3)如果把$y=f(x)$看成变力沿直线所做的功,x表示位移,那么拉格朗日中值定理表示在位移长度为$b-a$时的平均功率恰好可以用(a,b)内某一点的瞬时功率来表示.

拉格朗日中值定理又可表示为$\Delta y=f'(x+\theta\Delta x)\Delta x(0<\theta<1)$,所以,拉格朗日中值定理又称为有限增量定理. 罗尔中值定理是拉格朗日中值定理在$f(b)=f(a)$时的特例.

柯西中值定理几何背景是:曲线C是由参数方程

$$C:\begin{cases}x=g(t)\\y=f(t)\end{cases}\quad t\in[a,b]$$

来描述,连接曲线两端点$A(g(a),f(a))$与$B(g(b),f(b))$的弦AB的斜率恰为曲线上某一点(对应参数为ξ)切线的斜率$\left.\frac{\mathrm{d}y}{\mathrm{d}x}\right|_{x=\xi}=\frac{f'(\xi)}{g'(\xi)}$. 如果在同一坐标平面上描绘出$f(x)$和$g(x)$图形(图4.4),则$f(x)$和$g(x)$在区间$[a,b]$上的增量分别为$\Delta f$和$\Delta g$,则柯西中值定理揭示两函数在区间$[a,b]$上的增量之比等于两曲线在$\xi$点切线斜率之比.

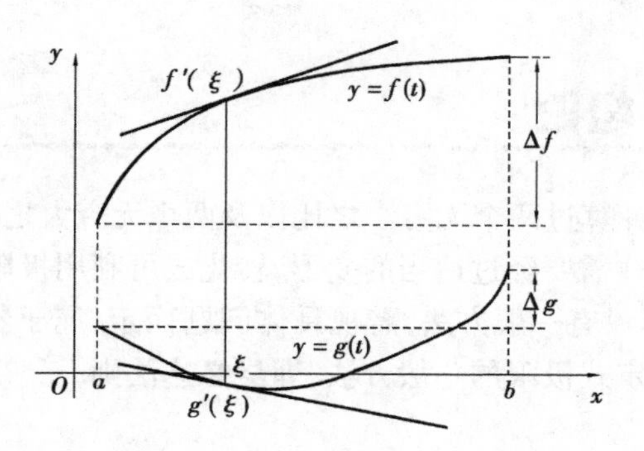

图 4.4　柯西中值定理几何意义示意图

柯西中值定理的工程背景是:如果把 $y=f(t)$ 和 $y=g(t)$ 都看成质点作变速直线运动的位置函数,那么柯西中值定理所揭示的是:质点在时间段 $[a,b]$ 上的平均速度之比恰好等于时间段 $[a,b]$ 内某一时刻 ξ 的瞬时速度之比.

当取 $g(x)=x$ 时,拉格朗日中值定理是柯西中值定理的特例.

泰勒中值定理的几何背景:$f(x)$ 具有 $n+1$ 阶导数,$P_n(x)$ 为 n 次多项式,设 $P_n(x)=a_0+a_1x+\cdots+a_nx^n$,若用多项式 $P_n(x)$ 近似代替 $f(x)$,首先要保证 $f(x)$ 和 $P_n(x)$ 在 x_0 点具有相同的函数值,即 $f(x_0)=P_n(x_0)$;其次要使 $P_n(x)$ 与 $f(x)$ 吻合得更好,在 x_0 点 $f(x)$ 和 $P_n(x)$ 应具有相同的切线,即 $f'(x_0)=P'_n(x_0)$;进一步要求 $P_n(x)$ 与 $f(x)$ 的凸性相同,即 $f''(x_0)=P''_n(x_0)$(图 4.5). 满足上述要求的多项式 $P_n(x)$ 是唯一的,也就是

$$P_n(x)=f(x_0)+f'(x_0)(x-x_0)+\cdots+\frac{f^{(n)}(x_0)}{n!}(x-x_0)^n.$$

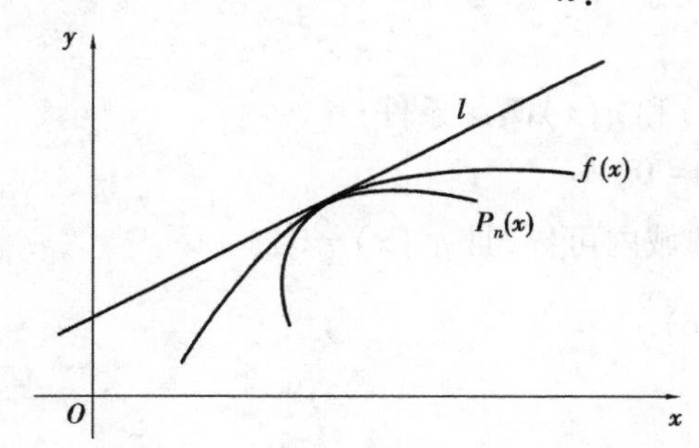

图 4.5　多项式逼近示意图

泰勒中值定理的工程背景:设 $s=f(t)$ 和 $s=P_n(t)$ 是两个质点的运动方程,那么 $f(t_0)=P_n(t_0)$ 表示两个质点的初始位置相同;$f(t_0)=P_n(t_0)$ 且 $f'(t_0)=P'_n(t_0)$ 表示两个质点的初始位置相同且具有相同的初始速度;$f(t_0)=P_n(t_0)$, $f'(t_0)=P'_n(t_0)$ 及 $f''(t_0)=P''_n(t_0)$ 表示两个质点的初始位置相同、具有相同的初始速度且具有相同的加速度. 比较上述 3 种情形,在 $t=t_0$ 附近质点运动的状态一种情形比一种情形更接近.

当 $n=0$ 时,拉格朗日中值定理是泰勒中值定理的特例.

4.2 未定式的极限

在第2章中,我们曾计算过两个无穷小之比以及两个无穷大之比的未定式的极限. 在那里,计算未定式的极限往往需要经过适当的变形,转化成可利用极限运算法则或重要极限的形式进行计算. 这种变形没有一般方法,需视具体问题而定,属于特定的方法. 本节将用导数作为工具,给出计算未定式极限的一般方法,即洛必达法则.

4.2.1 $\frac{0}{0}$型未定式的极限

基本型

洛必达法则由来-未定式的极限

若当 $x\to a$ 时(a 可以是常数或无穷大),函数 $f(x)$ 和 $g(x)$ 都趋于零,则称$\lim\limits_{x\to a}\frac{f(x)}{g(x)}$为$\frac{0}{0}$型未定式. 例如,$\lim\limits_{x\to0}\frac{\tan x}{x}$,$\lim\limits_{x\to0}\frac{\sin x}{x}$,$\lim\limits_{x\to+\infty}\frac{\frac{\pi}{2}-\arctan x}{\frac{1}{x}}$等.

定理 4.5 设函数 $f(x)$ 和 $g(x)$ 满足条件:

(1) $\lim\limits_{x\to a}f(x)=\lim\limits_{x\to a}g(x)=0$,

(2) 在点 a 的某空心邻域内可导,且 $g'(x)\neq0$,

(3) $\lim\limits_{x\to a}\frac{f'(x)}{g'(x)}=A$ (或∞).

则有

$$\lim_{x\to a}\frac{f(x)}{g(x)}=\lim_{x\to a}\frac{f'(x)}{g'(x)}=A\ (\text{或}\infty).$$

证明 由于极限$\lim\limits_{x\to a}\frac{f(x)}{g(x)}$存在与否,与函数值 $f(a)$ 和 $g(a)$ 无关,故不妨补充定义 $f(a)=g(a)=0$. 于是,由定理条件可知,函数 $f(x)$ 和 $g(x)$ 在点 a 的某邻域内连续,设 x 为该邻域内的一点($x\neq a$),则由定理的条件(2)可知,$f(x)$ 和 $g(x)$ 在以点 a 与点 x 为端点的区间$[a,x]$(或$[x,a]$)上满足柯西定理条件. 于是,在(a,x)(或(x,a))内至少存在一点 ξ,使得

$$\frac{f(x)}{g(x)}=\frac{f(x)-f(a)}{g(b)-g(a)}=\frac{f'(\xi)}{g'(\xi)}$$

注意到 $x\to a$ 时,必有 $\xi\to a$,将上式两端取极限,由定理的条件(3)可得

$$\lim_{x\to a}\frac{f(x)}{g(x)}=\lim_{\xi\to a}\frac{f'(\xi)}{g'(\xi)}=\lim_{x\to a}\frac{f'(x)}{g'(x)}=A\ (\text{或}\infty).$$

定理得证.

例 1　求$\lim\limits_{x\to 0}\dfrac{\sin kx}{x}(k\neq 0)$.

解　$\lim\limits_{x\to 0}\dfrac{\sin kx}{x}=\lim\limits_{x\to 0}\dfrac{(\sin kx)'}{(x)'}=\lim\limits_{x\to 0}\dfrac{k\cos kx}{1}=k$.

例 2　求$\lim\limits_{x\to 1}\dfrac{x^3-3x+2}{x^3-x^2-x+1}$.

解　$\lim\limits_{x\to 1}\dfrac{x^3-3x+2}{x^3-x^2-x+1}=\lim\limits_{x\to 1}\dfrac{3x^2-3}{3x^2-2x-1}=\lim\limits_{x\to 1}\dfrac{6x}{6x-2}=\dfrac{3}{2}$.

注　上式中,$\lim\limits_{x\to 1}\dfrac{6x}{6x-2}$已不是未定式,不能再对它应用洛必达法则.

例 3　求$\lim\limits_{x\to 0}\dfrac{e^x-e^{-x}-2x}{x-\sin x}$.

解　$\lim\limits_{x\to 0}\dfrac{e^x-e^{-x}-2x}{x-\sin x}=\lim\limits_{x\to 0}\dfrac{e^x+e^{-x}-2}{1-\cos x}=\lim\limits_{x\to 0}\dfrac{e^x-e^{-x}}{\sin x}=\lim\limits_{x\to 0}\dfrac{e^x+e^{-x}}{\cos x}=2$.

推论　设函数$f(x)$和$g(x)$满足条件:

(1) $\lim\limits_{x\to\infty}f(x)=\lim\limits_{x\to\infty}g(x)=0$,

(2) 存在正数M,使得当$|x|>M$时,$f(x)$和$g(x)$可导,且$g'(x)\neq 0$,

(3) $\lim\limits_{x\to\infty}\dfrac{f'(x)}{g'(x)}=A$ (或∞).

则有

$$\lim_{x\to\infty}\frac{f(x)}{g(x)}=\lim_{x\to\infty}\frac{f'(x)}{g'(x)}=A\ (\text{或}\infty).$$

例 4　求$\lim\limits_{x\to+\infty}\dfrac{\dfrac{\pi}{2}-\arctan x}{\dfrac{1}{x}}$.

解　$\lim\limits_{x\to+\infty}\dfrac{\dfrac{\pi}{2}-\arctan x}{\dfrac{1}{x}}=\lim\limits_{x\to+\infty}\dfrac{-\dfrac{1}{1+x^2}}{-\dfrac{1}{x^2}}=\lim\limits_{x\to+\infty}\dfrac{x^2}{1+x^2}=1$.

4.2.2　$\dfrac{\infty}{\infty}$型未定式的极限

若当$x\to a$时(a可以是常数或无穷大),函数$f(x)$和$g(x)$都趋于无穷大,则称$\lim\limits_{x\to a}\dfrac{f(x)}{g(x)}$

为$\frac{\infty}{\infty}$型未定式. 例如,$\lim\limits_{x \to 0} \frac{\ln \sin ax}{\ln \sin bx}$,$\lim\limits_{x \to +\infty} \frac{x^2}{e^x}$等.

定理 4.6 设函数$f(x)$和$g(x)$满足条件:

(1)$\lim\limits_{x \to a} f(x) = \lim\limits_{x \to a} g(x) = \infty$,

(2)在点a的某空心邻域内可导,且$g'(x) \neq 0$,

(3)$\lim\limits_{x \to a} \frac{f'(x)}{g'(x)} = A$(或$\infty$).

则有

$$\lim_{x \to a} \frac{f(x)}{g(x)} = \lim_{x \to a} \frac{f'(x)}{g'(x)} = A \text{ (或}\infty\text{)}.$$

例 5 求$\lim\limits_{x \to 0^+} \frac{\ln \cot x}{\ln x}$.

解 $\lim\limits_{x \to 0^+} \frac{\ln \cot x}{\ln x} = \lim\limits_{x \to 0^+} \frac{\frac{1}{\cot x} \cdot \left(-\frac{1}{\sin^2 x}\right)}{\frac{1}{x}} = -\lim\limits_{x \to 0^+} \frac{x}{\sin x \cos x}$

$= -\lim\limits_{x \to 0^+} \frac{x}{\sin x \cos x} \cdot \lim\limits_{x \to 0^+} \frac{1}{\cos x} = -1$.

例 6 求$\lim\limits_{x \to +\infty} \frac{\ln x}{x^n}(n>0)$.

解 $\lim\limits_{x \to +\infty} \frac{\ln x}{x^n} = \lim\limits_{x \to +\infty} \frac{\frac{1}{x}}{nx^{n-1}} = \lim\limits_{x \to +\infty} \frac{1}{nx^n} = 0$.

例 7 求$\lim\limits_{x \to +\infty} \frac{x^n}{e^{\lambda x}}$. ($n$为正整数,$\lambda>0$)

解 反复应用洛必达法则n次,得

$$\lim_{x \to +\infty} \frac{x^n}{e^{\lambda x}} = \lim_{x \to +\infty} \frac{nx^{n-1}}{\lambda e^{\lambda x}} = \lim_{x \to +\infty} \frac{n(n-1)x^{n-2}}{\lambda^2 e^{\lambda x}} = \cdots = \lim_{x \to +\infty} \frac{n!}{\lambda^n e^{\lambda x}} = 0.$$

注 对数函数$\ln x$、幂函数x^n、指数函数$e^{\lambda x}(\lambda>0)$均为当$x \to +\infty$时的无穷大,但它们增大的速度很不一样,就其增大的速度而言:对数函数<幂函数<指数函数.

例 8 求$\lim\limits_{x \to 0} \frac{\tan x - x}{x^2 \tan x}$.

解 注意到$\tan x \sim x$,则有

$$\lim_{x \to 0} \frac{\tan x - x}{x^2 \tan x} = \lim_{x \to 0} \frac{\tan x - x}{x^3} = \lim_{x \to 0} \frac{\sec^2 x - 1}{3x^2} = \lim_{x \to 0} \frac{\tan^2 x}{3x^2} = \frac{1}{3}.$$

注意 洛必达法则虽然是求未定式的一种有效方法,但若能与其他求极限的方法结合使用,则效果更好. 例如能化简时应尽可能先化简,可以应用等价无穷小替换重要极限时,应尽可能应用,以使运算尽可能简捷.

例 9 求$\lim\limits_{x\to 0}\dfrac{3x-\sin 3x}{(1-\cos x)\ln(1+2x)}$.

解 当$x\to 0$时，$1-\cos x\sim\dfrac{1}{2}x^2$，$\ln(1+2x)\sim 2x$，所以

$$\lim_{x\to 0}\frac{3x-\sin 3x}{(1-\cos x)\ln(1+2x)}=\lim_{x\to 0}\frac{3x-\sin 3x}{x^3}=\lim_{x\to 0}\frac{3-3\cos 3x}{3x^2}=\lim_{x\to 0}\frac{3\sin 3x}{2x}=\frac{9}{2}.$$

例 10 求$\lim\limits_{x\to 0}\dfrac{x^2\sin\dfrac{1}{x}}{\sin x}$.

解 所求极限属于$\dfrac{0}{0}$型未定式. 但分子分母分别求导数后，将化为$\lim\limits_{x\to 0}\dfrac{2x\sin\dfrac{1}{x}-\cos\dfrac{1}{x}}{\cos x}$，此式振荡无极限，故洛必达法则失效，不能使用. 但原极限是存在的，可用下法求得：

$$\lim_{x\to 0}\frac{x^2\sin\frac{1}{x}}{\sin x}=\lim_{x\to 0}\left(\frac{x}{\sin x}\cdot x\sin\frac{1}{x}\right)=\frac{\lim\limits_{x\to 0}x\sin\frac{1}{x}}{\lim\limits_{x\to 0}\frac{\sin x}{x}}=\frac{0}{1}=0.$$

4.2.3 其他类型($0\cdot\infty$型，$\infty-\infty$型，0^0，1^∞，∞^0型)未定式

扩展型

(1)对于$0\cdot\infty$型，可将乘积化为商的形式，即化为$\dfrac{0}{0}$或$\dfrac{\infty}{\infty}$型的未定式来计算.

例 11 求$\lim\limits_{x\to+\infty}x^{-2}e^x$. ($0\cdot\infty$型)

解 $\lim\limits_{x\to+\infty}x^{-2}e^x=\lim\limits_{x\to+\infty}\dfrac{e^x}{x^2}=\lim\limits_{x\to+\infty}\dfrac{e^x}{2x}=\lim\limits_{x\to+\infty}\dfrac{e^x}{2}=+\infty$.

例 12 求$\lim\limits_{x\to 0^+}x\ln x$. ($0\cdot\infty$型)

解 $\lim\limits_{x\to 0^+}x\ln x=\lim\limits_{x\to 0^+}\dfrac{\ln x}{\dfrac{1}{x}}=\lim\limits_{x\to 0^+}\dfrac{\dfrac{1}{x}}{-\dfrac{1}{x^2}}=-\lim\limits_{x\to 0^+}x=0$.

(2)对于$\infty-\infty$型，可利用通分化为$\dfrac{0}{0}$型的未定式来计算.

例 13　求$\lim\limits_{x\to\frac{\pi}{2}}(\sec x-\tan x)$. ($\infty-\infty$型)

解　$\lim\limits_{x\to\frac{\pi}{2}}(\sec x-\tan x)=\lim\limits_{x\to\frac{\pi}{2}}\left(\dfrac{1}{\cos x}-\dfrac{\sin x}{\cos x}\right)=\lim\limits_{x\to\frac{\pi}{2}}\dfrac{1-\sin x}{\cos x}=\lim\limits_{x\to\frac{\pi}{2}}\dfrac{-\cos x}{-\sin x}=\dfrac{0}{1}=0.$

例 14　求$\lim\limits_{x\to0}\left(\dfrac{1}{\sin x}-\dfrac{1}{x}\right)$. ($\infty-\infty$型)

解　$\lim\limits_{x\to0}\left(\dfrac{1}{\sin x}-\dfrac{1}{x}\right)=\lim\limits_{x\to0}\dfrac{x-\sin x}{x\cdot\sin x}=\lim\limits_{x\to0}\dfrac{x-\sin x}{x^2}=\lim\limits_{x\to0}\dfrac{1-\cos x}{2x}=\lim\limits_{x\to0}\dfrac{\sin x}{2}=0.$

例 15　求$\lim\limits_{x\to\infty}[(2+x)e^{\frac{1}{x}}-x]$. ($\infty-\infty$型)

解　$\lim\limits_{x\to\infty}[(2+x)e^{\frac{1}{x}}-x]=\lim\limits_{x\to\infty}x[(\dfrac{2}{x}+1)e^{\frac{1}{x}}-1]=\lim\limits_{x\to\infty}\dfrac{(1+\dfrac{2}{x})e^{\frac{1}{x}}-1}{\dfrac{1}{x}}.$

直接用洛必达法则计算量较大. 为此作变量替换,令$t=\dfrac{1}{x}$,则当$x\to\infty$时,$t\to0$,所以

$\lim\limits_{x\to\infty}[(2+x)e^{\frac{1}{x}}-x]=\lim\limits_{t\to0}\dfrac{(1+2t)e^t-1}{t}=\lim\limits_{t\to0}\dfrac{2+(2t+1)}{1}e^t=3.$

(3)对于0^0,1^∞,∞^0型,可先化为以e为底的指数函数的极限,再利用指数函数的连续性,化为直接求指数的极限,指数的极限为$0\cdot\infty$的形式,再化为$\dfrac{0}{0}$或$\dfrac{\infty}{\infty}$型的未定式来计算.

例 16　求$\lim\limits_{x\to0^+}x^x$. (0^0型)

解　$\lim\limits_{x\to0^+}x^x=\lim\limits_{x\to0^+}e^{x\ln x}=e^{\lim\limits_{x\to0^+}x\ln x}=e^{\lim\limits_{x\to0^+}\frac{\ln x}{\frac{1}{x}}}=e^{\lim\limits_{x\to0^+}\frac{\frac{1}{x}}{-\frac{1}{x^2}}}=e^0=1.$

例 17　求$\lim\limits_{x\to0^+}x^{\tan x}$. ($0^0$型)

解　将它变形为$\lim\limits_{x\to0^+}x^{\tan x}=e^{\lim\limits_{x\to0^+}\tan x\ln x}$.

由于　$\lim\limits_{x\to0^+}\tan x\ln x=\lim\limits_{x\to0^+}\dfrac{\ln x}{\cot x}=\lim\limits_{x\to0^+}\dfrac{\dfrac{1}{x}}{\csc^2x}=\lim\limits_{x\to0^+}\dfrac{-\sin^2x}{x}$

$=\lim\limits_{x\to0^+}\dfrac{-2\sin x\cos x}{1}=0.$

故　$\lim\limits_{x\to0^+}x^{\tan x}=e^0=1.$

例 18　求$\lim\limits_{x\to1}x^{\frac{1}{1-x}}$. ($1^\infty$型)

解　$\lim\limits_{x\to1}x^{\frac{1}{1-x}}=\lim\limits_{x\to1}e^{\frac{1}{1-x}\ln x}=e^{\lim\limits_{x\to1}\frac{\ln x}{1-x}}=e^{\lim\limits_{x\to1}\frac{\frac{1}{x}}{-1}}=e^{-1}.$

例19　求$\lim\limits_{x\to0}\left(\dfrac{\sin x}{x}\right)^{\frac{1}{1-\cos x}}$.（$1^{\infty}$型）

解　$\lim\limits_{x\to0}\left(\dfrac{\sin x}{x}\right)^{\frac{1}{1-\cos x}}=\lim\limits_{x\to0}e^{\frac{1}{1-\cos x}\ln\frac{\sin x}{x}}=e^{\lim\limits_{x\to0}\frac{\ln\sin x-\ln x}{1-\cos x}}$,由于

$$\lim_{x\to0}\frac{\ln\sin x-\ln x}{1-\cos x}=\lim_{x\to0}\frac{\cot x-\dfrac{1}{x}}{\sin x}=\lim_{x\to0}\frac{x\cos x-\sin x}{x\sin^2 x}=\lim_{x\to0}\frac{x\cos x-\sin x}{x^3}$$
$$=\lim_{x\to0}\frac{-x\sin x}{3x^2}=-\frac{1}{3}.$$

所以　$\lim\limits_{x\to0}\left(\dfrac{\sin x}{x}\right)^{\frac{1}{1-\cos x}}=e^{-\frac{1}{3}}$.

例20　求$\lim\limits_{x\to0^+}(\cos\sqrt{x})^{\frac{\pi}{x}}$.（$1^{\infty}$型）

解一　利用洛必达法则.

$$\lim_{x\to0^+}(\cos\sqrt{x})^{\frac{\pi}{x}}=e^{\lim\limits_{x\to0^+}\frac{\pi}{x}\ln\cos\sqrt{x}}=e^{\pi\lim\limits_{x\to0^+}\frac{-\sin\sqrt{x}}{\cos\sqrt{x}}\cdot\frac{1}{2\sqrt{x}}}=e^{-\frac{\pi}{2}}.$$

解二　利用两个重要极限.

$$\lim_{x\to0^+}(\cos\sqrt{x})^{\frac{\pi}{x}}=\lim_{x\to0^+}(1+\cos\sqrt{x}-1)^{\frac{\pi}{x}}$$
$$=\lim_{x\to0^+}(1+\cos\sqrt{x}-1)^{\frac{1}{\cos\sqrt{x}-1}\cdot\frac{\cos\sqrt{x}-1}{x}\cdot\pi}=e^{-\frac{\pi}{2}}.$$

例21　求$\lim\limits_{x\to0^+}(\cot x)^{\frac{1}{\ln x}}$.（$\infty^0$型）

解　$\lim\limits_{x\to0^+}(\cot x)^{\frac{1}{\ln x}}=\lim\limits_{x\to0^+}e^{\frac{\ln\cot x}{\ln x}}$

$$=e^{\lim\limits_{x\to0^+}\frac{\ln\cot x}{\ln x}}=e^{\lim\limits_{x\to0^+}\frac{-\tan x\cdot\csc^2 x}{\frac{1}{x}}}=e^{\lim\limits_{x\to0^+}\frac{-1}{\cos x}\cdot\frac{x}{\sin x}}=e^{-1}.$$

例22　求$\lim\limits_{x\to+\infty}(e^{3x}-5x)^{\frac{1}{x}}$.（$\infty^0$型）

解　$\lim\limits_{x\to+\infty}(e^{3x}-5x)^{\frac{1}{x}}=\lim\limits_{x\to+\infty}e^{\frac{1}{x}\ln(e^{3x}-5x)}=e^{\lim\limits_{x\to+\infty}\frac{1}{x}\ln(e^{3x}-5x)}$

因为　$\lim\limits_{x\to+\infty}\dfrac{1}{x}\ln(e^{3x}-5x)=\lim\limits_{x\to+\infty}\dfrac{\ln(e^{3x}-5x)}{x}\quad\left(\dfrac{\infty}{\infty}\right)$

$$=\lim_{x\to+\infty}\frac{\dfrac{3e^{3x}-5}{e^{3x}-5x}}{1}=\lim_{x\to+\infty}\frac{3e^{3x}-5}{e^{3x}-5x}\quad\left(\frac{\infty}{\infty}\right)$$
$$=\lim_{x\to+\infty}\frac{3\cdot e^{3x}\cdot3}{e^{3x}\cdot3-5}=\lim_{x\to+\infty}\frac{9}{3-\dfrac{5}{e^{3x}}}=3.$$

所以　$\lim\limits_{x\to+\infty}(e^{3x}-5x)^{\frac{1}{x}}=e^3$.

用洛必达法则确定未定式的值虽然方便,但不是所有的未定式的值都能由它确定. 如果极限$\lim\limits_{x\to a}\dfrac{f'(x)}{g'(x)}$不存在,也不为∞,则洛必达法则失效. 这时,极限$\lim\limits_{x\to a}\dfrac{f(x)}{g(x)}$是否存在,需要用别的方法判断或求解.

例 23　求$\lim\limits_{x\to\infty}\dfrac{x+\sin x}{x+\cos x}$. ($\dfrac{\infty}{\infty}$型)

解　由于$\lim\limits_{x\to\infty}\dfrac{(x+\sin x)'}{(x+\cos x)'}=\lim\limits_{x\to\infty}\dfrac{1+\cos x}{1-\sin x}$不存在,也不为∞,故不能用洛必达法则.

事实上,当$x\to\infty$时,$\dfrac{1}{x}$为无穷小量,$\sin x$和$\cos x$都是有界函数. 于是有

$$\lim_{x\to\infty}\frac{x+\sin x}{x+\cos x}=\lim_{x\to\infty}\frac{1+\dfrac{1}{x}\sin x}{1+\dfrac{1}{x}\cos x}=1.$$

习题 4.2

1. 求下列极限:

(1) $\lim\limits_{x\to0}\dfrac{\sin 5x}{x}$　　(2) $\lim\limits_{x\to0^+}\dfrac{\ln x-\dfrac{\pi}{2}}{\cot x}$

(3) $\lim\limits_{x\to0}(1+\sin x)^{\frac{1}{x}}$　　(4) $\lim\limits_{x\to0^+}\left(\ln\dfrac{1}{x}\right)^x$

(5) $\lim\limits_{x\to0^+}x^{\sin x}$　　(6) $\lim\limits_{x\to0}\left(\dfrac{1}{x}-\dfrac{1}{e^x-1}\right)$

(7) $\lim\limits_{x\to0^+}\dfrac{\ln\tan 7x}{\ln\tan 2x}$　　(8) $\lim\limits_{x\to a}\dfrac{\sqrt[3]{x}-\sqrt[3]{a}}{x-a}\ (a\neq0)$

(9) $\lim\limits_{x\to+\infty}(e^x+x)^{\frac{1}{x}}$　　(10) $\lim\limits_{x\to\infty}\dfrac{x-\sin x}{x+\sin x}$

(11) $\lim\limits_{x\to\infty}\left(\dfrac{a_1^{\frac{1}{x}}+a_2^{\frac{1}{x}}+\cdots+a_n^{\frac{1}{x}}}{n}\right)^{nx}$ (其中$a_1,a_2,\cdots,a_n>0$)

(12) $\lim\limits_{x\to0}\left[\dfrac{1}{e}(1+x)^{\frac{1}{x}}\right]^{\frac{1}{x}}$　　(13) $\lim\limits_{x\to0}\dfrac{x^2\sin\dfrac{1}{x}}{\sin x}$

(14) $\lim\limits_{x\to0^+}\left(\dfrac{1}{x}\right)^{\tan x}$　　(15) $\lim\limits_{x\to0}\dfrac{e^x-e^{-x}}{\sin x}$

(16) $\lim\limits_{x\to a}\dfrac{\sin x-\sin a}{x-a}$　　(17) $\lim\limits_{x\to\frac{\pi}{2}}\dfrac{\ln\sin x}{(\pi-2x)^2}$

(18) $\lim\limits_{x\to+\infty}\dfrac{\ln\left(1+\dfrac{1}{x}\right)}{\operatorname{arccot} x}$　　(19) $\lim\limits_{x\to0}\dfrac{\ln(1+x^2)}{\sec x-\cos x}$

(20) $\lim\limits_{x \to 0} x \cot 2x$　　　　(21) $\lim\limits_{x \to 0} x^2 e^{\frac{1}{x^2}}$

(22) $\lim\limits_{x \to 1}\left(\frac{2}{x^2-1}-\frac{1}{x-1}\right)$

2. 设$\lim\limits_{x \to 0}(x^{-3}\sin 3x+ax^{-2}+b)=0$,确定 a,b.

3. 设$f(x)=\begin{cases}(\tan x)^{\ln(1-x)} & 0<x<1 \\ 1 & x=0\end{cases}$,证明函数$f(x)$在 $x=0$ 处右连续.

4. $x\to+\infty$时,$f(x)=\frac{\sqrt{1+x^2}}{x}$的极限存在吗? 可否用洛必达法则?

5. 讨论函数

$$f(x)=\begin{cases}\left[\frac{(1+x)^{\frac{1}{x}}}{e}\right]^{\frac{1}{x}} & x>0 \\ e^{-\frac{1}{2}} & x\leqslant 0\end{cases}$$

在点 $x=0$ 处的连续性.

4.3　函数的单调性与极值

我们已经会用初等数学的方法研究一些函数的单调性和某些简单函数的性质,但这些方法使用范围狭小,并且有时需要借助某些特殊的技巧,因而不具有一般性. 本节将以导数为工具,介绍判断函数单调性与极值的简便且具有一般性的方法.

4.3.1　函数单调性的判别法

函数的单调性

如果函数$f(x)$在$[a,b]$上单调增加,那么它的图形是一条沿 x 轴正向上升的曲线,如图 4.6 所示,可知曲线上各点处的切线斜率是非负的,即$f'(x)\geqslant 0$. 如果函数$f(x)$在$[a,b]$上单调减少,那么它的图形是一条沿 x 轴正向下降的曲线,如图 4.7 所示,曲线上各点处的切线斜率是非正的,即$f'(x)\leqslant 0$. 由此可见,函数的单调性与导数的符号有着密切的联系.

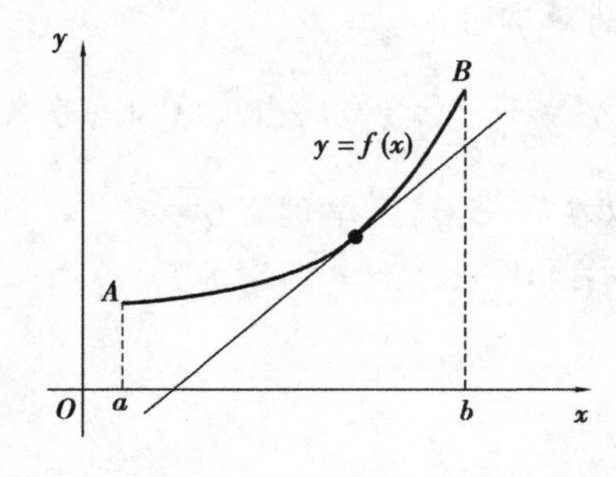

图 4.6　函数图形上升时的切线斜率为非负

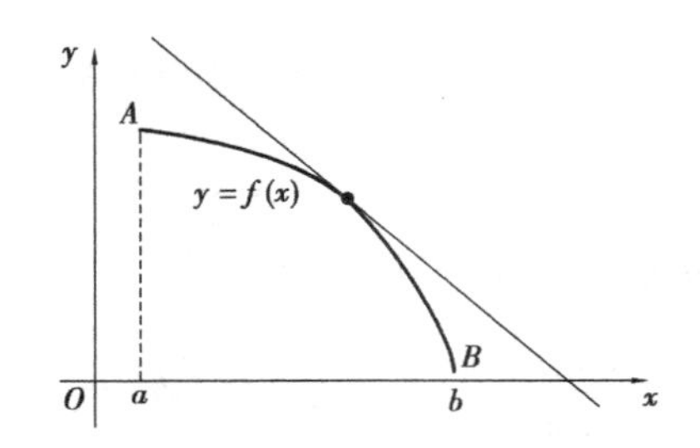

图 4.7　函数图形下降时的切线斜率为非正

因此,我们可以利用导数的符号来判定函数的单调性. 下面我们利用拉格朗日中值定理来进行讨论.

设函数 $f(x)$ 在 $[a,b]$ 上连续,在 (a,b) 内可导,在 $[a,b]$ 上任取两点 x_1、x_2($x_1<x_2$),应用拉格朗日中值定理,得到

$$f(x_2)-f(x_1)=f'(\xi)(x_2-x_1) \quad (x_1<\xi<x_2)$$

由于在上式中,$x_2-x_1>0$,因此,如果在 (a,b) 内导数 $f'(x)>0$,那么也有 $f'(\xi)>0$,于是

$$f(x_2)-f(x_1)=f'(\xi)(x_2-x_1)>0,$$

即

$$f(x_2)>f(x_1),$$

表明函数 $y=f(x)$ 在 $[a,b]$ 上单调增加. 同理,如果在 (a,b) 内导数 $f'(x)<0$,那么 $f'(\xi)<0$,于是 $f(x_2)-f(x_1)<0$,即 $f(x_2)<f(x_1)$,表明函数 $y=f(x)$ 在 $[a,b]$ 上单调减少.

归纳以上讨论,可得出以下结论:

定理 4.7(函数单调性的判定法)　设函数 $y=f(x)$ 在 $[a,b]$ 上连续,在 (a,b) 内可导.

(1)如果在 (a,b) 内 $f'(x)>0$,那么函数 $y=f(x)$ 在 $[a,b]$ 上单调增加;

(2)如果在 (a,b) 内 $f'(x)<0$,那么函数 $y=f(x)$ 在 $[a,b]$ 上单调减少.

如果把这个判定法中的闭区间换成其他各种区间(包括无穷区间),那么结论也成立.

例 1　讨论函数 $y=e^x-x-1$ 的单调性.

解　易知 $D=(-\infty,+\infty)$,且 $y'=e^x-1$.

在 $(-\infty,0)$ 内,$y'<0$,所以函数单调减少;

在 $(0,+\infty)$ 内,$y'>0$,所以函数单调增加.

例 2　讨论函数 $y=\sqrt[3]{x^2}$ 的单调性.

解　因为 $D=(-\infty,+\infty)$. $y'=\dfrac{2}{3\sqrt[3]{x}}$ $(x\neq 0)$,当 $x=0$ 时,导数不存在.

当 $-\infty<x<0$ 时,$y'<0$,所以在 $(-\infty,0]$ 上单调减少;

当 $0<x<+\infty$ 时,$y'>0$,所以在 $[0,+\infty)$ 上单调增加.

4.3.2　单调区间的求法

从例 1 可以看出,有些函数在其定义区间上不是单调函数,但是当我们用导数等于零的点来划分函数的定义区间以后,就可以使函数在各个部分区间上单调. 这个结论对于定义

区间上具有连续导数的函数都是成立的. 从例 2 中可以看出,如果函数在某些点处不可导,则划分函数的定义区间的分点还应包括这些导数不存在的点. 我们称使得函数为单调函数的区间为函数的单调区间. 综合上述两种情形,我们有如下结论:

如果函数在定义区间上连续,除去有限个导数不存在的点外导数存在且连续,那么只要用方程 $f'(x)=0$ 的根及 $f'(x)$ 不存在的点来划分函数 $f(x)$ 的定义区间,就能保证 $f'(x)$ 在各个部分区间内保持固定符号,因而函数 $f(x)$ 在每个部分区间上单调.

例 3　确定函数 $f(x)=2x^3-9x^2+12x-3$ 的单调区间.

解　$D=(-\infty,+\infty)$, $f'(x)=6x^2-18x+12=6(x-1)(x-2)$.

解方程 $f'(x)=0$ 得 $x_1=1$, $x_2=2$,列表讨论如下:

x	$(-\infty,1)$	$(1,2)$	$(2,+\infty)$
$f'(x)$	+	−	+
$f(x)$	↑	↓	↑

所以,$(-\infty,1]$, $[2,+\infty)$ 为 $f(x)$ 的单调增加区间,$[1,2]$ 为 $f(x)$ 的单调减少区间.

例 4　求函数 $y=\sqrt[3]{(2x-a)(a-x)^2}\ (a>0)$ 的单调区间.

解　$y'=\dfrac{2}{3}\cdot\dfrac{2a-3x}{\sqrt[3]{(2x-a)^2(a-x)}}$,令 $y'=0$,解得 $x_1=\dfrac{2}{3}a$,在 $x_2=\dfrac{a}{2}$, $x_3=a$ 处 y' 不存在.

列表讨论如下:

x	$\left(-\infty,\dfrac{a}{2}\right)$	$\left(\dfrac{a}{2},\dfrac{2}{3}a\right)$	$\left(\dfrac{2}{3}a,a\right)$	$(a,+\infty)$
y'	+	+	−	+
y	↑	↑	↓	↑

所以,$\left(-\infty,\dfrac{a}{2}\right]$, $\left(\dfrac{a}{2},\dfrac{2}{3}a\right)$, $[a,+\infty)$ 均为 $f(x)$ 的单调增加区间,$\left(\dfrac{2}{3}a,a\right)$ 为 $f(x)$ 的单调减少区间.

例 5　当 $x>0$ 时,试证 $x>\ln(1+x)$ 成立.

证　设 $f(x)=x-\ln(1+x)$,则 $f'(x)=\dfrac{x}{1+x}$.

因为 $f(x)$ 在 $[0,+\infty)$ 上连续,且在 $(0,+\infty)$ 内可导,$f'(x)>0$,所以 $f(x)$ 在 $[0,+\infty)$ 上单调增加,又因为 $f(0)=0$,所以当 $x>0$ 时,$f(x)=x-\ln(1+x)>0$,即 $x>\ln(1+x)$.

例 6　证明方程 $x^5+x+1=0$ 在区间 $(-1,0)$ 内有且仅有一个实根.

证　令 $f(x)=x^5+x+1$,因 $f(x)$ 在闭区间 $[-1,0]$ 上连续,且 $f(-1)=-1<0$, $f(0)=1>0$.

根据零点定理，$f(x)$ 在 $(-1,0)$ 内至少有一个零点. 另一方面，对于任意实数 x，有 $f'(x)=5x^4+1>0$，所以 $f(x)$ 在 $(-\infty,+\infty)$ 内单调增加，因此曲线 $y=f(x)$ 与 x 轴至多只有一个交点.

综上所述可知，方程 $x^5+x+1=0$ 在区间 $(-1,0)$ 内有且仅有一个实根.

4.3.3 函数的极值及其求法

函数的极值

在上节的例 3 中，$x=1$，$x=2$ 是函数

$$f(x)=2x^3-9x^2+12x-3$$

的单调区间的分界点，其图像如图 4.8 所示. 显然，存在着点 $x=1$ 的一个去心邻域，对于这去心邻域内的任何点 x，$f(x)<f(1)$ 均成立. 类似地，关于点 $x=2$，也存在着一个去心邻域，对于这去心邻域内的任何点 x，$f(x)>f(2)$ 均成立. 具有这种性质的点如 $x=1$ 及 $x=2$，在应用上有着重要的意义.

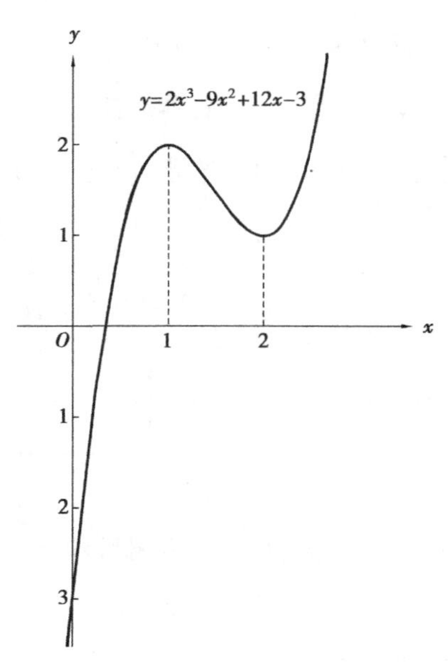

图 4.8

定义 4.1 设函数 $f(x)$ 在区间 (a,b) 内有定义，x_0 是 (a,b) 内的一个点. 如果存在着点 x_0 的一个去心邻域，对于这个去心邻域内的任何点 x，$f(x)<f(x_0)$ 均成立，则称 $f(x_0)$ 是函数 $f(x)$ 的一个极大值；如果存在着点 x_0 的一个去心邻域，对于这去心邻域内的任何点 x，$f(x)>f(x_0)$ 均成立，则称 $f(x_0)$ 是函数 $f(x)$ 的一个极小值.

函数的极大值与极小值统称为函数的极值，使函数取得极值的点称为极值点. 如图 4.8 中，点 $x=1$ 和 $x=2$ 是函数 $f(x)$ 的极值点，相应地有极大值 $f(1)=2$ 和极小值 $f(2)=1$.

函数的极大值和极小值是局部性的概念. 如果 $f(x_0)$ 是函数 $f(x)$ 的一个极大值，那只是就 x_0 附近的一个局部范围来说的，即 $f(x_0)$ 是 x_0 附近一个局部范围内的最大值；如果

就 $f(x)$ 的整个定义域来说，$f(x_0)$ 不一定是最大值. 极小值也类似.

在图 4.9 中，函数 $f(x)$ 有 2 个极大值：$f(x_2)$，$f(x_5)$；3 个极小值：$f(x_1)$，$f(x_4)$，$f(x_6)$. 其中极大值 $f(x_2)$ 比极小值 $f(x_6)$ 还小.

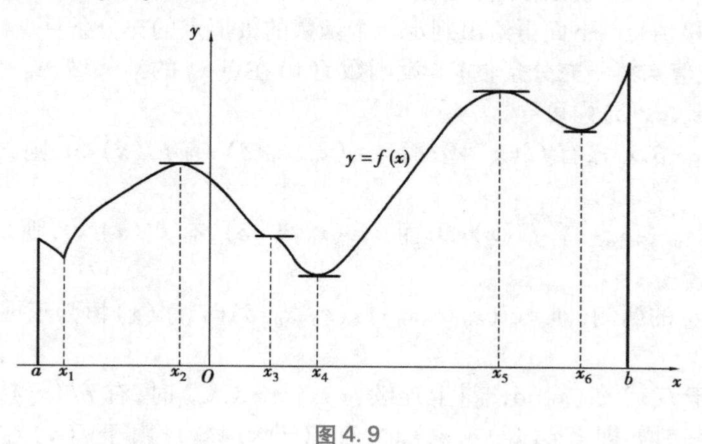

图 4.9

由图 4.9 可以看到，在函数取极值处，曲线上的切线是水平的或垂直于 x 轴的，即函数的一阶导数为零或一阶导数不存在.

但导数为零的点或导数不存在的点不一定是函数的极值点. 例如函数 $f(x)=x^3$，如图 4.10 所示，在 $x=0$ 处有 $f'(0)=0$，但在 $x=0$ 的两侧，函数 $f(x)$ 保持单调增加，所以 $x=0$ 不是 $f(x)=x^3$ 的极值点.

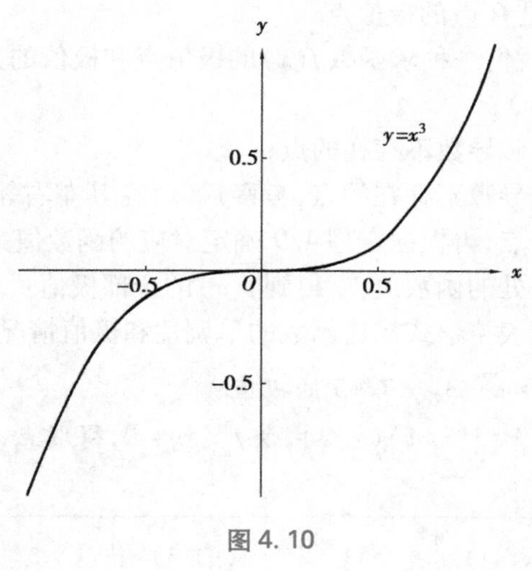

图 4.10

又例如

$$g(x)=\begin{cases} x^3 & x\leqslant 0 \\ x & x>0 \end{cases},$$

在 $x=0$ 处，$g'(0)$ 不存在，但在 $x=0$ 的两侧，函数 $g(x)$ 保持单调增加，所以 $x=0$ 不是 $g(x)$ 的极值点. 所以，我们有

定理 4.8（函数取极值的必要条件）　点 x_0 是 $f(x)$ 的极值点的必要条件是 $f'(x_0)=0$ 或

$f'(x_0)$不存在.

我们称满足$f'(x)=0$的点为函数$f(x)$的驻点.

定理4.8表明,函数的极值点必是它的驻点或导数不存在的点. 但是,驻点和导数不存在的点不一定是极值点. 下面再给出判定一个函数的极值点的充分条件.

定理4.9(极值点第一充分条件) 设函数$f(x)$在点x_0的某邻域$(x_0-\delta,x_0+\delta)$内连续,在$(x_0-\delta,x_0)\cup(x_0,x_0+\delta)$内可导,

(1)若$x\in(x_0-\delta,x_0)$,有$f'(x)>0$;而$x\in(x_0,x_0+\delta)$,有$f'(x)<0$,则x_0是$f(x)$的极大值点;

(2) 若$x\in(x_0-\delta,x_0)$,有$f'(x)<0$;而$x\in(x_0,x_0+\delta)$,有$f'(x)>0$,则x_0是$f(x)$的极小值点;

(3)若在点x_0的两侧,即$x\in(x_0-\delta,x_0)\cup(x_0,x_0+\delta)$时,$f'(x)$恒为正或恒为负,则$x_0$不是$f(x)$的极值点.

证 (1)由于$f(x)$在$(x_0-\delta,x_0]$上连续,$x\in(x_0-\delta,x_0)$时,有$f'(x_0)>0$,所以$f(x)$在$(x_0-\delta,x_0]$上严格递增,即$x\in(x_0-\delta,x_0)$时,有$f(x)<f(x_0)$;由于$f(x)$在$[x_0,x_0+\delta)$上连续,$x\in(x_0,x_0+\delta)$时,有$f'(x_0)<0$,所以$f(x)$在$[x_0,x_0+\delta)$上严格递减,即$x\in(x_0,x_0+\delta)$时,有$f(x)<f(x_0)$. 综上可知,当$x\in(x_0-\delta,x_0+\delta)$时,恒有$f(x)\leqslant f(x_0)$,因此$x_0$是$f(x)$的极大值点.

同理可证(2)成立.

(3)不妨设$f'(x)>0$,则$f(x)$在$(x_0-\delta,x_0]$及$[x_0,x_0+\delta)$上严格递增,即$f(x)$在$(x_0-\delta,x_0+\delta)$内严格递增,所以x_0不是$f(x)$的极值点.

定理4.9实际上给了我们一种求函数$f(x)$的极值点和极值的方法:

第一步,求出导数$f'(x)$;

第二步,求出全部驻点和导数不存在的点;

第三步,对每个驻点和导数不存在的点,考察$f'(x)$在其左右邻域的符号,以便确定该点是否为极值点,如果是极值点,再根据定理4.9确定对应的函数值是极大值还是极小值;

第四步,求出各极值点处的函数值,就得到$f(x)$的全部极值.

为了简单直观,通常用表格形式描述函数的单调性和极值情况.

例7 求出函数$f(x)=x^3-3x^2-9x+5$的极值.

解 $f'(x)=3x^2-6x-9=3(x+1)(x-3)$,令$f'(x)=0$,得驻点$x_1=-1,x_2=3$.

列表讨论如下:

x	$(-\infty,-1)$	-1	$(-1,3)$	3	$(3,+\infty)$
$f'(x)$	+	0	−	0	+
$f(x)$	↑	极大值 $f(-1)=10$	↓	极小值 $f(3)=-22$	↑

例 8　求函数 $f(x)=(x-4)\sqrt[3]{(x+1)^2}$ 的极值.

解　(1) 函数 $f(x)$ 在 $(-\infty,+\infty)$ 内连续，除 $x=-1$ 外处处可导，且 $f'(x)=\dfrac{5(x-1)}{3\sqrt[3]{x+1}}$；

(2) 易见，$x=-1$ 为 $f(x)$ 的不可导点，又由 $f'(x)=0$，得驻点 $x=1$；

(3) 列表讨论如下：

x	$(-\infty,-1)$	-1	$(-1,1)$	1	$(1,+\infty)$
$f'(x)$	+	不存在	−	0	+
$f(x)$	↑	极大值 $f(-1)=0$	↓	极小值 $f(1)=-3\sqrt[3]{4}$	↑

如果函数 $f(x)$ 具有二阶导数，根据极值的定义，则在函数取得极大值的点处其图形一定是凸的，在函数取得极小值的点处其图形一定是凹的. 因此，对于二阶可导函数，我们有更简便的判定极值的充分条件.

定理 4.10（极值点第二充分条件）　设 x_0 是函数 $f(x)$ 的驻点（即 $f'(x_0)=0$），且 $f''(x_0)\neq 0$，则

(1) 当 $f''(x_0)>0$ 时，x_0 是 $f(x)$ 的极小值点；

(2) 当 $f''(x_0)<0$ 时，x_0 是 $f(x)$ 的极大值点.

证　由于 $f'(x_0)=0$ 且 $f''(x_0)$ 存在，根据二阶导数的定义知

$$f''(x_0)=\lim_{x\to x_0}\frac{f'(x)-f'(x_0)}{x-x_0}=\lim_{x\to x_0}\frac{f'(x)}{x-x_0}.$$

(1) 当 $f''(x_0)>0$ 时，有

$$\lim_{x\to x_0}\frac{f'(x)}{x-x_0}=f''(x_0)>0.$$

根据保号性，存在 $\delta>0$，当 $x\in(x_0-\delta,x_0+\delta)$ 时，有

$$\frac{f'(x)}{x-x_0}>0.$$

当 $x\in(x_0-\delta,x_0)$ 时，$x-x_0<0$，知 $f'(x)<0$；

当 $x\in(x_0,x_0+\delta)$ 时，$x-x_0>0$，知 $f'(x)>0$.

由定理 4.9 知 x_0 是 $f(x)$ 的极小值点.

同理(2)当 $f''(x_0)<0$ 时，x_0 是 $f(x)$ 的极大值点.

注意：$f''(x_0)=0$ 时，无法确定 x_0 是否为 $f(x)$ 的极值点，只能用第一充分条件进行判断. 比如：

$f(x)=x^4$，$f'(0)=0$，$f''(0)=0$，$f(0)=0$ 为极小值；

$f(x)=x^3$，$f'(0)=0$，$f''(0)=0$，$f(0)=0$ 不是极值.

例9 求出函数$f(x)=x^3+3x^2-24x-20$的极值.

解 $f'(x)=3x^2+6x-24=3(x+4)(x-2)$,令$f'(x)=0$,得驻点$x_1=-4$,$x_2=2$.

又$f''(x)=6x+6$,因为$f''(-4)=-18<0$,$f''(2)=18>0$,所以极大值$f(-4)=60$,极小值$f(2)=-48$.

例10 求函数$f(x)=(x^2-1)^3+1$的极值.

解 由$f'(x)=6x(x^2-1)^2=0$,得驻点$x_1=-1$,$x_2=0$,$x_3=1$.$f''(x)=6(x^2-1)(5x^2-1)$.

因$f''(0)=6>0$,故$f(x)$在$x=0$处取得极小值,极小值为$f(0)=0$.因$f''(-1)=f''(1)=0$,故用定理4.10无法判别.

考察一阶导数$f'(x)$在驻点$x_1=-1$及$x_3=1$左右邻近的符号:

当x取-1左侧附近的值时,$f'(x)<0$;

当x取-1右侧附近的值时,$f'(x)<0$;

因$f'(x)$的符号没有改变,故$f(x)$在$x=-1$处没有极值.同理,$f(x)$在$x=1$处也没有极值,如图4.11所示.

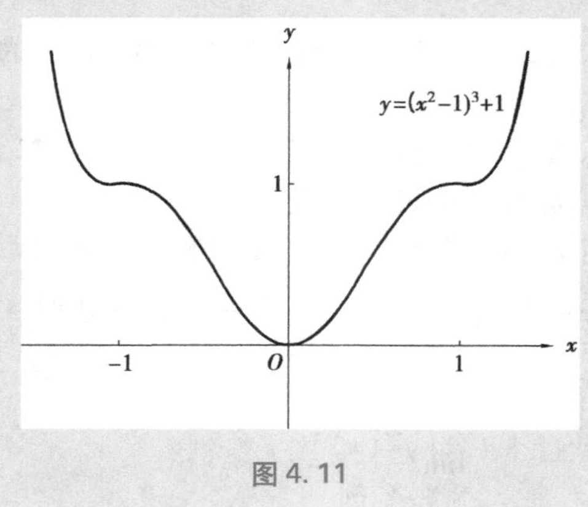

图4.11

习题4.3

1. 确定下列函数的单调区间:

(1)$f(x)=(1+x^2)e^{-x^2}$

(2)$f(x)=x\sqrt{6-x}$

(3)$f(x)=\dfrac{x^2}{1+x^2}$

(4)$f(x)=\begin{cases}(x+3)^2 & x\leqslant -1\\ 3x+3 & x>-1\end{cases}$

(5)$f(x)=2x^3-6x^2-18x-7$

(6)$f(x)=2x+\dfrac{8}{x}(x>0)$

(7)$f(x)=\dfrac{10}{4x^3-9x^2+6x}$

(8)$f(x)=\ln(x+\sqrt{1+x^2})$

(9)$f(x)=(x-1)(x+1)^3$

(10)$f(x)=\sqrt[3]{(2x-a)(a-x)^2}(a>0)$

(11)$f(x)=x^ne^{-x}(n>0,x\geqslant 0)$

(12)$f(x)=x+|\sin 2x|$

2. 利用函数单调性证明下列不等式：

(1) 当 $1<a<b$ 时，$a+\frac{1}{a}<b+\frac{1}{b}$.

(2) 当 $x>1$ 时，$2\sqrt{x}>3-\frac{1}{x}$.

(3) 当 $x>0$ 时，$x-\frac{x^3}{3}<\arctan x<x$.

(4) 当 $x\geqslant 5$ 时，$2^x>x^2$.

(5) 当 $x>0$ 时，$1+\frac{1}{2}x>\sqrt{1+x}$.

(6) 当 $x>0$ 时，$1+x\ln(x+\sqrt{1+x^2})>\sqrt{1+x^2}$.

(7) 当 $0<x<\frac{\pi}{2}$ 时，$\sin x+\tan x>2x$.

(8) 当 $0<x<\frac{\pi}{2}$ 时，$\tan x>x+\frac{1}{3}x^3$.

3. 试证明方程 $\sin x=x$ 只有一个根.

4. 利用函数单调性证明：方程 $x^3-3x^2+c=0$ 在区间 $[0,1]$ 中至多有一个实根（其中 c 是常数）.

5. 讨论方程 $\ln x=ax$（其中 $a>0$）有几个实根？

6. 设 $f(x)$ 在 $[0,+\infty)$ 上连续，在 $(0,+\infty)$ 内可导，且 $f(0)=0$，$f'(x)$ 在 $(0,+\infty)$ 上单调增加，证明函数 $g(x)=\frac{f(x)}{x}$ 在 $(0,+\infty)$ 内也单调增加.

7. 单调函数的导数是否必为单调函数？研究下面这个例子：

$$f(x)=x+\sin x.$$

8. 求下列函数的极值：

(1) $y=x^3-3x^2+7$

(2) $y=(x-3)^2(x-2)$

(3) $y=x-\ln(1+x)$

(4) $y=\sqrt{2+x-x^2}$

(5) $y=\frac{1+3x}{\sqrt{4+5x^2}}$

(6) $y=\frac{3x^2+4x+4}{x^2+x+1}$

(7) $y=e^x\cos x$

(8) $y=x^{\frac{1}{x}}$

(9) $y=2e^x+e^{-x}$

(10) $y=2-(x-1)^{\frac{2}{3}}$

(11) $y=3-2(x+1)^{\frac{1}{3}}$

(12) $y=x+\tan x$

9. 试问：a 为何值时，函数 $f(x)=a\sin x+\frac{1}{3}\sin 3x$ 在 $x=\frac{\pi}{3}$ 处取得极值？它是极大值还是极小值？并求此极值.

10. 设方程 $x^2y^2+y=1\,(y>0)$ 确定的隐函数为 $y=y(x)$，试讨论该函数的极值点和极值.

11. 如果函数 $f(x)$ 在点 x_0 的邻域内有定义，且在点 x_0 左右近旁一阶导数的符号相反，试问点 x_0 是否为函数 $f(x)$ 的极值点？试举例说明.

4.4 简单的数学建模

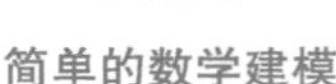

应用案例-简单的数学建模

所谓数学模型,是指对于现实世界的一特定对象,为了某个特定的目的,做出一些重要的简化和假设,运用适当的数学工具得到的一个数学结构,它或者能解释特定现象的现实性态,或者能预测对象的未来状况,或者能提供处理对象的最优决策或控制,数学模型简称模型.

数学建模较简单的情形是:利用函数表示式取极大值或极小值,很容易求出全局极大值(最大值)和全局极小值(最小值),把一个问题转换成一个我们熟悉的函数表达式,并在定义域上优化该函数的方法称为建模,具体的步骤是:

第一步:全面思考问题,确认优化哪个量或函数,即适当选取自变量与因变量;

第二步:如有可能,画几幅草图显示变量间的关系,在草图上清楚地标出变量;

第三步:设法得出用上述确认的变量表示要优化的函数,如有必要,在公式中保留一个变量而消去其他变量,确认此变量的变化区域;

第四步:求出所有局部极大值点和极小值点,计算这些点和端点(如果有的话)的函数值,以求出全局极大值和全局极小值.

在求函数最大值与最小值的过程中,常利用以下结论:

(1)闭区间上连续函数的最大值点与最小值点一定包含在区间内部驻点、导数不存在点及端点之中,比较这些点的函数值.

(2)当$f(x)$在$[a,b]$上连续时,若$f'(x)\geqslant 0, x\in(a,b)$,则$f(x)$在$[a,b]$上递增,最小值为$f(a)$,最大值为$f(b)$;若$f'(x)\leqslant 0, x\in(a,b)$,则$f(x)$在$[a,b]$上递减,最大值为$f(a)$,最小值为$f(b)$.

(3)若连续函数$f(x)$在区间I(I可以是闭区间,可以是开区间,也可以是半闭半开区间)内取到唯一极值$f(x_0)$,且是唯一极大(小)值,则必为最大(小)值.事实上,$f(x)$在x_0左侧严格递增(减),而在x_0右侧严格递减(增),所以$f(x_0)$为最大(小)值,如图4.12所示.

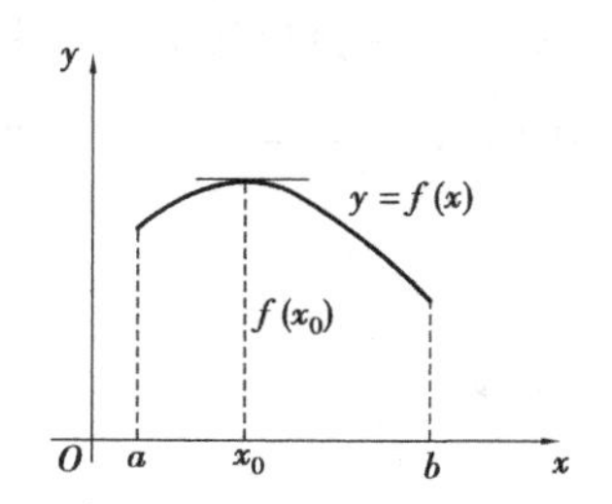

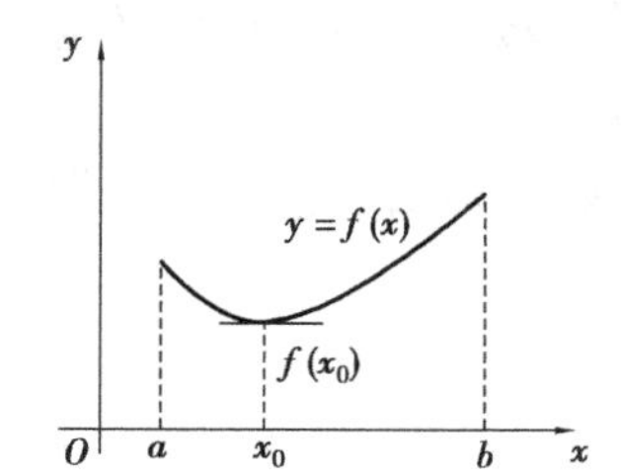

图4.12

(4)对实际问题,如果根据题意肯定在区间内部存在最大值(最小值),且函数在该区间内只有一个可能的极值点(驻点或导数不存在点),那么此点就是所求函数的最大(小)值点.

例1　求 $y=2x^3+3x^2-12x+14$ 在 $[-3,4]$ 上的最大值与最小值.

解　因为 $f'(x)=6(x+2)(x-1)$,由 $f'(x)=0$,得 $x_1=-2, x_2=1$.

$$f(-3)=23,\ f(-2)=34,\ f(1)=7,\ f(4)=142;$$

比较得最大值为 $f(4)=142$,最小值为 $f(1)=7$.

例2　求函数 $y=\sin 2x-x$ 在 $\left[-\frac{\pi}{2},\frac{\pi}{2}\right]$ 上的最大值及最小值.

解　函数 $y=\sin 2x-x$ 在 $\left[-\frac{\pi}{2},\frac{\pi}{2}\right]$ 上连续,$f'(x)=y'=2\cos 2x-1$,令 $y'=0$,得 $x=\pm\frac{\pi}{6}$.

$$f\left(-\frac{\pi}{2}\right)=\frac{\pi}{2},\ f\left(\frac{\pi}{2}\right)=-\frac{\pi}{2},\ f\left(\frac{\pi}{6}\right)=\frac{\sqrt{3}}{2}-\frac{\pi}{6},\ f\left(-\frac{\pi}{6}\right)=-\frac{\sqrt{3}}{2}+\frac{\pi}{6};$$

故 y 在 $\left[-\frac{\pi}{2},\frac{\pi}{2}\right]$ 上最大值为 $\frac{\pi}{2}$,最小值为 $-\frac{\pi}{2}$.

例3　设工厂 A 到铁路线的垂直距离为 20 km,垂足为 B. 铁路线上距离 B 为 100 km 处有一原料供应站 C,如图4.13所示. 现在要在铁路 BC 中间某处 D 修建一个原料中转车站,再由车站 D 向工厂修一条公路. 如果已知每千米的铁路运费与公路运费之比为 3∶5,那么,D 应选在何处,才能使原料供应站 C 运货到工厂 A 所需运费最省?

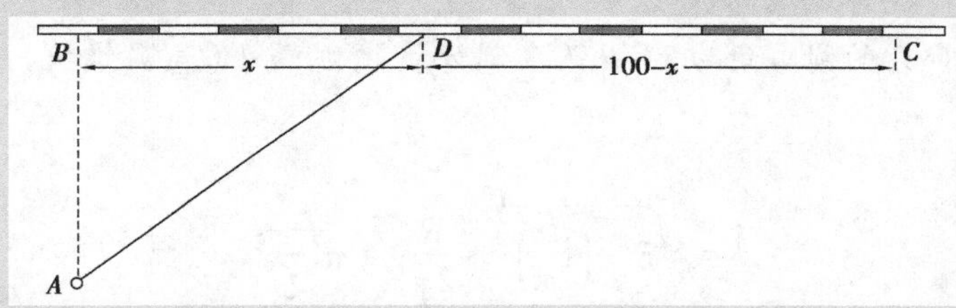

图4.13

解　设 $BD=x$ (km),则 $CD=100-x$ (km),$AD=\sqrt{20^2+x^2}$.

又设铁路每千米运费为 $3a$,公路每千米运费为 $5a$,则目标函数(总运费)y 的函数关系式为:

$$y=5a\cdot AD+3k\cdot CD$$

即

$$y=5a\cdot\sqrt{400+x^2}+3k(100-x)\ (0\leqslant x\leqslant 100).$$

问题归结为:x 取何值时目标函数 y 最小.

求导得 $y'=a\left(\frac{5x}{\sqrt{400+x^2}}-3\right)$,令 $y'=0$ 得 $x=15$ (km).

从而当 $BD=15$ (km)时,总运费最省.

事实上,计算可知 $y(0)=400a, y(15)=380a, y(100)=100\sqrt{26}a$.

例 4　某房地产公司有 50 套公寓要出租，当租金定为每月 180 元时，公寓会全部租出去. 当租金每月增加 10 元时，就有一套公寓租不出去，而租出去的房子每月需花费 20 元的整修维护费. 试问房租定为多少可获得最大收入？

解　设房租为每月 x 元，则租出去的房子有 $50-\left(\frac{x-180}{10}\right)$ 套，每月总收入为

$$R(x)=(x-20)\left(50-\frac{x-180}{10}\right)=(x-20)\left(68-\frac{x}{10}\right),$$

$$R'(x)=\left(68-\frac{x}{10}\right)+(x-20)\left(-\frac{1}{10}\right)=70-\frac{x}{5},$$

由 $R'(x)=0$，得 $x=350$（唯一驻点）.
故每月每套租金为 350 元时收入最高，最大收入为 $R(350)=10\ 890$（元）.

例 5　从半径为 R 的圆中切去怎样的扇形，才能使余下部分卷成的漏斗(图 4.14)的容积为最大？

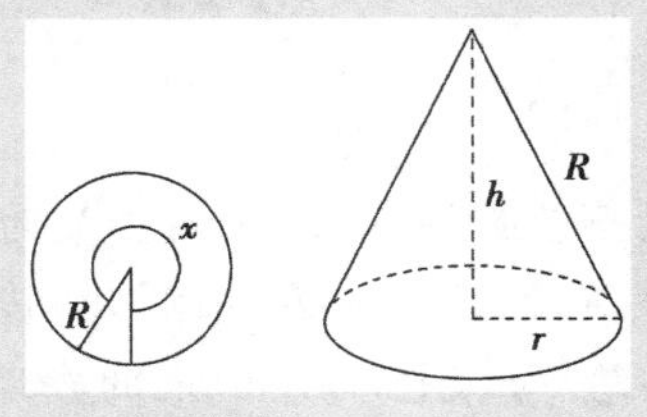

图 4.14

解　设余下部分的圆心角为 x(以弧度制计量)，则漏斗(呈圆锥状)底的周长为 Rx，底半径 $r=\frac{Rx}{2\pi}$，高

$$h=\sqrt{R^2-\left(\frac{Rx}{2\pi}\right)^2}=\frac{R}{2\pi}\sqrt{4\pi^2-x^2}.$$

其容积为

$$V=\frac{1}{3}\pi\left(\frac{Rx}{2\pi}\right)^2\frac{R}{2\pi}\sqrt{4\pi^2-x^2}=\frac{R^3}{24\pi^2}x^2\sqrt{4\pi^2-x^2},\ (0<x<2\pi).$$

显然，函数 V 与函数

$$f(x)=x^4(4\pi^2-x^2)$$

有相同的最值点.

由于 $f'(x)=16\pi^2x^3-6x^5$，令 $f'(x)=0$，解得

$$x=2\pi\sqrt{\frac{2}{3}},$$

而

$$f''(x)=48\pi^2x^2-30x^4=2x^3(24\pi^2-15x^2),$$

$$f''\left(2\pi\sqrt{\frac{2}{3}}\right)=2\times4\pi^2\times\frac{2}{3}\left(24\pi^2-15\times4\pi^2\times\frac{2}{3}\right)=-\frac{256}{3}\pi^4<0.$$

因此,当 $x=2\pi\sqrt{\frac{2}{3}}$ 时,$f\left(2\pi\sqrt{\frac{2}{3}}\right)$ 最大,即 $V\left(2\pi\sqrt{\frac{2}{3}}\right)$ 最大.

所以割去扇形以后余下部分的圆心角为 $x=2\pi\sqrt{\frac{2}{3}}$.

一般模型建立的步骤为:

第一步:模型准备. 了解问题的实际背景,明确建立模型的目的,掌握对象的各种信息,如统计数据等,弄清实际对象的特征.

第二步:模型假设:根据实际对象的特征和建模的目的,对问题进行必要的简化,并且用精确的语言做出假设.

第三步:模型建立. 根据所做的假设,利用适当的数学工具,建立各个量(常量和变量)之间的等式或不等式,列出表格,画出图形或确定其他数学结构. 为了完成这项工作,常常需要具有比较广泛的应用数学知识及其他领域的知识,除了微积分,还要用到我们现在或将要学习的其他数学课程,如微分方程、线性代数、概率统计等基础知识,更进一步,诸如计算方法、规划论、排队论、对策论等,可以说任何一个数学分支及任何领域的知识对不同模型的建立都有用. 但并不要求对数学的每个分支都精通,建模时还有一个原则就是,尽量采用简单的数学工具,因为建立数学模型的目的是解决实际问题,而不是供少数专家欣赏. 掌握数学建模的艺术,一要大量阅读,思考别人做过的模型;二要亲自动手认真做几个实际的题目.

第四步:模型求解. 利用解方程、画图形,证明定理以及逻辑运算等,特别是利用计算机技术、查资料,请教各方面的专家.

第五步:模型分析. 对所得的结果进行数学上的分析,给出数学上的预测,有时给出数学上的最优决策或控制.

第六步:模型检验. 把模型分析的结果拿到实际中去检验,用实际现象、数据等检验模型的合理性和适用性,如果结果不符合或部分不符合,那么问题通常出现在模型的假设上,应重新修改,补充假设,重新建模,如果检验满意,就可进行模型应用,建模步骤如图 4.15 所示.

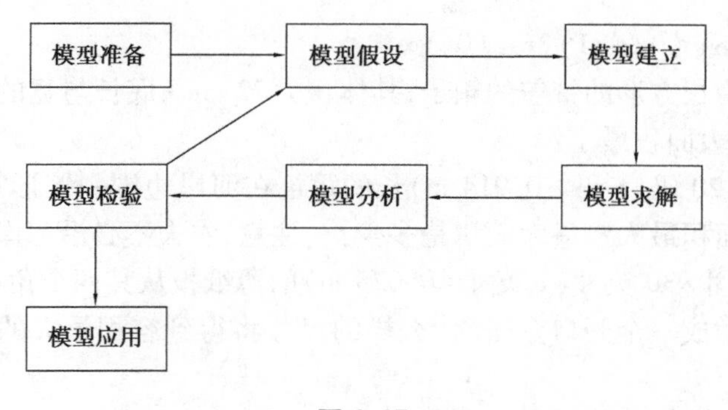

图 4.15

在实际建模的过程中,有时各个步骤之间的界限也并不是那么分明,不要局限于形式的按部就班,重要的是要根据对象的特点和建模目的,去粗取精、抓住关键,从简到繁,不断完善.

模型的分类有以下几种：

(1)按照变量的情况，可分为离散模型和连续模型(常利用微积分和微分方程知识建立这种模型)，确定型模型和随机模型(概率统计知识)，线性模型和非线性模型，单变量模型和多变量模型(也可利用微积分及微分方程知识).

(2)按照时间变化分，有静态模型和动态模型，参数定常的模型和参数时变的模型.

(3)按照研究方法和对象的数学特征分，有初等模型、优化模型、逻辑模型、稳定模型、扩散模型等.

(4)按照研究对象的实际领域分，有人口模型、交通模型、生态模型、生理模型、经济模型、社会模型等.

(5)按照对研究对象的了解程度分，有白箱模型、灰箱模型和黑箱模型.

①白箱指可以用力学、物理学等一些机理清楚的学科来描述的现象，其中还需要进行大量研究的主要是优化设计和控制方面的问题.

②灰箱主要指化工、水文、地质、气象、交道、经济领域中机理尚不完全清楚的现象.

③黑箱主要指是生态、生理、医学、社会领域中一些机理(数量关系方面)更不清楚的现象.

白、灰、黑箱之间并没有明显的分界，并且随着科学技术的发展，箱子的“颜色”是逐渐由暗变亮的，希望读者能把所学的数学知识变为解决问题，造福人类的一个有效工具.

习题 4.4

1. 求下列函数在所给区间上的最值：

(1) $y=\mathrm{e}^{|x-4|}, (-\infty,+\infty)$　　(2) $y=\dfrac{x^2}{1+x^2}, \left[-\dfrac{1}{2},1\right]$

2. 利用函数极值与最值证明下列不等式：

(1) $\dfrac{1}{2^{p-1}}\leqslant x^p+(1-x)^p\leqslant 1, x\in[0,1]$ 且 $p>1$

(2) $x^\alpha+\alpha\leqslant 1+\alpha x\ (0<\alpha<1), x\in(0,+\infty)$

3. 要做一个底为长方形的带盖的箱子，其体积为 72 cm^3，底长与宽的比为 2∶1，问各边长为多少时，才能使其表面积最小?

4. 某农夫要用 120 码(1 码≈0.914 m)长的篱笆在河岸边围一矩形篱笆地块. 其矩形的尺寸是多少将使其面积最大? 最大面积是多少?(注意，农夫不必沿河岸做篱笆)

5. 把一块 30 英寸×30 英寸(1 英寸=0.025 m)的薄纸板从其四个角剪去四个小正方形，使得四边可以折起做成一个开口盒子. 什么样的尺寸将得到容积最大的盒子? 最大容积是多少?

6. 某容器公司正设计一款具有正方形底的开口长方形盒，其容积是 62.5 立方英寸. 取什么样的尺寸可得到最小表面积? 最小表面积是多少?

[问题探究]

T 形通道的设计问题

根据大型设备的运输和安装问题,提出了 T 形通道的设计问题. 根据设备尺寸确定目标函数,确定出 T 形通道的最佳尺寸.

很多拥有大型设备的企业(如火力发电厂,它拥有锅炉、汽轮机、发电机等大型设备)在进行厂房规格的设计时,必须首先考虑这些大型设备能够顺利安装到机位上. 如何将设备顺利地安装到机位上就涉及运输通道的设计问题.

假定某企业新购置一台长为 L 的设备,要从 A 处经过 T 形通道运抵 B 处并安装在 B 处(图 4. 16). 已知 T 形通道的 U 通道宽度已经确定(不可能再加宽),而通道 V 还有拓宽的空间. 问如何设计通道 V 的宽度使大型设备顺利运抵 B 处? 如果不考虑设备的宽度,V 通道的宽度最小应为多少?

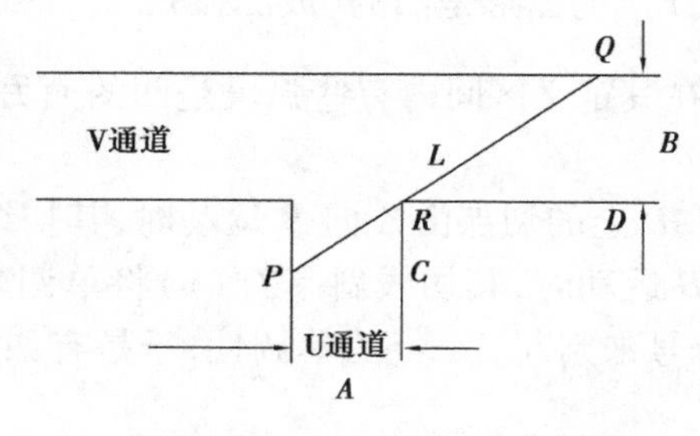

图 4. 16　T 形通道示意图

4.5 曲线的凹凸性与拐点

曲线的凹凸性

课程思政-曲线的单调性、凹凸性与拐点

前面我们利用导数研究了函数的单调性,可知曲线 $y=f(x)$ 的升降情况. 但导数不能反映曲线的弯曲方向(或者说不能反映曲线上升或下降的速度变化情况),仍不能准确地描绘曲线变化的特点. 如图 4. 17 所示的曲线,左右两条曲线弧都是上升的,但它们的图形却有明显的差别,左图曲线弧开口向上(称为凹弧),函数值上升的速度加快;右图曲线弧开口向下(称为凸弧),相应地,函数值上升的速度变缓. 如果曲线弧上任意取两点作弦,则凸弧的弦总在曲线弧的下方,而凹弧的弦总在曲线弧的下方.

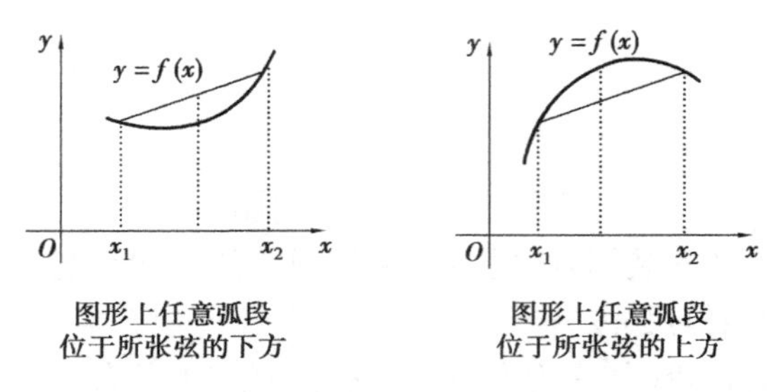

图 4.17

定义 4.2 设 $f(x)$ 在区间 I 上连续,对 I 上任意两点 x_1,x_2,如果恒有 $f\left(\dfrac{x_1+x_2}{2}\right)<\dfrac{f(x_1)+f(x_2)}{2}$,那么称 $f(x)$ 在 I 上的图形是凹的(或凹弧);如果恒有 $f\left(\dfrac{x_1+x_2}{2}\right)>\dfrac{f(x_1)+f(x_2)}{2}$,那么称 $f(x)$ 在 I 上的图形是凸的(或凸弧).

一般说来,曲线 $y=f(x)$ 在其定义区间内有些弧段是凹的而另一些弧段是凸的. 我们该如何找出曲线的凹凸区间呢?

如图 4.18 所示,当凹弧 AB 上的切点由 A 向 B 运动时,其切线斜率 $f'(x)$ 将单调增加;当凸弧 AB 上的切点由 A 向 B 运动时,其切线斜率 $f'(x)$ 将单调减少. 于是,当 $f''(x)$ 存在时,我们可以利用 $f''(x)$ 的符号来判断 $f'(x)$ 的单调性,于是有如下判别曲线凹凸性的充分条件:

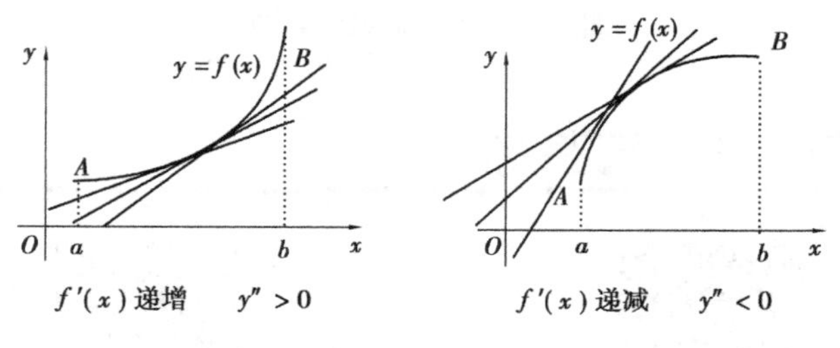

图 4.18

定理 4.11(曲线的凹凸性判别法) 设函数 $f(x)$ 在区间 (a,b) 内二阶可导,那么在区间 (a,b) 内:

(1)若 $f''(x)>0$,则曲线 $y=f(x)$ 在 (a,b) 内是凹的(可用符号 $\cup$ 表示);

(2)若 $f''(x)<0$,则曲线 $y=f(x)$ 在 (a,b) 内是凸的(可用符号 $\cap$ 表示).

证明 $\forall x_1,x_2\in(a,b)$,且 $x_1<x_2$,记 $x_0=\dfrac{x_1+x_2}{2}$,$h=x_0-x_1=x_2-x_0$,应用拉格朗日中值定理,得

$$f(x_0)-f(x_1)=f'(\xi_1)(x_0-x_1)\qquad(x_1<\xi_1<x_0)$$

$$f(x_2)-f(x_0)=f'(\xi_2)(x_2-x_0)\qquad(x_0<\xi_2<x_2)$$

于是,$2f(x_0)-[f(x_1)+f(x_2)]=f(x_0)-f(x_1)-(x_2)-f(x_0)]$

$$=f'(\xi_1)(x_0-x_1)-f'(\xi_2)(x_2-x_0)=-[f'(\xi_2)-f'(\xi_1)]h$$

$$=-f''(\xi)(\xi_2-\xi_1)h \qquad (\xi_1<\xi<\xi_2)$$

由于$(\xi_2-\xi_1)h>0$,所以,

当$f''(x)>0$时,$f''(\xi)>0$,$2f(x_0)-[f(x_1)+f(x_2)]<0$,即$f\left(\frac{x_1+x_2}{2}\right)<\frac{f(x_1)+f(x_2)}{2}$,函数的图形是凹的.

当$f''(x)<0$时,$f''(\xi)<0$,$2f(x_0)-[f(x_1)+f(x_2)]>0$,即$f\left(\frac{x_1+x_2}{2}\right)>\frac{f(x_1)+f(x_2)}{2}$,函数的图形是凸的.

根据上述定理,如果函数在定义区间上连续,除去有限个二阶导数不存在的点外,二阶导数存在,那么只要用方程$f''(x)=0$的根及$f''(x)$不存在的点来划分函数$f(x)$的定义区间,就能保证$f''(x)$在各个部分区间内保持固定符号,因而曲线$y=f(x)$在每个部分区间上是凹的或凸的.

定义 4.3　连续曲线$y=f(x)$上凹弧与凸弧的分界点称为拐点.

例 1　判定曲线$y=x-\ln(1+x)$的凹凸性.

解　因为$y'=1-\frac{1}{1+x}$,$y''=\frac{1}{(1+x)^2}$,所以,曲线$y=x-\ln(1+x)$在其定义域$(-1,+\infty)$内是凹的.

例 2　判断曲线$y=x^3$的凹凸性.

解　因为$y'=3x^2$,$y''=6x$. 当$x<0$时,$y''<0$,所以曲线在$(-\infty,0]$为凸的;当$x>0$时,$y''>0$,所以曲线在$[0,+\infty)$为凹的;点$(0,0)$是曲线的拐点.

例 3　求曲线$y=3x^4-4x^3+1$的拐点及凹、凸区间.

解　函数的定义域为$(-\infty,+\infty)$,$y'=12x^3-12x^2$,$y''=36x\left(x-\frac{2}{3}\right)$.

令$y''=0$,得$x_1=0$,$x_2=\frac{2}{3}$.

x	$(-\infty,0)$	0	$\left(0,\frac{2}{3}\right)$	$\frac{2}{3}$	$\left(\frac{2}{3},+\infty\right)$
$f''(x)$	+	0	−	0	+
$y=f(x)$	∪	拐点$(0,1)$	∩	拐点$\left(\frac{2}{3},\frac{11}{27}\right)$	∪

所以,曲线的凹区间为$(-\infty,0]$,$\left[\frac{2}{3},+\infty\right)$,凸区间为$\left[0,\frac{2}{3}\right]$,拐点为$(0,1)$和$\left(\frac{2}{3},\frac{11}{27}\right)$.

例 4 求函数 $y=a^2-\sqrt[3]{x-b}$ 的凹凸区间及拐点.

解 $y'=-\frac{1}{3}\cdot\frac{1}{\sqrt[3]{(x-b)^2}}, y''=\frac{2}{9\sqrt[3]{(x-b)^5}}$,

函数 y 在 $x=b$ 处不可导,但 $x<b$ 时,$y''<0$,曲线是凸的,$x>b$ 时,$y''>0$,曲线是凹的.

故点 (b,a^2) 为曲线 $y=a^2-\sqrt[3]{x-b}$ 的拐点.

习题 4.5

1. 确定下列曲线的凹凸性及拐点:

(1) $y=x^2-x^3$

(2) $y=\sqrt{1+x^2}$

(3) $y=\ln(1+x^2)$

(4) $y=x+x^{\frac{5}{3}}$

(5) $y=x\arctan x$

(6) $y=x^3-5x^2+3x+5$

(7) $y=xe^{-x}$

(8) $y=(x+1)^4+e^x$

(9) $y=e^{\arctan x}$

(10) $y=x^4(12\ln x-7)$

2. 证明曲线 $y=\frac{x-1}{x^2+1}$ 有 3 个拐点,且此三点位于同一直线上.

3. 问 a、b 取何值时,点 $(1,3)$ 为曲线 $y=ax^3+bx^2$ 的拐点?

4. 试确定曲线 $y=ax^3+bx^2+cx+d$ 中的常数 a、b、c、d,使得 $x=-2$ 处曲线有水平切线,$(1,-10)$ 为拐点,且点 $(-2,44)$ 在曲线上.

5. 设 $y=f(x)$ 在 $x=x_0$ 的某个领域内具有三阶连续导数. 若 $f'(x_0)=0, f''(x_0)=0, f'''(x_0)\neq0$,试问 $x=x_0$ 是否为极值点?为什么?$(x_0,f(x_0))$ 是否为拐点?为什么?

4.6 导数在经济中的应用

导数在工程、技术、科研、国防和经济管理等许多领域都有十分广泛的应用. 本节仅介绍导数(或微分)在经济中的一些简单的应用.

4.6.1 经济中的常用的一些函数

经济中常用的一些函数

1) 需求函数

需求函数是指在某一特定时期内,市场上某种商品的各种可能的购买量和决定这些购买量的诸因素之间的数量关系.

假定其他因素(如消费者的货币收入、偏好和相关商品的价格等)不变,则决定某种商品需求量的因素就是这种商品的价格. 此时,需求函数表示的就是商品需求量和价格这两个经济量之间的数量关系

$$Q_d = f_d(p)$$

其中，Q_d 表示需求量，p 表示价格. 需求函数的反函数 $p = f^{-1}(Q_d)$ 称为价格函数，习惯上将价格函数也统称为需求函数.

根据我们的生活常识可知，一般情况下，商品价格上涨，需求量将下降，价格下跌，需求量将上升，即需求量是价格的单调减少函数，如图 4.19 所示.

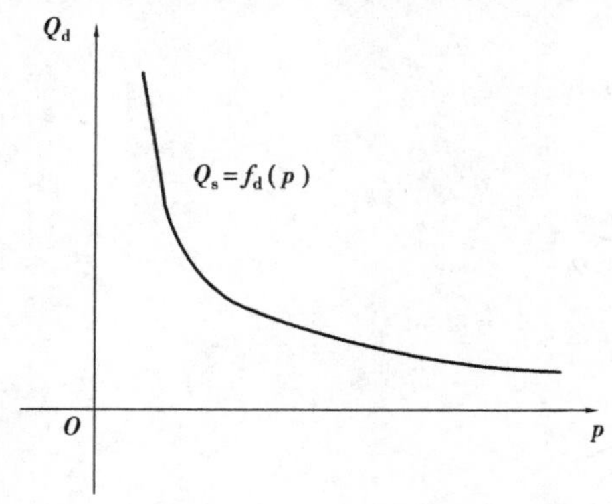

图 4.19

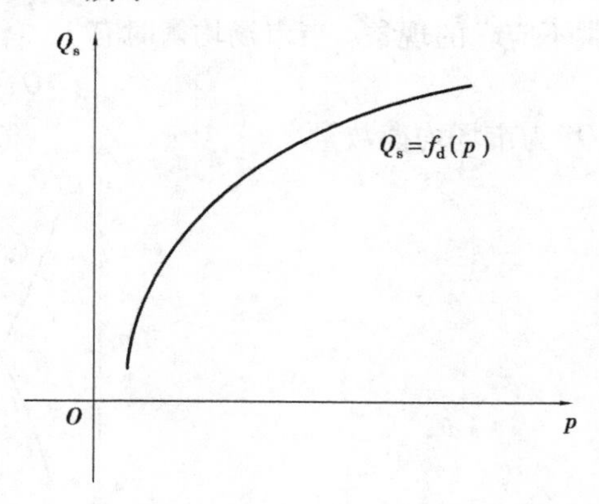

图 4.20

常见的简单需求函数：

$Q_d = b - ap$，$(a>0, b>0)$

$Q_d = \dfrac{k}{p}$，$(k>0, p \neq 0)$

$Q_d = \dfrac{k}{p^a}$，$(a>0, k>0, p \neq 0)$

$Q_d = a\mathrm{e}^{-bp}$，$(a>0, b>0)$

2）供给函数

供给函数是指在某一特定时期内，市场上某种商品的各种可能的供给量和决定这些供给量的诸因素之间的数量关系. 如果不考虑其他因素对商品供给量的影响，只考虑价格因素，则供给量 Q_s 可以表示为

$$Q_s = f_s(p).$$

一种商品的市场供给量 Q_s 也受商品价格 p 的制约，价格上涨，将刺激生产者向市场提供更多的商品，使供给量增加；反之，价格下跌将使供给量减少，即供给量是价格的单调增加函数，如图 4.20 所示.

常见的简单供给函数：

$Q_s = ap + b$，$(a>0, b>0)$

$Q_s = kp^a$，$(a>0, k>0)$

$Q_s = a\mathrm{e}^{bp}$，$(a>0, b>0)$

3）市场均衡

对一种商品而言，如果需求量等于供给量，则这种商品就达到了市场均衡. 我们把市场

均衡时的商品价格称为商品的均衡价格,记作 p_e. 均衡价格 p_e 可以通过解方程

$$Q_d = Q_s$$

得到.

如图 4.21 所示,市场均衡价格 p_e 就是需求函数和供给函数两条曲线的交点的横坐标.当市场价格高于均衡价格时, 将出现供过于求的现象, 而当市场价格低于均衡价格时,将出现供不应求的现象. 当市场均衡时有

$$Q_d = Q_s = Q_e,$$

称 Q_e 为市场均衡数量.

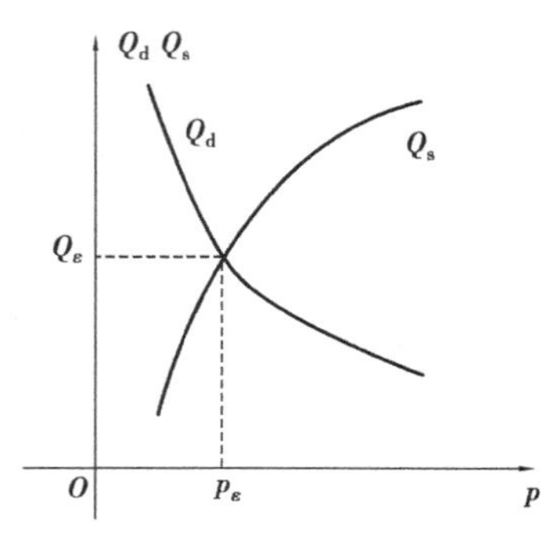

图 4.21

例 1　某种商品的供给函数和需求函数分别为

$$Q_d = 300 - 49p, Q_s = 100 + p$$

求该商品的市场均衡价格和市场均衡数量.

解　由均衡条件 $Q_d = Q_s$ 得

$$300 - 49p = 100 + p \Rightarrow 50p = 200 \Rightarrow p_e = 4 \Rightarrow Q_e = 100 + p_e = 104.$$

例 2　某批发商每次以 160 元/台的价格将 500 台电扇批发给零售商, 在这个基础上零售商每次多进 100 台电扇, 则批发价相应降低 2 元, 批发商最大批发量为每次 1 000 台, 试将电扇批发价格表示为批发量的函数, 并求零售商每次进 800 台电扇时的批发价格.

解　由题意看出所求函数的定义域为[500,1 000]. 已知每次多进 100 台,价格减少 2 元,设每次进电扇 x 台,则每次批发价减少 $\frac{2}{100}(x-500)$ 元/台,即所求函数为

$$P = 160 - \frac{2}{100}(x-500) = 160 - \frac{2x-1\,000}{100} = 170 - \frac{x}{50},$$

当 $x = 800$ 时, $P = 170 - \frac{800}{50} = 154$ (元/台)

即每次进 800 台电扇时的批发价格为 154 元/台.

4) 成本函数

产品成本是以货币形式表现的企业生产和销售产品的全部费用支出, 成本函数表示费用总额与产量(或销售量)之间的依赖关系, 产品成本可分为固定成本和变动成本两部分.

所谓固定成本，是指在一定时期内不随产量变化的那部分成本；所谓变动成本，是指随产量变化的那部分成本. 一般地，以货币计值的(总)成本 C 是产量 x 的函数，即

$$C=C(x)\ (x\geqslant 0).$$

称为成本函数. 当产量 $x=0$ 时，对应的成本函数值 $C(0)$ 就是产品的固定成本值.

设 $C(x)$ 为成本函数，称 $\bar{C}=\dfrac{C(x)}{x}\ (x>0)$ 为单位成本函数或平均成本函数.

成本函数是单调增加函数，其图像称为成本曲线.

例 3　某工厂生产某产品，每日最多生产 100 单位. 它的日固定成本为 130 元，生产一个单位产品的可变成本为 6 元. 求该厂日总成本函数及平均单位成本函数.

解　设日总成本为 C，平均单位成本为 $\bar{C}$，日产量为 x. 由于日总成本为固定成本与可变成本之和. 根据题意，日总成本函数为

$$C=C(x)=130+6x,$$

定义域为 $D=[0,100]$.

平均单位成本函数为 $\bar{C}=\bar{C}(x)=\dfrac{C(x)}{x}=\dfrac{130}{x}+6$,

定义域为 $D=(0,100]$.

5) 收入函数与利润函数

销售某种产品的收入 R，等于产品的单位价格 p 乘以销售量 x，即 $R=px$，称其为收入函数. 而销售利润 L 等于收入 R 减去成本 C，即 $L=R-C$，称其为利润函数.

当 $L=R-C>0$ 时，生产者盈利；

当 $L=R-C<0$ 时，生产者亏损；

当 $L=R-C=0$ 时，生产者盈亏平衡，使 $L(x)=0$ 的点 x_0 称为盈亏平衡点(又称为保本点).

例 4　某工厂生产某产品，年产量为 x 台，每台售价 500 元，当年产量超过 800 台时，超过部分只能按 9 折出售，这样可多售出 200 台，如果再多生产，本年就销售不出去了. 试写出本年的收益(收入)函数.

解　因为产量超过 800 台时售价要按 9 折出售，又超过 1 000 台(即 800 台+200 台)时，多余部分销售不出去，从而超出部分无收益. 依题意有

$$R(x)=\begin{cases}500x & 0\leqslant x\leqslant 800\\ 500\times 800+0.9\times 500(x-800) & 800<x\leqslant 1\,000\\ 500\times 800+0.9\times 500\times 200 & x>1\,000\end{cases}$$

$$=\begin{cases}500x & 0\leqslant x\leqslant 800\\ 400\,000+450(x-800) & 800<x\leqslant 1\,000.\\ 490\,000 & x>1\,000\end{cases}$$

例 5　已知某厂单位产品的可变成本为 15 元，每天的固定成本为 2 000 元，如这种产品出厂价为 20 元，求

(1)利润函数;

(2)若不亏本,该厂每天至少要生产多少单位这种产品.

解 (1)因为$L(x)=R(x)-C(x)$, $C(x)=2\ 000+15x$, $R(x)=20x$,所以

$$L(x)=20x-(2\ 000+15x)=5x-2\ 000.$$

(2) 当 $L(x)=0$ 时,不亏本,于是有 $5x-2\ 000=0$, 得 $x=400$ (单位).

例 6 某电器厂生产一种新产品,根据调查得出需求函数为 $x=-900p+45\ 000$. 该厂生产该产品的固定成本是 270 000 元,而单位产品的可变成本为 10 元. 为获得最大利润,出厂价格应为多少?

解 收入函数为 $R(p)=p\cdot(-900p+45\ 000)=-900p^2+45\ 000p$.

利润函数为

$L(p)=R(p)-C(p)=-900(p^2-60p+800)=-900(p-30)^2+90\ 000.$

由于利润是一个二次函数,容易求得 $p=30$ 元时,最大利润 $L=90\ 000$ 元.

在此价格下,销售量为

$x=-900\times30+45\ 000=18\ 000$ (单位).

例 7 已知某商品的成本函数与收入函数分别是 $C=12+3x+x^2$ 和 $R=11x$,试求该商品的盈亏平衡点, 并说明盈亏情况.

解 由 $L=0$ 和已知条件得

$$11x=12+3x+x^2 \quad\Rightarrow\quad x^2-8x+12=0$$

从而得到两个盈亏平衡点分别为 $x_1=2, x_2=6$. 由利润函数

$$L(x)=R(x)-C(x)=11x-(12+3x+x^2)=8x-12-x^2=(x-2)(6-x),$$

易见当 $x<2$ 时亏损, $2<x<6$ 时盈利,而当 $x>6$ 时又转盈为亏.

4.6.2 边际分析与弹性分析

边际和弹性是经济学中的两个重要概念. 由于许多经济变量不仅可以看成连续变化的,而且还是可导的,因此,我们可用导数的概念来研究经济变量的边际和弹性,相应地称之为边际分析与弹性分析.

1)边际函数

经济学中,我们把函数$f(x)$的导函数$f'(x)$称为$f(x)$的边际函数.

$f'(x)$在点 x_0 的值$f'(x_0)$称为$f(x)$在 x_0 处的边际值(或变化率、变化速度等).

边际分析

应用案例-边际分析

弹性分析

例 8　某小型机械厂主要生产某种机器配件，其最大生产能力为每日 100 件，假设成本 C(元)与日产量 x (件)的函数关系为

$$C(x)=\frac{1}{4}x^2+60x+2\,050.$$

求

(1) 日产量为 75 件时的成本和平均成本；

(2) 当日产量由 75 件提高到 90 件时，成本的平均改变量；

(3) 当日产量为 75 件时的边际成本.

解　(1) 日产量为 75 件时的成本和平均成本分别为

$$C(75)=\frac{1}{4}\times75^2+60\times75+2\,050=7\,956.25\ (\text{元}).$$

$$\frac{C(75)}{75}=106.08\ (\text{元/件}).$$

(2) 当产量由 75 件提高到 90 件时，成本的平均改变量为

$$\frac{\Delta C}{\Delta x}=\frac{C(90)-C(75)}{90-75}=101.25\ (\text{元/件}).$$

(3) 边际成本函数为

$$C'(x)=\frac{1}{2}x+60,$$

所以，当产量为 75 件时的边际成本为

$$C'(75)=97.5\ (\text{元}).$$

当销售量为 x，利润为 $L=L(x)$ 时，$L'(x)$ 称为销售量为 x 时的边际利润，它近似等于销售量为 x 时再多销售一个单位产品所增加或减少的利润.

例 9　设某糕点加工厂生产 A 类糕点的成本函数和收入函数分别是 $C(x)=100+2x+0.02x^2$ 和 $R(x)=7x+0.01x^2$. 求边际利润函数和当日产量分别是 200 kg、250 kg 和 300 kg 时的边际利润，并说明其经济意义.

解　(1) 由利润=收入-成本，得利润函数为

$$L(x)=R(x)-C(x)=7x+0.01x^2-100-2x-0.02x^2$$
$$=5x-100-0.01x^2$$

边际利润函数为　$L'(x)=5-0.02x$.

(2) 日产量为 200 kg、250 kg 和 300 kg 时的边际利润分别是

$$L'(200)=1\ (\text{元}),L'(250)=0\ (\text{元}),L'(300)=-1\ (\text{元}).$$

其经济意义为，当日产量为 200 kg 时，再增产 1 kg，则利润可增加 1 元；当日产量为 250 kg 时，再增产 1 kg，则利润无增加；当日产量为 300 kg 时，再增产 1 kg，则利润减少 1 元.

由此可以看出，当企业某一产品的生产量超过了边际利润的零点($L'(x)=0$)时，增加的产量不仅使企业无利可图，反而会导致利润减少.

2)弹性

弹性是用来描述一个经济变量对另一个经济变量变化时,另一个经济变量所做出反应的强弱程度. 通俗来讲,弹性是就是用来描述当一个量变化了百分之几,另一个随之变化了百分之多少的量,即相对变化率的比值.

定义 4.4 若函数 $y=f(x)$ 在点 $x_0(x_0\neq0)$ 的某邻域内有定义,且 $f(x_0)\neq0$,则称 Δx 和 Δy 分别是 x 和 y 在点 x_0 处的绝对增量,并称 $\frac{\Delta x}{x_0}$ 与 $\frac{\Delta y}{y_0}=\frac{f(x_0+\Delta x)-f(x_0)}{f(x_0)}$ 分别为自变量 x 与函数 y 在点 x_0 处的相对增量(或相对变化率).

定义 4.5 设 $y=f(x)$,当 $\Delta x\to0$ 时,极限 $\lim\limits_{\Delta x\to0}\frac{\frac{\Delta y}{y_0}}{\frac{\Delta x}{x_0}}$ 存在,则称此极限值为函数 $f(x)$ 在点 x_0 处的弹性,记为 $\eta(x_0)$.

由定义 4.5 可知:

(1)若 $y=f(x)$ 在 x_0 处可导,则它在点 x_0 处的弹性为

$$\eta(x_0)=x_0\cdot\frac{f'(x_0)}{f(x_0)} \tag{4.10}$$

(2)$\eta(x_0)$ 的经济意义是:在 x_0 处,当 x 产生 1% 的改变时,$f(x)$ 就会产生 $\eta(x_0)$% 的改变;当 $\eta(x_0)>0$ (<0)时,x 与 y 的变化方向相同(相反).

例 10 设下列函数反映某项经济活动中两个变量之间的关系. 当 a、b、α 为常数时,求下列函数的弹性函数及在点 $x=1$ 处的弹性,并阐述其经济意义.

(1)$f(x)=ae^{bx}$, (2)$f(x)=x^{\alpha}$.

解 (1) 由(式 4.10)得

$$\eta(x)=\frac{x}{f(x)}\cdot f'(x)=\frac{x}{ae^{bx}}\cdot abe^{bx}=bx,\eta(1)=b.$$

$\eta(1)$ 的经济意义是:在 $x=1$ 处,当 $b>0$ 时,x 增加(或减少)1%,$f(x)$ 就增加(或减少)b%;当 $b<0$ 时,x 增加(或减少)1%,$f(x)$ 就减少(或增加)$-b$%.

(2) 由式(4.10)得

$$\eta(x)=x\cdot\frac{f'(x)}{f(x)}=\alpha,\eta(1)=\alpha.$$

可见,幂函数在任意一处的弹性均为常数 α,从而称为不变弹性函数.

在经济学中,需求函数 $Q=Q(p)$ 关于价格 p 的弹性,称为需求弹性(或需求价格弹性),记为 ε_p. 由于需求函数是递减函数,所以 $Q'(p)<0$,从而 $p\cdot\frac{Q'(p)}{Q(p)}$ 为负数. 经济学家一般用正数表示需求弹性,因此,采用需求函数相对变化率的相反数来定义需求弹性. 即

$$\varepsilon_p=-p\cdot\frac{Q'(p)}{Q(p)}=-\frac{p}{Q}\cdot\frac{dQ}{dp} \tag{4.11}$$

例 11　某日用消费品的需求量 Q（件）与单价 p（元）的函数关系为 $Q(p)=a\left(\frac{1}{2}\right)^{\frac{p}{3}}$（$a$ 是常数），求：

（1）需求弹性函数 ε_p；

（2）当单价分别是 4 元、4.35 元、5 元时的需求弹性.

解　（1）因为 $Q'(p)=\frac{1}{3}a\left(\frac{1}{2}\right)^{\frac{p}{3}}\ln\left(\frac{1}{2}\right)$，所以由式(4.11)，得

$$\varepsilon_p=-\frac{p}{Q(p)}\cdot Q'(p)=-\frac{p}{a\left(\frac{1}{2}\right)^{\frac{p}{3}}}\cdot\frac{1}{3}a\left(\frac{1}{2}\right)^{\frac{p}{3}}\ln\left(\frac{1}{2}\right)=0.23p.$$

（2）$\varepsilon_p\big|_{p=4}=0.92$；$\varepsilon_p\big|_{p=4.35}=1$；$\varepsilon_p\big|_{p=5}=1.15$.

在商品经济中，商品经营者往往关心提价（$\Delta p>0$）或降价（$\Delta p<0$）对收益的影响.

一般地，当价格 p 的变化（$|\Delta p|$）很小时，由于 $\Delta Q\approx \mathrm{d}Q$，由式(4.11)可知，需求量的改变量

$$\Delta Q\approx \mathrm{d}Q=\frac{\mathrm{d}Q}{\mathrm{d}p}\cdot\Delta p=-\frac{Q}{p}\cdot\varepsilon_p\Delta p=-\varepsilon_p Q\cdot\frac{\Delta p}{p},$$

因此，需求量的相对改变量为

$$\frac{\Delta Q}{Q}\approx-\varepsilon_p\cdot\frac{\Delta p}{p},$$

销售收入 $R(p)=p\cdot Q$ 的改变量为

$$\Delta R\approx \mathrm{d}(p\cdot Q)=Q\cdot\Delta p+p\cdot\frac{\mathrm{d}Q}{\mathrm{d}p}\cdot\Delta p=Q\cdot\Delta p-p\varepsilon_p\cdot\frac{Q}{p}\cdot\Delta p=(1-\varepsilon_p)Q\cdot\Delta p,$$

即

$$\Delta R\approx(1-\varepsilon_p)Q\cdot\Delta p \tag{4.12}$$

由式(4.12)，可得如下结论：

（1）若 $\varepsilon_p>1$（称为高弹性）时，则 ΔR 与 Δp 异号. 此时，降价（$\Delta p<0$）将使收益增加；提价（$\Delta p>0$）将使收益减少.

（2）若 $\varepsilon_p<1$（称为低弹性）时，则 ΔR 与 Δp 同号. 此时，降价将使收益减少，提价将使收益增加.

（3）若 $\varepsilon_p=1$（称为单位弹性），则 $\Delta R\approx 0$，此时，无论是提价还是降价均对收益没有明显的影响.

根据上述结论，例 11 的结果表明：

当 $p=4$ 时，有 $\varepsilon_p=0.92<1$（低弹性），此时降价使收益减少，提价使收益增加；

当 $p=4.35$ 时，有 $\varepsilon_p=1$（单位弹性），此时提价、降价对收益没有明显的影响；

当 $p=5$ 时，有 $\varepsilon_p=1.15>1$（高弹性），此时降价使收益增加，提价使收益减少.

例 12 统计资料表明,某类商品的需求量为 2 660 单位,需求价格弹性为 1.4. 若该商品价格计划上涨 8%(假设其他条件不变),问该商品的需求量会降低多少?

解 设某商品的需求量为 Q,其在价格上涨时的改变量为 ΔQ,则有

$$\Delta Q \approx -\varepsilon_{\mathrm{p}} \cdot \frac{\Delta p}{p} \cdot Q = -1.4 \times 8\% \times 2\,660 = -298 \text{ (单位)}$$

因此,涨价后的需求量估计会减少 298 单位.

当然,我们也可用类似的方法,对供给函数、成本函数等常用经济函数进行弹性分析,以预测市场的饱和状态及商品的价格变动等.

应用案例-弹性分析

4.6.3 函数最值在经济中的应用

在经济管理中,需要寻求企业的最小生产成本或制订获得最大利润的一系列价格策略等,这些问题,都可归结为求函数的最值. 下面举例说明函数最值在经济上的应用.

1)平均成本最小

例 13 某工厂生产产量为 x(件)时,生产成本函数(元)为

$$C(x) = 9\,000 + 40x + 0.001x^2,$$

求该厂生产多少件产品时,平均成本达到最小? 并求出其最小平均成本和相应的边际成本.

解 平均成本函数是

$$\bar{C}(x) = \frac{C(x)}{x} = \frac{9\,000}{x} + 40 + 0.001x,$$

求导得

$$\bar{C}'(x) = -\frac{9\,000}{x^2} + 0.001,$$

令 $\bar{C}'(x) = 0$,得驻点 $x = 3\,000$.

因为 $\bar{C}''(3\,000) = \dfrac{18\,000}{(3\,000)^3} > 0$,且驻点唯一,极小值即最小值.

所以,当产量 $x = 3\,000$ 件时,平均成本达到最小,且最小平均成本为

$$\bar{C}(3\,000) = \frac{9\,000}{3\,000} + 40 + 0.001 \times 3\,000 = 46 \text{ (元/件)}.$$

又因为边际成本函数为

$$C'(x) = 40 + 0.002x,$$

所以,$x = 3\,000$,相应的边际成本值为

$$C'(3\,000) = 40 + 0.002 \times 3\,000 = 46 \text{ (元/件)}.$$

可见,最小平均成本等于其相应的边际成本.

2）最大利润

设成本函数为 $C(x)$，收益函数为 $R(x)$，其中 x 为产量，则在假设产量和销量一致的情况下，利润函数

$$L(x)=R(x)-C(x).$$

假设产量为 x_0 时，利润达到最大，则由极值的必要条件和极值的第二充分条件，$L(x)$ 必定满足：

$$L'(x)\big|_{x=x_0}=R'(x_0)-C'(x_0)=0,$$
$$L''(x)\big|_{x=x_0}=R''(x_0)-C''(x_0)<0.$$

因此，只要函数 $L(x)$ 在 $x=x_0$ 处满足上面两个条件，它在 $x=x_0$ 处就必定会达到最大.

例14　某商家销售某种商品的价格满足关系 $p=7-0.2x$（万元/t），其中 x 为销售量（单位：t）、商品的成本函数为 $C(x)=3x+1$（万元）.

(1) 若每销售 1 t 商品，政府要征税 a（万元），求该商家获最大利润时的销售量；

(2) a 为何值时，政府税收总额最大.

解　(1) 设该商品的销售量为 x，销售收入为 $R(x)$，政府的税收总额为 T，商家的利润总额为 $L(x)$，则有

$$R(x)=p\cdot x=7x-0.02x^2, T=a\cdot x.$$

于是，得

$$L(x)=R(x)-T-C(x)=-0.2x^2+(4-a)x-1.$$

令 $L'(x)=-0.4x+4-a=0$，则得驻点为 $x=\dfrac{5}{2}(4-a)$.

又因为 $L''(x)=-0.4<0$，且驻点 $x=\dfrac{5}{2}(4-a)$ 唯一，所以 $L(x)$ 在 $x=\dfrac{5}{2}(4-a)$ 时取得最大值，即 $x=\dfrac{5}{2}(4-a)$ 是使商家获得最大利润的销售量.

(2) 由(1)的结果知，政府税收总额为

$$T=a\cdot x=\frac{5}{2}(4-a)a=10-\frac{5}{2}(a-2)^2,$$

从上式不难看出，当 $a=2$ 时，政府税收总额最大.

必须指出的是：为了使商家在纳税的情况下仍能获得最大利润，就应使 $x=\dfrac{5}{2}(4-a)>0$，即 a 满足限制 $0<a<4$. 显然 $a=2$ 并未超出 a 的限制范围.

3）最佳存款利息

例15　某家银行，准备新设某种定期存款业务. 假设存款量与利率成正比，经预测贷款投资的收益率为16%，那么存款利息定为多少时，才能收到最大的贷款纯收益？

解　设存款利率为 x，存款总额为 M，则由 M 与 x 成正比，得

$$M=kx\quad(k\text{ 是正常数})$$

若贷款总额为 M,则银行的贷款收益为 $0.16M=0.16kx$.

因为,这笔贷款 M 要付给存户的利息为 $xM=kx^2$,

所以,银行的投资纯收益为 $f(x)=0.16kx-kx^2$.

令 $f'(x)=0.16k-2kx=0$,则得驻点 $x=0.08$.

由 $f''(x)=-2k<0$ 和驻点唯一可知,$x=0.08$ 是 $f(x)$ 的最大值点.

因此,当存款利率为 8% 时,可创最高纯投资收入.

4)最佳批量和批数

例 16　某厂年需某种零件 8 000 个,需分期分批外购,然后均匀投入使用(此时平均库存量为批量的一半). 若每次订货的手续费为 40 元,每个零件一年的库存费为 4 元. 试求最经济的订货批量和进货批数.

解　设每年的库存费和订货的手续费之和为 $C(x)$,进货的批数为 x,则批量为 $\frac{8\,000}{x}$ 个,且

$$C(x)=\frac{8\,000}{x}\times\frac{1}{2}\times 4+40x=\frac{1\,600}{x}+40x.$$

令 $C'(x)=-\frac{1\,600}{x^2}+40=0$,则得唯一驻点 $x=20$.

于是,由 $C''(x)=\frac{3\,200}{x^3}>0$ 可知,驻点为极小值点.

因此,当进货的批数为 20 批,订货批量为 400 个时,每年的库存费和订货的手续费最少——最经济.

企业在正常的生产经营活动中,库存是必要的,但库存太多会使资金积压、商品陈旧变质,造成浪费. 因此,确定最优(最适当)的库存量是很重要的.

例 17　某人利用原材料每天要制作 5 个储藏橱. 假设外来木材的运送成本为 6 000 元,而储存每个单位材料的成本为 8 元. 为使他在两次运送期间的制作周期内平均每天的成本最小,每次他应该订多少原材料以及多长时间订一次货?

解　设每 x 天订一次货,那么在运送周期内必须订 $5x$ 单位材料. 而平均储存量大约为运送数量的一半,即 $\frac{5x}{2}$. 因此

$$\text{每个周期的成本}=\text{运送成本}+\text{储存成本}=6\,000+\frac{5x}{2}\cdot x\cdot 8$$

$$\text{平均成本}\ \bar{C}(x)=\frac{\text{每个周期的成本}}{x}=\frac{6\,000}{x}+20x,\ (x>0)$$

由 $\bar{C}'(x)=-\frac{6\,000}{x^2}+20$ 解方程 $\bar{C}'(x)=0$,得驻点

$$x_1=10\sqrt{3}\approx 17.32,\ x_2=-10\sqrt{3}\approx -17.32(\text{舍去}).$$

因 $\bar{C}''(x)=\dfrac{12\ 000}{x^3}$，则 $\bar{C}''(x_1)>0$，所以在 $x_1=10\sqrt{3}\approx17.32$ 天处取得最小值.

储藏橱制作者应该安排每隔 17 天运送外来木材 $5\times17=85$ 单位材料.

习题 4.6

1. 已知某厂生产运动鞋 x 双的总成本函数为 $C(x)=5x+400$(单位:元). 若每天至少能卖出 200 双,为了不亏本,每双至少应该以多少元售出?

2. 某商店出售一种布料,每米 a 元,若每位顾客一次所购买超过 40 m,超过的部分按照九折出售. 试写出一次交易销售收入 R 与销售量 x 的函数关系.

3. 某厂生产一种产品,单位售价为 200 元. 若月产量为 400 件,则当月能全部售出;若月产量超过 400 件,可以通过宣传多售出 150 件,超出部分的平均宣传费用为 25 元/件;若生产再多将无法售出. 试写出月收入 R 与月产量 x 的函数关系式.

4. 某厂根据市场需要,生产布质购物袋,固定成本为 10 000 元,每生产 200 个购物袋,成本就增加 100 元,销售收入 3 000 元. 每季度最多生产 20 000 个购物袋. 若每季度的产量为 x 个,试将季度总利润 L 写为 x 的函数.

5. 某种电脑每台售价为 6 000 元,每月可销售 1 000 台,每台售价降低 100 元,每月增加销售 200 台. 试写出该电脑的线性需求函数.

6. 已知苹果的收购价为 2 元/kg,每周能收购 2 000 kg. 若收购价每千克提高 0. 1 元,则收购量可增加 200 kg. 试求苹果的线性供给函数.

7. 某商品供给量为 60 单位时,每单位商品的价格为 22 元,此时市场需求为 31. 2 单位;当供给量为 150 单位时,每单位商品的价格为 40 元,此时市场需求为 24 单位. 求该商品的市场均衡价格.

8. 某人投资 P 美元,利率为 8%. 一年后,投资增长到金额 A.

(1)说明 A 与 P 成正比;

(2)当 $P=100$ 美元时,求 A;

(3)当 $A=259.20$ 美元时,求 P.

9. 滑雪板厂商正在规划一条新的滑雪板生产线. 第一年,装备新生产线的固定成本是 22 500 美元. 生产每副滑雪板的变动成本估计为 40 美元. 销售部门预计,在第一年间,按每副 85 美元的价格可卖出 3 000 副.

(1)建立关于生产 x 副滑雪板的总成本函数 $C(x)$ 的表达式;

(2)建立关于销售 x 副滑雪板的总收益函数 $R(x)$ 的表达式;

(3)建立关于生产与销售 x 副滑雪板的总利润函数 $L(x)$ 的表达式;

(4)如果按预期销售了 3 000 副滑雪板,公司将实现什么样的损益?

(5)公司必须卖出多少副滑雪板才会够本?

10. 某电脑公司计划销售一种新的绘图计算器. 第一年,建立新生产线的固定成本是 100 000 美元. 生产每台计算器的变动成本估计为 20 美元. 销售部门预计,在第一年间,按每台 45 美元的价格可卖出 150 000 台计算器.

(1)建立关于生产 x 台计算器的总成本函数 $C(x)$ 的表达式;

(2)建立关于销售 x 台计算器的总收益函数 $R(x)$ 的表达式;

(3)建立关于生产和销售 x 台计算器的总利润函数 $L(x)$ 的表达式;

(4)如果按预期销售了 150 000 台计算器,公司将实现什么样的损益?

(5)公司必须卖出多少台计算器才够本?

11. 某家具厂生产某种类型的大学教室桌椅的固定成本为 80 000 美元. 生产 x 套桌椅的变动成本是 $16x$ 美元. 桌椅将以每套 28 美元的价格出售.

(1)建立关于销售 x 套桌椅的总收益函数 $R(x)$ 的表达式;

(2)建立关于生产 x 套桌椅的总成本函数 $C(x)$ 的表达式;

(3)建立关于生产与销售 x 套桌椅的总利润函数 $L(x)$ 的表达式;

(4)公司从 8 000 套桌椅的预期销售中将实现什么样的损益?

(5)公司必须卖出多少套桌椅才够本?

12. 设某产品的价格 p 与需求量 Q 的关系为 $p=10-\dfrac{Q}{5}$.

(1)求需求量为 20 及 30 时的收益 R、平均收益 $\bar{R}$ 及边际收益 R';

(2)当 Q 为多少时,收益最大?

13. 设某商品的需求量 Q 对价格 p 的函数为 $Q=50\ 000\mathrm{e}^{-2p}$.

(1)求需求弹性;

(2)当商品的价格 $p=10$ 元时,再增加 1%,求商品需求量的变化情况.

14. 已知某企业某种产品的需求弹性为 1.3 ~ 2.1,如果该企业准备明年将价格降低 10%,问这种商品的销售量预期会增加多少? 收入会增加多少?

15. 某食品加工厂生产某类食品的成本 C(元)是日产量 x(kg)的函数 $C(x)=1\ 600+4.5x+0.01x^2$,问该产品每天生产多少 kg 时,才能使平均成本达到最小值?

16. 某化肥厂生产某类化肥,其成本函数为 $C(x)=1\ 000+60x-0.3x^2+0.001x^3$(元). 需求函数为 $x=800-\dfrac{20}{3}p$(单位:t). 问销售量为多少时,可获最大利润,此时的价格 p 为多少?

17. 某银行准备新开设某种定期存款业务,假设存款额与利率成正比,若已知贷款收益率为 r,问存款利率定为多少时,贷款投资的纯收益最高?

18. 某商店每年销售某种商品 a 件,每次购进的手续费为 b 元,而每年库存费为 c 元,在该商品均匀销售的情况下(此时商品的平均库存数为批量的一半),问商店分几批购进此种商品,方能使手续费及库存费之和最少?

19. 某服装有限公司确定,为卖出 x 套服装,其单价应为 $p=150-0.5x$. 同时还确定,生产 x 套服装的总成本可表示为 $C(x)=4\ 000+0.25x^2$.

(1)求总收益 $R(x)$;

(2)求总利润 $L(x)$;

(3)为最大化利润,公司应生产并销售多少套服装?

(4)最大利润是多少?

(5)为获得这个最大利润,其服装单价应定为多少?

20. 某公司正在生产一款新冰箱. 它确定,为了卖出 x 台冰箱,每台价格应为 $p=280-0.4x$. 同时还确定,生产 x 台冰箱的总成本可表示成 $C(x)=5\ 000+0.6x^2$.

(1)求总收益 $R(x)$;

(2)求总利润 $L(x)$;

(3)为最大化利润,公司应生产并销售多少台冰箱?

(4)最大利润是多少?

(5)为获得这个最大利润,其冰箱单价应定为多少?

21. 某大学正试图为足球票定价. 如果每张票价为 6 美元,则平均每场比赛有 70 000 名观众. 每提价 1 美元,就要从平均人数中失去 10 000 名观众. 每名观众在让价上平均花费 1.50 美元. 为使收益最大化,每张票应定价多少? 按该票价,将有多少名观众观看比赛?

22. 某旅馆拥有 300 套房间. 当旅馆把每套房定价为 80 美元/日时,所有房间都有人住. 如果每日房价上调 x 美元,则有 x 套空房. 在服务并维持营业方面,每套占用房每日花费 22 美元. 为使收益最大化,旅馆应把房价定为多少?

23. 当影院对每张入场票定价 5 美元时,平均有 180 人观看电影. 如果每张票提价 0.10 美元,则从平均人数中失掉 1 个顾客. 为使收益最大化,入场票价应定为多少?

24. 向营业员购买展示牌子的商人说:“我想要一块 10 英尺×10 英尺的展示牌.”营业员回答:“那就是我们要给您准备的牌子,不过,为了使它更加美观好看,为什么不把它换成 7 英尺×13 英尺呢?”试作点评.

25. 储户在银行储蓄的金额与银行按金额支付的利率成正比. 假设银行可按 18% 的利率贷出其储户的所有金额. 为使利润最大化,银行应付给储户多大的利率?

26. 体育用品商店每年销售 100 张台球桌. 库存一张台球桌一年的费用为 20 美元. 为再订购,需付 40 美元的固定成本,以及每张台球桌另加 16 美元. 为了最小化存货成本,商店每年应订购台球桌几次,每次批量为多少?

27. 保龄球中心的职业运动员商店每年销售 200 个保龄球. 库存一个保龄球一年的费用是 4 美元. 为再定购,需付 1 美元的固定成本,以及每个保龄球另加 0.50 美元. 为最小化存货成本,商店每年应订购保龄球几次,每次批量为多少?

28. Boxowitz 计算器零售商店每年销售 360 台计算器. 库存一台计算器一年的费用是 8 美元. 为再订购,需付 10 美元的固定成本,以及每台计算器另加 8 美元. 为最小化存货成本,商店每年应订购计算器几次,每次批量为多少?

29. 南加州的某家体育用品商店每年销售 720 副冲浪板. 库存一副冲浪板一年的费用是 2 美元. 为再订购,需付 5 美元的固定成本,以及每副冲浪板另加 2.50 美元. 为最小化存货成本,商店每年应订购冲浪板几次,每次批量为多少?

30. 在个人庭院中用栅栏隔挡开一个矩形游戏场地,其面积为 48 m^2. 邻居同意为游戏场地所标注的一边上的栅栏付一半费用. 什么样的尺寸将使栅栏的成本最小?

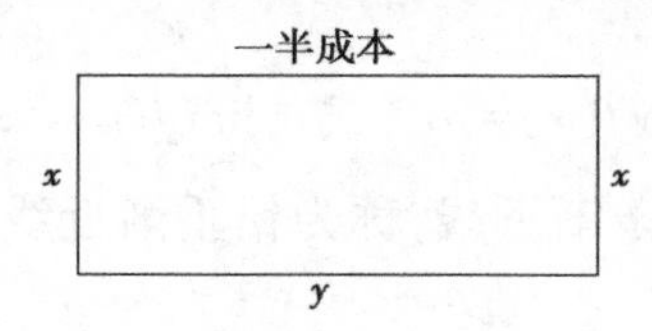

4.7 函数图形的描绘

前面几节讨论了函数的一、二阶导数与函数图形变化性态的关系. 这些讨论都可应用于函数作图.

应用案例-函数图形的描绘

4.7.1 曲线的渐近线

有些函数的定义域与值域都是有限区间,此时函数的图形局限于一定的范围之内,如圆、椭圆等. 而有些函数的定义域或值域是无穷区间,此时函数的图形向无穷远处延伸,如双曲线、抛物线等. 有些向无穷远延伸的曲线,呈现出越来越接近某一直线的形态,这种直线就是曲线的渐近线.

定义 4.6　如果曲线上的一点沿着曲线趋于无穷远时,该点与某条直线的距离趋于零,则称此直线为曲线的渐近线.

如果给定曲线的方程为 $y=f(x)$,如何确定该曲线是否有渐近线呢? 如果有渐近线又怎样求出它呢? 下面分三种情形进行讨论.

1)水平渐近线

如果曲线 $y=f(x)$ 的定义域是无限区间,且有

$$\lim_{x\to-\infty}f(x)=b \quad 或 \quad \lim_{x\to+\infty}f(x)=b$$

则直线 $y=b$ 为曲线 $y=f(x)$ 的渐近线,称为水平渐近线,如图 4.22 和图 4.23 所示.

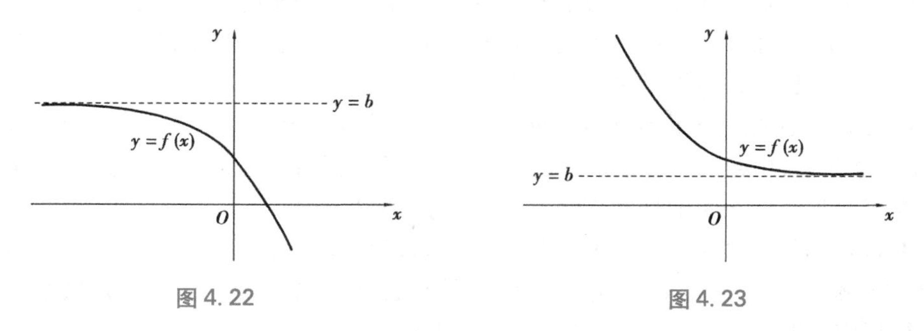

图 4.22　　　图 4.23

例 1　求曲线 $y=\dfrac{1}{x-1}$ 的水平渐近线.

解　因为 $\lim\limits_{x\to\infty}\dfrac{1}{x-1}=0$,所以,$y=0$ 是曲线 $y=\dfrac{1}{x-1}$ 的一条水平渐近线,如图 4.24 所示.

2)铅垂渐近线

如果曲线 $y=f(x)$ 有

$$\lim_{x\to c^-}f(x)=\infty \quad 或 \quad \lim_{x\to c^+}f(x)=\infty$$

则直线 $x=c$ 为曲线 $y=f(x)$ 的一条渐近线,称为铅垂渐近线(或称垂直渐近线),如图 4.24 所示.

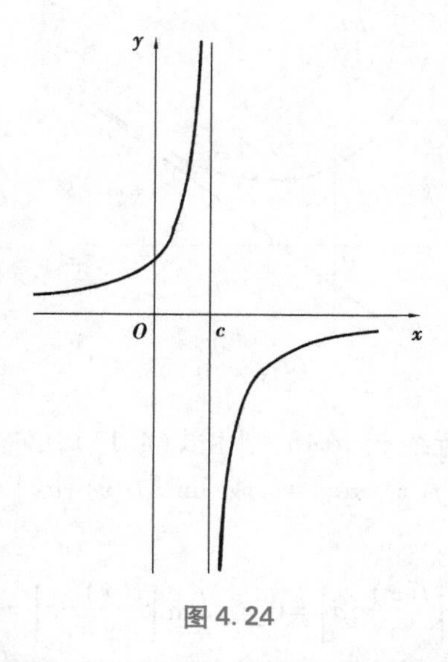

图 4.24

例2 求曲线 $y=\dfrac{1}{x-1}$ 的铅垂渐近线.

解 因为 $\lim\limits_{x\to1^-}\dfrac{1}{x-1}=-\infty$, $\lim\limits_{x\to1^+}\dfrac{1}{x-1}=+\infty$, 所以, $x=1$ 是曲线 $y=\dfrac{1}{x-1}$ 的一条铅垂渐近线, 如图 4.25 所示.

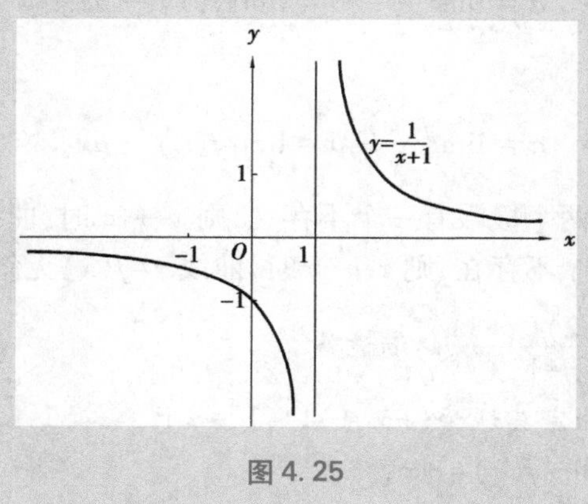

图 4.25

3) 斜渐近线

如果

$$\lim_{x\to+\infty}[f(x)-(ax+b)]=0 \text{ 或 } \lim_{x\to-\infty}[f(x)-(ax+b)]=0 \tag{4.13}$$

成立, 其中 a、b 为常数且 $a\neq0$, 则 $y=ax+b$ 是曲线 $y=f(x)$ 的一条渐近线, 称为斜渐近线, 如图 4.26 所示.

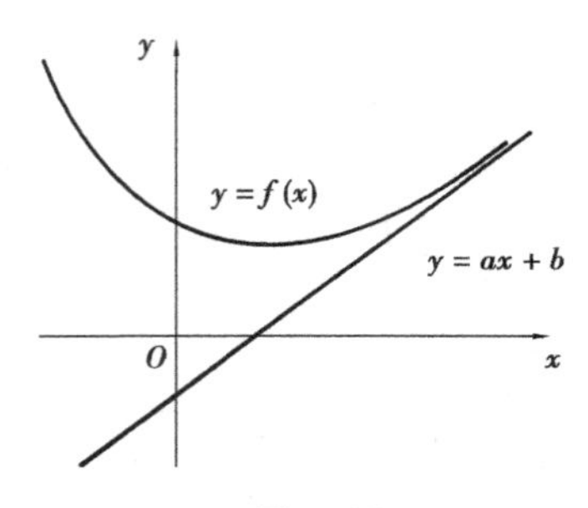

图 4.26

如果曲线 $y=f(x)$ 有斜渐近线 $y=ax+b$,则由式(4.13),必有

$$\lim_{x\to+\infty}[f(x)-ax]=b \text{ 或 } \lim_{x\to-\infty}[f(x)-ax]=b,$$

或

$$\lim_{x\to+\infty}\left[\frac{f(x)}{x}-a\right]=0 \text{ 或 } \lim_{x\to-\infty}\left[\frac{f(x)}{x}-a\right]=0.$$

即

$$\lim_{x\to+\infty}\frac{f(x)}{x}=a \text{ 或 } \lim_{x\to-\infty}\frac{f(x)}{x}=a.$$

于是,我们得到求曲线 $y=f(x)$ 的斜渐近线 $y=ax+b$ 的两组公式:

$$a=\lim_{x\to+\infty}\frac{f(x)}{x},b=\lim_{x\to+\infty}[f(x)-ax] \tag{4.14}$$

或

$$a=\lim_{x\to-\infty}\frac{f(x)}{x},b=\lim_{x\to-\infty}[f(x)-ax] \tag{4.15}$$

注意 若式(4.14)中两个极限有一个不存在,则 $x\to+\infty$时,曲线 $y=f(x)$ 无斜渐近线;若式(4.15)中两个极限有一个不存在,则 $x\to-\infty$时,曲线 $y=f(x)$ 无斜渐近线.

例 3 求 $f(x)=\dfrac{2(x-2)(x+3)}{x-1}$ 的渐近线.

解 易见函数 $f(x)$ 的定义域为 $(-\infty,1)\cup(1,+\infty)$.

因为 $\lim\limits_{x\to1^+}f(x)=-\infty,\lim\limits_{x\to1^-}f(x)=+\infty$,

所以 $x=1$ 是曲线的铅直渐近线.

又因为 $\lim\limits_{x\to\infty}\dfrac{f(x)}{x}=\lim\limits_{x\to\infty}\dfrac{2(x-2)(x+3)}{x(x-1)}=2$,

$$\lim_{x\to\infty}\left[\frac{2(x-2)(x+3)}{x-1}-2x\right]=\lim_{x\to\infty}\frac{2(x-2)(x+3)-2x(x-1)}{x-1}=4,$$

所以 $y=2x+4$ 是曲线的一条斜渐近线.

4.7.2　函数图形的描绘

对于一个函数，若能作出其图形，就能直观地了解该函数的性态特征，并可清楚地看出因变量与自变量之间的相互依赖关系. 在中学阶段，我们利用描点法来作函数的图形. 这种方法常会遗漏曲线的一些关键点，如极值点、拐点等，使得曲线的单调性、凹凸性等一些函数的重要性态难以准确显示出来. 下面我们利用导数描绘函数 $y=f(x)$ 的图形，其一般步骤如下：

第一步：确定函数 $f(x)$ 的定义域，研究函数特性，如奇偶性、周期性、有界性等.

第二步：求出函数的一阶导数 $f'(x)$ 和二阶导数 $f''(x)$；求出一阶导数 $f'(x)$ 和二阶导数 $f''(x)$ 在函数定义域内的全部零点，并求出函数 $f(x)$ 的间断点和导数 $f'(x)$ 和 $f''(x)$ 不存在的点，用这些点把函数定义域划分成若干个部分区间；

第三步：确定在这些部分区间内 $f'(x)$ 和 $f''(x)$ 的符号，并由此确定函数的增减性和凹凸性、极值点和拐点；

第四步：确定函数图形的水平、铅直渐近线以及其他变化趋势；

第五步：算出 $f'(x)$ 和 $f''(x)$ 的零点以及不存在的点所对应的函数值，并在坐标平面上定出图形上相应的点；有时还需适当补充一些辅助作图点（如与坐标轴的交点和曲线的端点等）；然后根据第三、第四步中得到的结果，用平滑曲线连接而画出函数的图形.

例 4　描绘函数 $f(x)=x^4-4x^3+10$ 的图形.

解　(1) $f'(x)=4x^3-12x^2$，$f''(x)=12x^2-24x$.

(2) 由 $f'(x)=4x^3-12x^2=0$，得到 $x=0$ 和 $x=3$.

由 $f''(x)=12x^2-24x=0$，得到 $x=0$ 和 $x=2$.

(3) 列表确定函数升降区间、凹凸区间及极值和拐点：

x	$(-\infty,0)$	0	$(0,2)$	2	$(2,3)$	3	$(3,+\infty)$
$f'(x)$	−	0	−	0	−	0	+
$f''(x)$	+	0	−	0	+	0	+
$y=f(x)$	↓，∪	拐点 $(0,10)$	↓，∩	拐点 $(2,-6)$	↓，∪	极小值 -17	↑，∪

(4) 根据以上结论，用平滑曲线连接这些点，就可以描绘函数的图形，如图 4.27 所示.

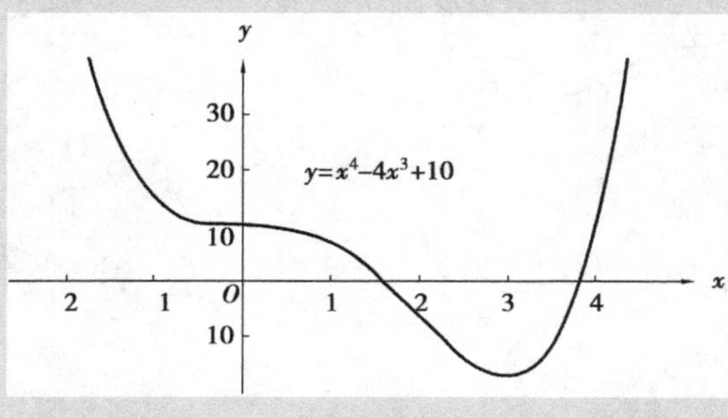

图 4.27

例 5 描绘函数$f(x)=\frac{4(x+1)}{x^2}-2$的图形.

解 $D=(-\infty,0)\cup(0,+\infty)$,$f(x)$是非奇非偶函数,且无对称性.

$$f'(x)=-\frac{4(x+2)}{x^3},f''(x)=\frac{8(x+3)}{x^4}.$$

令$f'(x)=0$,得$x=-2$;令$f''(x)=0$,得$x=-3$.

由于$\lim\limits_{x\to\infty}f(x)=\lim\limits_{x\to\infty}\left[\frac{4(x+1)}{x^2}-2\right]=-2$,得水平渐近线$y=-2$;

$\lim\limits_{x\to 0}f(x)=\lim\limits_{x\to 0}\left[\frac{4(x+1)}{x^2}-2\right]=+\infty$,得铅直渐近线$x=0$.

列表综合如下:

x	$(-\infty,-3)$	-3	$(-3,-2)$	-2	$(-2,0)$	0	$(0,+\infty)$
$f'(x)$	$-$		$-$	0	$+$	不存在	$-$
$f''(x)$	$-$	0	$+$		$+$		$+$
$y=f(x)$	$\downarrow,\cap$	拐点 $\left(-3,\frac{26}{9}\right)$	$\downarrow,\cup$	极小值 -3	$\uparrow,\cup$	间断点	$\downarrow,\cup$

补充点:$(1-\sqrt{3},0)$,$(1+\sqrt{3},0)$,$A(-1,-2)$,$B(1,6)$,$C(2,1)$.

画出图形,如图 4.28 所示.

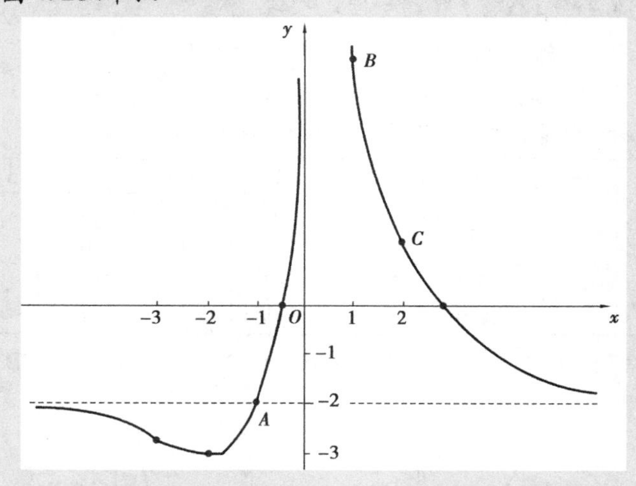

图 4.28

例 6　描绘作函数 $\varphi(x)=\frac{1}{\sqrt{2\pi}}e^{-\frac{x^2}{2}}$ 的图形.

解　函数的定义域为 $(-\infty,+\infty)$，且 $0<\varphi(x)\leqslant\frac{1}{\sqrt{2\pi}}\approx 0.4$.

$\varphi(x)$ 是偶函数，且图形关于 y 轴对称. 又

$$\varphi'(x)=-\frac{x}{\sqrt{2\pi}}e^{-\frac{x^2}{2}},\varphi''(x)=\frac{(x+1)(x-1)}{\sqrt{2\pi}}e^{-\frac{x^2}{2}}.$$

令 $\varphi'(x)=0$，得驻点 $x=0$，令 $\varphi''(x)=0$，得 $x=-1,x=1$.

因为 $\lim\limits_{x\to\infty}\varphi(x)=\lim\limits_{x\to\infty}\frac{1}{\sqrt{2\pi}}e^{-\frac{x^2}{2}}=0$，所以曲线有水平渐近线 $y=0$.

列表确定函数升降区间，凹凸区间及极值点与拐点：

x	$(-\infty,-1)$	-1	$(-1,0)$	0	$(0,1)$	1	$(1,+\infty)$
$\varphi'(x)$	+		+	0	−		−
$\varphi''(x)$	+	0	−		−	0	+
$y=\varphi(x)$	↑，∪	拐点 $\left(-1,\frac{1}{\sqrt{2\pi e}}\right)$	↑，∩	极大值 $\frac{1}{\sqrt{2\pi}}$	↓，∩	拐点 $\left(1,\frac{1}{\sqrt{2\pi e}}\right)$	↓，∪

综合以上结果，画出图形，如图 4.29 所示.

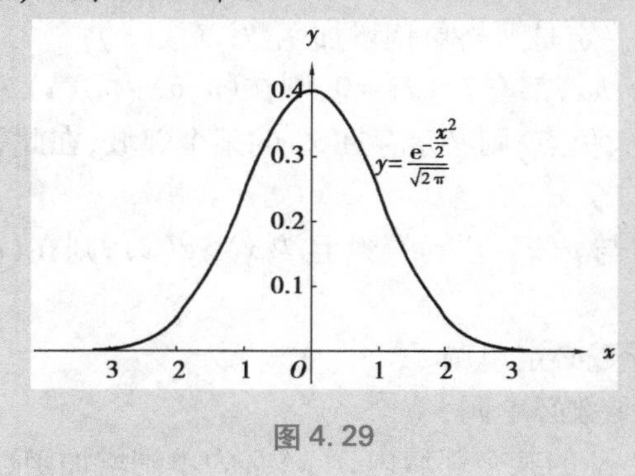

图 4.29

习题 4.7

描绘下列函数的图形

1. $y=\frac{x^2}{2x-1}$　　　　2. $y=e^{-\frac{1}{x}}$

3. $y=-\frac{x^3}{3}+x^2+1$　　　　4. $y=x-\ln(x+1)$

综合习题 4

第一部分 判断是非题

1. 若$f(x)$在(a,b)内可导,且$f(a)=f(b)$,则必存在$\xi\in(a,b)$,使$f'(\xi)=0$.( )

2. 若$f(x)$在$[a,b]$上连续,且$f(a)=f(b)$,则必存在$\xi\in(a,b)$,使$f'(\xi)=0$.( )

3. 若$f(x)$在$[a,b]$上连续,在(a,b)内可导,则必存在$\xi\in(a,b)$,使$f'(\xi)=0$.( )

4. 若$f(x)$在(a,b)内可导,则在(a,b)内必存在ξ,使$f'(\xi)=\dfrac{f(b)-f(a)}{b-a}$.( )

5. 若$f(x)$在$[a,b]$上连续,则必存在$\xi\in(a,b)$,使$f'(\xi)=\dfrac{f(b)-f(a)}{b-a}$.( )

6. 若$f(x)$在$[a,b]$内满足拉格朗日中值定理的条件,则对(a,b)内任何ξ,必定可以在(a,b)内找到不同的x_1、x_2,使$f(x_2)-f(x_1)=f'(\xi)(x_2-x_1)$成立.( )

7. 在拉格朗日中值定理中,$\dfrac{f(x)-f(a)}{x-a}=f'(\xi)$,其中$\xi$必定是$x$的连续函数.( )

8. 若$f(x)$为(a,b)内的严格单调增加函数,$f(x)$在(a,b)内可导,则必有$f'(x)>0$.( )

9. 若$f(x)$在$[a,b]$上连续,在(a,b)内可导,且$f'(x)$在(a,b)内只有有限个点的值为0,其余为正,$f(x)$在$[a,b]$上一定是严格单调增加函数.( )

10. 若对任意的$x\in(a,b)$,都有$f'(x)=0$,则在(a,b)内,$f(x)$为常数.( )

11. 若x_0为$f(x)$的极大值点,则必定存在x_0的某个邻域,在此邻域内,函数在x_0的左侧上升,而在右侧下降.( )

12. 若在(a,b)内$f(x)$与$g(x)$上皆可导,且$f(x)>g(x)$,则在(a,b)必有$f'(x)>g'(x)$.( )

13. 单调可导函数的导数必定单调.( )

14. 若导函数单调,则函数必单调.( )

15. 若$f'(x_0)>0$,则在x_0的某个邻域内,$f(x)$必为单调增加函数.( )

16. 若$f'(x_0)=0$,则x_0必为$f(x)$的极值点.( )

17. 若x_0为$f(x)$的极值点,则必有$f'(x_0)=0$.( )

18. 函数$f(x)$在(a,b)内的极大值必定大于其极小值.( )

19. 若$f'(x_0)=f''(x_0)=\cdots=f^{(n-1)}(x_0)=0$,而$f^{(n)}(x_0)\neq0$.则当$n$为偶数时,$x_0$为$f(x)$的极值点,且当$f^{(n)}(x_0)>0$时,$x_0$为$f(x)$的极小值点;当$f^{(n)}(x_0)<0$时,$x_0$为$f(x)$的极大值点;当$n$为奇数时,$x_0$不是$f(x)$的极值点.( )

20. 若$(x_0,f(x_0))$为函数曲线$y=f(x)$的凹凸分界点,则$(x_0,f(x_0))$必为该曲线$y=f(x)$的拐点.( )

21. 若$(x_0,f(x_0))$为函数曲线$y=f(x)$的拐点,则必有$f''(x_0)=0$.( )

22. 若$f''(x_0)=0$,则点$(x_0,f(x_0))$必为函数曲线$y=f(x)$的拐点.（　　）

23. 若$f(x)$与$g(x)$可导,$\lim\limits_{x\to a}f(x)=\lim\limits_{x\to a}g(x)=0$,且$\lim\limits_{x\to a}\dfrac{f(x)}{g(x)}$存在,则必定有$\lim\limits_{x\to a}\dfrac{f(x)}{g(x)}=\lim\limits_{x\to a}\dfrac{f'(x)}{g'(x)}$.（　　）

24. 当$x\to+\infty$时,幂函数$x^{\alpha}(\alpha>0)$趋于无穷大的速度要比对数函数$\ln x$快得多.（　　）

25. 当$x\to+\infty$时,指数函数e^x趋于无穷大的速度要比幂函数x^n(n为正整数)快得多.（　　）

26. 二次多项式函数$f(x)=ax^2+bx+c$在任何闭区间$[r,s]$上满足拉格朗日中值定理的点ξ总在该区间的中点处.（　　）

27. 若x_0是$f(x)$的驻点,则$f(x)$在x_0处一定连续.（　　）

28. 若$f(x)$在x_0点取得极值,则$f(x)$在x_0处一定连续.（　　）

29. 设$f(x)$在x_0点二阶可导,且在$f(x)$在x_0点取得极大值,则必有$f''(x_0)<0$.（　　）

30. $f(x)$在区间(a,b)内的最大值点一定是$f(x)$的极大值点.（　　）

31. 若x_0是函数$y=f(x)$的极值点,则点$(x_0,f(x_0))$一定不是曲线$y=f(x)$的拐点.（　　）

第二部分　单项选择题

1. 下列函数在给定区间上满足罗尔定理的有（　　）.

(A) $y=x^2-5x+6,[2,3]$　　(B) $y=\dfrac{1}{\sqrt[3]{(x-1)^2}},[0,2]$

(C) $y=xe^{-x},[0,1]$　　(D) $y=\begin{cases}x+1 & x<5\\ 1 & x\geqslant 5\end{cases},[0,5]$

2. 函数$y=x^3+12x+1$在定义域内（　　）.

(A)单调增加　　(B)单调减少　　(C)图形上凸　　(D)图形下凸

3. 函数$y=f(x)$在点$x=x_0$处取得极大值,则必有（　　）.

(A) $f'(x_0)=0$　　(B) $f''(x_0)<0$

(C) $f'(x_0)=0$且$f''(x_0)<0$　　(D) $f'(x_0)=0$或不存在

4. 条件$f''(x_0)=0$是$f(x)$的图形在点$x=x_0$处有拐点的（　　）条件.

(A)必要　　(B)充分

(C)充分必要　　(D)以上都不是

5. 点(0,1)是曲线$y=ax^3+bx^2+c$的拐点,则有（　　）.

(A) $a=1,b=-3,c=1$　　(B) a为任意值,$b=0,c=1$

(C) $a=1,b=0,c$为任意值　　(D) a,b为任意值,$c=1$

6. 下列函数在$[-1,1]$上满足罗尔定理条件的是（　　）.

(A) $y=\dfrac{1}{x^2+1}$　　(B) $y=1+|x|$　　(C) $y=\dfrac{1}{x}-x$　　(D) $y=x-1$

7. 若$f(x)$在$[a,b]$上连续,在(a,b)内可导,则至少有一点$\xi\in(a,b)$,使得$f'(\xi)=$(　　).

(A)0　　(B)$f(b)-f(a)$　　(C)$\dfrac{f(b)-f(a)}{2}$　　(D)$\dfrac{f(b)-f(a)}{b-a}$

8. 函数$f(x)=\sqrt[3]{8x-x^2}$,则(　　).

(A)在任意闭区间$[a,b]$上罗尔定理成立

(B)在$[0,8]$上罗尔定理不成立

(C)在$[0,8]$上罗尔定理成立

(D)在任意闭区间上,罗尔定理不成立

9. 罗尔定理中$f(x)$满足的3个条件是保证函数$f(x)$在(a,b)至少有一点ξ,使$f'(\xi)=0$成立的(　　).

(A)必要条件　　(B)充分条件

(C)重要条件　　(D)既非充分也非必要条件

10. 下列函数中,在$[1,e]$上满足拉格朗日中值定理条件的是(　　).

(A)$\ln(\ln x)$　　(B)$\ln x$　　(C)$\dfrac{1}{\ln x}$　　(D)$\ln(2-x)$

11. 设$f(x)=(x-1)(x-2)(x-3)(x-4)$,则方程$f'(x)=0$有(　　).

(A)分别位于区间$(1,2),(2,3),(3,4)$内的3个实根

(B)4个实根$x_i=i,(i=1,2,3,4)$

(C)4个实根,分别位于$(0,1),(1,2),(2,3),(3,4)$

(D)分别位于$(1,2),(1,3),(1,4)$内的3个实根

12. 设$f(x)$在(a,b)内可导,$x,x+\Delta x$是(a,b)内的任意两点,则(　　).

(A)$\Delta y=f'(x)\Delta x$

(B)在$x,x+\Delta x$之间至少存在一点ξ,使$\Delta y=f'(\xi)\Delta x$

(C)在$x,x+\Delta x$之间恰有一点ξ,使$\Delta y=f'(\xi)\Delta x$

(D)在$x,x+\Delta x$之间的任一点ξ,使$\Delta y=f'(\xi)\Delta x$

13. 设在(a,b)内,$f'(x)\equiv g'(x)$,则(　　).

(A)在(a,b)内$f(x)\equiv g(x)$

(B)在(a,b)内必有$f(x)=g(x)+c$(c为某确定常数)

(C)在(a,b)内必有$f(x)=g(x)+c$(c为任意常数)

(D)必存在某一$x\in(a,b)$,使$f(x)=g(x)$

14. 求$\lim\limits_{x\to\infty}\dfrac{x-\sin x}{x+\sin x}$时,下列解法正确的是(　　).

(A)用两次洛必达法则可求得:原式$=\lim\limits_{x\to\infty}\dfrac{1-\cos x}{1+\cos x}=\lim\limits_{x\to\infty}\dfrac{\sin x}{-\sin x}=-1$

(B)不可以用洛必达法则,且极限不存在

(C)不可以用洛必达法则,且原式$=\lim\limits_{x\to\infty}\dfrac{1-\dfrac{\sin x}{x}}{1+\dfrac{\sin x}{x}}=1$

(D)原式$=\lim\limits_{x\to\infty}\dfrac{1-\dfrac{\sin x}{x}}{1+\dfrac{\sin x}{x}}=\dfrac{1-1}{1+1}=0$

15. 若$f(x)$一阶可导，且$f(0)=0$，$\lim\limits_{x\to0}\dfrac{f'(x)}{x^2}=-1$，则(　　).

(A)$f(0)=0$为函数$f(x)$的极小值.

(B)$f(0)=0$为函数$f(x)$的极大值.

(C)$f(0)=0$一定不是$f(x)$的极值.

(D)$f(0)=0$不一定是$f(x)$的极值.

16. 已知曲线$y=mx^3+\dfrac{x^4}{4}$的一个拐点处的切线方程为$12x-81y+4=0$，则$m=$(　　).

(A)3　　(B)$\dfrac{1}{3}$　　(C)-3　　(D)$-\dfrac{1}{3}$

第三部分　多项选择题

1. 下列函数在给定区间上满足拉格朗日中值定理的有(　　).

(A)$y=\dfrac{2x}{1+x^2}$　$[-1,1]$

(B)$y=|x|$　$[-1,2]$

(C)$y=4x^3-5x^2+x-2$　$[0,1]$

(D)$y=\ln(1+x^2)$　$[0,3]$

2. 函数$f(x)$在$[a,b]$上连续，在(a,b)内可导，$a<x_1<x_2<b$，则至少存在一点ξ，使(　　)必然成立.

(A)$f(b)-f(a)=f'(\xi)(b-a)$　$\xi\in(a,b)$

(B)$f(x_2)-f(x_1)=f'(\xi)(x_2-x_1)$　$\xi\in(a,b)$

(C)$f(b)-f(a)=f'(\xi)(b-a)$　$\xi\in(x_1,x_2)$

(D)$f(x_2)-f(x_1)=f'(\xi)(x_2-x_1)$　$\xi\in(x_1,x_2)$

3. 下列极限问题不能使用洛必达法则解决的有(　　).

(A)$\lim\limits_{x\to0}\dfrac{x^2\sin\dfrac{1}{x}}{\sin x}$

(B)$\lim\limits_{x\to+\infty}x\left(\dfrac{\pi}{2}-\arctan x\right)$

(C)$\lim\limits_{x\to\infty}\dfrac{x-\sin x}{x+\sin x}$

(D)$\lim\limits_{x\to\infty}\left(1+\dfrac{k}{x}\right)^x$

4. 函数$f(x)$在点$x=x_0$的某邻域有定义，已知$f'(x_0)=0$且$f''(x_0)=0$，则在点$x=x_0$处，$f(x)$(　　).

(A)必有极值

(B)必有拐点

(C)可能有极值也可能没有极值

(D)可能有拐点也可能没有拐点

5. 曲线$y=\dfrac{2x-1}{(x-1)^2}$(　　).

(A)有水平渐近线

(B)有铅垂渐近线

(C)有斜渐近线　　(D)没有渐近线

6. 曲线 $y=3x^5-5x^3$(　　).

(A)有 4 个极值　　(B)有 2 个极值

(C)有 3 个拐点　　(D)关于原点对称

7. 曲线 $y=e^{-\frac{1}{x}}$(　　).

(A)定义域为$(-\infty,0)\cup(0,+\infty)$　　(B)无极值有拐点

(C)有水平及铅垂渐近线　　(D)在$(-\infty,0)$及$(0,+\infty)$内单调增加

8. 曲线 $y=x+\frac{\ln x}{x}$(　　).

(A)$x=0$ 是铅垂渐近线　　(B)$y=x$ 是斜渐近线

(C)单调增加　　(D)有一个拐点

9. 下列函数的弹性函数为常数(即不变弹性函数)的有(　　),其中 a,b,α 为常数.

(A)$y=ax+b$　　(B)$y=ax$　　(C)$y=\frac{a}{x}$　　(D)$y=x^\alpha$

第四部分　计算与证明

1. 验证函数$f(x)=\begin{cases}2x-1 & \frac{1}{2}\leqslant x\leqslant 1\\ x^2 & 1<x\leqslant 2\end{cases}$关于拉格朗日中值定理的正确性.

2. 对函数$f(x)=\sin x,g(x)=x+\cos x$ 在区间$\left[0,\frac{\pi}{2}\right]$上验证柯西中值定理的正确性.

3. 设$f(x)=x(x-1)(x-2)(x-3)$,不用求导数,说明方程$f'(x)=0$ 有几个实根,并指出它们所在的区间.

4. 设 $a_0,a_1,\cdots,a_n$ 是满足 $a_0+\frac{a_1}{2}+\frac{a_2}{3}+\cdots+\frac{a_n}{n+1}=0$ 的实数,证明方程

$$a_0+a_1x+a_2x^2+\cdots+a_nx^n=0$$

在$(0,1)$内至少有一个实根.

5. 设$f(x)$在$[a,b]$上可导,且$f'_+(a)>0$, $f'_-(b)>0$, $f(a)=f(b)=A$. 证明方程$f'(x)=0$在(a,b)内至少有两个实根.

6. 证明方程 $x^5+x-1=0$ 有且只有一个实根.

7. 设$f(x)$在$[0,1]$上可导,且$0<f(x)<1$,$f'(x)\neq 1(0<x<1)$,试证在$(0,1)$内有且仅有一个数ξ,使$f(\xi)=\xi$.

8. 已知$f(x)$在$[0,1]$上连续,在$(0,1)$内可导,且$f(0)=1$,$f(1)=0$,求证:在$(0,1)$内至少存在一点ξ,使得$f'(\xi)=-\frac{f(\xi)}{\xi}$.

9. 设$f(x)$可导,试证对任意的实数a,在$f(x)$的两个零点间一定有$f'(x)+af(x)$的零点.

10. 证明方程 $4ax^3+3bx^2+2ax=a+b+c$ 至少有一个小于 1 的正根.

11. 若$f(x)$在$[a,b]$上连续,在(a,b)内可导,且连接点$A(a,f(a))$和$B(b,f(b))$的弦与

曲线 $y=f(x)$ 相交于 $C(c,f(c))$，试证在 (a,b) 内至少有一点 ξ，使得 $f''(\xi)=0$.

12. 设 $f(x)$ 在 $[a,b]$ 上可导，$b>a>0$，试证至少存在一点 $\xi\in(a,b)$，使得 $f(b)-f(a)=\xi f'(\xi)\ln\dfrac{b}{a}$.

13. 证明 $\arctan e^{x}+\arctan e^{-x}=\dfrac{\pi}{2}, x\in(-\infty,+\infty)$.

14. 证明 $\dfrac{a^{\frac{1}{n+1}}}{(n+1)^2}<\dfrac{a^{\frac{1}{n}}-a^{\frac{1}{n+1}}}{\ln a}<\dfrac{a^{\frac{1}{n}}}{n^2}(a>1,n\geqslant 1)$.

15. 设 $f(x)$ 在 $[0,c]$ 上具有严格单调减少的导数 $f'(x)$，且 $f(0)=0$，证明对于 $0<a<b<a+b<c$ 的 a,b，恒有不等式 $f(a+b)<f(a)+f(b)$.

16. 设 α 是一个常数，且 $0<\alpha<1$，试证对任意的 $x>0$，有 $\dfrac{1}{\alpha}x^{\alpha}+(1-\dfrac{1}{\alpha})\leqslant x$.

17. 求 $f(x)=x^2-4x+4\ln(1+x)$ 的极值.

18. 证明：当 $a+b+1>0$ 时，函数 $f(x)=\dfrac{x^2+ax+b}{x-1}$ 取得极值.

19. 设可导函数 $y=f(x)$ 由方程 $y^3+x^3-3x+3y=2$ 所确定，试讨论并求出 $y=f(x)$ 的极值.

20. 设可导函数 $y=f(x)$ 由方程 $x^3-3xy^2+2y^3=32$ 所确定，试求 $y=f(x)$ 的极值.

21. 若 $b^2-3ac<0$，证明函数 $f(x)=ax^3+bx^2+cx+d$ 没有极值.

22. 对函数 $y=\dfrac{x}{1+x^2}$ 进行全面讨论，并绘出图形.

23. 甲、乙两厂合用一变压器，如图 4.30 所示，若两厂用同型号线架设输电线，问变压器设在输电干线何处时，所需电线最短？

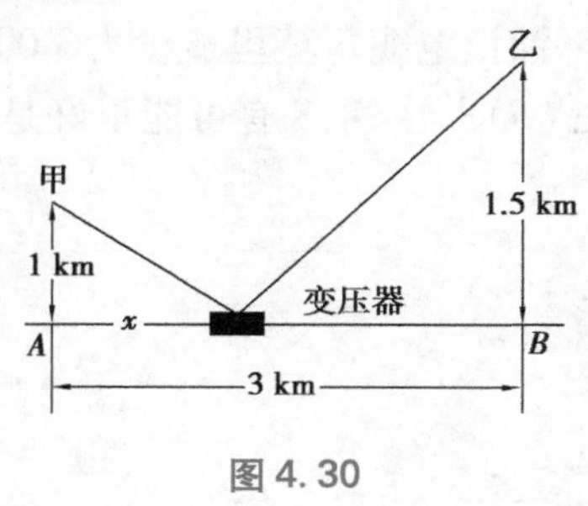

图 4.30

24. 某工厂生产某产品，年产量为 x 百台，固定成本为 2 万元，每生产 100 台成本增加 1 万元，市场上每年可销售此种商品 400 台，其销售总收入 $R(x)$ 是 x 的函数：

$$R(x)=\begin{cases}4x-\dfrac{1}{2}x^2 & 0\leqslant x\leqslant 4\\ 8 & x>4\end{cases}.$$

问每年生产多少台时总利润最大？

25. 某厂有一条多个通道同时加工多个相同零件的自动生产线，可事先选定使用通道的数目，设每使用一个通道来加工零件需要的准备费为 1 000 元，而且不论使用多少个通道，每操作一次（这时被使用的每个通道加工出一个零件）的操作费为 0.025 元，现有 1 000 000 个零件需要加工,问应选定几个通道加工零件可使总费用(即生产准备费与操作费之和)最少?最少的费用是多少?

26. 某厂生产某种商品,某年销售量为100万件,每批生产需增加准备费1 000元,而每件的库存费为0.05元,如果年销售率是均匀的,且上批销售完后立即再生产下一批(此时商品库存数为批量的一半),问应分几批生产,能使生产准备费与库存费之和最小?

27. 对于什么样的正数,其倒数与其平方的4倍之和最小?

28. 某商店每年销售 Q 件产品,库存一件产品一年的费用是 a 美元. 为再订购,需付 b 美元的固定成本,以及每件产品另加 c 美元. 为使存货成本最小化,商店每年应订购几次,每次批量是多少?

29. 一条24英寸的细绳剪成两段. 用一条围成一个圆,用另一条围成一个正方形. 为使这两个图形的面积之和最小,应如何剪该细绳?其和最大又该如何?(图4.31)

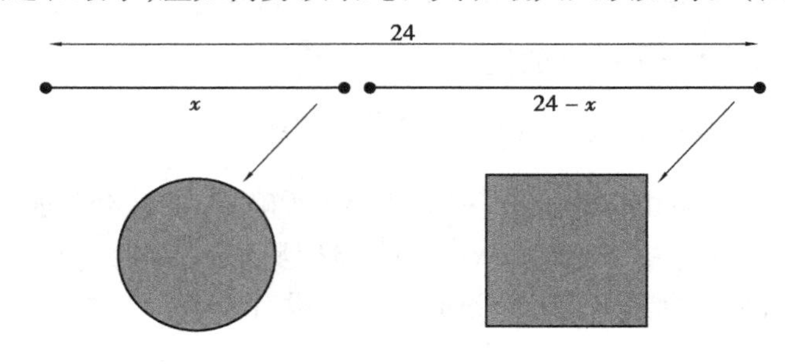

图4.31

30. 一根电缆从点 A 处的发电站铺设到点 C 处的小岛,从海岸边的点 B 沿水路径直到点 C 的距离是1英里. 从 A 处的发电站沿海岸到点 B 的距离是4英里. 在水下铺设电缆每英里造价为5 000美元,而在陆地下铺设电缆每英里造价为3 000美元. 为使造价最省,位于岸边的电缆应从 A 沿岸铺设到何处(S)?注意,S 有可能正好是 B 或 A(图4.32).

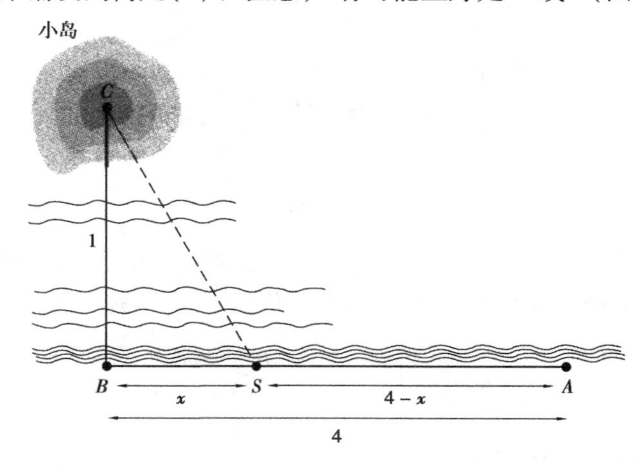

图4.32

31. 我们知道,信鸽白天力图避免在水面上空飞行,这可能是因为水面上空的向下气流会造成飞行困难. 假设在 C 处的岛上放飞信鸽,从海岸边上的点 B 经水路径直到点 C 的距离是 3 英里. 从点 A 处的鸽巢沿海岸到点 B 的距离是 8 英里. 设鸽子在水面上空飞行所需能耗率是它在陆地上空飞行的 1.28 倍. 为使回到鸽巢 A 所需总能耗最省,按沿岸距离,鸽子应朝距 A 处多远的 S 处飞行(图 4.33)? 假定

(总能耗)=(水面上空的能耗率)×(水面上的距离)
+(陆地上空的能耗率)×(陆地上的距离)

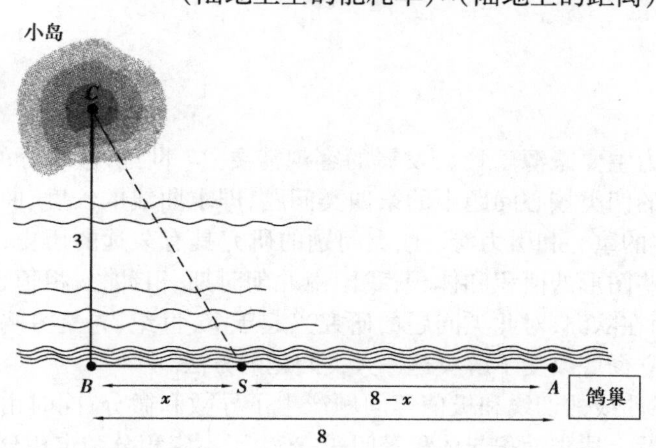

图 4.33

32. 在两个城市 C_1 和 C_2 之间修一条公路,两个城市位于宽度均为 r 的一条河的两侧. 因为这条河,所以必须建一座桥. C_1 到河的距离是 a,C_2 到河的距离是 b;$a \leqslant b$. 为使两个城市之间的总距离最短,桥应建在何处? 用图 4.34 中的常数 a,b,p 和 r 给出一般解.

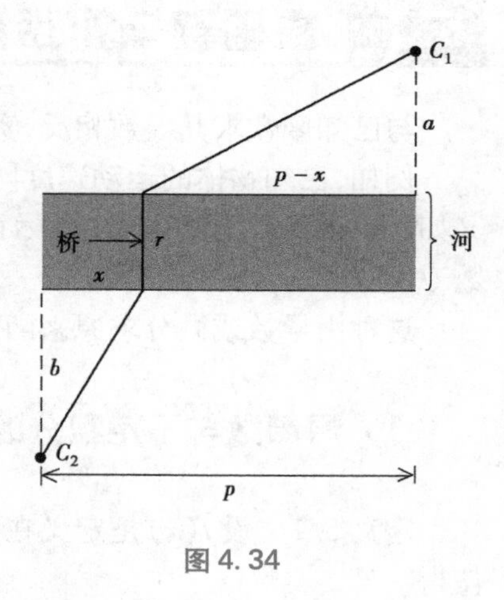

图 4.34

33. 生产某种产品 x 件的总成本函数可表示成 $C(x)=8x+20+\dfrac{x^3}{100}$.

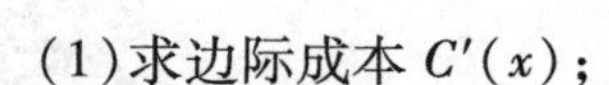

(1)求边际成本 $C'(x)$;

(2)求平均成本 $\bar{C}(x)=\dfrac{C(x)}{x}$;

(3)求边际平均成本 $\bar{C}'(x)$;

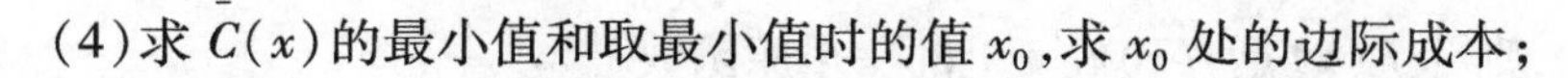

(4)求 $\bar{C}(x)$ 的最小值和取最小值时的值 x_0,求 x_0 处的边际成本;

(5)比较 $\bar{C}'(x_0)$ 和 $C'(x_0)$.

第5章　一元函数积分

数学发展的动力主要来源于社会发展的客观需要. 17世纪,微积分的创立首先是为了解决当时数学面临的四类核心问题中的第四类问题,即求曲线的长度、曲线围成的面积、曲面围成的体积、物体的重心和引力等. 此类问题的研究具有久远的历史,例如,古希腊人曾用穷竭法求出了某些图形的面积和体积;我国南北朝时期,祖冲之、祖恒也曾推导出某些图形的面积和体积. 而在欧洲,对此类问题的研究兴起于17世纪,先是穷竭法被逐渐修改,后来由于微积分的创立彻底改变了解决这一大类问题的方法.

由求运动速度、曲线的切线和极值等问题产生了导数和微分;同时由已知速度求路程、已知切线求曲线以及上述求面积与体积等问题,产生了不定积分和定积分.

5.1 原函数与不定积分

与已知函数求其导数相反,实际中往往要考虑已知某一函数的导数,求这个函数.

例如,已知物体的运动速度[即路程 $s(t)$ 的导数]为 $v=v(t)$,求物体的运动方程 $s=s(t)$. 又如,已知某产品产量的边际函数[即产量函数 $Q(t)$ 的导数],求该产品的产量函数 $Q(t)$ 等.

这种由导数或微分求原来函数的运算称为求原函数或反导数,它是积分学的任务之一.

5.1.1 原函数与不定积分的概念

原函数

定义 5.1 设 $f(x)$ 是定义在区间 I 上的已知函数. 如果存在函数 $F(x)$,使得

$$F'(x)=f(x) \text{ 或 } \mathrm{d}F(x)=f(x)\mathrm{d}x$$

在区间 I 上恒成立,则称 $F(x)$ 是 $f(x)$ 在 I 上的一个原函数.

例如,因 $(\sin x)'=\cos x$,故 $\sin x$ 是 $\cos x$ 的一个原函数.

又如当 $x\in(1,+\infty)$ 时,

由于 $\left[\ln\left(x+\sqrt{x^2-1}\right)\right]'=\dfrac{1}{x+\sqrt{x^2-1}}\left(1+\dfrac{x}{\sqrt{x^2-1}}\right)=\dfrac{1}{\sqrt{x^2-1}}$,故 $\ln\left(x+\sqrt{x^2-1}\right)$ 是 $\dfrac{1}{\sqrt{x^2-1}}$ 在区间 $(1,+\infty)$ 内的一个原函数.

一个函数具备什么条件,能保证它的原函数一定存在呢? 一般来说,连续函数一定有原函数. 这个问题将在下一章讨论.

关于原函数,容易得到下面两个性质.

性质 1　如果函数 $F(x)$ 是函数 $f(x)$ 在区间 I 上的一个原函数,则对任意常数 C,函数 $F(x)+C$ 也是 $f(x)$ 的原函数.

由于对任意 $x\in I$ 都有 $F'(x)=f(x)$,对任何常数 C,显然也有

$$[F(x)+C]'=f(x)$$

因此,函数 $F(x)+C$ 也是 $f(x)$ 的原函数. 这说明,如果 $f(x)$ 有一个原函数,那么 $f(x)$ 就有无穷多个原函数.

性质 2　函数 $f(x)$ 的任意两个原函数之间相差一个常数.

如果在区间 I 上 $F(x)$、$G(x)$ 分别是 $f(x)$ 的任意两个原函数,即对任意 $x\in I$ 都有

$$F'(x)=f(x)\quad G'(x)=f(x)$$

于是

$$[G(x)-F(x)]'=G'(x)-F'(x)=f(x)-f(x)=0$$

在 4.1 节中已经知道,在一个区间上导数恒为零的函数必为常数,所以

$$G(x)-F(x)=C_0\quad (C_0\text{ 为某个常数})$$

这表明 $G(x)$ 与 $F(x)$ 只差一个常数.

因此,知道了函数 $f(x)$ 的一个原函数 $F(x)$ 之后,$F(x)+C$ 便包含了 $f(x)$ 的全体原函数,其中 C 为任意常数.

定义 5.2　设 $F(x)$ 为 $f(x)$ 的一个原函数,则 $f(x)$ 的全体原函数 $F(x)+C$ 称为 $f(x)$ 的不定积分,记作 $\int f(x)\mathrm{d}x$, 即

$$\int f(x)\mathrm{d}x=F(x)+C$$

其中记号"$\int$"称为积分号, $f(x)$ 称为被积函数, $f(x)\mathrm{d}x$ 称为被积表达式,x 称为积分变量,C 称为积分常数.

不定积分的定义

例 1　求下列不定积分

(1) $\int x^3\mathrm{d}x$;(2) $\int \frac{1}{x^2}\mathrm{d}x$;(3) $\int \frac{1}{1+x^2}\mathrm{d}x$.

解　(1) 因为 $\left(\frac{x^4}{4}\right)'=x^3$,所以 $\frac{x^4}{4}$ 是 x^3 的一个原函数,从而有 $\int x^3\mathrm{d}x=\frac{x^4}{4}+C$ (C 为任意常数).

(2) 因为 $\left(-\frac{1}{x}\right)'=\frac{1}{x^2}$,所以 $-\frac{1}{x}$ 是 $\frac{1}{x^2}$ 的一个原函数,从而有 $\int\frac{1}{x^2}\mathrm{d}x=-\frac{1}{x}+C$ (C 为任意常数).

(3) 因为 $(\arctan x)'=\frac{1}{1+x^2}$,故 $\arctan x$ 是 $\frac{1}{1+x^2}$ 的一个原函数,从而有 $\int\frac{1}{1+x^2}\mathrm{d}x=\arctan x+C$ (C 为任意常数).

5.1.2 不定积分的几何意义

设 $F(x)$ 为函数 $f(x)$ 的一个原函数,则方程 $y=F(x)$ 的图形为坐标平面上的一条曲线,称为函数 $f(x)$ 的一条积分曲线. 将这条积分曲线沿 y 轴向上或向下平移长度为 $|C|$ 的距离,将得到 $f(x)$ 的另一条积分曲线 $y=F(x)+C$. 由于 C 可取任意实数,故可得到 $f(x)$ 的无穷多条积分曲线,它们构成一曲线族,称为积分曲线族. 不定积分在几何上就表示这积分曲线族. 由于不论常数 C 取何值,恒有

$$[F(x)+C]'=F'(x)=f(x)$$

故在点 x_0 处,各积分曲线的切线斜率都相等,且等于 $f(x_0)$,如图 5.1 所示.

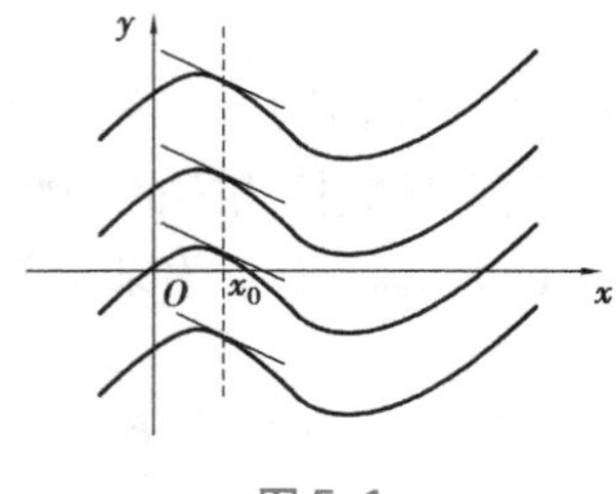

图 5.1

5.1.3 不定积分的性质

不定积分的性质

性质 3　求不定积分与求导互为逆运算:

(1) $\left[\int f(x)\,\mathrm{d}x\right]'=f(x)$ 或 $\mathrm{d}\left[\int f(x)\,\mathrm{d}x\right]=f(x)\,\mathrm{d}x$.

(2) $\int F'(x)\,\mathrm{d}x=F(x)+C$ 或 $\int \mathrm{d}F(x)=F(x)+C$.

由此可见,微分运算(以记号 d 表示)与求不定积分的运算是互逆的. 当记号 $\int$ 与记号 d 连在一起时,或者抵消,或者抵消后差一常数.

性质 4　不为零的常数因子 a 可提到积分号之前:

$$\int af(x)\,\mathrm{d}x=a\int f(x)\,\mathrm{d}x.\quad (a\neq 0)$$

性质 5　函数和(或差)的不定积分等于不定积分之和(或差):

$$\int[f(x)\pm g(x)]\,\mathrm{d}x=\int f(x)\,\mathrm{d}x\pm\int g(x)\,\mathrm{d}x.$$

性质 6　设 $a_1,a_2,\cdots,a_n$ 是不全为零的常数, $f_1(x), f_2(x),\cdots, f_n(x)$ 可积分,则有

$$\int[a_1f_1(x)+a_2f_2(x)+\cdots+a_nf_n(x)]\,\mathrm{d}x$$

$$=a_1\int f_1(x)\,\mathrm{d}x+a_2\int f_2(x)\,\mathrm{d}x+\cdots+a_n\int f_n(x)\,\mathrm{d}x.$$

以上性质请自行证明.

例2　问$\frac{\mathrm{d}}{\mathrm{d}x}\left(\int f(x)\mathrm{d}x\right)$与$\int f'(x)\mathrm{d}x$是否相等？

解　不相等. 设$F'(x)=f(x)$,则

$$\frac{\mathrm{d}}{\mathrm{d}x}\left(\int f(x)\mathrm{d}x\right)=\frac{\mathrm{d}}{\mathrm{d}x}(F(x)+C)=F'(x)+0=f(x)$$

而由不定积分定义$\int f'(x)\mathrm{d}x=f(x)+C$,所以$\frac{\mathrm{d}}{\mathrm{d}x}\left(\int f(x)\mathrm{d}x\right)\neq\int f'(x)\mathrm{d}x$.

5.1.4　基本积分表

基本积分公式

由于求不定积分与求导数互为逆运算,故由基本导数公式不难得到下列基本积分公式(公式中C为任意常数):

(1) $\int k\mathrm{d}x=kx+C$ (k是常数)

(2) $\int x^{\mu}\mathrm{d}x=\frac{1}{\mu+1}x^{\mu+1}+C,(\mu\neq-1)$

(3) $\int\frac{1}{x}\mathrm{d}x=\ln|x|+C$

(4) $\int \mathrm{e}^x\mathrm{d}x=\mathrm{e}^x+C$

(5) $\int a^x\mathrm{d}x=\frac{a^x}{\ln a}+C,(a>0,a\neq1)$

(6) $\int\cos x\,\mathrm{d}x=\sin x+C$

(7) $\int\sin x\,\mathrm{d}x=-\cos x+C$

(8) $\int\frac{1}{\cos^2x}\mathrm{d}x=\int\sec^2x\,\mathrm{d}x=\tan x+C$

(9) $\int\frac{1}{\sin^2x}\mathrm{d}x=\int\csc^2x\,\mathrm{d}x=-\cot x+C$

(10) $\int\frac{1}{1+x^2}\mathrm{d}x=\arctan x+C$

(11) $\int\frac{1}{\sqrt{1-x^2}}\mathrm{d}x=\arcsin x+C$

(12) $\int\sec x\tan x\,\mathrm{d}x=\sec x+C$

(13) $\int\csc x\cot\mathrm{d}x=-\csc x+C$

要验证这些公式的正确性,只需用基本导数公式,验证公式右端函数的导数等于左端不定积分的被积函数.

例 3 求不定积分$\int(1-\sqrt{x})^2\mathrm{d}x$.

解
$$\begin{aligned}\int(1-\sqrt{x})^2\mathrm{d}x&=\int(1-2\sqrt{x}+x)\mathrm{d}x\\&=\int\mathrm{d}x-2\int\sqrt{x}\,\mathrm{d}x+\int x\mathrm{d}x\\&=x-\frac{4}{3}x^{\frac{3}{2}}+\frac{1}{2}x^2+C.\end{aligned}$$

注意 中间等式右端的三个不定积分都应该有一个常数. 因为任意常数之和仍为任意常数,故最后结果只写出一个任意常数 C.

例 4 求不定积分$\int\frac{\cos 2x}{\sin x+\cos x}\mathrm{d}x$.

解
$$\begin{aligned}\int\frac{\cos 2x}{\sin x+\cos x}\mathrm{d}x&=\int\frac{\cos^2x-\sin^2x}{\sin x+\cos x}\mathrm{d}x\\&=\int(\cos x-\sin x)\mathrm{d}x\\&=\int\cos x\,\mathrm{d}x-\int\sin x\,\mathrm{d}x\\&=\sin x+\cos x+C.\end{aligned}$$

例 5 求不定积分$\int\cot^2x\,\mathrm{d}x$.

解
$$\begin{aligned}\int\cot^2x\,\mathrm{d}x&=\int(\csc^2x-1)\mathrm{d}x\\&=\int\csc^2x\,\mathrm{d}x-\int\mathrm{d}x\\&=-\cot x-x+C.\end{aligned}$$

习题 5.1

1. 验证在$(-\infty,+\infty)$内,$\sin^2x,-\frac{1}{2}\cos 2x,-\cos^2x$都是同一函数的原函数.

2. 验证在$(-\infty,+\infty)$内,$(e^x+e^{-x})^2,(e^x-e^{-x})^2$都是$2(e^{2x}+e^{-2x})$的原函数.

3. 已知一个函数的导数是$\frac{1}{\sqrt{1-x^2}}$,且当$x=1$时,该函数值是$\frac{3}{2}\pi$,求原函数.

4. 求函数$y=\cos x$分别通过点$(0,1)$与点$(\pi,-1)$的积分曲线的方程.

5. 已知$f(x)=k\tan 2x$的一个原函数是$\frac{2}{3}\ln\cos 2x$,求常数k.

6. 已知$\int f(x+1)\mathrm{d}x=xe^{x+1}+C$,求$f(x)$.

7. 设$f(x)$是$(-\infty,+\infty)$内的连续奇函数,$f(x)$是它的一个原函数,证明:$F(x)$是偶函数.

8. 设 $\sin\frac{1}{x}$ 是 $f(x)$ 的原函数，求 $f'(x)$.

9. 求下列不定积分：

(1) $\int(2x+\sqrt[3]{x}-1)\,dx$　　(2) $\int\frac{1}{x\sqrt{x}}dx$

(3) $\int(\sqrt{x}+1)\left(\frac{1}{\sqrt{x}}-1\right)dx$　　(4) $\int\frac{(x-2)^2}{x^3}dx$

(5) $\int\frac{x^2}{x^2+1}dx$　　(6) $\int\frac{3x^4+3x^2+1}{x^2+1}dx$

(7) $\int e^x(1-3^x)\,dx$　　(8) $\int\frac{6^x-2^x}{3^x}dx$

(9) $\int\cos^2\frac{x}{2}dx$　　(10) $\int\frac{\cos 2x}{\sin x+\cos x}dx$

(11) $\int\frac{1-\sin^3x}{\sin^2x}dx$　　(12) $\int\cot x(\csc x-\sin x)\,dx$

(13) $\int\left(1-\frac{1}{x^2}\right)\sqrt{x\sqrt{x}}\,dx$　　(14) $\int\frac{\cos^2x+1}{\cos 2x+1}dx$

(15) $\int\sqrt[m]{x^n}\,dx$　　(16) $\int(2e^x+\frac{3}{x})\,dx$

(17) $\int\left(\frac{3}{1+x^2}-\frac{2}{\sqrt{1-x^2}}\right)dx$　　(18) $\int e^x\left(1-\frac{e^{-x}}{\sqrt{x}}\right)dx$

(19) $\int\frac{1}{1+\cos 2x}dx$　　(20) $\int\frac{\cos 2x}{\cos^2x\sin^2x}dx$

10. 已知 $f(x)=\begin{cases}x-1 & x\leqslant 0\\ 2x^2+1 & x>0\end{cases}$，求 $\int f(x)\,dx$.

5.2 定积分的概念

定积分起源于求图形的面积和体积等实际问题. 古希腊的阿基米德用“穷竭法”，我国古代的刘徽用“割圆术”，都曾计算过一些几何体的面积和体积，这些均为定积分的雏形. 直到17 世纪中叶，牛顿和莱布尼茨先后提出了定积分的概念，并发现了积分与微分之间的内在联系，给出了计算定积分的一般方法，从而使定积分成为解决有关实际问题的有力工具，并使各自独立的微分学与积分学联系在一起，构成完整的理论体系——微积分学.

5.2.1　引例

引例

引例 1　曲边梯形的面积.

考虑求由连续曲线 $y=f(x)$ 和直线 $x=a$、$x=b$ 及 $y=0$（x 轴）所围成的曲边梯形 $AabB$ 的面积，如图 5.2 所示.

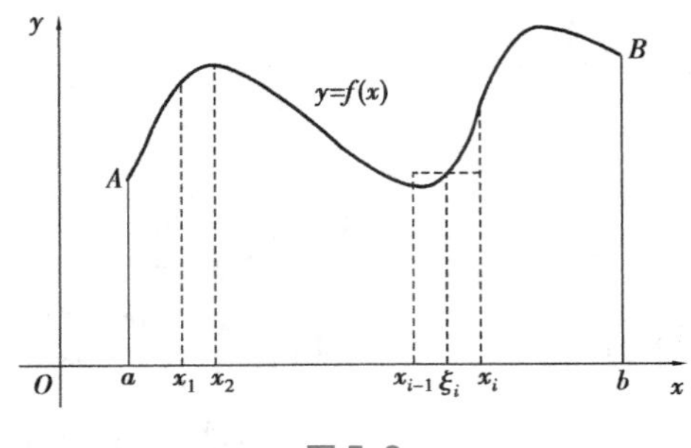

图 5.2

这不是一个规则的图形,计算其面积没有现成的公式可套,怎么办呢?我们可以将此曲边梯形分成很多小块,每一小块都可以近似地看作一个小矩形,如图 5.2 所示. 而曲边梯形的面积也就可以近似地看作若干个小矩形的面积之和. 或者说,这些小矩形的面积之和就是所要求的曲边梯形面积的近似值. 可以想象,如果每个小矩形底边长度越小,则近似程度就越高. 要得到精确值,就必须利用极限这一工具.

下面看一个具体的例子. 计算由曲线 $y = 1 - x^2$ 在区间[0,1]上与 x 轴、y 轴围成的阴影区域 R (图 5.3)的面积.

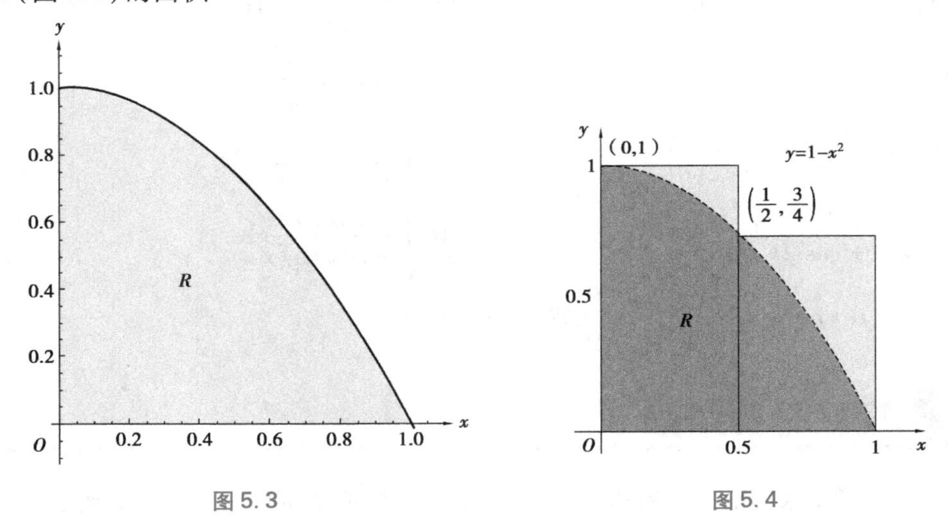

图 5.3　　　　图 5.4

若将 x 轴上区间[0,1]二等分,如图 5.4 所示,以子区间左端点的函数值 $f(x)$ 为高,得到的两个矩形共同包含区域 R. 这时每个矩形的宽度为 $\frac{1}{2}$,它们的高度分别为 1 和 $\frac{3}{4}$,它们的面积和与区域 R 的面积 S 近似,即

$$S \approx 1\times\frac{1}{2}+\frac{3}{4}\times\frac{1}{2}=\frac{7}{8}=0.875$$

这两个矩形的面积大于区域 R 的实际面积 S,且误差较大.

若将区间[0,1]四等分,如图 5.5 所示,这 4 个矩形的面积和为

$$1\times\frac{1}{4}+\frac{15}{16}\times\frac{1}{4}+\frac{3}{4}\times\frac{1}{4}+\frac{7}{16}\times\frac{1}{4}=\frac{25}{32}=0.781\ 25$$

由于这 4 个矩形包含 R,其面积和仍然大于 S,但用它作为 S 的近似,误差相比于二等分时要小一些.

同样地,若将区间 [0,1] 十六等分,如图 5.6 所示,不难得出它们的面积之和为 0.697 265 625. 用这个值作为 R 面积的近似,误差更小一些.

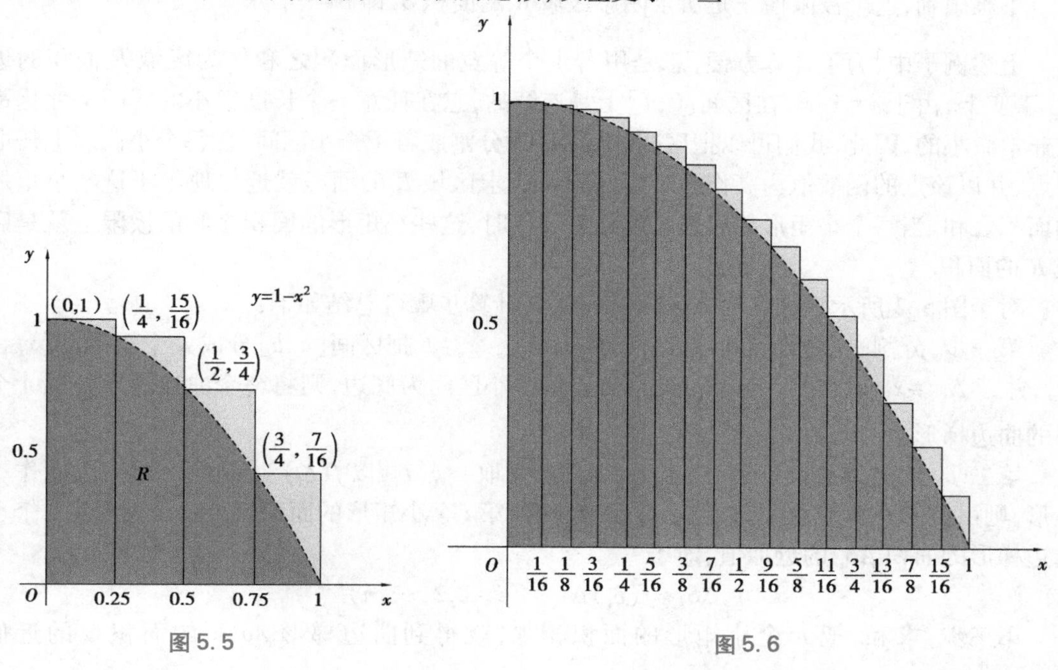

图 5.5　　图 5.6

一般地,如果将区间 [0,1] n 等分,则每个矩形的宽为 $\Delta x=\frac{1-0}{n}=\frac{1}{n}$,而 $f(x)=1-x^2$ 在 [0,1] 上分成的这些小矩形的面积为

$$\begin{aligned}
&f(0)\times\frac{1}{n}+f\left(\frac{1}{n}\right)\times\frac{1}{n}+f\left(\frac{2}{n}\right)\times\frac{1}{n}+\cdots+f\left(\frac{k}{n}\right)\times\frac{1}{n}+\cdots+f\left(\frac{n-1}{n}\right)\times\frac{1}{n}\\
&=\sum_{k=0}^{n-1}f\left(\frac{k}{n}\right)\times\frac{1}{n}\\
&=\sum_{k=0}^{n-1}\left(1-\left(\frac{k}{n}\right)^2\right)\times\frac{1}{n}\\
&=\sum_{k=0}^{n-1}\left(\frac{1}{n}-\frac{k^2}{n^3}\right)\\
&=\sum_{k=0}^{n-1}\frac{1}{n}-\sum_{k=0}^{n-1}\frac{k^2}{n^3}\\
&=n\times\frac{1}{n}-\frac{1}{n^3}\sum_{k=1}^{n-1}k^2\\
&=1-\frac{1}{n^3}\times\frac{(n-1)n(2n-1)}{6}.
\end{aligned}$$

当 $n\to\infty$ 时,[0,1] 上子区间数目无限增大. 相应地,每个子区间长度趋近于零时,这些小矩

形的面积和的极限为

$$\lim_{n\to\infty}\left(1-\frac{1}{n^3}\times\frac{(n-1)n(2n-1)}{6}\right)=1-\frac{2}{6}=\frac{2}{3}$$

不难想到,这个极限值正是所求阴影区域 R 的面积 S,即 $S=\frac{2}{3}$.

上述例子中,为了计算方便,总是用若干个等宽的矩形面积之和作为区域 R 面积的近似. 事实上,由于 $y=1-x^2$ 在区间[0,1]上是连续的,它在任意一个长度很小的区间上变化都是非常微小的,因此,我们可以把区间[0,1]任意分割成若干个小区间,在每个小区间上任取一点,并以该点的函数值为高作小矩形,那么,所求区域 R 的面积就近似地等于这些小矩形的面积之和. 当每个小矩形的底边长度趋近于零时,这些小矩形的面积之和的极限值就是区域 R 的面积.

对于图 5.2 所示平面图形 $AabB$ 的面积,其计算步骤可总结如下:

第一步,分割. 先用分点 $a=x_0<x_1<x_2<\cdots<x_{n-1}<x_n=b$ 把区间 $[a,b]$ 分成 n 个小区间 $[x_{i-1},x_i]$,并记 $\Delta x_i=x_i-x_{i-1}$, $\Delta x=\max\limits_{1\leqslant i\leqslant n}\{\Delta x_i\}$. 若以这些小区间为底边,则将整个曲边梯形分成 n 个小的曲边梯形.

第二步,近似. 在第 i 个小区间 $[x_{i-1},x_i]$ 上任取一点 ξ_i,以 $f(\xi_i)$ 为高、$[x_{i-1},x_i]$ 为底作小矩形,则由 $f(x)$ 的连续性可知,当 Δx_i 足够小时,第 i 个小矩形的面积 $f(\xi_i)\Delta x_i$ 就是第 i 个小曲边梯形的面积 ΔS_i 的近似值,即

$$\Delta S_i\approx f(\xi_i)\Delta x_i\quad(i=1,2,\cdots,n)$$

第三步,求和. 把 n 个小矩形的面积相加,就得到曲边梯形 $AabB$ 的面积 S 的近似值 S_n,即

$$S_n\approx\sum_{i=1}^{n}\Delta S_i=\sum_{i=1}^{n}f(\xi_i)\Delta x_i$$

第四步,取极限. 当 $\Delta x\to0$ 时,每个小区间的长度都趋于零,上式中和式的极限就是曲边梯形的面积,即

$$S=\lim_{\Delta x\to0}\sum_{i=1}^{n}f(\xi_i)\Delta x_i$$

引例 2 汽车行驶的路程.

假定一辆汽车一直向前行驶,其速度函数为 $v(t)$,我们需要求它在时间 $t=a$ 和 $t=b$ 之间行驶的路程 $S(t)$. 与上面的做法类似,我们把时间区间 $[a,b]$ 细分成很多较小的时间区间,为简单起见,假设划分的子区间具有相等的长度 Δt,如图 5.7 所示.

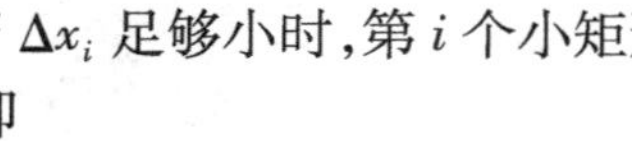

图 5.7

在第 1 个子区间内选取一个时刻 t_1. 如果 Δt 很小,以至于车速在这个短暂的时间间隔内几乎没有什么变化,那么汽车在第 1 个时间区间内的行驶路程近似为 $v(t_1)\Delta t$. 以此类推,汽车在所有时间区间内行驶的路程的总和近似为

$$S(t)\approx v(t_1)\Delta t+v(t_2)\Delta t+\cdots+v(t_n)\Delta t=\sum_{i=1}^{n}v(t_i)\Delta t$$

其中 n 是子区间的总数，$\Delta t=\dfrac{b-a}{n}$，令 $n\to\infty$，同时有 $\Delta t\to 0$，得

$$S(t)=\lim_{n\to\infty}\sum_{i=1}^{n}v(t_i)\Delta t$$

从上面两个引例可以看到：尽管所要计算的量，即曲边梯形的面积与汽车行驶的路程的实际意义不同，但它们都取决于一个函数及其自变量的变化区间；计算这些量的方法与步骤也是相同的，并且它们都归结为函数在区间上的一个特殊和式的极限.

抛开这些问题的具体意义，对解决这些问题的方法进行概括，可以抽象出如下定积分的概念.

5.2.2　定积分的定义

定积分的定义及几何意义

定积分的概念-动图演示及文字说明

课程思政-定积分的定义-定积分的概念

定义 5.3　设函数 $f(x)$ 在区间 $[a,b]$ 上有界，在 $[a,b]$ 上任意插入分点 $x_0,x_1,x_2,\cdots,x_{n-1},x_n$，使得

$$a=x_0<x_1<x_2<\cdots<x_{n-1}<x_n=b$$

记 $\Delta x_i=x_i-x_{i-1}(i=1,2,\cdots,n)$，$\lambda=\max\{\Delta x_1,\Delta x_2,\cdots,\Delta x_n\}$. 在每个小区间 $[x_{i-1},x_i]$ 上任取一点 $\xi_i(x_{i-1}\leqslant\xi_i\leqslant x_i)$，作乘积 $f(\xi_i)\Delta x_i$，再作和式 $\sum\limits_{i=1}^{n}f(\xi_i)\Delta x_i$. 如果 $\lim\limits_{\lambda\to 0}\sum\limits_{i=1}^{n}f(\xi_i)\Delta x_i$ 存在，则称 $f(x)$ 在 $[a,b]$ 上可积分（简称可积），称此极限值为函数 $f(x)$ 在 $[a,b]$ 上的定积分，记为 $\int_a^b f(x)\,\mathrm{d}x$，即

$$\int_a^b f(x)\,\mathrm{d}x=\lim_{\lambda\to 0}\sum_{i=1}^{n}f(\xi_i)\Delta x_i$$

如果 $\lim\limits_{\lambda\to 0}\sum\limits_{i=1}^{n}f(\xi_i)\Delta x_i$ 不存在，则称 $f(x)$ 在 $[a,b]$ 上不可积.

在定积分的记号 $\int_a^b f(x)\,\mathrm{d}x$ 中，$f(x)$ 称为被积函数，$f(x)\,\mathrm{d}x$ 称为被积表达式，x 称为积分变量，a 称为积分下限，b 称为积分上限，$[a,b]$ 称为积分区间.

定积分 $\int_a^b f(x)\,\mathrm{d}x$ 是区间 $[a,b]$ 上无穷多个微分 $f(x)\,\mathrm{d}x$ 的和.

有了定积分的概念，前面所述区域 R 的面积可表示为 $\int_0^1(1-x^2)\,\mathrm{d}x$，汽车在时刻 $t=a$ 和时

刻 $t=b$ 之间行驶的路程可表示为$\int_a^b v(t)\,\mathrm{d}t$.

注意 (1) 当$\lim\limits_{\lambda\to 0}\sum\limits_{i=1}^{n}f(\xi_i)\Delta x_i$存在时,其极限值仅与被积函数$f(x)$和积分区间$[a,b]$有关,而与积分变量无关.如果被积函数与积分区间相同,而只把积分变量 x 改写成其他字母,例如 t 或 u,那么定积分的值不变,即

$$\int_a^b f(x)\,\mathrm{d}x=\int_a^b f(t)\,\mathrm{d}t=\int_a^b f(u)\,\mathrm{d}u$$

(2)定义中要求小区间$[x_{i-1},x_i]$是任意划分的,且点 ξ_i 是任意选取的,即定积分的值应与区间$[a,b]$的划分和点 ξ_i 的取法无关.反过来,若函数是可积的,则对任意的区间$[a,b]$的划分和点 ξ_i 的取法,所得定积分的值都是相等的.因此,往往可以选择区间$[a,b]$的一种特殊划分和点 ξ_i 的一种特殊的取法来求出定积分的值,引例 1 中就是这样处理的.

那么,函数$f(x)$在区间$[a,b]$上满足什么条件一定可积呢?对这个问题,有以下结论.

定理 5.1 若$f(x)$在区间$[a,b]$上连续,则$f(x)$在$[a,b]$上可积.

定理 5.2 若$f(x)$在区间$[a,b]$上有界,且只有有限个间断点,则$f(x)$在$[a,b]$上可积.

5.2.3 定积分的几何意义

在$[a,b]$上,若$f(x)\geqslant 0$,由引例 1 知,则定积分$\int_a^b f(x)\,\mathrm{d}x$在几何上表示由曲线$y=f(x)$,两条直线$x=a$、$x=b$与$x$轴所围成的曲边梯形的面积;若$f(x)\leqslant 0$,此时由曲线$y=f(x)$,两条直线$x=a$、$x=b$与$x$轴所围成的曲边梯形位于$x$轴的下方,定积分$\int_a^b f(x)\,\mathrm{d}x$在几何上表示上述曲边梯形面积的负值;若$f(x)$既取得正值又取得负值,则函数$f(x)$的图形某些部分在$x$轴的上方,而某些部分在$x$轴的下方,如图5.8所示.如果我们对面积赋以正负号,在x轴上方的图形面积赋以正号,在x轴下方的图形面积赋以负号,则在一般情形下,定积分$\int_a^b f(x)\,\mathrm{d}x$的几何意义为:它是介于$x$轴、函数$f(x)$的图形及两条直线$x=a$、$x=b$之间的各部分面积的代数和.

最后,我们举一个用定义计算定积分的例子.

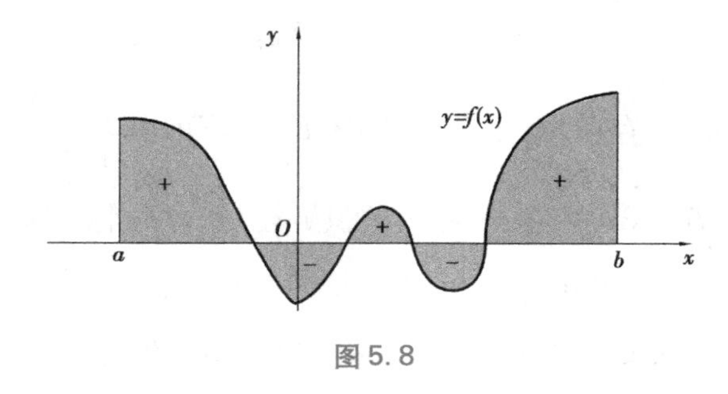

图 5.8

例 1　利用定积分的定义计算 $\int_0^b x^2 \mathrm{d}x (b > 0)$.

解　因为函数 $f(x) = x^2$ 在 $[0, b]$ 上连续，所以可积. 将区间 $[0, b]$ n 等分，则 $\lambda = \Delta x_i = \frac{b}{n}$ $(i = 1, 2, \cdots, n)$，取每个小区间的右端点为 ξ_i，则 $\xi_i = \frac{ib}{n}$ $(i = 1, 2, \cdots, n)$，故

$$\int_0^b x^2 \mathrm{d}x = \lim_{\lambda \to 0} \sum_{i=1}^{n} f(\xi_i) \Delta x_i = \lim_{\lambda \to 0} \sum_{i=1}^{n} \xi_i^{\ 2} \Delta x_i = \lim_{n \to \infty} \sum_{i=1}^{n} \left(\frac{ib}{n}\right)^2 \cdot \frac{b}{n} = \lim_{n \to \infty} \frac{b^3}{n^3} \sum_{i=1}^{n} i^2$$

$$= \lim_{n \to \infty} \frac{b^3}{n^3} (1^2 + 2^2 + 3^2 + \cdots + n^2) = \lim_{n \to \infty} \frac{b^3}{n^3} \cdot \frac{n(n+1)(2n+1)}{6}$$

$$= \lim_{n \to \infty} \frac{b^3}{6} \left(1 + \frac{1}{n}\right) \left(2 + \frac{1}{n}\right) = \frac{b^3}{3}.$$

习题 5.2

1. 利用定积分的定义，计算下列积分：

(1) $\int_0^1 (x + 2) \mathrm{d}x$　　(2) $\int_0^1 \mathrm{e}^x \mathrm{d}x$　　(3) $\int_1^3 (x^2 + 1) \mathrm{d}x$

2. 利用定积分的几何意义，说明下列等式：

(1) $\int_0^1 \sqrt{1 - x^2} \mathrm{d}x = \frac{\pi}{4}$　　(2) $\int_{-\frac{\pi}{2}}^{\frac{3\pi}{2}} \cos x \ \mathrm{d}x = 0$

(3) $\int_{-\frac{\pi}{2}}^{\frac{\pi}{2}} \sin x \ \mathrm{d}x = 0$　　(4) $\int_{-\frac{\pi}{2}}^{\frac{\pi}{2}} \cos x \ \mathrm{d}x = 2\int_0^{\frac{\pi}{2}} \cos x \ \mathrm{d}x$

5.3 定积分的性质

上节中，当 $a<b$ 时给出了定积分 $\int_a^b f(x) \mathrm{d}x$ 的定义，为了运算的需要，还需补充以下两点：

(1) $\int_a^b f(x) \mathrm{d}x = 0$;

(2) $\int_a^b f(x) \mathrm{d}x = -\int_b^a f(x) \mathrm{d}x$.

代数运算性质

即当上下限相同时，定积分等于零；上下限互换时，定积分改变符号.

假定下列性质中所出现的定积分都是存在的.

性质 1　两个函数和或差的定积分等于两个函数定积分的和或差，即

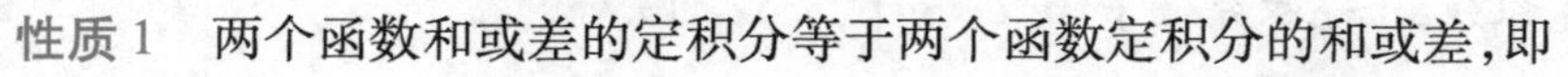

$$\int_a^b [f(x) \pm g(x)] \mathrm{d}x = \int_a^b f(x) \mathrm{d}x \pm \int_a^b g(x) \mathrm{d}x$$

该性质对任意有限个函数的和与差都是成立的.

性质 2　被积函数的常数因子可提到积分号外面，即

$$\int_a^b kf(x)\,\mathrm{d}x = k\int_a^b f(x)\,\mathrm{d}x \quad (k\text{ 为常数})$$

以上两个性质的证明请读者自己完成.

性质3(定积分对区间的可加性) 设 a,b,c 为任意的三个数,则有

$$\int_a^b f(x)\,\mathrm{d}x = \int_a^c f(x)\,\mathrm{d}x + \int_c^b f(x)\,\mathrm{d}x$$

证 当 $a<c<b$ 时,因为函数在$[a,b]$上可积,所以无论对$[a,b]$怎样划分,和式的极限总是不变的,因此在划分区间时,可以使 c 作为一个分点,那么$[a,b]$上的积分和等于$[a,c]$上的积分和加上$[c,b]$上的积分和,即

$$\sum_{[a,b]} f(\xi_i)\Delta x_i = \sum_{[a,c]} f(\xi_i)\Delta x_i + \sum_{[c,b]} f(\xi_i)\Delta x_i$$

令 $\lambda\to 0$,上式两端取极限得

$$\int_a^b f(x)\,\mathrm{d}x = \int_a^c f(x)\,\mathrm{d}x + \int_c^b f(x)\,\mathrm{d}x$$

同理,当 $c<a<b$ 时,

$$\int_c^b f(x)\,\mathrm{d}x = \int_c^a f(x)\,\mathrm{d}x + \int_a^b f(x)\,\mathrm{d}x$$

移项得

$$\int_a^b f(x)\,\mathrm{d}x = \int_c^b f(x)\,\mathrm{d}x - \int_c^a f(x)\,\mathrm{d}x = \int_c^b f(x)\,\mathrm{d}x + \int_a^c f(x)\,\mathrm{d}x$$

当 $a<b<c$ 时,类似可得

$$\int_a^b f(x)\,\mathrm{d}x = \int_a^c f(x)\,\mathrm{d}x + \int_c^b f(x)\,\mathrm{d}x$$

性质4 $\int_a^b 1\,\mathrm{d}x = \int_a^b \mathrm{d}x = b - a.$

用定积分的定义很容易证明性质4,此处略.

性质5 如果在区间$[a,b]$上,$f(x)\geqslant 0$,则$\int_a^b f(x)\,\mathrm{d}x \geqslant 0$.

证 因为$f(x)\geqslant 0$,所以$f(\xi_i)\geqslant 0 \quad (i=1,2,\cdots,n)$,又由于$\Delta x_i\geqslant 0 \quad (i=1,2,\cdots,n)$,因此 $\sum_{i=1}^{n} f(\xi_i)\Delta x_i \geqslant 0$,令 $\lambda = \max\{\Delta x_1,\Delta x_2,\cdots,\Delta x_n\}$,则

$$\int_a^b f(x)\,\mathrm{d}x = \lim_{\lambda\to 0}\sum_{i=1}^{n} f(\xi_i)\Delta x_i \geqslant 0$$

比较性质

推论 如果在区间$[a,b]$上,$f(x)\geqslant g(x)$,则

$$\int_a^b f(x)\,\mathrm{d}x \geqslant \int_a^b g(x)\,\mathrm{d}x.$$

例1 不计算积分,比较积分值$\int_0^{-2} \mathrm{e}^x\mathrm{d}x$ 和$\int_0^{-2} x\,\mathrm{d}x$ 的大小.

解 令$f(x)=\mathrm{e}^x-x, x\in[-2,0]$

因为$f(x)>0$,所以$\int_{-2}^0 (\mathrm{e}^x - x)\,\mathrm{d}x > 0$,$\int_{-2}^0 \mathrm{e}^x\mathrm{d}x > \int_{-2}^0 x\,\mathrm{d}x$,于是

$$\int_0^{-2} \mathrm{e}^x\mathrm{d}x < \int_0^{-2} x\,\mathrm{d}x.$$

性质 6　设 M 及 m 分别是函数 $f(x)$ 在区间 $[a,b]$ 上的最大值及最小值，则

$$m(b-a) \leqslant \int_a^b f(x)\mathrm{d}x \leqslant M(b-a)$$

估值性质

证　因为 $m \leqslant f(x) \leqslant M$，由性质 5 的推论，得

$$\int_a^b m\,\mathrm{d}x \leqslant \int_a^b f(x)\mathrm{d}x \leqslant \int_a^b M\,\mathrm{d}x$$

所以 $m(b-a) \leqslant \int_a^b f(x)\mathrm{d}x \leqslant M(b-a)$.

例 2　不计算积分，估计积分 $\int_0^{\pi} \frac{1}{3+\sin^3 x}\mathrm{d}x$ 的取值范围.

解　因为 $0 \leqslant \sin^3 x \leqslant 1$，所以 $\frac{1}{4} \leqslant \frac{1}{3+\sin^3 x} \leqslant \frac{1}{3}$，

$\int_0^{\pi} \frac{1}{4}\mathrm{d}x \leqslant \int_0^{\pi} \frac{1}{3+\sin^3 x}\mathrm{d}x \leqslant \int_0^{\pi} \frac{1}{3}\mathrm{d}x$，于是 $\frac{\pi}{4} \leqslant \int_0^{\pi} \frac{1}{3+\sin^3 x}\mathrm{d}x \leqslant \frac{\pi}{3}$.

例 3　不计算积分，估计积分 $\int_{\frac{\pi}{4}}^{\frac{\pi}{2}} \frac{\sin x}{x}\mathrm{d}x$ 的取值范围.

解　设 $f(x)=\frac{\sin x}{x}, x \in \left[\frac{\pi}{4},\frac{\pi}{2}\right]$，则

$$f'(x)=\frac{x\cos x-\sin x}{x^2}=\frac{\cos x(x-\tan x)}{x^2}<0,$$

可知 $f(x)$ 在 $\left[\frac{\pi}{4},\frac{\pi}{2}\right]$ 上单调下降，区间端点即为最值点. $M=f\left(\frac{\pi}{4}\right)=\frac{2\sqrt{2}}{\pi}$，$m=f\left(\frac{\pi}{2}\right)=\frac{2}{\pi}$，

因为 $b-a=\frac{\pi}{2}-\frac{\pi}{4}=\frac{\pi}{4}$，所以 $\frac{2}{\pi}\cdot\frac{\pi}{4} \leqslant \int_{\frac{\pi}{4}}^{\frac{\pi}{2}} \frac{\sin x}{x}\mathrm{d}x \leqslant \frac{2\sqrt{2}}{\pi}\cdot\frac{\pi}{4}$，

即　$$\frac{1}{2} \leqslant \int_{\frac{\pi}{4}}^{\frac{\pi}{2}} \frac{\sin x}{x}\mathrm{d}x \leqslant \frac{\sqrt{2}}{2}.$$

性质 7（定积分中值定理）　如果函数 $f(x)$ 在闭区间 $[a,b]$ 上连续，则在积分区间 $[a,b]$ 上至少存在一点 ξ，使

$$\int_a^b f(x)\mathrm{d}x = f(\xi)(b-a),$$

积分中值定理

成立. 这个公式也叫作积分中值公式.

证　因为 $f(x)$ 在 $[a,b]$ 上连续，所以它有最小值 m 与最大值 M，由性质 6 有

$$m(b-a) \leqslant \int_a^b f(x)\mathrm{d}x \leqslant M(b-a),$$

各项都除以 $(b-a)$ 可得

$$m \leqslant \frac{1}{b-a}\int_a^b f(x)\mathrm{d}x \leqslant M.$$

这表明，$\frac{1}{b-a}\int_a^b f(x)\mathrm{d}x$ 是介于函数 $f(x)$ 的最大值与最小值之间的数，根据介值定理，在 $[a,b]$ 上至少存在一点 ξ，使得

$$f(\xi) = \frac{1}{b-a}\int_a^b f(x)\,\mathrm{d}x,$$

即$\int_a^b f(x)\,\mathrm{d}x = f(\xi)(b-a)$.

性质7的几何意义是:如果$f(x)\geqslant 0$,那么以$f(x)$为曲边、以$[a,b]$为底的曲边梯形的面积等于以$[a,b]$上某一点ξ的函数值$f(\xi)$为高、以$[a,b]$为底的矩形的面积. 人们称$\frac{1}{b-a}\int_a^b f(x)\,\mathrm{d}x$为函数$f(x)$在区间$[a,b]$上的平均值(图5.9).

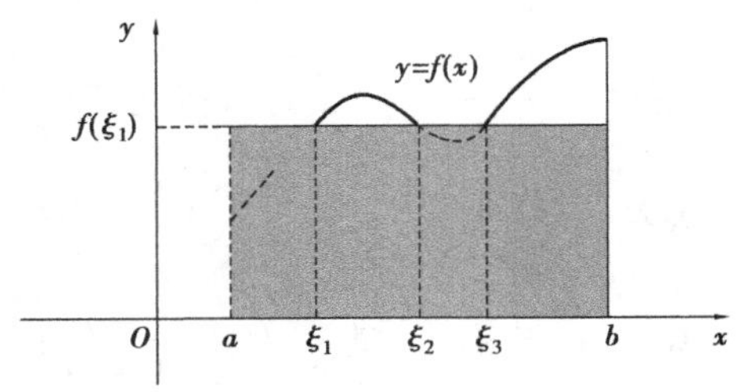

图5.9

例4　求函数$f(x)=4-x$在$[0,3]$上的平均值及在该区间上$f(x)$恰取这个值的点.

解　由积分中值定理,$f(x)$在$[0,3]$上的平均值$=\frac{1}{3-0}\int_0^3(4-x)\,\mathrm{d}x=\frac{5}{2}$.

当$4-x=\frac{5}{2}$,得到$x=\frac{3}{2}$,即函数在$x=\frac{3}{2}$处的值等于它在$[0,3]$上的平均值.

例5　设$f(x)$可导,且$\lim\limits_{x\to+\infty}f(x)=1$,求$\lim\limits_{x\to+\infty}\int_x^{x+2}t\sin\frac{3}{t}f(t)\,\mathrm{d}t$.

解　由积分中值定理知有$\xi\in[x,x+2]$,使

$$\int_x^{x+2}t\sin\frac{3}{t}f(t)\,\mathrm{d}t=\xi\sin\frac{3}{\xi}f(\xi)(x+2-x),$$

$$\lim_{x\to+\infty}\int_x^{x+2}t\sin\frac{3}{t}f(t)\,\mathrm{d}t=2\lim_{\xi\to+\infty}\xi\sin\frac{3}{\xi}f(\xi)=2\lim_{\xi\to+\infty}3f(\xi)=6.$$

习题5.3

1. 确定下列定积分的符号:

(1) $\int_1^2 x\ln x\,\mathrm{d}x$　　(2) $\int_0^{\frac{\pi}{4}}\frac{1-\cos^4x}{2}\mathrm{d}x$

(3) $\int_0^1\frac{\sin x-x\cos x}{\cos x+x\sin x}\mathrm{d}x$　　(4) $\int_{-1}^1|x|\,\mathrm{d}x$

2. 不计算定积分,比较下列各组积分值的大小:

(1) $\int_0^1 x^2\mathrm{d}x$与$\int_0^1 x^3\mathrm{d}x$　　(2) $\int_1^3 x^2\mathrm{d}x$与$\int_1^3 x^3\mathrm{d}x$

(3) $\int_1^2\ln x\,\mathrm{d}x$与$\int_1^2\ln^2x\,\mathrm{d}x$　　(4) $\int_3^4\ln x\,\mathrm{d}x$与$\int_3^4\ln^2x\,\mathrm{d}x$

3. 不计算定积分，估计下列定积分的取值范围：

(1) $\int_1^4 (x^2+1)\mathrm{d}x$　　(2) $\int_{\frac{\pi}{4}}^{\frac{5\pi}{4}} (1+\sin^2 x)\mathrm{d}x$

(3) $\int_{\frac{\sqrt{3}}{3}}^{\sqrt{3}} x \arctan x \,\mathrm{d}x$　　(4) $\int_2^0 \mathrm{e}^{x^2-x}\mathrm{d}x$

4. 证明下列不等式：

(1) $\frac{\pi}{2} \leqslant \int_0^{\frac{\pi}{2}} \frac{\sqrt{2}}{\sqrt{2-\sin^2 x}}\mathrm{d}x \leqslant \frac{\pi}{\sqrt{2}}$　　(2) $\frac{1}{2} \leqslant \int_0^1 \frac{1}{\sqrt{4-x^2+x^3}}\mathrm{d}x < \frac{1}{6}$

5. 求下列极限：

(1) $\lim\limits_{n\to\infty}\int_0^1 \frac{x^n \mathrm{e}^x}{1+\mathrm{e}^x}\mathrm{d}x$　　(2) $\lim\limits_{n\to\infty}\int_0^{\frac{1}{2}} \frac{x^n}{1+x}\mathrm{d}x$

5.4 微积分基本定理

用定积分的定义只能求出一些简单函数的积分值(通常对积分区间作特殊分割，在每一个子区间上取特殊的点，将积分和的极限转换为一个数列的极限)，对于比较复杂的函数，用定义计算定积分，是十分困难的. 求不定积分的运算与求导运算互为逆运算，而求定积分则是求一个特定和式的极限，这两个概念本来是完全不相同的，但是牛顿和莱布尼茨发现而且找到了这两个概念之间深刻的内在联系，建立了牛顿-莱布尼茨公式(也称为微积分基本公式)，从而使积分学与微分学一起构成变量数学的基础学科——微积分学.

5.4.1 积分上限函数及其导数

积分上限函数及其性质

设函数 $f(x)$ 在闭区间 $[a,b]$ 上连续，x 是区间 $[a,b]$ 上的任意一点，则 $f(x)$ 在区间 $[a,x]$ 上也连续，从而定积分 $\int_a^x f(x)\mathrm{d}x$ 存在. 为了不致引起混淆，通常改用字母 t 表示积分变量(这不会改变积分的值). 于是，上面的定积分可以写成

$$\int_a^x f(t)\mathrm{d}t \tag{5.1}$$

在式(5.1)中，令上限 x 在区间 $[a,b]$ 上任意取值，则对应于每一个确定的 $x\in[a,b]$，式(5.1)都有一个确定的值与之对应. 因此，式(5.1)是定义在区间 $[a,b]$ 上的函数，称为积分上限函数或变上限积分，记为 $\Phi(x)$，即

$$\Phi(x) = \int_a^x f(t)\mathrm{d}t \quad x\in[a,b] \tag{5.2}$$

定理 5.3(原函数存在定理)　若函数 $f(x)$ 在区间 $[a,b]$ 上连续，则积分上限函数 $\Phi(x)=\int_a^x f(t)\mathrm{d}t$ 在 $[a,b]$ 上可导，且它的导数为

$$\Phi'(x) = \frac{\mathrm{d}}{\mathrm{d}x}\left(\int_a^x f(t)\mathrm{d}t\right) = f(x) \quad x\in[a,b] \tag{5.3}$$

证 设对于 x 的 Δx,有 x、$x+\Delta x\in(a,b)$,则 $\Phi(x)$ 在 $x+\Delta x$ 处的函数值为

$$\Phi(x+\Delta x)=\int_a^{x+\Delta x}f(t)\,\mathrm{d}t$$

由此得函数 $\Phi(x)$ 的增量

$$\begin{aligned}\Delta\Phi(x)=\Phi(x+\Delta x)-\Phi(x)&=\int_a^{x+\Delta x}f(t)\,\mathrm{d}t-\int_a^x f(t)\,\mathrm{d}t\\&=\int_a^{x+\Delta x}f(t)\,\mathrm{d}t+\int_x^a f(t)\,\mathrm{d}t=\int_x^{x+\Delta x}f(t)\,\mathrm{d}t.\end{aligned}$$

因为$f(x)$在$[a,b]$上连续,由积分中值定理得

$$\Delta\Phi(x)=\int_x^{x+\Delta x}f(t)\,\mathrm{d}t=f(\xi)\Delta x$$

其中 ξ 在 x 与 $x+\Delta x$ 之间. 用 Δx 除上式两端,得

$$\frac{\Delta\Phi(x)}{\Delta x}=f(\xi)$$

由于$f(x)$在区间$[a,b]$上连续,而 $\Delta x\to 0$ 时,$\xi\to x$,因此$\lim\limits_{\Delta x\to 0}f(\xi)=f(x)$,从而令 $\Delta x\to 0$,对上式两端取极限,便得 $\Phi'(x)=f(x)$,定理得证.

该定理告诉我们:如果$f(x)$在$[a,b]$上连续,则它的原函数一定存在,并且它的一个原函数可以表示成为

$$\Phi(x)=\int_a^x f(t)\,\mathrm{d}t$$

这个定理的重要意义有二,其一是肯定了连续函数的原函数一定存在,其二是初步揭示了积分学中的定积分与原函数之间的联系,因此我们就有可能通过原函数来计算定积分.

例 1 求$\dfrac{\mathrm{d}}{\mathrm{d}x}\left[\int_0^x\cos^2 t\,\mathrm{d}t\right]$.

解 $\dfrac{\mathrm{d}}{\mathrm{d}x}\left[\int_0^x\cos^2 t\,\mathrm{d}t\right]=\cos^2 x.$

例 2 求 $\dfrac{\mathrm{d}}{\mathrm{d}x}\left[\int_1^{x^3}\mathrm{e}^{t^2}\mathrm{d}t\right]$.

解 这里$\int_1^{x^3}\mathrm{e}^{t^2}\mathrm{d}t$是$x^3$的函数,因而是$x$的复合函数,令$x^3=u$,则$\Phi(u)=\int_1^u\mathrm{e}^{t^2}\mathrm{d}t$,根据复合函数求导公式有

$$\frac{\mathrm{d}}{\mathrm{d}x}\left[\int_1^{x^3}\mathrm{e}^{t^2}\mathrm{d}t\right]=\frac{\mathrm{d}}{\mathrm{d}u}\left[\int_1^u\mathrm{e}^{t^2}\mathrm{d}t\right]\cdot\frac{\mathrm{d}u}{\mathrm{d}x}=\Phi'(u)\cdot 3x^2=\mathrm{e}^{u^2}\cdot 3x^2=3x^2\,\mathrm{e}^{x^6}.$$

例 3 设$f(x)$是连续函数,试求以下函数的导数.

(1)$F(x)=\int_{\cos x}^{\sin x}\mathrm{e}^{f(t)}\,\mathrm{d}t$;

(2)$F(x)=\int_0^x xf(t)\,\mathrm{d}t$;

(3)$F(x)=\int_0^x f(x-t)\,\mathrm{d}t$.

解　(1) $F'(x)=\mathrm{e}^{f(\sin x)}\cos x+\mathrm{e}^{f(\cos x)}\sin x.$

(2) 因为 $F(x)=x\int_0^x f(t)\,\mathrm{d}t$，所以 $F'(x)=xf(x)+\int_0^x f(t)\,\mathrm{d}t.$

(3) 因为 $F(x)=\int_0^x f(x-t)\,\mathrm{d}t \xlongequal{u=x-t} -\int_x^0 f(u)\,\mathrm{d}u=\int_0^x f(u)\,\mathrm{d}u$，所以，

$$F'(x)=f(x).$$

例 4　设 $f(x)$ 在 $(-\infty,+\infty)$ 内连续，且 $f(x)>0$. 证明函数 $F(x)=\dfrac{\int_0^x tf(t)\,\mathrm{d}t}{\int_0^x f(t)\,\mathrm{d}t}$ 在 $(0,+\infty)$ 内为单调增加函数.

证明　因为 $\dfrac{\mathrm{d}}{\mathrm{d}x}\int_0^x tf(t)\,\mathrm{d}t=xf(x)$，$\dfrac{\mathrm{d}}{\mathrm{d}x}\int_0^x f(t)\,\mathrm{d}t=f(x)$，所以

$$F'(x)=\frac{xf(x)\int_0^x f(t)\,\mathrm{d}t-f(x)\int_0^x tf(t)\,\mathrm{d}t}{\left(\int_0^x f(t)\,\mathrm{d}t\right)^2}=\frac{f(x)\int_0^x (x-t)f(t)\,\mathrm{d}t}{\left(\int_0^x f(t)\,\mathrm{d}t\right)^2},$$

因为 $f(x)>0\ (x>0)$，所以 $\int_0^x f(t)\,\mathrm{d}t>0$，

因为 $(x-t)f(t)>0$，所以 $\int_0^x (x-t)f(t)\,\mathrm{d}t>0$，

所以 $F'(x)>0\ (x>0)$.

故 $F(x)$ 在 $(0,+\infty)$ 内为单调增加函数.

5.4.2　牛顿-莱布尼茨公式

牛顿-莱布尼茨公式

应用案例-牛顿-莱布尼茨公式

微积分的发明-微积分学基本定理

定理 5.4（微积分学基本定理）　如果函数 $F(x)$ 是连续函数 $f(x)$ 在区间 $[a,b]$ 上的一个原函数，则

$$\int_a^b f(x)\,\mathrm{d}x=F(b)-F(a).$$

证明　由定理 5.3 知，$\Phi(x)=\int_a^x f(t)\,\mathrm{d}t$ 是 $f(x)$ 在 $[a,b]$ 上的一个原函数，由题设知 $F(x)$ 也是 $f(x)$ 在 $[a,b]$ 上的一个原函数，因为两个原函数只差一个常数，所以

$$\int_a^x f(t)\,\mathrm{d}t = F(x) + C$$

在上式中令 $x = a$,并注意到 $\int_a^a f(t)\,\mathrm{d}t = 0$,得 $C = -F(a)$,代入上式,得

$$\int_a^x f(t)\,\mathrm{d}t = F(x) - F(a)$$

再令 $x = b$,并把积分变量 t 换为 x,便得

$$\int_a^b f(x)\,\mathrm{d}x = F(b) - F(a)$$

定理 5.4 中的公式叫作牛顿-莱布尼茨公式,它揭示了定积分与不定积分之间的内在联系,是计算定积分的基本公式,也称作微积分基本公式.

为了方便起见,以后把 $F(b)-F(a)$ 记为 $[F(x)]_a^b$ 或 $F(x)\big|_a^b$.

牛顿-莱布尼茨公式给出了连续函数定积分的一般方法,即把求定积分的问题转化为求原函数的问题.

例 5 求定积分 $\int_0^1 x^2\,\mathrm{d}x$.

解 $\frac{x^3}{3}$ 是 x^2 的一个原函数,由牛顿-莱布尼茨公式得

$$\int_0^1 x^2\,\mathrm{d}x = \frac{x^3}{3}\bigg|_0^1 = \frac{1}{3} - \frac{0}{3} = \frac{1}{3}.$$

例 6 求 $\int_{-2}^{-1} \frac{1}{x}\,\mathrm{d}x$.

解 当 $x<0$ 时,$\frac{1}{x}$ 的一个原函数是 $\ln|x|$,所以

$$\int_{-2}^{-1} \frac{1}{x}\,\mathrm{d}x = \ln|x|\,\big|_{-2}^{-1} = \ln 1 - \ln 2 = -\ln 2.$$

例 7 计算 $\int_0^1 |2x-1|\,\mathrm{d}x$.

解 因为 $|2x-1| = \begin{cases} 1-2x & x \leqslant \frac{1}{2} \\ 2x-1 & x > \frac{1}{2} \end{cases}$,所以

$$\int_0^1 |2x-1|\,\mathrm{d}x = \int_0^{\frac{1}{2}} (1-2x)\,\mathrm{d}x + \int_{\frac{1}{2}}^1 (2x-1)\,\mathrm{d}x = (x - x^2)\bigg|_0^{\frac{1}{2}} + (x^2 - x)\bigg|_{\frac{1}{2}}^0 = \frac{1}{2}.$$

例 8 求定积分 $\int_{-\frac{\pi}{2}}^{\frac{\pi}{3}} \sqrt{1-\cos^2 x}\,\mathrm{d}x$.

解 $\int_{-\frac{\pi}{2}}^{\frac{\pi}{3}} \sqrt{1-\cos^2 x}\,\mathrm{d}x = \int_{-\frac{\pi}{2}}^{\frac{\pi}{3}} \sqrt{\sin^2 x}\,\mathrm{d}x$

$$= \int_{-\frac{\pi}{2}}^{\frac{\pi}{3}} |\sin x| dx$$

$$= -\int_{-\frac{\pi}{2}}^{0} \sin x \, dx + \int_{0}^{\frac{\pi}{3}} \sin x \, dx$$

$$= \cos x \Big|_{-\frac{\pi}{2}}^{0} - \cos x \Big|_{0}^{\frac{\pi}{3}} = \frac{3}{2}.$$

例 9 求$\int_{-2}^{2} \max\{x,x^2\} dx$.

解 由图 5.10 可知，$f(x)=\max\{x,x^2\}=\begin{cases} x^2 & -2\leqslant x<0 \\ x & 0\leqslant x<1 \\ x^2 & 1\leqslant x\leqslant 2 \end{cases}$，

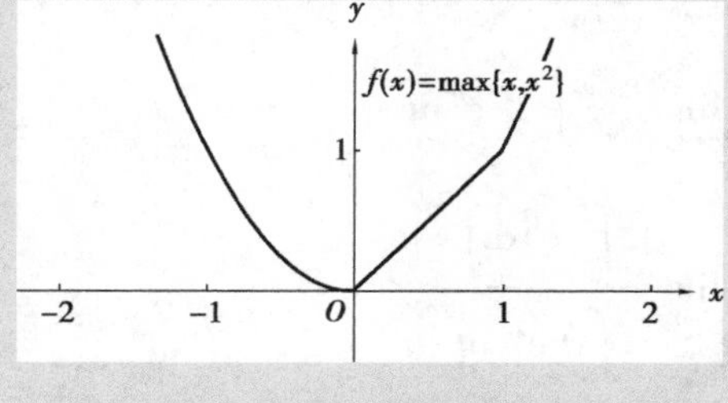

图 5.10

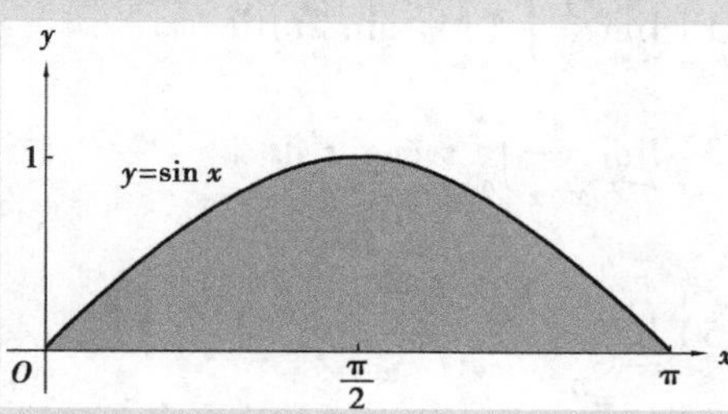

图 5.11

所以，$\int_{-2}^{2} \max\{x,x^2\} dx = \int_{-2}^{0} x^2 dx + \int_{0}^{1} x \, dx + \int_{1}^{2} x^2 dx = \frac{11}{2}$.

例 10 计算由曲线 $y=\sin x$ 在 $x=0, x=\pi$ 之间与 x 轴所围成的图形的面积 A.

解 如图 5.11 所示. 根据定积分的几何意义，所求面积 A 为

$$A = \int_{0}^{\pi} \sin x \, dx = -\cos x \Big|_{0}^{\pi} = -\cos \pi - (-\cos 0) = 2.$$

习题 5.4

1. 已知函数 $y = \int_{0}^{x} \sin x \, dx$，求当 $x = 0$ 及 $x = \frac{\pi}{4}$ 时函数的导数.

2. 求由$\int_{0}^{y} e^t dt + \int_{0}^{x} \cos t \, dt = 0$ 确定的隐函数 y 对 x 的导数.

3. 当 x 为何时值时，$I(x) = \int_{0}^{x} t \, e^{-t^2} dt$ 有极值？此极值是极大值还是极小值？

4. 计算下列导数：

(1) $\frac{d}{dx}\int_{0}^{x^2} \sqrt{1 + t^2} \, dt$ (2) $\frac{d}{dx}\int_{x^2}^{x^3} \frac{1}{\sqrt{1 + t^4}} dt$

(3) $\frac{d}{dx}\int_{x^2}^{0} x \cdot \cos t^2 dt$ (4) $\frac{d}{dx}\int_{\cos x}^{\sin x} \cos(\pi t^2) \, dt$

5. 计算下列定积分：

(1) $\int_1^2\left(x^2+\frac{4}{x}+t\right)\mathrm{d}x$　　(2) $\int_1^2\left(x^2+\frac{1}{x^4}\right)\mathrm{d}x$

(3) $\int_{-\frac{1}{2}}^{\frac{1}{2}}\frac{\mathrm{d}x}{\sqrt{1-x^2}}$　　(4) $\int_{\frac{1}{\sqrt{3}}}^{\sqrt{3}}\frac{\mathrm{d}x}{1+x^2}$

(5) $\int_0^5|x^2-3x+2|\mathrm{d}x$　　(6) $\int_0^1|x-t|\mathrm{d}x$

6. 设 $f(x)=\begin{cases}x+1 & x\leqslant 1\\ \frac{1}{2}x^2 & x>1\end{cases}$，求 $\int_0^2 f(x)\mathrm{d}x$.

7. 求下列极限：

(1) $\lim\limits_{x\to 0}\frac{1}{x}\int_0^x(1+\sin 2t)\mathrm{d}t$　　(2) $\lim\limits_{x\to 0}\frac{1}{x^2}\int_0^x\arctan t\,\mathrm{d}t$

(3) $\lim\limits_{x\to 0}\frac{1}{x\sqrt{x}}\int_0^{x^2}x\cos t^2\mathrm{d}t$　　(4) $\lim\limits_{x\to\infty}\frac{\mathrm{e}^{-x^2}}{x}\int_0^x t^2\mathrm{e}^{t^2}\mathrm{d}t$

(5) $\lim\limits_{x\to 0}\frac{\int_0^x\cos t^2\mathrm{d}t}{x}$　　(6) $\lim\limits_{x\to 0}\frac{\left(\int_0^x\mathrm{e}^{t^2}\mathrm{d}t\right)^2}{\int_0^x t\,\mathrm{e}^{2t^2}\mathrm{d}t}$

综合习题 5

第一部分　判断是非题

1. 已知 $(\arcsin x+\pi)'=\frac{1}{\sqrt{1-x^2}}$，则 $\int\frac{1}{\sqrt{1-x^2}}\mathrm{d}x=\arcsin x+\pi$. (　　)

2. 连续函数的原函数一定存在. (　　)

3. $\frac{\mathrm{d}}{\mathrm{d}x}\int f(x)\mathrm{d}x=\mathrm{d}\left(\int f(x)\mathrm{d}x\right)$. (　　)

4. $y=\ln ax$ 和 $y=\ln x$ 是同一函数的原函数. (　　)

5. $y=(\mathrm{e}^x+\mathrm{e}^{-x})^2$ 和 $y=(\mathrm{e}^x-\mathrm{e}^{-x})^2$ 是同一函数的原函数. (　　)

6. 连续的奇函数的原函数都是偶函数. (　　)

7. $\int kf(x)\mathrm{d}x=k\int f(x)\mathrm{d}x$，($k$ 是常数). (　　)

8. 设 $F_1(x)$、$F_2(x)$ 是 $f(x)$ 的两个不同的原函数，且 $f(x)\neq 0$，则有 $F_1(x)-F_2(x)=C$. (　　)

9. 若 $f(x)$ 的某个原函数为零，则 $f(x)$ 的所有原函数都是常数. (　　)

10. 若 $f(x)$ 在 (a,b) 内不是连续函数，则在此区间内 $f(x)$ 必无原函数. (　　)

11. 函数 $f(x)$ 的原函数叫作 $f(x)$ 的不定积分，记作 $\int f(x)\mathrm{d}x$. (　　)

12. 函数$f(x)$的任意两个原函数之差恒为零.（　　）

13. $\int 0\mathrm{d}x = 0$.（　　）

14. 若$f(x)$的某个原函数为常数,则$f(x)\equiv 0$.（　　）

15. 若$f(x)\leqslant g(x)$,则$\int f(x)\mathrm{d}x \leqslant \int g(x)\mathrm{d}x$.（　　）

16. 任意偶函数的原函数为奇函数.（　　）

17. 奇函数的任一原函数为偶函数.（　　）

18. 周期函数的原函数一定是周期函数.（　　）

19. 单调函数的原函数一定是单调函数.（　　）

20. 定积分$\int_a^b f(x)\mathrm{d}x$的几何意义为:$\int_a^b f(x)\mathrm{d}x$是由曲线$y=f(x)$、x轴、$x=a$、$x=b$围成的图形的面积.（　　）

21. 若$\int_a^b f(x)\mathrm{d}x = 0$,则在$[a,b]$上必有$f(x)\equiv 0$.（　　）

22. 若$f(x)$在$[a,b]$上连续,且$\int_a^b f^2(x)\mathrm{d}x = 0$,在$[a,b]$上$f(x)\equiv 0$.（　　）

23. 若$f(x)$与$g(x)$在$[a,b]$上都不可积,则$f(x)+g(x)$在$[a,b]$上必定不可积.（　　）

24. 若$f(x)$在$[a,b]$上可积,而$g(x)$在$[a,b]$上不可积,则$f(x)+g(x)$在$[a,b]$上必定不可积.（　　）

25. 若$f(x)$与$g(x)$在$[a,b]$上可积,则$f(g(x))$在$[a,b]$上必定可积.（　　）

26. 若$f(x)$在$[a,b]$上可积,则必存在一点$\xi\in(a,b)$,使得$\int_a^b f(x)\mathrm{d}x = f(\xi)(b-a)$.（　　）

27. 若$f(x)$为$[a,b]$上的连续函数,则$\int_a^x f(t)\mathrm{d}t$必为其在该区间上的一个原函数.（　　）

28. 若$[a,b]\supseteq[c,d]$,则必有$\int_a^b f(x)\mathrm{d}x \geqslant \int_c^d f(x)\mathrm{d}x$.（　　）

29. 若$f(x)$在$[a,b]$上有界,则$f(x)$在$[a,b]$上必可积.（　　）

30. 若$f(x)$在$[a,b]$上可积,则$f(x)$在$[a,b]$上必有界.（　　）

31. 若$f(x)$在$[a,b]$上可积,则$|f(x)|$在$[a,b]$上必可积.（　　）

32. 若$f(x)$在$[a,b]$上单调有界,则$f(x)$在$[a,b]$上必可积.（　　）

33. 若$f(x)$在$[a,b]$上只有有限个第一类间断点,则$f(x)$在$[a,b]$上必可积.（　　）

34. 若$|f(x)|$在$[a,b]$上可积,则$f(x)$在$[a,b]$上必可积.（　　）

35. 若$f(x)$在(a,b)内有原函数,则$f(x)$在$[a,b]$上必定可积.（　　）

36. 若$f(x)$在$[a,b]$上可积,则$f(x)$在(a,b)内必定有原函数.（　　）

第二部分　单项选择题

1. 已知$F(x)$是$f(x)$的一个原函数,C为任意常数,下列等式能成立的是（　　）.

(A) $\int \mathrm{d}F(x)=F(x)+C$　　(B) $\int F'(x)\mathrm{d}x=F(x)$

(C) $\left[\int f(x)\ \mathrm{d}x\right]'=f(x)+C$　　(D) $\mathrm{d}\left[\int f(x)\ \mathrm{d}x\right]=f(x)+C$

2. 下列等式能成立的是(　　).

(A) $\int \mathrm{e}^{-x}\mathrm{d}x=\mathrm{e}^{-x}+C$　　(B) $\int \ln x\ \mathrm{d}x=\frac{1}{x}+C$

(C) $\int \cos^2 x\ \mathrm{d}x=\frac{1}{3}\cos^3 x+C$　　(D) $\int \sin 2x\ \mathrm{d}x=\sin^2 x+C$

3. 若 $\int f(x)\mathrm{d}x=2\sin\frac{x}{2}+C$,则 $f(x)=$ (　　).

(A) $\cos\frac{x}{2}+C$　　(B) $\cos\frac{x}{2}$　　(C) $2\cos\frac{x}{2}+C$　　(D) $2\sin\frac{x}{2}$

4. 一个函数如果存在原函数,则其原函数有(　　).

(A)一个　　(B)两个　　(C)无穷多个　　(D)有限个

5. 若 $F'(x)=f(x)$,则 $\int \mathrm{d}F(x)=$ (　　).

(A) $f(x)$　　(B) $F(x)$　　(C) $f(x)+C$　　(D) $F(x)+C$

6. 初等函数在其定义的区间内(　　).

(A)可求导数　　(B)可求微分

(C)存在原函数　　(D)未必存在原函数

7. 设 $f(x)$ 可导,则(　　).

(A) $\int f(x)\mathrm{d}x=f(x)$　　(B) $\int f'(x)\mathrm{d}x=f(x)$

(C) $\left(\int f(x)\ \mathrm{d}x\right)'=f(x)$　　(D) $\left(\int f(x)\ \mathrm{d}x\right)'=f(x)+C$

8. 设 $F_1(x)$,$F_2(x)$ 是区间 I 内连续函数 $f(x)$ 的两个原函数,且 $f(x)\neq 0$,则在区间 I 内必有(　　).(其中 C 是常数)

(A) $F_1(x)+F_2(x)=C$　　(B) $F_1(x)\cdot F_2(x)=C$

(C) $F_1(x)=CF_2(x)$　　(D) $F_1(x)-F_2(x)=C$

9. 若 $F'(x)=f(x)$,则 $\mathrm{d}\int f(x)\mathrm{d}x=$ (　　).

(A) $f(x)$　　(B) $F(x)$　　(C) $f(x)\mathrm{d}x$　　(D) $F(x)\mathrm{d}x$

10. 下列等式正确的是(　　).

(A) $\mathrm{d}\int f(x)\mathrm{d}x=f(x)$　　(B) $\mathrm{d}\int f(x)\mathrm{d}x=f(x)\mathrm{d}x$

(C) $\frac{\mathrm{d}}{\mathrm{d}x}\int f(x)\mathrm{d}x=f(x)\mathrm{d}x$　　(D) $\frac{\mathrm{d}}{\mathrm{d}x}\int f(x)\mathrm{d}x=f(x)+C$

11. 原函数 $f(x)+C$ 可写成(　　).

(A) $\int f'(x)\mathrm{d}x$　　(B) $\left[\int f(x)\ \mathrm{d}x\right]'$

(C) $\mathrm{d}\left[\int f(x)\,\mathrm{d}x\right]$　　(D) $\int f'(x)\,\mathrm{d}x$

12. 设 $f(x)$ 在 $[a,b]$ 的某个原函数为零,则在区间 $[a,b]$ 上 $f(x)$ (　　).

(A) 有恒等于零的原函数　　(B) 有不定积分恒等于零

(C) 不恒等于零,但 $f'(x)$ 恒等于零　　(D) 恒等于零

13. 设 $f(x)$ 是连续函数,且 $F(x)=\int_x^{e^{-x}} f(t)\,\mathrm{d}t$,则 $f'(x)$ 等于(　　).

(A) $-e^{-x}f(e^{-x})-f(x)$　　(B) $-e^{-x}f(e^{-x})+f(x)$

(C) $e^{-x}f(e^{-x})-f(x)$　　(D) $e^{-x}f(e^{-x})+f(x)$

14. 若 $\int f(x)\,\mathrm{d}x=e^x\cos 2x+C$,则 $f(x)=$ (　　).

(A) $e^x\cos 2x$　　(B) $e^x(\cos 2x-2\sin 2x)+C$

(C) $e^x(\cos 2x-2\sin 2x)$　　(D) $-e^x\sin 2x$

15. 设一个函数的导数 $y'=2x$,且 $x=1$ 时,$y=2$,这个函数是(　　).

(A) $y=x^2+C$　　(B) $y=x^2+1$　　(C) $y=\frac{x^2}{2}+C$　　(D) $y=x+1$

16. 下列等式正确的是(　　).

(A) $\int_{\frac{1}{2}}^{2}\ln x\,\mathrm{d}x>\int_1^2\ln x\,\mathrm{d}x$　　(B) $\int_{\frac{1}{2}}^{2}|\ln x|\,\mathrm{d}x>\int_1^2\ln x\,\mathrm{d}x$

(C) $\int_1^2|\ln x|\,\mathrm{d}x>\int_1^2\ln x\,\mathrm{d}x$　　(D) $\int_3^1\ln x\,\mathrm{d}x>\int_2^1\ln x\,\mathrm{d}x$

17. 设 $f(x)=\int_0^{x^2}e^{t^2}\mathrm{d}t$,则 $f'(x)=$ (　　).

(A) e^{x^2}　　(B) $2xe^{x^2}$　　(C) e^{x^4}　　(D) $2xe^{x^4}$

18. 设 $\frac{\mathrm{d}}{\mathrm{d}x}\int_0^{e^{-x}}f(t)\,\mathrm{d}t=e^x$,则 $f(x)=$ (　　).

(A) $-x^{-2}$　　(B) x^2　　(C) e^{-2x}　　(D) $-e^{2x}$

19. 设 $f(x)$ 连续,$x>0$,且 $\int_1^{x^2}f(t)\,\mathrm{d}t=x^2(1+x)$,则 $f(2)=$ (　　).

(A) 4　　(B) 16　　(C) $1+\frac{3\sqrt{2}}{2}$　　(D) 12

第三部分　计算与证明

1. 求下列不定积分:

(1) $\int e^x\left(a^x-\frac{e^{-x}}{\sqrt{1-x^2}}\right)\mathrm{d}x\ (a>0)$　　(2) $\int\frac{e^{3x}+1}{e^x+1}\mathrm{d}x$

2. 设 $f(x)$、$g(x)$ 在 $[a,b]$ 上连续,求证:

(1) 若在 $[a,b]$ 上,$f(x)\geqslant 0$ 且 $\int_a^b f(x)\,\mathrm{d}x=0$,则在 $[a,b]$ 上,$f(x)\equiv 0$.

(2) 若在$[a,b]$上,$f(x)\leqslant g(x)$且$\int_a^b f(x)\mathrm{d}x=\int_a^b g(x)\mathrm{d}x$,则在$[a,b]$上,必有$f(x)\equiv g(x)$.

3. 设$f(x)$在区间$[a,b]$上连续,$g(x)$在区间$[a,b]$上连续且不变号,求证至少存在一点$\xi\in(a,b)$,使得$\int_a^b f(x)g(x)\mathrm{d}x=f(\xi)\int_a^b g(x)\mathrm{d}x$.

4. 计算下列极限:

(1) $\lim\limits_{x\to a}\dfrac{x}{x-a}\int_a^x f(t)\mathrm{d}t$,其中$f(t)$连续

(2) $\lim\limits_{x\to+\infty}\dfrac{1}{\sqrt{x^2+1}}\int_0^x(\arctan t)^2\mathrm{d}t$

(3) 设$f(x)=\begin{cases}\dfrac{\ln\left(1+\dfrac{x}{3}\right)}{x} & x<0\\ \dfrac{1}{x^3}\int_0^x\sin t^2\mathrm{d}t & x>0\end{cases}$,求$\lim\limits_{x\to0}f(x)$

(4) $\lim\limits_{x\to0}\dfrac{\int_0^x(\mathrm{e}^t-\mathrm{e}^{-t}-2t)\mathrm{d}t}{x-\sin x}$

5. 设$f(x)=\begin{cases}x^2 & x\in[0,1)\\ x & x\in[1,2]\end{cases}$,求$\Phi(x)=\int_0^x f(t)\mathrm{d}t$在$[0,2]$上的表达式,并讨论$\Phi(x)$在$(0,2)$内的连续性.

6. 设$f(x)=\begin{cases}\dfrac{1}{2}\sin x & 0\leqslant x\leqslant\pi\\ 0 & x<0\text{ 或 }x>\pi\end{cases}$,求$\Phi(x)=\int_0^x f(t)\mathrm{d}t$在$(-\infty,+\infty)$内的表达式.

7. 设$f(x)$在$[a,b]$上连续,在(a,b)内可导且$f'(x)\leqslant0$,$f(x)=\dfrac{1}{x-a}\int_a^x f(t)\mathrm{d}t$. 证明在$(a,b)$内有$f'(x)\leqslant0$.

8. 讨论$f(x)=\begin{cases}\dfrac{\sin2(\mathrm{e}^x-1)}{\mathrm{e}^x-1} & x>0\\ 2 & x=0\\ \dfrac{1}{x^3}\int_0^x(1-\mathrm{e}^{-2t^2})\mathrm{d}t & x<0\end{cases}$的连续性.

9. 已知$f(x)=\begin{cases}\int_0^{x^2}\cos t\,\mathrm{d}t & x\geqslant0\\ x^2 & x<0\end{cases}$,讨论$f(x)$的连续性,并写出连续区间,考查在$x=0$处是否可导,若可导,求$f'(0)$.

10. 确定常数a,b,使得$\lim\limits_{x\to0}\dfrac{1}{bx-\sin x}\int_0^x\dfrac{t^2}{\sqrt{a+t}}\mathrm{d}t=1$.

11. 设函数$y=y(x)$由方程$\int_0^{y^2}\mathrm{e}^{-t}\mathrm{d}t+\int_x^0\cos t^2\mathrm{d}t=0$所确定,求$\dfrac{\mathrm{d}y}{\mathrm{d}x}$.

12. 设函数$y=y(x)$由方程$\int_1^y\dfrac{\sin t}{t}\mathrm{d}t+\int_{\frac{1}{x}}^1\mathrm{e}^{-t^2}\mathrm{d}t=0$所确定,求$\left.\dfrac{\mathrm{d}y}{\mathrm{d}x}\right|_{x=1}$.

第 6 章　积分方法

微积分基本定理说明,只要我们能够求出函数的一个原函数,定积分$\int_a^b f(x)\mathrm{d}x$就可以转换为被积函数的一个原函数在积分区间上的函数值之差来计算. 在 5.1 节中,把函数$f(x)$对于x的不定积分$\int f(x)\mathrm{d}x$定义为$f(x)$的全部原函数的集合. 因此,只要能够求出$\int f(x)\mathrm{d}x$,根据牛顿-莱布尼茨公式,就能求出$\int_a^b f(x)\mathrm{d}x$.

6.1 不定积分的第一类换元积分法

基本思想

利用基本积分公式和性质,所计算的不定积分是非常有限的. 因此,有必要进一步研究不定积分的求法. 将复合函数求导法则反过来应用于求不定积分,就得到了换元积分法. 换元积分法的基本思想是对被积函数进行适当的变量代换,即换元,使换元后的积分能够用积分公式和性质直接求出来. 换元法通常分成两类,下面先讲第一类换元积分法.

设$f(u)$具有原函数$F(u)$,即

$$F'(u)=f(u),\int f(u)\mathrm{d}u = F(u) + C$$

如果u是另一变量x的函数$u=g(x)$,且设$g(x)$可微,则有

$$\int f[g(x)]g'(x)\mathrm{d}x = \int f(u)\mathrm{d}u = F(u) + C = F(g(x)) + C.$$

运用第一类换元积分法的关键在于将被积函数拆分成两部分,将其中的一部分与$\mathrm{d}x$结合凑成微分,所以也称为凑微分法.

比如要求$\int h(x)\mathrm{d}x$,但又不能用基本积分公式直接求出,故尝试将函数$h(x)$转化为$h(x)=f[g(x)]g'(x)$的形式,则有

$$\int h(x)\mathrm{d}x = \int f[g(x)]g'(x)\mathrm{d}x = \left[\int f(u)\mathrm{d}u\right]_{u=g(x)}.$$

这样,函数$h(x)$的积分就转化为函数$f(u)$的积分. 如果$f(u)$的原函数容易求得,那么也就求出了$h(x)$的原函数.

例 1 求$\int(2x+1)^{10}\mathrm{d}x$.

解 因为 $\mathrm{d}x=\frac{1}{2}\mathrm{d}(2x+1)$,所以

$$\begin{aligned}\int(2x+1)^{10}\mathrm{d}x&=\frac{1}{2}\int(2x+1)^{10}(2x+1)'\mathrm{d}x\\&=\frac{1}{2}\int(2x+1)^{10}\mathrm{d}(2x+1)\\&\xlongequal{2x+1=u}\frac{1}{2}\int u^{10}\mathrm{d}u=\frac{1}{2}\cdot\frac{u^{11}}{11}+C\\&\xlongequal{u=2x+1}\frac{1}{22}(2x+1)^{11}+C.\end{aligned}$$

例 2 求$\int\frac{1}{3+2x}\mathrm{d}x$.

凑线性表达式

解
$$\begin{aligned}\int\frac{1}{3+2x}\mathrm{d}x&=\frac{1}{2}\int\frac{1}{3+2x}\cdot(3+2x)'\mathrm{d}x\\&=\frac{1}{2}\int\frac{1}{3+2x}\mathrm{d}(3+2x)\\&\xlongequal{3+2x=u}\frac{1}{2}\int\frac{1}{u}\mathrm{d}u=\frac{1}{2}\ln|u|+C\\&\xlongequal{u=3+2x}\frac{1}{2}\ln|3+2x|+C.\end{aligned}$$

注意 一般地,有 $\int f(ax+b)\mathrm{d}x\xlongequal{ax+b=u}\frac{1}{a}\int f(u)\mathrm{d}u$.

例 3 求$\int x\,\mathrm{e}^{x^2}\mathrm{d}x$.

解
$$\begin{aligned}\int x\,\mathrm{e}^{x^2}\mathrm{d}x&=\frac{1}{2}\int\mathrm{e}^{x^2}(x^2)'\mathrm{d}x=\frac{1}{2}\int\mathrm{e}^{x^2}\mathrm{d}(x^2)\\&\xlongequal{x^2=u}\frac{1}{2}\int\mathrm{e}^u\mathrm{d}u=\frac{1}{2}\mathrm{e}^u+C\\&\xlongequal{u=x^2}\frac{1}{2}\mathrm{e}^{x^2}+C.\end{aligned}$$

注意 一般地,有 $\int x\,f(x^2)\,\mathrm{d}x\xlongequal{x^2=u}\frac{1}{2}\int f(u)\,\mathrm{d}u$.

例 4 求$\int x\sqrt{1-x^2}\,\mathrm{d}x$.

解
$$\begin{aligned}\int x\sqrt{1-x^2}\,\mathrm{d}x&=\int(1-x^2)^{\frac{1}{2}}\left[-\frac{1}{2}(1-x^2)\right]'\mathrm{d}x\\&=-\frac{1}{2}\int(1-x^2)^{\frac{1}{2}}\mathrm{d}(1-x^2)\\&=-\frac{1}{3}(1-x^2)^{\frac{3}{2}}+C.\end{aligned}$$

注意　变量代换比较熟练后,可省去书写中间变量的换元和回代过程.

例5　求$\int \frac{1}{x(1+2\ln x)}\mathrm{d}x$.

解　$\int \frac{1}{x(1+2\ln x)}\mathrm{d}x=\int \frac{1}{1+2\ln x}\mathrm{d}(\ln x)=\frac{1}{2}\int \frac{1}{1+2\ln x}\mathrm{d}(1+2\ln x)$

$$=\frac{1}{2}\ln|1+2\ln x|+C.$$

注意　一般地,有$\int f(\ln x)\frac{1}{x}\mathrm{d}x=\int f(\ln x)\mathrm{d}(\ln x)$.

例6　求$\int \frac{\tan\sqrt{x}}{\sqrt{x}}\mathrm{d}x$.

解　$\int \frac{\tan\sqrt{x}}{\sqrt{x}}\mathrm{d}x=2\int \tan\sqrt{x}\,\mathrm{d}(\sqrt{x})=2\int \frac{\sin\sqrt{x}}{\cos\sqrt{x}}\mathrm{d}(\sqrt{x})$

$$=-2\int \frac{1}{\cos\sqrt{x}}\mathrm{d}(\cos\sqrt{x})=-2\ln\left|\cos\sqrt{x}\right|+C.$$

注意　一般地,有$\int f(\sqrt{x})\frac{1}{\sqrt{x}}\mathrm{d}x=2\int f(\sqrt{x})\mathrm{d}(\sqrt{x})$.

例7　求$\int \frac{1}{a^2+x^2}\mathrm{d}x\ (a\neq 0)$.

有理函数的积分

解　$\int \frac{1}{a^2+x^2}\mathrm{d}x=\int \frac{1}{a^2}\cdot\frac{1}{1+\left(\frac{x}{a}\right)^2}\mathrm{d}x=\frac{1}{a}\int \frac{1}{1+\left(\frac{x}{a}\right)^2}\mathrm{d}\left(\frac{x}{a}\right)$

$$=\frac{1}{a}\arctan\frac{x}{a}+C.$$

例8　求$\int \frac{1}{x^2-8x+25}\mathrm{d}x$.

解　$\int \frac{1}{x^2-8x+25}\mathrm{d}x=\int \frac{1}{(x-4)^2+9}\mathrm{d}x=\frac{1}{3^2}\int \frac{1}{\left(\frac{x-4}{3}\right)^2+1}\mathrm{d}x$

$$=\frac{1}{3}\int \frac{1}{\left(\frac{x-4}{3}\right)^2+1}\mathrm{d}\left(\frac{x-4}{3}\right)=\frac{1}{3}\arctan\frac{x-4}{3}+C.$$

例9　求$\int \frac{1}{1+\mathrm{e}^x}\mathrm{d}x$.

解　$\int \frac{1}{1+\mathrm{e}^x}\mathrm{d}x=\int \frac{1+\mathrm{e}^x-\mathrm{e}^x}{1+\mathrm{e}^x}\mathrm{d}x=\int\left(1-\frac{\mathrm{e}^x}{1+\mathrm{e}^x}\right)\mathrm{d}x=\int \mathrm{d}x-\int \frac{\mathrm{e}^x}{1+\mathrm{e}^x}\mathrm{d}x$

$$=\int \mathrm{d}x-\int \frac{1}{1+\mathrm{e}^x}\mathrm{d}(1+\mathrm{e}^x)=x-\ln(1+\mathrm{e}^x)+C.$$

注意 一般地,有$\int f(e^x)e^x dx=\int f(e^x)d(e^x)$.

例 10 求$\int \frac{\sin\frac{1}{x}}{x^2}dx$.

解 $\int \frac{\sin\frac{1}{x}}{x^2}dx=\int \sin\left(\frac{1}{x}\right)\cdot\left(-\frac{1}{x}\right)'dx=-\int \sin\left(\frac{1}{x}\right)\cdot d\left(\frac{1}{x}\right)=\cos\left(\frac{1}{x}\right)+C.$

注意 一般地,有$\int f\left(\frac{1}{x}\right)\frac{1}{x^2}dx=-\int f\left(\frac{1}{x}\right)d\left(\frac{1}{x}\right)$.

例 11 求$\int \sin 2x\,dx$.

解法一 $\int \sin 2x\,dx=\frac{1}{2}\int \sin 2x\,d(2x)=-\frac{1}{2}\cos 2x+C$;

解法二 $\int \sin 2x\,dx=2\int \sin x\cos x\,dx=2\int \sin x\,d(\sin x)=\sin^2 x+C$;

解法三 $\int \sin 2x\,dx=2\int \sin x\cos x\,dx=-2\int \cos x\,d(\cos x)$

$$=-(\cos x)^2+C.$$

注意 一般地,有 $f(\sin x)\cos x\,dx=f(\sin x)d(\sin x)$;

$$f(\cos x)\sin x\,dx=-f(\cos x)d(\cos x).$$

例 12 求下列不定积分:

简单三角函数的积分

(1)$\int \csc x\,dx$; (2) $\int \sec x\,dx$.

解 (1)$\int \csc x\,dx=\int \frac{dx}{\sin x}=\int \frac{dx}{2\sin\frac{x}{2}\cos\frac{x}{2}}=\int \frac{1}{\tan\frac{x}{2}\cos^2\frac{x}{2}}d\left(\frac{x}{2}\right)$

$$=\int \frac{1}{\tan\frac{x}{2}}d\left(\tan\frac{x}{2}\right)=\ln\left|\tan\frac{x}{2}\right|+C.$$

因为 $\tan\frac{x}{2}=\frac{\sin\frac{x}{2}}{\cos\frac{x}{2}}=\frac{2\sin^2\frac{x}{2}}{\sin x}=\frac{1-\cos x}{\sin x}=\csc x-\cot x$,

所以 $\int \csc x\,dx=\ln|\csc x-\cot x|+C$.

(2) $\int \sec x\,dx=\int \frac{dx}{\cos x}=\int \frac{d\left(x+\frac{\pi}{2}\right)}{\sin\left(x+\frac{\pi}{2}\right)}=\ln\left|\csc\left(x+\frac{\pi}{2}\right)-\cot\left(x+\frac{\pi}{2}\right)\right|+C$

$$=\ln|\sec x+\tan x|+C.$$

例 13　求$\int\sqrt{\dfrac{\ln(x+\sqrt{1+x^2})}{1+x^2}}\mathrm{d}x$.

解　因为

$$[\ln(1+\sqrt{1+x^2})]'=\frac{1}{x+\sqrt{1+x^2}}\left(1+\frac{x}{\sqrt{1+x^2}}\right)=\frac{1}{\sqrt{1+x^2}},$$

所以

$$\begin{aligned}\int\sqrt{\frac{\ln(x+\sqrt{1+x^2})}{1+x^2}}\mathrm{d}x&=\int\sqrt{\ln(x+\sqrt{1+x^2})}\,\mathrm{d}[\ln(x+\sqrt{1+x^2})]\\&=\frac{2}{3}[\ln(x+\sqrt{1+x^2})]^{\frac{3}{2}}+C.\end{aligned}$$

总结

将凑微分法用于求定积分,只要没有引入中间变量,则其过程与不定积分一样,只是定积分计算过程中,没有积分常数 C.

常用的凑微分公式如表 6.1 所示.

表 6.1

积分类型	换元公式
(1) $\int f(ax+b)\mathrm{d}x=\frac{1}{a}\int f(ax+b)\mathrm{d}(ax+b)\ (a\neq 0)$	$u=ax+b$
(2) $\int f(x^{\mu})x^{\mu-1}\mathrm{d}x=\frac{1}{\mu}\int f(x^{\mu})\mathrm{d}(x^{\mu})\ (\mu\neq 0)$	$u=x^{\mu}$
(3) $\int f(\ln x)\cdot\frac{1}{x}\mathrm{d}x=\int f(\ln x)\mathrm{d}(\ln x)$	$u=\ln x$
(4) $\int f(\mathrm{e}^x)\cdot\mathrm{e}^x\mathrm{d}x=\int f(\mathrm{e}^x)\mathrm{d}\,\mathrm{e}^x$	$u=\mathrm{e}^x$
(5) $\int f(a^x)\cdot a^x\mathrm{d}x=\frac{1}{\ln a}\int f(a^x)\mathrm{d}a^x$	$u=a^x$
(6) $\int f(\sin x)\cdot\cos x\,\mathrm{d}x=\int f(\sin x)\mathrm{d}\sin x$	$u=\sin x$
(7) $\int f(\cos x)\cdot\sin x\,\mathrm{d}x=-\int f(\cos x)\mathrm{d}\cos x$	$u=\cos x$
(8) $\int f(\tan x)\sec^2 x\,\mathrm{d}x=\int f(\tan x)\mathrm{d}\tan x$	$u=\tan x$
(9) $\int f(\cot x)\csc^2 x\,\mathrm{d}x=-\int f(\cot x)\mathrm{d}\cot x$	$u=\cot x$
(10) $\int f(\arctan x)\frac{1}{1+x^2}\mathrm{d}x=\int f(\arctan x)\mathrm{d}(\arctan x)$	$u=\arctan x$
(11) $\int f(\arcsin x)\frac{1}{\sqrt{1-x^2}}\mathrm{d}x=\int f(\arcsin x)\mathrm{d}(\arcsin x)$	$u=\arcsin x$

习题 6.1

1. 填空

(1) $dx=(\quad)d(3x)$

(2) $dx=(\quad)d(1-7x)$

(3) $x\,dx=(\quad)d(x^2)$

(4) $x\,dx=(\quad)d(1+2x^2)$

(5) $\frac{1}{x}dx=(\quad)d(2\ln x)$

(6) $e^{-\frac{1}{3}x}dx=(\quad)d(e^{-\frac{1}{3}x}-\frac{1}{3})$

(7) $\sin 2x\,dx=(\quad)d(\cos 2x)$

(8) $\cos(1-3x)dx=(\quad)d(\sin(1-3x))$

(9) $\frac{1}{1+4x^2}dx=(\quad)d(\arctan 2x)$

(10) $\frac{1}{\sqrt{1+x}}dx=(\quad)d\sqrt{1+x}$

2. 求下列不定积分：

(1) $\int\frac{1}{\sqrt{2-5x}}dx$

(2) $\int\cos(5x+1)\,dx$

(3) $\int\frac{\tan(2x+1)}{\cos^2(2x+1)}dx$

(4) $\int\frac{1}{x^2+9}dx$

(5) $\int\frac{1}{9-4x^2}dx$

(6) $\int e^{2x}(1-9^x)\,dx$

(7) $\int\frac{2x-5}{x^2-5x+2}dx$

(8) $\int\frac{1}{\sqrt{x}(1+x)}dx$

(9) $\int\frac{e^x}{3e^x+2}dx$

(10) $\int\frac{1}{e^x+e^{-x}}dx$

(11) $\int\frac{\sin x}{\sqrt{1+2\cos x}}dx$

(12) $\int\frac{(1+\ln x)^2}{x}dx$

(13) $\int\frac{1}{x\ln x}dx$

(14) $\int\frac{x}{\sqrt{2-3x^2}}dx$

(15) $\int\frac{1}{x^2}\cos\frac{1}{x}dx$

(16) $\int x^2e^{-x^3}dx$

(17) $\int\tan^3x\sec x\,dx$

(18) $\int\frac{\arctan x}{1+x^2}dx$

(19) $\int\frac{1}{\sin x\cos x}dx$

(20) $\int\frac{1}{1+\cos x}dx$

(21) $\int\frac{\arctan\sqrt{x}}{\sqrt{x}(1+x)}dx$

(22) $\int\frac{1}{x^2-2x+5}dx$

(23) $\int\sin^3x\,dx$

(24) $\int\frac{1}{1+e^x}dx$

(25) $\int\sin 2x\cos 3x\,dx$

(26) $\int\cos x\cos\frac{x}{2}dx$

(27) $\int \sin 5x \sin 7x \, \mathrm{d}x$　　(28) $\int \frac{10^{2\arccos x}}{\sqrt{1-x^2}} \mathrm{d}x$

6.2 不定积分的第二类换元积分法

对于形如$\int \sqrt{a^2 - x^2}\,\mathrm{d}x$的不定积分，用第一类换元积分法计算很困难，为此，需要进一步寻求新的积分方法，下面介绍不定积分的第二类换元积分法.

第二类换元积分法就是适当地选择变量代换 $x = g(t)$，将积分$\int f(x)\,\mathrm{d}x$ 转化为积分$\int f[g(t)]g'(t)\,\mathrm{d}t$，即

$$\int f(x)\,\mathrm{d}x \xlongequal{x=g(t)} \int f[g(t)]g'(t)\,\mathrm{d}t.$$

上式的成立是需要一定条件的. 首先，等式右边的不定积分要存在，且容易求出来；其次，$\int f[g(t)]g'(t)\,\mathrm{d}t$求出后必须用$x = g(t)$ 的反函数$t = g^{-1}(x)$ 代回去，故要求$x = g(t)$ 的反函数存在而且是单调可导的. 下面例题中都假定函数$x = g(t)$ 在t的某一个区间上是单调的、可导的，并且$g'(t) \neq 0$.

例1　求$\int \sqrt{a^2 - x^2}\,\mathrm{d}x \ (a > 0)$.

解　求这个积分的困难在于有根式$\sqrt{a^2 - x^2}$，一般通过适当的变换来消去根式. 这里可以利用三角公式

$$\sin^2 t + \cos^2 t = 1$$

来化去根式.

设$x = a\sin t$，则 $\mathrm{d}x = a\cos t\,\mathrm{d}t$，$t \in \left(-\frac{\pi}{2}, \frac{\pi}{2}\right)$，$\sqrt{a^2 - x^2} = \sqrt{a^2 - a^2\sin^2 t} = a\cos t$

于是
$$\begin{aligned}\int \sqrt{a^2 - x^2}\,\mathrm{d}x &= \int a\cos t \cdot a\cos t\,\mathrm{d}t = a^2\int \cos^2 t\,\mathrm{d}t = a^2\int \frac{1+\cos 2t}{2}\mathrm{d}t \\ &= \frac{a^2}{2}\left[t + \frac{1}{2}\sin 2t\right] + C \\ &= \frac{a^2}{2}[t + \sin t \cdot \cos t] + C \\ &= \frac{a^2}{2}[t + \sin t \cdot \sqrt{1 - \sin^2 t}] + C \\ &= \frac{a^2}{2}\left[\frac{x}{a} \cdot \sqrt{1 - \left(\frac{x}{a}\right)^2} + \arcsin\frac{x}{a}\right] + C \qquad (\text{由图 } 6.1) \\ &= \frac{x}{2} \cdot \sqrt{a^2 - x^2} + \frac{a^2}{2}\arcsin\frac{x}{a} + C.\end{aligned}$$

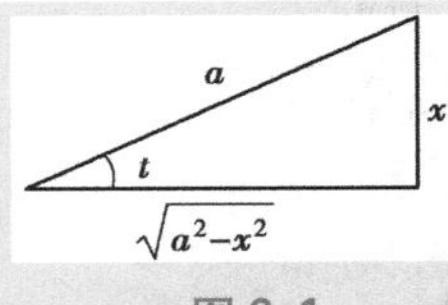

图 6.1

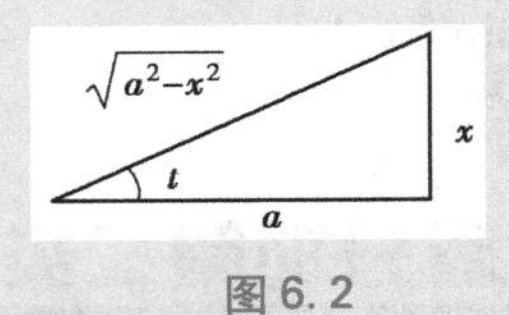

图 6.2

例 2　求$\int \frac{1}{\sqrt{x^2+a^2}}\mathrm{d}x\ (a>0)$.

三角代换

解　可以利用三角公式

$$1+\tan^2 t=\sec^2 t$$

来化去根式.

令 $x=a\tan t$，则 $\mathrm{d}x=a\sec^2 t\,\mathrm{d}t$，$t\in\left(-\frac{\pi}{2},\frac{\pi}{2}\right)$，所以

$$\int \frac{1}{\sqrt{x^2+a^2}}\mathrm{d}x=\int \frac{1}{a\sec t}\cdot a\sec^2 t\,\mathrm{d}t=\int \sec t\,\mathrm{d}t=\ln|\sec t+\tan t|+C_1$$

$$=\ln\left|\frac{x}{a}+\frac{\sqrt{x^2+a^2}}{a}\right|+C_1\quad(\text{由图 6.2})$$

$$=\ln\left|x+\sqrt{x^2+a^2}\right|+C.$$

例 3　求$\int 2\,\mathrm{e}^x\sqrt{1-\mathrm{e}^{2x}}\mathrm{d}x$.

解　设$\mathrm{e}^x=\sin t$，则$\mathrm{e}^x\mathrm{d}x=\cos t\,\mathrm{d}t$，所以

$$\int 2\,\mathrm{e}^x\sqrt{1-\mathrm{e}^{2x}}\mathrm{d}x=2\int \cos^2 t\,\mathrm{d}t=\int(1+\cos 2t)\mathrm{d}t=t+\frac{1}{2}\sin 2t+C$$

$$=t+\cos t\cdot\sin t+C$$

$$=\arcsin \mathrm{e}^x+\mathrm{e}^x\sqrt{1-\mathrm{e}^{2x}}+C.\ (\text{图 6.3})$$

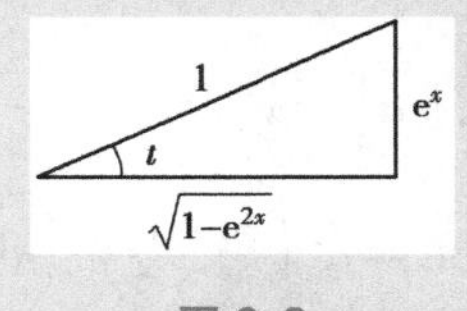

图 6.3

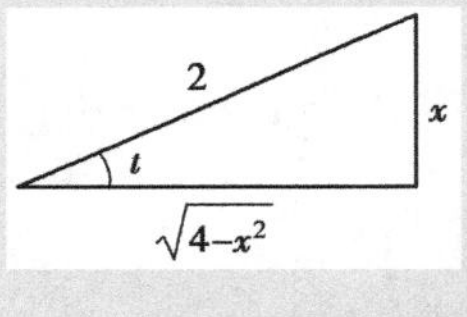

图 6.4

例 4　求$\int x^3\sqrt{4-x^2}\mathrm{d}x$.

解　令 $x=2\sin t$，则 $\mathrm{d}x=2\cos t\,\mathrm{d}t$，$t\in\left(-\frac{\pi}{2},\frac{\pi}{2}\right)$.

$$\int x^3\sqrt{4-x^2}\mathrm{d}x=\int(2\sin t)^3\sqrt{4-4\sin^2 t}\cdot 2\cos t\,\mathrm{d}t=\int 32\sin^3 t\cos^2 t\,\mathrm{d}t$$

$$=32\int \sin t(1-\cos^2 t)\cos^2 t\,\mathrm{d}t$$

$$=-32\int(\cos^2 t-\cos^4 t)\mathrm{d}(\cos t)$$

$$=-32\left(\frac{1}{3}\cos^3 t-\frac{1}{5}\cos^5 t\right)+C$$

$$=-\frac{4}{3}(\sqrt{4-x^2})^3+\frac{1}{5}(\sqrt{4-x^2})^5+C.\qquad(由图 6.4)$$

例 5　求$\int\frac{1}{\sqrt{x^2-a^2}}\mathrm{d}x(a>0)$.

解　令 $x=a\sec t$,则 $\mathrm{d}x=a\sec t\cdot\tan t\,\mathrm{d}t,t\in\left(0,\frac{\pi}{2}\right)$.

$$\int\frac{1}{\sqrt{x^2-a^2}}\mathrm{d}x=\int\frac{a\sec t\cdot\tan t}{a\tan t}\mathrm{d}t=\int\sec t\,\mathrm{d}t=\ln|\sec t+\tan t|+C_1$$

$$=\ln\left|\frac{x}{a}+\frac{\sqrt{x^2-a^2}}{a}\right|+C_1\qquad(由图 6.5)$$

$$=\ln\left|x+\sqrt{x^2+a^2}\right|+C.$$

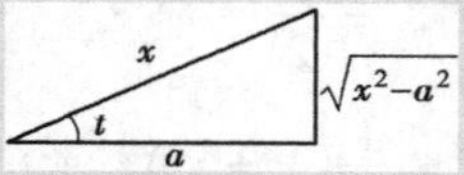

图 6.5

注意　以上例题中所使用的方法均为三角代换,通过三角代换去掉根式,其一般规律如下:

当被积函数中含有

(1) $\sqrt{a^2-x^2}$,可令 $x=a\sin t$ 或 $x=a\cos t$;

(2) $\sqrt{a^2+x^2}$,可令 $x=a\tan t$ 或 $x=a\cot t$;

(3) $\sqrt{x^2-a^2}$,可令 $x=a\sec t$ 或 $x=a\csc t$.

自由发挥

求不定积分的唯一思想是套积分公式. 能把不定积分化成积分公式结构的方法都是正确的方法. 每个人可以随意发挥,只要达到目的(化成积分公式结构)即可.

积分中是否采用三角代换化去根式并不是绝对的,需根据被积函数的情况而定.

当分母的阶较高时,可采用倒代换 $x=\frac{1}{t}$.

例 6　求$\int\frac{1}{x(x^7+2)}\mathrm{d}x$.

解　令 $x=\frac{1}{t}$,则 $\mathrm{d}x=-\frac{1}{t^2}\mathrm{d}t$,

$$\int\frac{1}{x(x^7+2)}\mathrm{d}x=\int\frac{t}{\left(\frac{1}{t}\right)^7+2}\cdot\left(-\frac{1}{t^2}\right)\mathrm{d}t=-\int\frac{t^6}{1+2t^7}\mathrm{d}t$$

$$=-\frac{1}{14}\ln|1+2t^7|+C$$

$$=-\frac{1}{14}\ln|2+x^7|+\frac{1}{2}\ln|x|+C.$$

例 7　求$\int\frac{1}{x^4\sqrt{x^2+1}}dx$.

解　令$x=\frac{1}{t}$,则$dx=-\frac{1}{t^2}dt$,

$$\int\frac{1}{x^4\sqrt{x^2+1}}dx=\int\frac{1}{\left(\frac{1}{t}\right)^4\sqrt{\left(\frac{1}{t^2}\right)+1}}\left(-\frac{1}{t^2}\right)dt=-\int\frac{t^3}{\sqrt{1+t^2}}dt=-\frac{1}{2}\int\frac{t^2}{\sqrt{1+t^2}}d(t^2)$$

$$\xlongequal{u=t^2}-\frac{1}{2}\int\frac{u}{\sqrt{1+u}}du=\frac{1}{2}\int\frac{1-1-u}{\sqrt{1+u}}du$$

$$=\frac{1}{2}\int\left(\frac{1}{\sqrt{1+u}}-\sqrt{1+u}\right)d(1+u)$$

$$=\sqrt{1+u}-\frac{1}{2}\cdot\frac{1}{1+\frac{1}{2}}(1+u)^{1+\frac{1}{2}}+C$$

$$\xlongequal{u=t^2}\sqrt{1+t^2}-\frac{1}{3}(1+t^2)^{\frac{3}{2}}+C$$

$$\xlongequal{t=\frac{1}{x}}\frac{\sqrt{1+x^2}}{x}-\frac{1}{3}\frac{(\sqrt{1+x^2})^3}{x^3}+C.$$

例 8　求$\int\frac{x^5}{\sqrt{1+x^2}}dx$.

解法一　令$x=\tan t$,则$dx=\sec^2t\,dt$,

$$\int\frac{x^5}{\sqrt{1+x^2}}dx=\int\frac{\tan^5t\sec^2t}{\sec t}dt=\int\tan^5t\sec t\,dt=\int\tan^4t\,d(\sec t)$$

$$=\int(\sec^2t-1)^2d(\sec t)=\int(\sec^4t-2\sec^2t+1)d(\sec t)$$

$$=\frac{1}{5}\sec^5t-\frac{2}{3}\sec^3t+\sec t+C$$

$$=\frac{1}{5}\sec^5t-\frac{2}{3}\sec^3t+\sec t+C$$

$$=\frac{1}{5}(\sqrt{1+x^2})^5-\frac{2}{3}(\sqrt{1+x^2})^3+\sqrt{1+x^2}+C.$$

解法二　令$t=\sqrt{1+x^2}$,则$x^2=t^2-1$,$x\,dx=t\,dt$,

$$\int\frac{x^5}{\sqrt{1+x^2}}dx=\int\frac{(t^2-1)^2}{t}t\,dt=\int(t^4-2t^2+1)dt=\frac{1}{5}t^5-\frac{2}{3}t^3+t+C$$

$$=\frac{1}{15}(8-4x^2+3x^4)\sqrt{1+x^2}+C.$$

例 9　求 $\int \frac{1}{\sqrt{1+e^x}}dx$.

解　令 $t=\sqrt{1+e^x}$，则 $e^x=t^2-1$，$x=\ln(t^2-1)$，$dx=\frac{2t\,dt}{t^2-1}$，

$$\int \frac{1}{\sqrt{1+e^x}}dx=\int \frac{2}{t^2-1}dt=\int\left(\frac{1}{t-1}-\frac{1}{t+1}\right)dt$$

$$=\ln\left|\frac{t-1}{t+1}\right|+C=2\ln(\sqrt{1+e^x}-1)-x+C.$$

当被积函数含有两种或两种以上的根式 $\sqrt[k]{x},\cdots,\sqrt[l]{x}$ 时，可令 $x=t^n$（其中 n 为各根指数的最小公倍数）.

例 10　求 $\int \frac{dx}{\sqrt{x}+\sqrt[3]{x}}$.

解　令 $x=t^6$，则 $dx=6t^5dt$，

$$\int \frac{dx}{\sqrt{x}+\sqrt[3]{x}}=\int \frac{6t^5dt}{t^3+t^2}=6\int \frac{t^3dt}{t+1}=6\int\left(t^2-t+1-\frac{1}{t+1}\right)dt$$

$$=6\left[\frac{t^3}{3}-\frac{t^2}{2}+t-\ln(t+1)\right]+C$$

$$=2\sqrt{x}-3\sqrt[3]{x}+6\sqrt[6]{x}-6\ln(\sqrt[6]{x}+1)+C.$$

习题 6.2

求下列不定积分：

(1) $\int \frac{1}{1+\sqrt{x}}dx$　　(2) $\int \frac{x}{\sqrt{3-x}}dx$

(3) $\int \frac{1}{\sqrt{x}+\sqrt[3]{x}}dx$　　(4) $\int \frac{1}{\sqrt{1+e^x}}dx$

(5) $\int \frac{x^2}{\sqrt{a^2-x^2}}dx$　　(6) $\int \frac{\sqrt{x^2-4}}{x}dx$

(7) $\int \frac{dx}{\sqrt{(x^2+1)^3}}$　　(8) $\int \frac{dx}{x\sqrt{x^2-9}}$

(9) $\int \frac{dx}{\sqrt{1+e^{2x}}}$　　(10) $\int \frac{x^2dx}{\sqrt{2-x}}$

(11) $\int \frac{1+2\sqrt{x}}{\sqrt{x}(x+\sqrt{x})}dx$　　(12) $\int \frac{1}{x^2\sqrt{x^2+1}}dx$

(13) $\int \frac{dx}{1+\sqrt{1-x^2}}$　　(14) $\int \frac{dx}{x+\sqrt{1-x^2}}$

6.3 不定积分的分部积分法

换元积分法可以求出大量的积分,但对形如$\int \ln x\,dx$、$\int \arcsin x\,dx$等类型的积分,却不适用. 本节介绍计算这类积分的一个有效方法——分部积分法. 分部积分法主要用于解决函数乘积的积分.

设函数$u=u(x)$及$v=v(x)$均可导,则由两个函数乘积的导数公式

$$(uv)'=u'v+uv'$$

可得

$$uv'=(uv)'-u'v$$

对这个等式两边同时求不定积分,得

$$\int uv'dx = uv - \int u'v\,dx,$$

由于$v'dx=dv$,$u'dx=du$,上述等式也可写成:

$$\int u\,dv = uv - \int v\,du$$

上式称为不定积分的分部积分公式.

例1 求$\int x\cos x\,dx$.

解法一 令$u=\cos x, x\,dx = d\left(\frac{x^2}{2}\right)=dv$,

$$\int x\cos x\,dx = \int \cos x\,d\left(\frac{x^2}{2}\right) = \frac{x^2}{2}\cos x + \int \frac{x^2}{2}\sin x\,dx,$$

显然,这里u,v'选择不当,积分更不易求出.

解法二 令$u=x,\cos x\,dx = d\sin x = dv$,

$$\int x\cos x\,dx = \int x\,d\sin x = x\sin x - \int \sin x\,dx = x\sin x + \cos x + C.$$

由此可见,如果u和dv选取不当,就求不出结果,所以应用分部积分法时,恰当选取u和dv是一个关键. 一般$\int v\,du$要比$\int u\,dv$容易求出.

关于u和dv的选取,一般有以下规律:被积函数是不同类型的函数的乘积形式时,(1)若其中含有指数函数或正(余)弦函数,则将指数函数或正(余)弦函数放入微分号d(□)内,凑成dv;(2)若恰好为指数函数与正(余)弦函数的乘积,则u,dv可随意选取,但在两次分部积分中,必须选用同类型的u;(3)若被积函数中指数函数与正(余)弦函数都没有,则将幂函数x^α放入微分号d(□)内,凑成dv.

例2 求$\int x^2 e^x dx$.

解 $u=x^2, e^x dx = d\,e^x = dv$,

$$\int x^2\, e^x dx = \int x^2 d\, e^x = x^2\, e^x - 2\int x\, e^x dx = x^2\, e^x - 2\int x\, d\, e^x$$

$$= x^2\, e^x - 2\left(x\, e^x - \int e^x dx\right) = x^2\, e^x - 2(x\, e^x - e^x) + C.$$

幂函数乘以三角函数（或指数函数）

例3　求$\int x\arctan x\, dx$.

解　令$u=\arctan x, x\, dx = d\left(\frac{x^2}{2}\right) = dv$,

$$\int x\arctan x\, dx = \int \arctan x d\left(\frac{x^2}{2}\right) = \frac{x^2}{2}\arctan x - \int \frac{x^2}{2} d(\arctan x)$$

$$= \frac{x^2}{2}\arctan x - \int \frac{x^2}{2}\cdot\frac{1}{1+x^2}dx = \frac{x^2}{2}\arctan x - \int \frac{1}{2}\cdot\left(1 - \frac{1}{1+x^2}\right)dx$$

$$= \frac{x^2}{2}\arctan x - \frac{1}{2}(x - \arctan x) + C.$$

幂函数乘以对数函数（或反三角函数）.

例4　求$\int x^3 \ln x\, dx$.

解　令$u = \ln x, x^3 dx = d\left(\frac{x^4}{4}\right) = dv$,

$$\int x^3 \ln x\, dx = \int \ln x\, d\left(\frac{x^4}{4}\right) = \frac{1}{4}x^4 \ln x - \frac{1}{4}\int x^3 dx = \frac{1}{4}x^4\ln x - \frac{1}{16}x^4 + C.$$

指数函数乘以三角函数

例5　求$\int e^x \sin x\, dx$.

解　$$\int e^x \sin x\, dx = \int \sin x\, d\, e^x = e^x \sin x - \int e^x d(\sin x)$$

$$= e^x \sin x - \int e^x \cos x\, dx = e^x \sin x - \int \cos x\, d\, e^x$$

$$= e^x \sin x - \left[e^x \cos x - \int e^x d(\cos x)\right]$$

$$= e^x(\sin x - \cos x) - \int e^x \sin x\, dx$$

所以 $\int e^x \sin dx = \frac{e^x}{2}(\sin x - \cos x) + C.$

例6　求$\int \sin(\ln x)\, dx$.

解　$$\int \sin(\ln x)\, dx = x\sin(\ln x) - \int x\, d[\sin(\ln x)]$$

$$= x\sin(\ln x) - \int x\cos(\ln x)\cdot\frac{1}{x}dx$$

$$= x\sin(\ln x) - x\cos(\ln x) + \int x\, d[\cos(\ln x)]$$

$$= x[\sin(\ln x) - \cos(\ln x)] - \int \sin(\ln x)dx.$$

所以　$\int \sin(\ln x)dx = \frac{x}{2}[\sin(\ln x) - \cos(\ln x)] + C.$

灵活应用分部积分法,可以解决许多不定积分的计算问题. 下面再举一些例子,请读者悉心体会其解题方法.

例 7 求$\int \sec^3 x\,\mathrm{d}x$.

解
$$\begin{aligned}\int \sec^3 x\,\mathrm{d}x &= \int \sec x\,\mathrm{d}\tan x\\ &= \sec x\tan x - \int \sec x\tan^2 x\,\mathrm{d}x\\ &= \sec x\tan x - \int \sec x(\sec^2 x - 1)\,\mathrm{d}x\\ &= \sec x\tan x - \int \sec^3 x\,\mathrm{d}x + \int \sec x\,\mathrm{d}x\\ &= \sec x\tan x + \ln|\sec x + \tan x| - \int \sec^3 x\,\mathrm{d}x\end{aligned}$$

由于上式右端含有所求的积分$\int \sec^3 x\,\mathrm{d}x$,可解得

$$\int \sec^3 x\,\mathrm{d}x = \frac{1}{2}(\sec x\tan x + \ln|\sec x + \tan x|) + C.$$

例 8 求$\int \frac{\arcsin\sqrt{x}}{\sqrt{1-x}}\mathrm{d}x$.

解
$$\begin{aligned}\int \frac{\arcsin\sqrt{x}}{\sqrt{1-x}}\mathrm{d}x &= -2\int \arcsin\sqrt{x}\,\mathrm{d}\sqrt{1-x}\\ &= -2\sqrt{1-x}\arcsin\sqrt{x} + 2\int \sqrt{1-x}\,\mathrm{d}(\arcsin\sqrt{x})\\ &= -2\sqrt{1-x}\arcsin\sqrt{x} + \int \frac{\sqrt{1-x}}{\sqrt{x}\sqrt{1-x}}\mathrm{d}x\\ &= -2\sqrt{1-x}\arcsin\sqrt{x} + 2\sqrt{x} + C.\end{aligned}$$

例 9 求$\int \frac{x\arctan x}{\sqrt{1+x^2}}\mathrm{d}x$.

解
$$\begin{aligned}\int \frac{x\arctan x}{\sqrt{1+x^2}}\mathrm{d}x &= \int \arctan x\,\mathrm{d}\sqrt{1+x^2} \qquad \left(\text{因为}(\sqrt{1+x^2})' = \frac{x}{\sqrt{1+x^2}}\right)\\ &= \sqrt{1+x^2}\arctan x - \int \sqrt{1+x^2}\,\mathrm{d}(\arctan x)\\ &= \sqrt{1+x^2}\arctan x - \int \sqrt{1+x^2}\cdot\frac{1}{1+x^2}\mathrm{d}x\\ &= \sqrt{1+x^2}\arctan x - \int \frac{1}{\sqrt{1+x^2}}\mathrm{d}x,\end{aligned}$$

$$\int \frac{1}{\sqrt{1+x^2}}\mathrm{d}x \xlongequal{x=\tan t} \int \frac{1}{\sqrt{1+\tan^2 t}}\sec^2 t\,\mathrm{d}t$$

$$= \int \sec t \, dt = \ln(\sec t + \tan t) + C = \ln\left(x + \sqrt{1 + x^2}\right) + C,$$

所以　$\int \frac{x \arctan x}{\sqrt{1 + x^2}} dx = \sqrt{1 + x^2} \arctan x - \ln\left(x + \sqrt{1 + x^2}\right) + C.$

例10　求$\int e^{\sqrt{x}} dx$.

解　令$t = \sqrt{x}$，则$x = t^2$，$dx = 2t \, dt$，于是

$$\int e^{\sqrt{x}} dx = 2\int e^t t \, dt = 2\int t \, de^t = 2t \, e^t - 2\int e^t dt$$

$$= 2t \, e^t - 2 \, e^t + C = 2 \, e^t(t - 1) + C = 2 \, e^{\sqrt{x}}(\sqrt{x} - 1) + C.$$

例11　求$\int \ln(1 + \sqrt{x}) \, dx$.

解　令$t = \sqrt{x}$ 则$x = t^2$，

$$\int \ln(1 + \sqrt{x}) \, dx = \int \ln(1 + t) \, dt^2 = t^2 \ln(1 + t) - \int t^2 d[\ln(1 + t)]$$

$$= t^2 \ln(1 + t) - \int \frac{t^2}{1 + t} dt$$

$$= t^2 \ln(1 + t) - \int (t - 1) \, dt - \int \frac{dt}{1 + t}$$

$$= t^2 \ln(1 + t) - \frac{t^2}{2} + t - \ln(1 + t) + C$$

$$= (x - 1)\ln(1 + \sqrt{x}) + \sqrt{x} - \frac{x}{2} + C.$$

例12　求$I_n = \int \frac{dx}{(x^2 + a^2)^n}$，其中$n$为正整数.

解　用分部积分法，当$n > 1$时有

$$\int \frac{dx}{(x^2 + a^2)^{n-1}} = \frac{x}{(x^2 + a^2)^{n-1}} + 2(n - 1)\int \frac{x^2}{(x^2 + a^2)^n} dx$$

$$= \frac{x}{(x^2 + a^2)^{n-1}} + 2(n - 1)\int \left[\frac{1}{(x^2 + a^2)^{n-1}} - \frac{a^2}{(x^2 + a^2)^n}\right] dx,$$

即　$I_{n-1} = \frac{x}{(x^2 + a^2)^{n-1}} + 2(n - 1)(I_{n-1} - a^2 I_n)$，

于是　$I_n = \frac{1}{2a^2(n - 1)}\left[\frac{x}{(x^2 + a^2)^{n-1}} + (2n - 3)I_{n-1}\right]$

以此作递推公式，并由$I_1 = \frac{1}{a}\arctan \frac{x}{a} + C$，即可得$I_n$.

例13　已知$f(x)$的一个原函数是e^{-x^2}，求$\int x f'(x) \, dx$.

解　$\int x f'(x) \, dx = \int x \, df(x) = x f(x) - \int f(x) \, dx$，

根据题意 $\int f(x)\mathrm{d}x = \mathrm{e}^{-x^2} + C$，再注意到 $\left(\int f(x)\mathrm{d}x\right)' = f(x)$，两边同时对 x 求导，得 $f(x) = -2x\mathrm{e}^{-x^2}$，所以

$$\int xf'(x)\mathrm{d}x = xf(x) - \int f(x)\mathrm{d}x = -2x^2\mathrm{e}^{-x^2} - \mathrm{e}^{-x^2} + C.$$

习题 6.3

1. 求下列不定积分：

(1) $\int x\ln x\,\mathrm{d}x$　　(2) $\int \ln(1+x^2)\,\mathrm{d}x$

(3) $\int \ln^2 x\,\mathrm{d}x$　　(4) $\int \arctan\sqrt{x}\,\mathrm{d}x$

(5) $\int x^2\sin x\,\mathrm{d}x$　　(6) $\int x^3\cos x^2\,\mathrm{d}x$

(7) $\int x\,\mathrm{e}^{-2x}\mathrm{d}x$　　(8) $\int \mathrm{e}^{\sqrt[3]{x}}\mathrm{d}x$

(9) $\int \mathrm{e}^{x}\sin 2x\,\mathrm{d}x$　　(10) $\int \mathrm{e}^{-x}\cos x\,\mathrm{d}x$

(11) $\int \dfrac{\arcsin x}{\sqrt{1+x}}\mathrm{d}x$　　(12) $\int \ln\left(x+\sqrt{1+x^2}\right)\mathrm{d}x$

(13) $\int x^2\cos^2\dfrac{x}{2}\mathrm{d}x$　　(14) $\int x(1+x^2)\,\mathrm{e}^{x^2}\mathrm{d}x$

2. 已知 $f(x)$ 的一个原函数是 $\sin x$，求 $\int x f'(x)\mathrm{d}x$.

3. 已知 $f'(\mathrm{e}^x) = 1 + x$，求 $f(x)$.

4. 已知 $f(x)$ 的一个原函数是 $x\ln x$，求 $\int x f''(x)\mathrm{d}x$.

6.4 定积分的换元积分法与分部积分法

牛顿-莱布尼茨公式告诉我们，一个函数 $f(x)$ 的原函数 $F(x)$ 在区间 $[a,b]$ 上的改变量等于 $f(x)$ 在该区间上的定积分. 这表明连续函数的不定积分计算与定积分计算有着必然的联系. 同样地，在一定条件下，我们也可以应用换元积分法和分部积分法求定积分.

6.4.1 定积分的换元积分法

定积分的换元法思想

将凑微分法用于求定积分，只要没有引入中间变量，则其过程与不定积分一样，只是定积分计算过程中，没有积分常数 C.

例1 求$\int_0^{\pi} \sin^3 x \, dx$.

解 $$\int_0^{\pi} \sin^3 x \, dx = \int_0^{\pi} \sin^2 x \sin x \, dx = -\int_0^{\pi} (1 - \cos^2 x) d(\cos x)$$
$$= -\int_0^{\pi} d(\cos x) + \int_0^{\pi} \cos^2 x \, d(\cos x)$$
$$= \left[-\cos x + \frac{1}{3}\cos^3 x\right]_0^{\pi}$$
$$= \left[-\cos \pi + \frac{1}{3}\cos^3 \pi\right] - \left[-\cos 0 + \frac{1}{3}\cos^3 0\right]$$
$$= \frac{4}{3}.$$

例2 求$\int_0^{\frac{\pi}{3}} \sin^2 x \cos^5 x \, dx$.

解 $$\int_0^{\frac{\pi}{3}} \sin^2 x \cos^5 x \, dx = \int_0^{\frac{\pi}{3}} \sin^2 x \cos^4 x \, d(\sin x)$$
$$= \int_0^{\frac{\pi}{3}} \sin^2 x \cdot (1 - \sin^2 x)^2 d(\sin x)$$
$$= \left[\frac{1}{3}\sin^3 x - \frac{2}{5}\sin^5 x + \frac{1}{7}\sin^7 x\right]_0^{\frac{\pi}{3}}$$
$$= \frac{1}{3} \cdot \left(\frac{\sqrt{3}}{2}\right)^3 - \frac{2}{5} \cdot \left(\frac{\sqrt{3}}{2}\right)^5 + \frac{1}{7} \cdot \left(\frac{\sqrt{3}}{2}\right)^7$$
$$= \frac{191\sqrt{3}}{4\ 480}.$$

注意 当被积函数是三角函数乘积时,拆开奇次项去凑微分.

例3 求$\int_0^{\pi} \cos^2 x \, dx$.

解 $$\int_0^{\pi} \cos^2 x \, dx = \int_0^{\pi} \frac{1 + \cos 2x}{2} dx = \int_0^{\pi} \left(\frac{1}{2} + \frac{\cos 2x}{2}\right) dx = \left[\frac{x}{2} + \frac{\sin 2x}{4}\right]_0^{\pi}$$
$$= \frac{\pi}{2} + \frac{\sin 2\pi}{4} = \frac{\pi}{2}.$$

例4 求$\int_0^{\pi} \cos^4 x \, dx$.

解 因为$$\cos^4 x = (\cos^2 x)^2 = \left(\frac{1 + \cos 2x}{2}\right)^2 = \frac{1}{4}(1 + 2\cos 2x + \cos^2 2x)$$
$$= \frac{1}{4}\left(1 + 2\cos 2x + \frac{1 + \cos 4x}{2}\right) = \frac{1}{8}(3 + 4\cos 2x + \cos 4x),$$

所以 $$\int_0^{\pi} \cos^4 x \, dx = \frac{1}{8}\int_0^{\pi} (3 + 4\cos 2x + \cos 4x) dx$$
$$= \left[\frac{3}{8}x + \frac{1}{4}\sin 2x + \frac{1}{32}\sin 4x\right]_0^{\pi} = \frac{3\pi}{8}.$$

例 5　求$\int_2^3 \frac{1}{x^2-1}\mathrm{d}x$.

解　由于$\frac{1}{x^2-1}=\frac{1}{2}\left(\frac{1}{x-1}-\frac{1}{x+1}\right)$,所以

$$\int_2^3 \frac{1}{x^2-1}\mathrm{d}x=\frac{1}{2}\int_2^3\left(\frac{1}{x-1}-\frac{1}{x+1}\right)\mathrm{d}x=\frac{1}{2}\int_2^3\frac{1}{x-1}\mathrm{d}x-\frac{1}{2}\int_2^3\frac{1}{x+1}\mathrm{d}x$$

$$=\frac{1}{2}\int_2^3\frac{1}{x-1}\mathrm{d}(x-1)-\frac{1}{2}\int_2^3\frac{1}{x+1}\mathrm{d}(x+1)$$

$$=\frac{1}{2}[\ln|x-1|-\ln|x+1|]_2^3$$

$$=\frac{1}{2}[\ln 2-\ln 4]-\frac{1}{2}[\ln 1-\ln 3]$$

$$=\frac{1}{2}[\ln 3-\ln 2].$$

例 6　求$\int_1^2 \frac{1}{\sqrt{2x+3}+\sqrt{2x-1}}\mathrm{d}x$.

解
$$\int_1^2 \frac{1}{\sqrt{2x+3}+\sqrt{2x-1}}\mathrm{d}x=\int_1^2\frac{\sqrt{2x+3}-\sqrt{2x-1}}{(\sqrt{2x+3}+\sqrt{2x-1})(\sqrt{2x+3}-\sqrt{2x-1})}\mathrm{d}x$$

$$=\frac{1}{4}\int_1^2\sqrt{2x+3}\,\mathrm{d}x-\frac{1}{4}\int_1^2\sqrt{2x-1}\,\mathrm{d}x$$

$$=\frac{1}{8}\int_1^2\sqrt{2x+3}\,\mathrm{d}(2x+3)-\frac{1}{8}\int_1^2\sqrt{2x-1}\,\mathrm{d}(2x-1)$$

$$=\frac{1}{12}[(\sqrt{2x+3})^3-(\sqrt{2x-1})^3]_1^2$$

$$=\frac{1}{12}[(\sqrt{7})^3-(\sqrt{3})^3]-\frac{1}{12}[(\sqrt{5})^3-(\sqrt{1})^3]$$

$$=\frac{1}{12}[7\sqrt{7}-5\sqrt{5}-3\sqrt{3}+1].$$

注意　利用平方差公式进行根式有理化是化简积分计算的常用手段之一.

例 7　求定积分$\int_0^{\frac{\pi}{4}}\sec^6 x\,\mathrm{d}x$.

解
$$\int_0^{\frac{\pi}{4}}\sec^6 x\,\mathrm{d}x=\int_0^{\frac{\pi}{4}}(\sec^2 x)^2\sec^2 x\,\mathrm{d}x=\int_0^{\frac{\pi}{4}}(1+\tan^2 x)^2\mathrm{d}(\tan x)$$

$$=\int_0^{\frac{\pi}{4}}(1+2\tan^2 x+\tan^4 x)\mathrm{d}(\tan x)$$

$$=\left[\tan x+\frac{2}{3}\tan^3 x+\frac{1}{5}\tan^5 x\right]_0^{\frac{\pi}{4}}$$

$$=1+\frac{2}{3}+\frac{1}{5}=\frac{28}{15}.$$

例 8　求定积分$\int_0^{\frac{\pi}{3}} \tan^5 x \sec^3 x \, dx$.

解　$\int_0^{\frac{\pi}{3}} \tan^5 x \sec^3 x \, dx = \int_0^{\frac{\pi}{3}} \tan^4 x \sec^2 x \sec x \tan x \, dx$

$$= \int_0^{\frac{\pi}{3}} (\sec^2 x - 1)^2 \sec^2 x \, d(\sec x)$$

$$= \int_0^{\frac{\pi}{3}} (\sec^6 x - 2\sec^4 x + \sec^2 x) \, d(\sec x)$$

$$= \left(\frac{1}{7}\sec^7 x - \frac{2}{5}\sec^5 x + \frac{1}{3}\sec^3 x\right)\Big|_0^{\frac{\pi}{3}}$$

$$= \left(\frac{1}{7} \times 2^7 - \frac{2}{5} \times 2^5 + \frac{1}{3} \times 2^3\right) - \left(\frac{1}{7} - \frac{2}{5} + \frac{1}{3}\right)$$

$$= \frac{848}{105}.$$

例 9　求$\int_0^{\frac{\pi}{2}} \cos 3x \cos 2x \, dx$.

解　因为$\cos A \cos B = \frac{1}{2}[\cos(A - B) + \cos(A + B)]$；

所以$\cos 3x \cos 2x = \frac{1}{2}(\cos x + \cos 5x)$；

$$\int_0^{\frac{\pi}{2}} \cos 3x \cos 2x \, dx = \frac{1}{2}\int_0^{\frac{\pi}{2}} (\cos x + \cos 5x) \, dx$$

$$= \left(\frac{1}{2}\sin x + \frac{1}{10}\sin 5x\right)\Big|_0^{\frac{\pi}{2}} = \frac{1}{2} - \frac{1}{10} = \frac{2}{5}.$$

第二类换元积分法当然也可以用于求定积分，但有两点值得注意：(1)用$x=g(t)$把原变量x换成新变量t时，积分限也要换成对应于新变量t的积分限；(2)求出$f[g(t)]g'(t)$的一个原函数$\Phi(t)$后，不必像计算不定积分那样再把$\Phi(t)$变换成原来变量x的函数，而只要把新变量t的上、下限分别代入$\Phi(t)$中相减就行了.

例 10　求$\int_0^a \sqrt{a^2 - x^2} \, dx \, (a > 0)$.

解　令$x=a \sin t$，则$dx=a \cos t \, dt$，$\sqrt{a^2-x^2} = a\sqrt{1-\sin^2 t} = a \cos t$，

$$\int_0^a \sqrt{a^2 - x^2} \, dx = a^2 \int_0^{\frac{\pi}{2}} \cos^2 t \, dt = a^2 \int_0^{\frac{\pi}{2}} \frac{1 + \cos 2t}{2} dt$$

$$= \frac{a^2}{2}\int_0^{\frac{\pi}{2}} (1 + \cos 2t) \, dt = \frac{a^2}{2}\left(t + \frac{1}{2}\sin 2t\right)\Big|_0^{\frac{\pi}{2}} = \frac{\pi a^2}{4}.$$

例 11 求$\int_0^4 \frac{x+2}{\sqrt{2x+1}}\mathrm{d}x$.

解 令$t=\sqrt{2x+1}$,则$x=\frac{t^2-1}{2}$,$\mathrm{d}x=t\,\mathrm{d}t$,当$x=0$时,$t=1$,当$x=4$时,$t=3$,从而

$$\int_0^4 \frac{x+2}{\sqrt{2x+1}}\mathrm{d}x=\int_1^3 \frac{\frac{t^2-1}{2}+2}{t}t\,\mathrm{d}t=\frac{1}{2}\int_1^3 (t^2+3)\,\mathrm{d}t$$

$$=\frac{1}{2}\left(\frac{1}{3}t^3+3t\right)\Big|_1^3=\frac{1}{2}\left[\left(\frac{27}{3}+9\right)-\left(\frac{1}{3}+3\right)\right]=\frac{22}{3}.$$

例 12 试证:当$f(x)$在$[-a,a]$上连续,则

(1) 若$f(x)$为偶函数,有$\int_{-a}^a f(x)\,\mathrm{d}x=2\int_0^a f(x)\,\mathrm{d}x$;

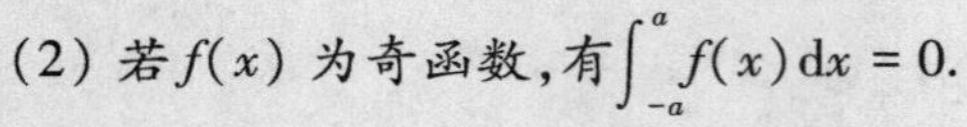

(2) 若$f(x)$为奇函数,有$\int_{-a}^a f(x)\,\mathrm{d}x=0$.

对称区间上的定积分

证 $\int_{-a}^a f(x)\,\mathrm{d}x=\int_{-a}^0 f(x)\,\mathrm{d}x+\int_0^a f(x)\,\mathrm{d}x$,

在上式右端第一项中令$x=-t$,则

$$\int_{-a}^0 f(x)\,\mathrm{d}x=-\int_a^0 f(-t)\,\mathrm{d}t=\int_0^a f(-t)\,\mathrm{d}t=\int_0^a f(-x)\,\mathrm{d}x,$$

(1) 若$f(x)$为偶函数,即$f(-x)=f(x)$,则

$$\int_{-a}^a f(x)\,\mathrm{d}x=\int_{-a}^0 f(x)\,\mathrm{d}x+\int_0^a f(x)\,\mathrm{d}x=2\int_0^a f(x)\,\mathrm{d}x;$$

(2) 若$f(x)$为奇函数,即$f(-x)=-f(x)$,则

$$\int_{-a}^a f(x)\,\mathrm{d}x=\int_{-a}^0 f(x)\,\mathrm{d}x+\int_0^a f(x)\,\mathrm{d}x=0.$$

例 13 计算定积分$\int_{-1}^1 (|x|+\sin x)x^2\mathrm{d}x$.

解 因为积分区间对称于原点,且$|x|x^2$为偶函数,$\sin x\cdot x^2$为奇函数,所以

$$\int_{-1}^1 (|x|+\sin x)x^2\mathrm{d}x=\int_{-1}^1 |x|x^2\mathrm{d}x=2\int_0^1 x^3\mathrm{d}x=2\cdot\frac{x^4}{4}\Big|_0^1=\frac{1}{2}.$$

6.4.2 定积分的分部积分法

定积分的分部积分法思想

将不定积分的分部积分公式用于定积分,便得到如下定积分的分部积分公式

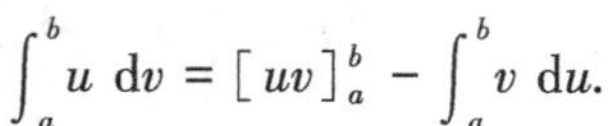

$$\int_a^b u\,\mathrm{d}v=[uv]_a^b-\int_a^b v\,\mathrm{d}u.$$

计算时选取u和$\mathrm{d}v$的方法与不定积分一样.

例14 求$\int_0^{\frac{1}{2}}\arcsin x\,\mathrm{d}x$.

解 令$u=\arcsin x,\mathrm{d}v=\mathrm{d}x$,则$\mathrm{d}u=\dfrac{\mathrm{d}x}{\sqrt{1-x^2}},v=x$,

$$\int_0^{\frac{1}{2}}\arcsin x\,\mathrm{d}x=[x\arcsin x]_0^{\frac{1}{2}}-\int_0^{\frac{1}{2}}\frac{x\,\mathrm{d}x}{\sqrt{1-x^2}}=\frac{1}{2}\cdot\frac{\pi}{6}+\frac{1}{2}\int_0^{\frac{1}{2}}\frac{1}{\sqrt{1-x^2}}\mathrm{d}(1-x^2)$$

$$=\frac{\pi}{12}+[\sqrt{1-x^2}]_0^{\frac{1}{2}}=\frac{\pi}{12}+\frac{\sqrt{3}}{2}-1.$$

例15 求$\int_0^{\frac{\pi}{4}}\dfrac{x\,\mathrm{d}x}{1+\cos 2x}$.

解 因为$1+\cos 2x=2\cos^2x$,所以

$$\int_0^{\frac{\pi}{4}}\frac{x\,\mathrm{d}x}{1+\cos 2x}=\int_0^{\frac{\pi}{4}}\frac{x\,\mathrm{d}x}{2\cos^2x}=\int_0^{\frac{\pi}{4}}\frac{x}{2}\mathrm{d}(\tan x)=\frac{1}{2}[x\tan x]_0^{\frac{\pi}{4}}-\frac{1}{2}\int_0^{\frac{\pi}{4}}\tan x\,\mathrm{d}x$$

$$=\frac{\pi}{8}-\frac{1}{2}[\ln\sec x]_0^{\frac{\pi}{4}}=\frac{\pi}{8}-\frac{\ln 2}{4}.$$

例16 求$\int_0^{\frac{\pi}{2}}x^2\sin x\,\mathrm{d}x$.

解 $$\int_0^{\frac{\pi}{2}}x^2\sin x\,\mathrm{d}x=\int_0^{\frac{\pi}{2}}x^2\mathrm{d}(-\cos x)=x^2(-\cos x)\Big|_0^{\frac{\pi}{2}}+\int_0^{\frac{\pi}{2}}\cos x\,\mathrm{d}(x^2)$$

$$=2\int_0^{\frac{\pi}{2}}x\cos x\,\mathrm{d}x=2\int_0^{\frac{\pi}{2}}x\,\mathrm{d}(\sin x)$$

$$=2x(\sin x)\Big|_0^{\frac{\pi}{2}}-2\int_0^{\frac{\pi}{2}}\sin x\,\mathrm{d}x=\pi+2(\cos x)\Big|_0^{\frac{\pi}{2}}$$

$$=\pi-2.$$

例17 求$\int_{\frac{1}{2}}^1\mathrm{e}^{-\sqrt{2x-1}}\mathrm{d}x$.

解 令$t=\sqrt{2x-1}$,则$t\,\mathrm{d}t=\mathrm{d}x$,当$x=\dfrac{1}{2}$时,$t=0$;当$x=1$时,$t=1$;于是

$$\int_{\frac{1}{2}}^1\mathrm{e}^{-\sqrt{2x-1}}\mathrm{d}x=\int_0^1t\,\mathrm{e}^{-t}\mathrm{d}t=-t\,\mathrm{e}^{-t}\Big|_0^1+\int_0^1\mathrm{e}^{-t}\mathrm{d}t=-\frac{1}{\mathrm{e}}-(\mathrm{e}^{-t})\Big|_0^1=1-\frac{2}{\mathrm{e}}.$$

例18 求$\int_{\mathrm{e}^{-2}}^{\mathrm{e}^2}\dfrac{|\ln x|}{\sqrt{x}}\mathrm{d}x$.

解 因为在$[\mathrm{e}^{-2},1]$上$\ln x\leqslant 0$,在$[1,\mathrm{e}^2]$上$\ln x\geqslant 0$,所以应分两个区间进行积分,于是

$$\int_{\mathrm{e}^{-2}}^{\mathrm{e}^2}\frac{|\ln x|}{\sqrt{x}}\mathrm{d}x=\int_{\mathrm{e}^{-2}}^1\frac{-\ln x}{\sqrt{x}}\mathrm{d}x+\int_1^{\mathrm{e}^2}\frac{\ln x}{\sqrt{x}}\mathrm{d}x$$

$$= -\int_{e^{-2}}^{1} \ln x \, d(2\sqrt{x}) + \int_{1}^{e^2} \ln x \, d(2\sqrt{x})$$

$$= (-2\sqrt{x}\ln x)\Big|_{e^{-2}}^{1} + \int_{e^{-2}}^{1} \frac{2}{\sqrt{x}} dx + (2\sqrt{x}\ln x)\Big|_{1}^{e^2} - \int_{1}^{e^2} \frac{2}{\sqrt{x}} dx$$

$$= \frac{-4}{e} + 4\sqrt{x}\Big|_{e^{-2}}^{1} + 4e - 4\sqrt{x}\Big|_{1}^{e^2} = 8(1 - e^{-1}).$$

例 19　已知$\int_{x}^{2\ln 2} \frac{dt}{\sqrt{e^t - 1}} = \frac{\pi}{6}$,求 x.

解　令$\sqrt{e^t - 1} = u$,则

$$\int_{x}^{2\ln 2} \frac{dt}{\sqrt{e^t - 1}} = \int_{\sqrt{e^x-1}}^{\sqrt{3}} \frac{2u}{(u^2+1)u} du = 2(\arctan u)\Big|_{\sqrt{e^x-1}}^{\sqrt{3}}$$

$$= \frac{2\pi}{3} - 2\arctan\sqrt{e^x - 1} = \frac{\pi}{6},$$

故 $\arctan\sqrt{e^x - 1} = \frac{\pi}{4}$,所以 $x = \ln 2$.

例 20　导出 $I_n = \int_0^{\frac{\pi}{2}} \sin^n x \, dx$ (n 为非负整数) 的递推公式.

解　易见 $I_0 = \int_0^{\frac{\pi}{2}} dx = \frac{\pi}{2}$,$I_1 = \int_0^{\frac{\pi}{2}} \sin x \, dx = 1$,当 $n \geqslant 2$ 时

$$I_n = \int_0^{\frac{\pi}{2}} \sin^n x \, dx = -\int_0^{\frac{\pi}{2}} \sin^{n-1} x \, d\cos x$$

$$= (-\sin^{n-1}x\cos x)\Big|_0^{\frac{\pi}{2}} + (n-1)\int_0^{\frac{\pi}{2}} \sin^{n-2}x\cos^2 x \, dx$$

$$= (n-1)\int_0^{\frac{\pi}{2}} \sin^{n-2}x(1 - \sin^2 x) \, dx$$

$$= (n-1)\int_0^{\frac{\pi}{2}} \sin^{n-2}x \, dx - (n-1)\int_0^{\frac{\pi}{2}} \sin^n x \, dx$$

$$= (n-1)I_{n-2} - (n-1)I_n,$$

从而得到递推公式 $I_n = \frac{n-1}{n} I_{n-2}$.

反复用此公式直到下标为 0 或 1,得

$$I_n = \begin{cases} \frac{2m-1}{2m} \cdot \frac{2m-3}{2m-2} \cdots \frac{5}{6} \cdot \frac{3}{4} \cdot \frac{1}{2} \cdot \frac{\pi}{2} & n = 2m \\ \frac{2m}{2m+1} \cdot \frac{2m-2}{2m-1} \cdots \frac{6}{7} \cdot \frac{4}{5} \cdot \frac{2}{3} & n = 2m+1 \end{cases},$$ 其中 m 为自然数.

习题 6.4

1. 求下列定积分：

(1) $\int_0^{\sqrt{3}a} \frac{dx}{a^2 + x^2}$

(2) $\int_0^1 \frac{dx}{\sqrt{4 - x^2}}$

(3) $\int_0^{\pi} (1 - \sin^3 x) dx$

(4) $\int_{\frac{1}{\sqrt{2}}}^{1} \frac{\sqrt{1 - x^2}}{x^2} dx$

(5) $\int_0^{\sqrt{2}a} \frac{x\, dx}{\sqrt{3a^2 - x^2}}$

(6) $\int_0^1 t\, e^{-\frac{t^2}{2}} dt$

(7) $\int_1^{e^2} \frac{dx}{x\sqrt{1 + \ln x}}$

(8) $\int_{-\frac{\pi}{2}}^{\frac{\pi}{2}} \cos x \cos 2x\, dx$

(9) $\int_{-\frac{\pi}{2}}^{\frac{\pi}{2}} \sqrt{\cos x - \cos^3 x}\, dx$

(10) $\int_0^{\pi} \sqrt{1 + \cos 2x}\, dx$

(11) $\int_{\frac{\pi}{3}}^{\pi} \sin\left(x + \frac{\pi}{3}\right) dx$

(12) $\int_{-2}^{1} \frac{dx}{(11 + 5x)^3}$

(13) $\int_0^{\frac{\pi}{2}} \sin \varphi \cos^3 \varphi\, d\varphi$

(14) $\int_{\frac{\pi}{6}}^{\frac{\pi}{2}} \cos^2 u\, du$

(15) $\int_0^{\sqrt{2}} \sqrt{2 - x^2}\, dx$

(16) $\int_{-\sqrt{2}}^{\sqrt{2}} \sqrt{8 - 2y^2}\, dy$

(17) $\int_0^a x^2 \sqrt{a^2 - x^2}\, dx$

(18) $\int_1^{\sqrt{3}} \frac{dx}{x^2\sqrt{1 + x^2}}$

(19) $\int_{-1}^{1} \frac{x\, dx}{\sqrt{5 - 4x}}$

(20) $\int_1^4 \frac{dx}{1 + \sqrt{x}}$

(21) $\int_{\frac{3}{4}}^{1} \frac{dx}{\sqrt{1 - x} - 1}$

2. 利用函数的奇偶性计算下列定积分：

(1) $\int_{-\pi}^{\pi} \sin x\, dx$

(2) $\int_{-\frac{\pi}{2}}^{\frac{\pi}{2}} \sin^4 x\, dx$

(3) $\int_{-\frac{1}{2}}^{\frac{1}{2}} \frac{(\arcsin x)^2}{\sqrt{1 - x^2}} dx$

(4) $\int_{-3}^{3} \frac{x^3 \tan^2 x}{x^4 + 2x^2 + 1} dx$

3. 计算下列定积分：

(1) $\int_0^1 x\, e^{-x} dx$

(2) $\int_1^e x \ln x\, dx$

(3) $\int_1^4 \frac{\ln x}{\sqrt{x}} dx$

(4) $\int_0^1 x \arctan x\, dx$

(5) $\int_0^{\frac{\pi}{2}} e^{2x} \cos x\, dx$

(6) $\int_0^{\pi} (x \sin x)^2 dx$

(7) $\int_{\frac{1}{e}}^{e} |\ln x| \mathrm{d}x$　　(8) $\int_0^1 (x-1)3^x \mathrm{d}x$

(9) $\int_0^{\frac{2\pi}{\omega}} t \sin \omega t \, \mathrm{d}t$($\omega$ 为常数)　　(10) $\int_{\frac{\pi}{4}}^{\frac{\pi}{3}} \frac{x}{\sin^2 x} \mathrm{d}x$

4. 求定积分 $I_m = \int_0^{\pi} x \sin^m x \, \mathrm{d}x$,其中 m 为正整数.

6.5 有理函数的积分

所谓有理函数,是指由两个多项式相除而得到的函数,其一般形式为

$$f(x) = \frac{P_n(x)}{Q_m(x)} = \frac{a_0 x^n + a_1 x^{n-1} + \cdots + a_{n-1} x + a_n}{b_0 x^m + b_1 x^{m-1} + \cdots + b_{m-1} x + b_m} \tag{6.1}$$

其中 n,m 为非负整数; $a_0,a_1,\cdots,a_{n-1},a_n$ 和 $b_0,b_1,\cdots,b_{m-1},b_m$ 为常数,且 $a_0 \neq 0, b_0 \neq 0$.

在式(6.1)中,总假定分子与分母没有公因子. 若 $n \geqslant m$,则称式(6.1)为假分式;若 $n<m$,则称式(6.1)为真分式. 一个假分式总可用多项式除法化为一个多项式与一个真分式之和. 由于多项式的不定积分可用直接积分法求出,故求有理函数积分的关键在于如何求真分式的积分. 因此,本节只讨论真分式的积分求解问题.

6.5.1 真分式的分解

根据代数学理论,任一真分式总可分解为若干个部分分式之和. 所谓部分分式是指如下四种类型的"最简真分式":

(1) $\frac{A}{x-a}$

(2) $\frac{A}{(x-a)^n}, n=2,3,\cdots$

(3) $\frac{Ax+B}{x^2+px+q}, p^2-4q<0$

(4) $\frac{Ax+B}{(x^2+px+q)^n}, p^2-4q<0, n=2,3,\cdots$

那么,如何将一个真分式分解为部分分式之和呢? 这里不作一般性讨论,只通过举例说明一种将真分式分解为部分分式之和的常用方法——待定系数法.

例1 分解有理分式 $\frac{x+3}{x^2-5x+6}$.

解 因为 $\frac{x+3}{x^2-5x+6} = \frac{x+3}{(x-2)(x-3)}$,所以设 $\frac{x+3}{x^2-5x+6} = \frac{A}{x-2} + \frac{B}{x-3}$,
将上式等号右端的分式通分,可得

$$x+3 = A(x-3) + B(x-2) = (A+B)x - (3A+2B),$$

所以有$\begin{cases}A+B=1\\-(3A+2B)=3\end{cases}$，解得$\begin{cases}A=-5\\B=6\end{cases}$，故

$$\frac{x+3}{x^2-5x+6}=\frac{-5}{x-2}+\frac{6}{x-3}.$$

例2 分解有理式$\frac{4}{x^4+2x^2}$.

解 设$\frac{4}{x^4+2x^2}=\frac{4}{x^2(x^2+2)}=4\left(\frac{A}{x}+\frac{B}{x^2}+\frac{Cx+D}{x^2+2}\right)$

两边同乘以x^2得

$$\frac{4}{x^2+2}=4\left(Ax+B+\frac{Cx+D}{x^2+2}\cdot x^2\right),$$

令$x=0$，得$B=\frac{1}{2}$，再将上式两边求导，得

$$-\frac{8x}{(x^2+2)^2}=4\left[A+2x\cdot\frac{Cx+D}{x^2+2}+x^2\left(\frac{Cx+D}{x^2+2}\right)'\right],$$

令$x=0$，得$A=0$.

同理，两边同乘以x^2+2，令$x=\sqrt{2}C$，得$C=0,D=-\frac{1}{2}$，所以

$$\frac{4}{x^4+2x^2}=\frac{4}{x^2(x^2+2)}=4\left[\frac{1}{2x^2}-\frac{1}{2(x^2+2)}\right]=\frac{2}{x^2}-\frac{2}{x^2+2}.$$

例3 分解有理分式$\frac{1}{x(x-1)^2}$.

解 设$\frac{1}{x(x-1)^2}=\frac{A}{x}+\frac{B}{(x-1)^2}+\frac{C}{x-1}$，右端通分可得

$$1=A(x-1)^2+Bx+Cx(x-1),$$

代入特殊值来确定系数A、B、C，取$x=0$，得$A=1$；取$x=1$，得$B=1$；取$x=2$，并将A,B值代入，得$C=-1$. 所以

$$\frac{1}{x(x-1)^2}=\frac{1}{x}+\frac{1}{(x-1)^2}-\frac{1}{x-1}.$$

例4 分解有理分式$\frac{1}{(1+2x)(1+x^2)}$.

解 设$\frac{1}{(1+2x)(1+x^2)}=\frac{A}{1+2x}+\frac{Bx+C}{1+x^2}$，可得

$$1=A(1+x^2)+(Bx+C)(1+2x),$$

整理得$1=(A+2B)x^2+(B+2C)x+C+A$，即

$$\begin{cases}A+2B=0\\B+2C=0,\\A+C=1\end{cases}$$

解得 $A=\frac{4}{5}, B=-\frac{2}{5}, C=\frac{1}{5}$,所以

$$\frac{1}{(1+2x)(1+x^2)}=\frac{\frac{4}{5}}{1+2x}+\frac{-\frac{2}{5}x+\frac{1}{5}}{1+x^2}.$$

例 5 将 $\frac{x^2+2x-1}{(x-1)(x^2-x+1)}$ 分解为部分分式.

解 设 $\frac{x^2+2x-1}{(x-1)(x^2-x+1)}=\frac{A}{x-1}+\frac{Bx+C}{x^2-x+1}$

去分母,得 $x^2+2x-1=A(x^2-x+1)+(Bx+C)(x-1)$,

令 $x=1$,得 $A=2$;

令 $x=0$,得 $-1=A-C$,所以 $C=3$;

令 $x=2$,得 $7=3A+2B+C$,所以 $B=-1$.

因此 $\frac{x^2+2x-1}{(x-1)(x^2-x+1)}=\frac{2}{x-1}-\frac{x-3}{x^2-x+1}$.

6.5.2 部分分式的积分

因为真分式总可以分解为若干个部分分式之和,故真分式的积分可归结为若干个部分分式的积分之和. 类型(1)和(2)的部分分式的积分是容易求出的:

(1) $\int \frac{A}{x-a}\mathrm{d}x = A\ln|x-a|+C$

(2) $\int \frac{A}{(x-a)^n}\mathrm{d}x = \frac{A}{1-n}(x-a)^{1-n}+C(n=2,3,\cdots)$

难求的是类型(3)和(4)的部分分式的积分.

(3) $\frac{Ax+B}{x^2+px+q}$,当 $p^2-4q<0$ 时,

$$\frac{Ax+B}{x^2+px+q}=\frac{\frac{A}{2}(2x+p)}{x^2+px+q}+\frac{B-\frac{Ap}{2}}{x^2+px+q}$$

$$=\frac{A}{2}\cdot\frac{2x+p}{x^2+px+q}+\frac{B-\frac{Ap}{2}}{\left(x+\frac{p}{2}\right)^2+\frac{4q-p^2}{4}}$$

$$=\frac{A}{2}\cdot\frac{(x^2+px+q)'}{x^2+px+q}+\frac{\frac{4\left(B-\frac{Ap}{2}\right)}{4q-p^2}}{\left(\frac{2x+p}{\sqrt{4q-p^2}}\right)^2+1}$$

$$=\frac{A}{2}\cdot\frac{(x^2+px+q)'}{x^2+px+q}+\frac{\frac{2B-Ap}{\sqrt{4q-p^2}}}{\left(\frac{2x+p}{\sqrt{4q-p^2}}\right)^2+1}\cdot\frac{2}{\sqrt{4q-p^2}}.$$

所以，当 $p^2-4q<0$ 时，

$$\int\frac{Ax+B}{x^2+px+q}\mathrm{d}x=\frac{A}{2}\int\frac{(x^2+px+q)'}{x^2+px+q}\mathrm{d}x+\int\frac{\frac{2B-Ap}{\sqrt{4q-p^2}}}{\left(\frac{2x+p}{\sqrt{4q-p^2}}\right)^2+1}\cdot\frac{2}{\sqrt{4q-p^2}}\mathrm{d}x$$

$$=\frac{A}{2}\ln(x^2+px+q)+\frac{2B-Ap}{\sqrt{4q-p^2}}\int\frac{1}{\left(\frac{2x+p}{\sqrt{4q-p^2}}\right)^2+1}\mathrm{d}\left(\frac{2x+p}{\sqrt{4q-p^2}}\right)$$

$$=\frac{A}{2}\ln(x^2+px+q)+\frac{2B-Ap}{\sqrt{4q-p^2}}\arctan\frac{2x+p}{\sqrt{4q-p^2}}+C$$

(4) $\frac{Ax+B}{(x^2+px+q)^n}(n=2,3,\cdots)$. 当 $p^2-4q<0$ 时，与类型(3)有些相似，

$$\int\frac{Ax+B}{(x^2+px+q)^n}\mathrm{d}x=\frac{A}{2}\int\frac{(x^2+px+q)'}{(x^2+px+q)^n}\mathrm{d}x+\int\frac{\frac{2^{2n-1}\left(B-\frac{Ap}{2}\right)}{\left(\sqrt{4q-p^2}\right)^{2n-1}}}{\left[\left(\frac{2x+p}{\sqrt{4q-p^2}}\right)^2+1\right]^n}\cdot\frac{2}{\sqrt{4q-p^2}}\mathrm{d}x,$$

上式中的第二个积分，通常利用换元法和分部积分法，可以得到一个递推公式. 但过程相当烦琐，此处略去.

下面举例说明求解方法.

例 6　求不定积分 $\int\frac{x+3}{x^2-5x+6}\mathrm{d}x$.

解　由例 1 有

$$\int\frac{x+3}{x^2-5x+6}\mathrm{d}x=\int\frac{-5}{x-2}\mathrm{d}x+\int\frac{6}{x-3}\mathrm{d}x=-5\ln|x-2|+6\ln|x-3|+C.$$

例 7　求不定积分 $\int\frac{4}{x^4+2x^2}\mathrm{d}x$.

解　由例 2 有

$$\int\frac{4}{x^4+2x^2}\mathrm{d}x=\frac{2}{x^2}-\frac{2}{x^2+2}=-\frac{2}{x}-\int\frac{\sqrt{2}}{\left(\frac{x}{\sqrt{2}}\right)^2+1}\mathrm{d}\left(\frac{x}{\sqrt{2}}\right)$$

$$=-\frac{2}{x}-\sqrt{2}\arctan\frac{x}{\sqrt{2}}+C.$$

例 8　求定积分$\int_2^3 \frac{1}{x(x-1)^2}dx$.

解　由例 3 有

$$\int_2^3 \frac{1}{x(x-1)^2}dx = \int_2^3 \frac{1}{x}dx + \int_2^3 \frac{1}{(x-1)^2}dx - \int_2^3 \frac{1}{x-1}dx$$

$$= [\ln|x|]_2^3 - \left[\frac{1}{x-1}\right]_2^3 - [\ln|x-1|]_2^3$$

$$= \ln 3 - 2\ln 2 + \frac{1}{2}.$$

例 9　求定积分$\int_0^1 \frac{1}{(1+2x)(1+x^2)}dx$.

解　由例 4 有

$$\int_0^1 \frac{1}{(1+2x)(1+x^2)}dx = \int_0^1 \frac{\frac{4}{5}}{1+2x}dx + \int_0^1 \frac{-\frac{2}{5}x+\frac{1}{5}}{1+x^2}dx$$

$$= \frac{2}{5}\int_0^1 \frac{1}{1+2x}d(2x+1) - \frac{1}{5}\int_0^1 \frac{2x}{1+x^2}dx + \frac{1}{5}\int_0^1 \frac{1}{1+x^2}dx$$

$$= \frac{2}{5}[\ln|2x+1|]_0^1 - \frac{1}{5}[\ln(1+x^2)]_0^1 + \frac{1}{5}[\arctan x]_0^1$$

$$= \frac{2}{5}\ln 3 - \frac{1}{5}\ln 2 + \frac{\pi}{20}.$$

例 10　求定积分$\int_2^4 \frac{x^2+2x-1}{(x-1)(x^2-x+1)}dx$.

解　由例 5 有

$$\int_2^4 \frac{x^2+2x-1}{(x-1)(x^2-x+1)}dx = \int_2^4 \frac{2}{x-1}dx - \int_2^4 \frac{x-3}{x^2-x+1}dx$$

$$= 2[\ln|x-1|]_2^4 - \frac{1}{2}\int_2^4 \frac{2x-1}{x^2-x+1}dx + \frac{5}{2}\int_2^4 \frac{1}{x^2-x+1}dx$$

$$= 2\ln 3 - \frac{1}{2}[\ln(x^2-x+1)]_2^4 + \frac{5}{2}\int_2^4 \frac{1}{\left(x-\frac{1}{2}\right)^2+\frac{3}{4}}dx$$

$$= 2\ln 3 - \frac{1}{2}\ln 13 + \frac{1}{2}\ln 3 + \frac{5}{2}\int_2^4 \frac{\frac{2}{\sqrt{3}}}{\left(\frac{2x-1}{\sqrt{3}}\right)^2+1}d\left(\frac{2x-1}{\sqrt{3}}\right)$$

$$= \frac{5}{2}\ln 3 - \frac{1}{2}\ln 13 + \frac{5}{\sqrt{3}}\left[\arctan\frac{2x-1}{\sqrt{3}}\right]_2^4$$

$$= \frac{5}{2}\ln 3 - \frac{1}{2}\ln 13 + \frac{5}{\sqrt{3}}\arctan\frac{7}{\sqrt{3}} - \frac{5\pi}{3\sqrt{3}}.$$

综上所述,求有理函数积分的一般步骤是:

第一步,将有理函数分解为多项式与真分式之和;

第二步,将真分式分解为部分分式之和;

第三步,求多项式与部分分式的不定积分.

理论上可严格证明,一般的四类部分分式的不定积分都是可以积出来的. 因而,有理函数的积分总是可以积出来的,换言之,有理函数的原函数一定是初等函数.

在本章结束之前,我们还要指出:对初等函数来说,在其定义区间上,它的原函数一定存在,但原函数不一定都是初等函数,如$\int e^{-x^2}dx$,$\int \frac{\sin x}{x}dx$,$\int \frac{dx}{\ln x}$,$\int \frac{dx}{\sqrt{1+x^4}}$等,就都不是初等函数,通常我们把原函数不是初等函数的情形称为“积不出来”.

习题 6.5

求下列不定积分:

(1)$\int \frac{x}{x^2-3x+2}dx$　　(2)$\int \frac{2x+1}{(x-1)^2}dx$

(3)$\int \frac{x+1}{x^2-2x+5}dx$　　(4)$\int \frac{x}{(x+1)^2(x+4)^2}dx$

(5)$\int \frac{x^4}{x^3+1}dx$　　(6)$\int \frac{x^3+1}{x^2-1}dx$

(7)$\int \frac{dx}{x(x-1)^2}$　　(8)$\int \frac{dx}{(1+x^2)(1+2x)}$

(9)$\int \frac{dx}{x-\sqrt[3]{3x+2}}$

综合习题 6

第一部分　判断是非题

1. 初等函数的不定积分一定是初等函数.　(　　)

2. 若$\int f(x)dx = F(x) + C$,则$\int f(\varphi(x))dx = F(\varphi(x)) + C$.　(　　)

3. $\int f(x)g(x)dx = \int f(x)dx\int g(x)dx$.　(　　)

第二部分　单项选择题

1. 若$\int f(x)dx = x^2e^{2x} + C$,则$f(x) = ($　　$)$.

(A) $2xe^{2x}$　　(B) $2x^2e^{2x}$　　(C) xe^{2x}　　(D) $2xe^{2x}(1+x)$

2. 若$\int f(x)\,dx = F(x)+C$,则$\int e^{-x}f(e^{-x})\,dx = ($　　$)$.

(A) $F(e^x)+C$　　(B) $-F(e^{-x})+C$　　(C) $F(e^{-x})+C$　　(D) $\dfrac{F(e^{-x})}{x}+C$

3. 设e^{-x}是$f(x)$的一个原函数,则$\int xf(x)\,dx = ($　　$)$.

(A) $e^{-x}(1-x)+C$　　(B) $e^{-x}(x+1)+C$

(C) $e^{-x}(x-1)+C$　　(D) $-e^{-x}(x+1)+C$

4. 设$f(x)=e^{-x}$,则$\int \dfrac{f'(\ln x)}{x}dx = ($　　$)$.

(A) $-\dfrac{1}{x}+C$　　(B) $-\ln x+C$　　(C) $\dfrac{1}{x}+C$　　(D) $\ln x+C$

5. 若$\int f(x)\,dx = x^2+C$,则$\int xf(1-x^2)\,dx = ($　　$)$.

(A) $2(1-x^2)^2+C$　　(B) $-2(1-x^2)^2+C$

(C) $\dfrac{1}{2}(1-x^2)^2+C$　　(D) $-\dfrac{1}{2}(1-x^2)^2+C$

6. 一个函数如果有原函数,则有(　　).

(A) 1 个　　(B) 2 个　　(C) 无穷多个　　(D) 以上都对

7. $\ln|x|$是函数$\dfrac{1}{x}$在区间(　　)上的一个原函数.

(A) $(-\infty,+\infty)$　　(B) $(0,+\infty)$　　(C) $(-\infty,0)$　　(D) $(-\infty,0)\cup(0,+\infty)$

8. 设$f(x)$的一个原函数为$\dfrac{1}{x}$,则$f'(x) = ($　　$)$.

(A) $\ln|x|$　　(B) $\dfrac{1}{x}$　　(C) $-\dfrac{1}{x^2}$　　(D) $\dfrac{2}{x^3}$

9. 下列各等式中错误的是(　　).

(A) $dx = d(\sqrt{2}x)$　　(B) $x\,dx = \dfrac{1}{2}d(x^2+1)$

(C) $\dfrac{1}{\sqrt{x}}dx = 2d\sqrt{x}$　　(D) $\cos\left(\dfrac{x}{3}-2\right)dx = 3d\left[\sin\left(\dfrac{x}{3}-2\right)\right]$

10. 若$\int f(x)\,dx = 2\sin\dfrac{x}{2}+C$,则$f(x) = ($　　$)$.

(A) $\cos\dfrac{x}{2}+C$　　(B) $\cos\dfrac{x}{2}$　　(C) $2\cos\dfrac{x}{2}+C$　　(D) $2\sin\dfrac{x}{2}$

11. 若$f'(x^2) = \dfrac{1}{x}(x>0)$,则$f(x) = ($　　$)$.

(A) $2x+C$　　(B) $\ln|x|+C$　　(C) $2\sqrt{x}+C$　　(D) $\dfrac{1}{\sqrt{x}}+C$

12. $\int \frac{f'(x)}{1+[f(x)]^2}dx=($　　$)$.

(A) $\ln|1+f(x)|+C$　　(B) $\frac{1}{2}\ln|1+[f(x)]^2|+C$

(C) $\arctan[f(x)]+C$　　(D) $\frac{1}{2}\arctan[f(x)]+C$

13. $\int \frac{dx}{\sqrt{1+x^2}}=($　　$)$.

(A) $\arctan x+C$　　(B) $\ln\left|x+\sqrt{1+x^2}\right|+C$

(C) $2\sqrt{1+x^2}+C$　　(D) $\frac{1}{2}\ln(1+x^2)+C$

14. 下列等式正确的是(　　).

(A) $\int \frac{1}{1+e^x}dx=\ln(1+e^x)+C$

(B) $\int\left(\frac{1}{\cos^2 x}-1\right)d(\cos x)=\tan x-x+C$

(C) $\int \frac{\ln x}{x}dx=\int \frac{1}{x}d(\ln x)$

(D) $\int \frac{\sin x}{\cos x}dx=-\int \frac{1}{\cos x}d(\cos x)$

15. 若等式 $dx=a\,d\left(3-\frac{x}{5}\right)$ 成立,则 $a=($　　$)$.

(A) 5　　(B) -5　　(C) $\frac{1}{5}$　　(D) $-\frac{1}{5}$

16. 设 $f'(x)=f(x)$, $f(x)$ 为可导函数且 $f(0)=1$,又 $F(x)=xf(x)+x^2$,则 $f(x)=($　　$)$.

(A) $-2x+1$　　(B) $-x^2+1$　　(C) $-2x-1$　　(D) $-x^2-1$

17. 设 $f'(\sin^2 x)=\cos 2x$,则 $f(x)=($　　$)$.

(A) $\sin x-\frac{1}{2}\sin^2 x+C$　　(B) $x-x^2+C$

(C) $\sin^2 x-\frac{1}{2}\sin^4 x+C$　　(D) $x^2-\frac{1}{2}x^4+C$

18. $\int \frac{e^{2x}}{1+e^x}dx=($　　$)$.

(A) $\ln(1+e^x)+C$　　(B) $-\ln(1+e^x)+C$

(C) $x-\ln(1+e^x)+C$　　(D) $e^x-\ln(1+e^x)+C$

19. 设 $f'(x)=2f(x)-1$,且 $f(0)=1$,则 $f(x)=($　　$)$.

(A) e^{2x}　　(B) $e^{2x}+1$　　(C) $\frac{1}{2}(e^{2x}+1)$　　(D) 以上都不对

20. $\int \frac{x^4}{\sqrt{x^{10}-2}}dx=($　　$)$.

(A) $\frac{1}{5}\ln\left|x+\sqrt{x^2-2}\right|+C$　　(B) $\frac{1}{5}\ln\left|x^5+\sqrt{x^{10}-2}\right|+C$

(C) $5\ln\left|x^5+\sqrt{x^{10}-2}\right|+C$　　(D) $\frac{1}{5}\ln\left|\sqrt{x^{10}}\right|+C$

第三部分　多项选择题

1. 在区间(a,b)内,如果$f'(x)=\varphi'(x)$,则一定有(　　).

(A) $f(x)=\varphi(x)$　　(B) $f(x)=\varphi(x)+c$

(C) $\left[\int f(x)\mathrm{d}x\right]'=\left[\int\varphi(x)\mathrm{d}x\right]'$　　(D) $\int \mathrm{d}f(x)=\int \mathrm{d}\varphi(x)$

2. 函数$2(\mathrm{e}^{2x}-\mathrm{e}^{-2x})$的原函数有(　　).

(A) $(\mathrm{e}^{x}+\mathrm{e}^{-x})^2$　　(B) $(\mathrm{e}^{x}-\mathrm{e}^{-x})^2$　　(C) $\mathrm{e}^{x}+\mathrm{e}^{-x}$　　(D) $4(\mathrm{e}^{2x}+\mathrm{e}^{-2x})$

3. $\int\sin 2x\,\mathrm{d}x=$(　　).

(A) $\frac{1}{2}\cos 2x+C$　　(B) $\sin^2 x+C$

(C) $-\cos^2 x+C$　　(D) $-\frac{1}{2}\cos 2x+C$

4. $\int\frac{\mathrm{d}x}{1+\cos x}=$(　　).

(A) $\tan x-\sec x+C$　　(B) $-\cot x+\csc x+C$

(C) $\tan\frac{x}{2}+C$　　(D) $\tan\left(\frac{x}{2}-\frac{\pi}{4}\right)$

5. 若$\int \mathrm{d}f(x)=\int \mathrm{d}g(x)$,则一定有(　　).

(A) $f(x)=g(x)$　　(B) $f'(x)=g'(x)$

(C) $\mathrm{d}f(x)=\mathrm{d}g(x)$　　(D) $\mathrm{d}\int f'(x)\mathrm{d}x=\mathrm{d}\int g'(x)\mathrm{d}x$

第四部分　计算与证明

1. 若已知$\int f(x)\mathrm{d}x=F(x)+C$,求

(1) $\int f(ax+b)\mathrm{d}x$　　(2) $\int \mathrm{e}^{-2x}f(\mathrm{e}^{-2x})\mathrm{d}x$

(3) $\int\cos 3x\,f(\sin 3x)\mathrm{d}x$　　(4) $\int\frac{f'(\ln x)}{x\sqrt{f(\ln x)}}\mathrm{d}x$

2. 求下列不定积分:

(1) $\int\frac{\sin x}{1+\sin x}\mathrm{d}x$　　(2) $\int\frac{\mathrm{d}x}{2\cos x+3}$　　(3) $\int\frac{\mathrm{d}x}{5+4\sin 2x}$

3. 证明：$\int_{-a}^{a}\varphi(x^2)\,\mathrm{d}x = 2\int_{0}^{a}\varphi(x^2)\,\mathrm{d}x$，其中 $\varphi(u)$ 为连续函数.

4. 设 $f(x)$ 在 $[-b,b]$ 上连续，证明：$\int_{-b}^{b}f(x)\,\mathrm{d}x = \int_{-b}^{b}f(-x)\,\mathrm{d}x$.

5. 设 $f(x)$ 在 $[a,b]$ 上连续，证明：$\int_{a}^{b}f(x)\,\mathrm{d}x = \int_{a}^{b}f(a+b-x)\,\mathrm{d}x$.

6. 证明：$\int_{x}^{1}\frac{\mathrm{d}x}{1+x^2} = \int_{1}^{\frac{1}{x}}\frac{\mathrm{d}x}{1+x^2}$.

7. 证明：$\int_{0}^{1}x^m(1-x)^n\,\mathrm{d}x = \int_{0}^{1}x^n(1-x)^m\,\mathrm{d}x$.

8. 证明：$\int_{0}^{\pi}\sin^n x\,\mathrm{d}x = 2\int_{0}^{\frac{\pi}{2}}\sin^n x\,\mathrm{d}x$.

9. 设 $f(x)$ 是以 l 为周期的周期函数，证明 $\int_{a}^{a+l}f(x)\,\mathrm{d}x$ 的值与 a 无关.

10. 若 $f(t)$ 是连续函数且为奇函数，证明 $\int_{0}^{x}f(t)\,\mathrm{d}t$ 是偶函数；若 $f(t)$ 是连续函数且为偶函数，证明 $\int_{0}^{x}f(t)\,\mathrm{d}t$ 是奇函数.

11. 已知 $\int_{0}^{\pi}\frac{\cos x}{(x+2)^2}\mathrm{d}x = m$，求 $\int_{0}^{\frac{\pi}{2}}\frac{\sin x\cos x}{x+1}\mathrm{d}x$.

12. 设 $f(2x+a) = x\mathrm{e}^{\frac{x}{b}}$，求 $\int_{a+2b}^{y}f(t)\,\mathrm{d}t$.

13. 设 $f(2) = \frac{1}{2}$，$f'(2) = 0$，$\int_{0}^{2}f(x)\,\mathrm{d}x = 1$，求 $\int_{0}^{1}x^2 f''(2x)\,\mathrm{d}x$.

第 7 章　积分的应用与广义积分

定积分的应用极其广泛,本章仅介绍它在几何与经济上的应用.

7.1 微元分析法的基本思想

微元法思想及求平面图形的面积

微元分析法的基本思想

我们先来回顾一下在第 5 章中讨论过的曲边梯形的面积问题.

设$f(x)$在区间$[a,b]$上连续且$f(x)\geqslant 0$,求以曲线$y=f(x)$为曲边、$[a,b]$为底的曲边梯形的面积A,如图 7.1 所示.

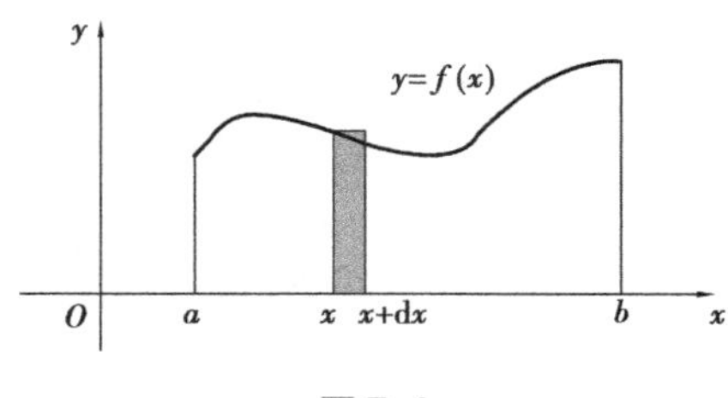

图 7.1

把这个面积A表示为定积分$A=\int_a^b f(x)\,\mathrm{d}x$的步骤是:

第一步,用任意一组分点把区间$[a,b]$分成长度为$\Delta x_i(i=1,2,\cdots,n)$的$n$个小区间,相应地把曲边梯形分成$n$个窄曲边梯形,第$i$个窄曲边梯形的面积设为$\Delta A_i$,于是有

$$A=\sum_{i=1}^{n}\Delta A_i$$

第二步,计算ΔA_i的近似值

$$\Delta A_i\approx f(\xi_i)\Delta x_i(\Delta x_{i-1}\leqslant \xi_i\leqslant \Delta x_i)$$

第三步,求和,得A的近似值

$$A\approx\sum_{i=1}^{n}f(\xi_i)\Delta x_i$$

第四步,求极限,得

$$A = \lim_{\lambda \to 0} \sum_{i=1}^{n} f(\xi_i)\Delta x_i = \int_a^b f(x)\,dx$$

由于这个积分的被积表达式$f(x)\,dx$,正好是区间$[a,b]$上的任意小区间$[x,x+dx]$上的窄曲边梯形的面积ΔA的近似值,而当$dx \to 0$时,它与ΔA只差一个高阶无穷小量,即$\Delta A = f(x)\,dx + o(dx)$. 根据微分的定义,就有$f(x)\,dx = dA$.

因此,要求图7.1所示的曲边梯形的面积A,只需先在$[a,b]$上任取一个小区间$[x,x+dx]$,再计算出面积A在该小区间上的近似值$f(x)\,dx$;这个近似值,就是面积A的微分dA;然后,以微分表达式$f(x)\,dx$为被积表达式,在$[a,b]$上作定积分即可.

抛开A的具体含义,并把这种思想加以抽象,就可得到以下具有普遍意义的重要思想方法.

设总量A与区间$[a,b]$上的连续函数$f(x)$有关,且对区间$[a,b]$具有可加性(即全区间上的总量等于各子区间上的相应分量之和),则欲求总量A,只需:

(1)先在区间$[a,b]$上任取一个小区间$[x,x+dx]$. 根据微分的定义,当dx很小时,总量A(可为面积、体积、质量、功、能等)在此区间上的增量ΔA的近似值,如图7.1所示,就是总量A的微分$dA = f(x)\,dx$(常称它为总量A的"微元").

(2)再将微元$dA = f(x)\,dx$在区间$[a,b]$上积分,则得总量A,即

$$A = \int_a^b f(x)\,dx$$

这种思想方法,数学上称为微元分析法,简称微元法. 它不仅适用于一元函数,而且适用于以后将要学习的多元函数.

本章下面几节,就用微元分析法来讨论我们所关心的问题.

7.2 定积分在几何中的应用

7.2.1 平面图形的面积

设给定的平面图形如图7.2所示,我们来研究它的面积.

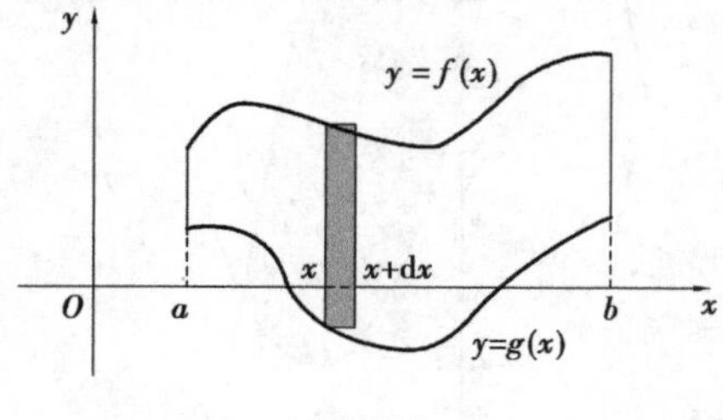

图7.2

根据微元法的思想,在$[a,b]$上任取一个小区间$[x,x+dx]$,相应地得到一个面积微元(如图7.2中阴影部分),其面积为

$$dA=[f(x)-g(x)]dx$$

于是,在区间$[a,b]$上对上式两边求定积分,得

$$A=\int_a^b[f(x)-g(x)]dx.$$

这就是我们要求的给定平面图形的面积.

把这个结果加以概括和抽象,就可得到下面的结论:

(1)若平面图形被夹在直线$x=a$与$x=b$之间,且其上、下边界的方程分别为$y=f(x)$和$y=g(x)$,如图7.2所示,则图形的面积为

$$A=\int_a^b[f(x)-g(x)]dx \tag{7.1}$$

(2)若平面图形被夹在直线$y=c$和$y=d$之间,且左、右边界的方程分别为$x=\varphi_1(y)$及$x=\varphi_2(y)$,如图7.3所示,则图形的面积为

$$A=\int_c^d[\varphi_2(y)-\varphi_1(y)]dy \tag{7.2}$$

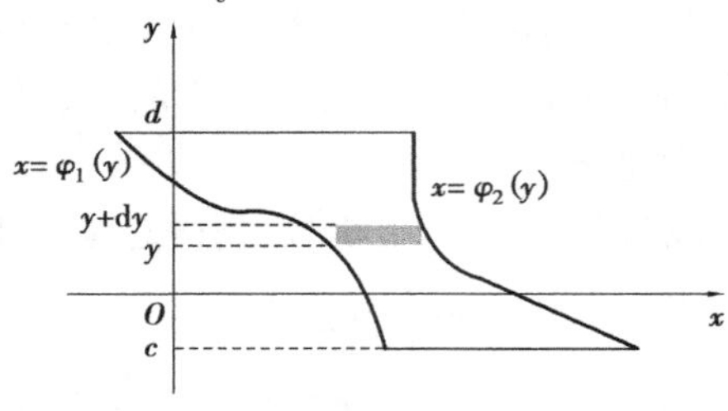

图7.3

例1 求由曲线$y=4-x^2$与$y=x^2-4x-2$所围成的平面图形的面积.

解 由曲线$y=4-x^2$与$y=x^2-4x-2$所围平面图形如图7.4所示.

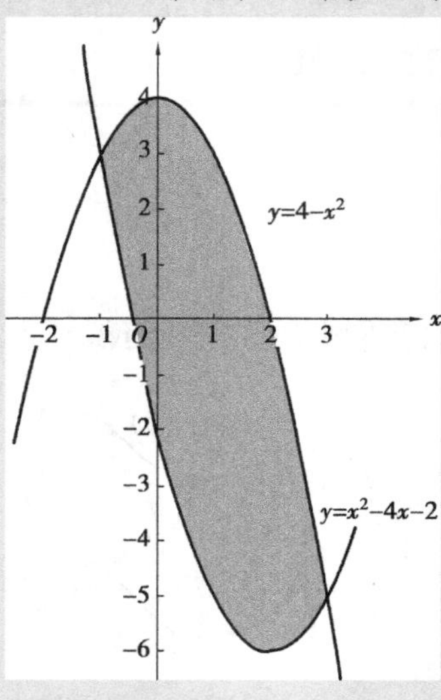

图7.4

解方程组$\begin{cases}y=4-x^2\\y=x^2-4x-2\end{cases}$,得交点$(-1,3)$、$(3,-5)$.

因为图形夹在直线$x=-1$和$x=3$之间,且上、下边界曲线的方程分别为$y=4-x^2$与$y=x^2-4x-2$,由式(7.1)可得,所求面积A为

$$A=\int_{-1}^{3}[(4-x^2)-(x^2-4x-2)]\mathrm{d}x$$

$$=\int_{-1}^{3}(6+4x-2x^2)\mathrm{d}x=6x+2x^2-\frac{2}{3}x^3\Big|_{-1}^{3}=\frac{64}{3}.$$

例2　求由$y^2=2x$和$y=x-4$所围成的平面图形的面积.

解　由$y^2=2x$和$y=x-4$所围平面图形如图7.5所示.

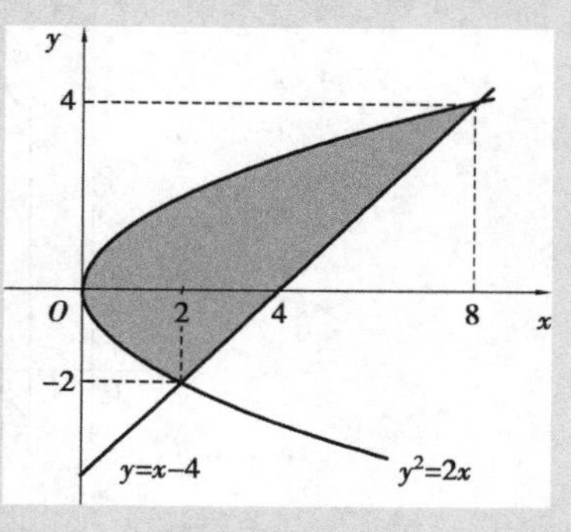

图7.5

解方程组$\begin{cases}y^2=2x\\y=x-4\end{cases}$,得交点$(2,-2)$、$(8,4)$.

因为图形夹在直线$y=-2$和$y=4$之间,且左、右边界曲线的方程分别为$x=\frac{y^2}{2}$与$x=y+4$,所以,由式(7.2),所求面积A为

$$A=\int_{-2}^{4}\left[(y+4)-\frac{y^2}{2}\right]\mathrm{d}y=\left(\frac{y^2}{2}+4y-\frac{1}{6}y^3\right)\Big|_{-2}^{4}$$

$$=18.$$

例3　计算由曲线$y=x^3-6x$和$y=x^2$所围成的图形的面积.

解　由曲线$y=x^3-6x$和$y=x^2$所围平面图形如图7.6所示.

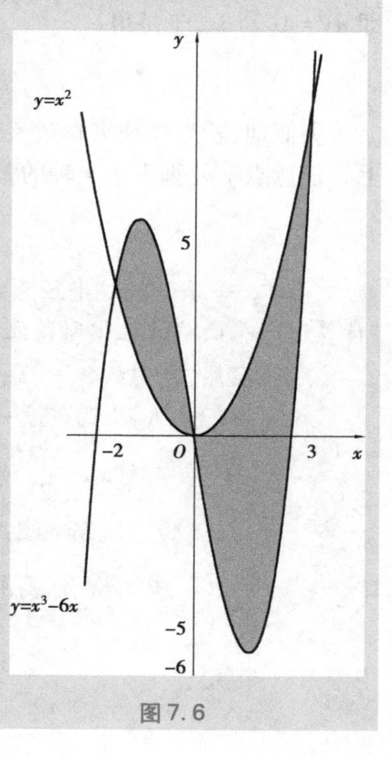

图7.6

解方程组$\begin{cases}y=x^3-6x\\y=x^2\end{cases}$,得交点$(-2,4)$、$(0,0)$、$(3,9)$.

当$x\in[-2,0]$时,图形夹在直线$x=-2$和$x=0$之间,且上、下边界曲线的方程分别为$y=x^3-6x$与$y=x^2$;当$x\in[0,3]$时,图形夹在直线$x=0$和$x=3$之间,且上、下边界曲线的方程分别为$y=x^2$与$y=x^3-6x$;所以,由式(7.1),所求面积A为

$$A=\int_{-2}^{0}[(x^3-6x)-x^2]\mathrm{d}x+\int_{0}^{3}[x^2-(x^3-6x)]\mathrm{d}x$$

$$=\left[\frac{1}{4}x^4-3x^2-\frac{2}{3}x^3\right]_{-2}^{0}+\left[\frac{2}{3}x^3-\frac{1}{4}x^4+3x^2\right]_{0}^{3}=\frac{253}{12}.$$

7.2.2 立体的体积

求平行截面面积为已知的立体的体积

下面仅讨论两种特殊立体的体积.

1)平行截面面积为已知的立体的体积

设某立体被夹在过 x 轴上的点 $x=a$ 与 $x=b$ 并垂直于 x 轴的两平面之间,在区间 $[a,b]$ 上的任意一点 x 处垂直于 x 轴的截面面积为 $A(x)$,如图 7.7 所示,现求它的体积 V.

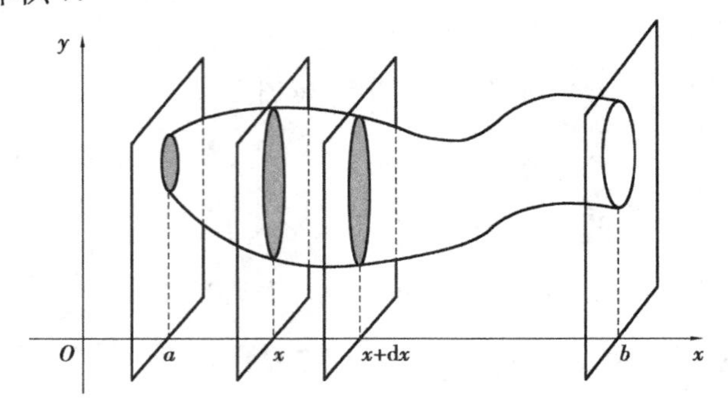

图 7.7

在 $[a,b]$ 上任取一个小区间 $[x,x+\mathrm{d}x]$,得一薄片(体积微元)的体积近似值为 $A(x)\mathrm{d}x$,即 $\mathrm{d}V=A(x)\mathrm{d}x$,于是得

$$V=\int_a^b \mathrm{d}V=\int_a^b A(x)\,\mathrm{d}x \tag{7.3}$$

类似地,若立体被夹在过 y 轴上的点 $y=c$ 与 $y=d$ 并垂直于 y 轴的两平面之间,在 $[c,d]$ 上的任意点 y 处垂直于 y 轴的截面面积为 $A(y)$,则立体的体积为

$$V=\int_c^d A(y)\,\mathrm{d}y \tag{7.4}$$

例 4　一平面经过半径为 R 的圆柱体的底面中心,并与底面交成角 α,如图 7.8 所示,计算这个平面截圆柱体所得立体的体积.

解　显然,在图 7.8 中,底面圆的方程为 $x^2+y^2=R^2$.

设 x 为 $[-R,R]$ 上的任意一点,过该点且垂直 x 轴的截面面积为 $A(x)$,则

$$A(x)=\frac{1}{2}\cdot y\cdot y\tan\alpha=\frac{1}{2}y^2\tan\alpha=\frac{1}{2}(R^2-x^2)\tan\alpha.$$

于是,由式(7.3),所求立体的体积为

$$V=\int_{-R}^{R}A(x)\,\mathrm{d}x=\frac{1}{2}\int_{-R}^{R}(R^2-x^2)\tan\alpha\,\mathrm{d}x=\frac{2}{3}R^3\tan\alpha.$$

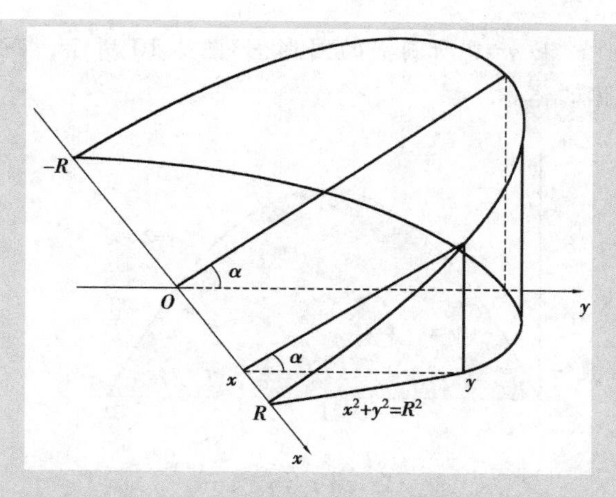

图 7.8

2)旋转体的体积

求旋转体的体积

旋转体是由一个平面图形绕某一条直线旋转一周所成的立体. 下面讨论:由连续曲线 $y=f(x)$、$y=g(x)$ $(f(x)\geqslant g(x)\geqslant 0)$ 和直线 $x=a$、$x=b$ $(0\leqslant a<b)$ 所围成的平面图形,如图 7.9 所示,绕 x 轴旋转一周所成立体之体积 V_x.

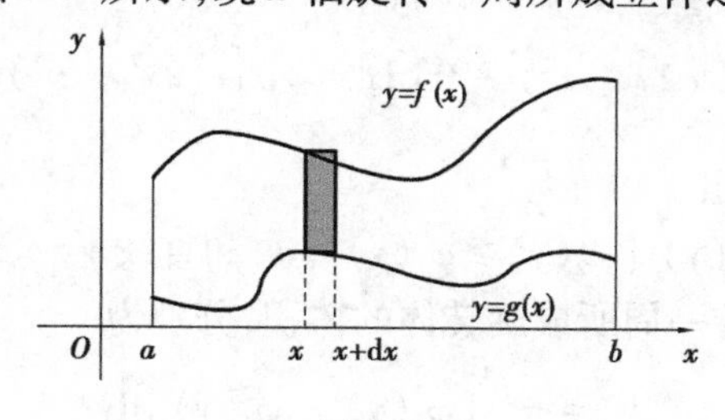

图 7.9

在 $[a,b]$ 上任取一个小区间 $[x,x+\mathrm{d}x]$,则此小区间上的窄曲边梯形绕 x 轴旋转而成的薄片体积的近似值为 $\pi[f^2(x)-g^2(x)]\mathrm{d}x$,即

$$\mathrm{d}V_x=\pi[f^2(x)-g^2(x)]\mathrm{d}x,$$

在区间 $[a,b]$ 上对上式两边求定积分,得

$$V_x=\pi\int_a^b[f^2(x)-g^2(x)]\mathrm{d}x \tag{7.5}$$

下面,我们仍用图 7.9 来讨论由曲线 $y=f(x)$、$y=g(x)$ $(f(x)\geqslant g(x))$ 和直线 $x=a$、$x=b$ $(a<b)$ 所围成的平面图形绕 y 轴旋转一周所成立体之体积 V_y.

由于小区间 $[x,x+\mathrm{d}x]$ 上的窄曲边梯形绕 y 轴旋转一周而成的薄片体积的近似值为

$$\pi[(x+\mathrm{d}x)^2-x^2]\cdot[f(x)-g(x)]\approx 2\pi x[f(x)-g(x)]\mathrm{d}x$$

所以,$\mathrm{d}V_y=2\pi x[f(x)-g(x)]\mathrm{d}x$.

在区间 $[a,b]$ 上对上式两边求定积分,得

$$V_y=2\pi\int_a^b x[f(x)-g(x)]\mathrm{d}x \tag{7.6}$$

例5 曲线 $y=2x-x^2$ 和 $y=0$ 所围成的图形,如图7.10所示,求该图形分别绕 x 轴、y 轴旋转一周所得旋转体的体积.

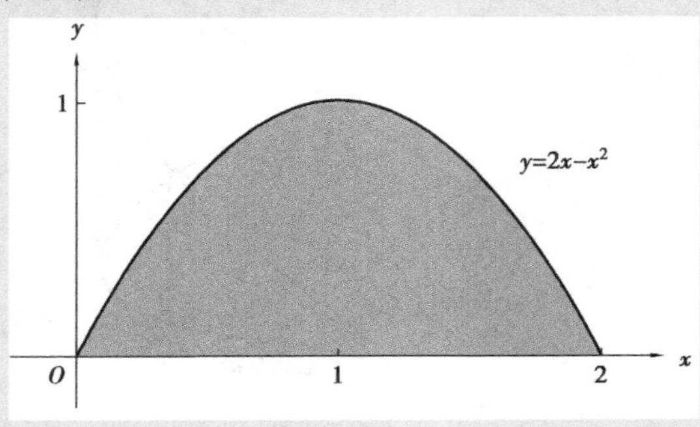

图7.10

解 由方程组 $\begin{cases} y=2x-x^2 \\ y=0 \end{cases}$ 解得交点(0,0)、(2,0).

由式(7.5),得

$$V_x = \pi\int_0^2 [(2x-x^2)^2 - 0^2]\,dx = \frac{16}{15}\pi.$$

由式(7.6),得

$$V_y = 2\pi\int_0^2 x[(2x-x^2)-0]\,dx = 2\pi\int_0^2 (2x^2-x^3)\,dx = \frac{8}{3}\pi.$$

用类似的方法,还可推出:

由曲线 $x=\varphi_1(y)$、$x=\varphi_2(y)$ $[\varphi_2(y)\geqslant\varphi_1(y)\geqslant 0]$ 和直线 $y=c$、$y=d$ $(0\leqslant c<d)$ 所围成的平面图形分别绕 y 轴、x 轴旋转一周所成旋转体的体积,分别为

$$V_y = \pi\int_c^d [\varphi_2^2(y) - \varphi_1^2(y)]\,dy \tag{7.7}$$

与

$$V_x = 2\pi\int_c^d y[\varphi_2(y) - \varphi_1(y)]\,dy \tag{7.8}$$

这两个公式的推导,请读者自己完成.

7.2.3 平面曲线的弧长

我们已经知道,圆的周长可以利用圆的内接正多边形的周长当边数无限增多时的极限来确定. 现在用类似的方法来建立平面的连续曲线弧长的概念,从而应用定积分来计算弧长.

设 A、B 是曲线弧上的两个端点,如图7.11所示. 在弧 AB 上任取分点 $A=M_0, M_1, \cdots, M_{i-1}, M_i, \cdots, M_{n-1}, M_n=B$,并依次连接相邻的分点得一内接折线,如图7.11所示. 当分点的数目无限增加且每个小段 $M_{i-1}M_i$ 都缩向一点时,如果此折线的长 $\sum\limits_{i=1}^{n} M_{i-1}M_i$ 的极限存在,则称

此极限为曲线弧 AB 的弧长，并称此曲线弧 AB 是可求长的.

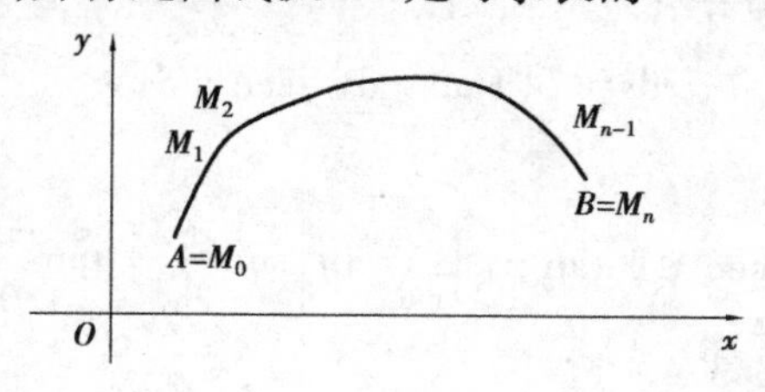

图 7.11

对光滑的曲线弧(曲线对应的函数具有一阶连续导数)总是可求长的. 这个结论这里不作证明. 下面讨论平面的光滑曲线弧长的计算公式.

设曲线弧由方程

$$y=f(x)\quad(a\leqslant x\leqslant b)$$

给出，其中 $f(x)$ 在 $[a,b]$ 上具有一阶连续导数. 现在来计算该曲线弧(图 7.12)的长度.

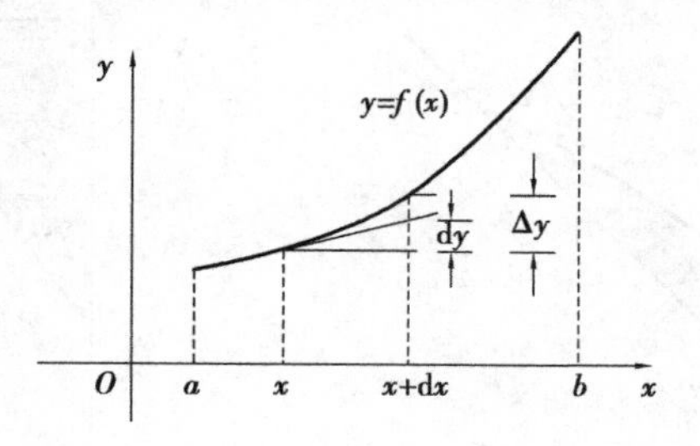

图 7.12

取横坐标 x 为积分变量，它的变化区间为 $[a,b]$. 曲线 $y=f(x)$ 上相应于 $[a,b]$ 上任一小区间 $[x,x+\mathrm{d}x]$ 的微弧段的长度，可以用该曲线在点 $(x,f(x))$ 处的切线上相应的一小段的长度来近似代替. 而切线上这相应的小段的长度为

$$\sqrt{(\mathrm{d}x)^2+(\mathrm{d}y)^2}=\sqrt{1+(y')^2}\,\mathrm{d}x,$$

从而得微弧段的长度(即弧微分)为

$$\mathrm{d}s=\sqrt{1+(y')^2}\,\mathrm{d}x,$$

在区间 $[a,b]$ 上所求弧长为

$$s=\int_a^b \mathrm{d}s=\int_a^b\sqrt{1+(y')^2}\,\mathrm{d}x.$$

例 6　计算曲线 $y=-\ln\cos x$ 上相应于 x 从 0 到 $\frac{\pi}{4}$ 的一段弧(图 7.13)的长度.

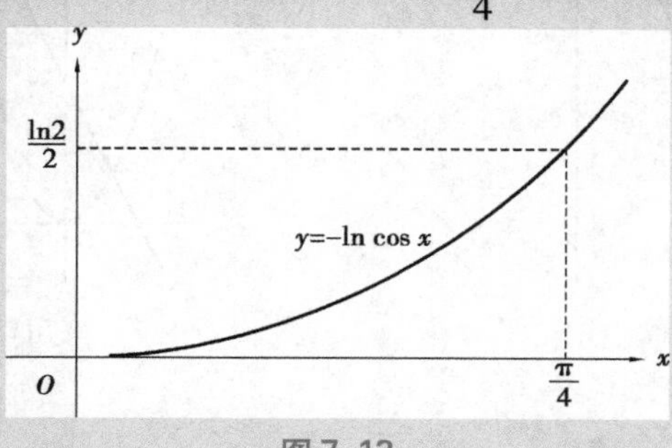

图 7.13

解　$y'=\tan x$,从而弧微分

$$ds=\sqrt{1+\tan^2 x}\,dx=\sec x\,dx$$

因此,所求弧长为

$$s=\int_0^{\frac{\pi}{4}}\sec x\,dx=\Big[\ln|\sec x+\tan x|\Big]_0^{\frac{\pi}{4}}=\ln\left|\sec\frac{\pi}{4}+\tan\frac{\pi}{4}\right|-\ln|\sec 0+\tan 0|$$

$$=\ln\left|\sqrt{2}+1\right|\approx 0.881\,374.$$

习题 7.2

1. 求图 7.14 中各阴影部分的面积:

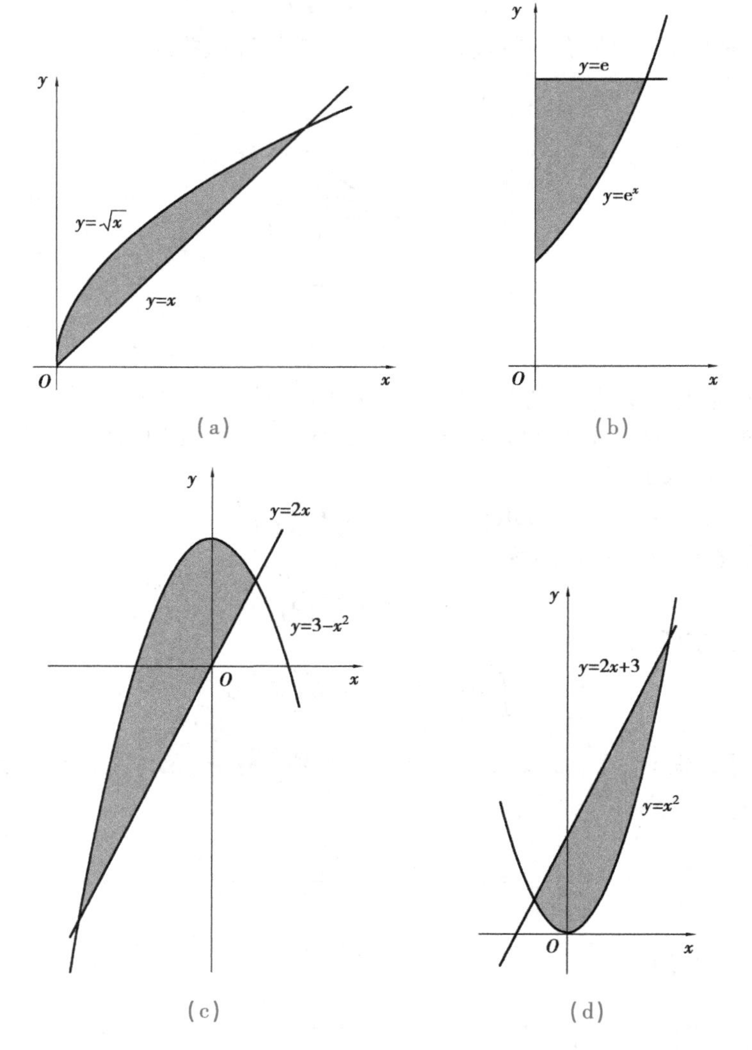

图 7.14

2. 求下列各题中平面图形的面积：

(1)曲线 $y=x^2+3$ 在区间$[0,1]$上的曲边梯形.

(2)曲线 $y=x^2$ 与 $y=2-x^2$ 所围成的图形.

(3)在$\left[0,\frac{\pi}{2}\right]$上,曲线 $y=\sin x$ 与直线 $x=0$、$y=1$ 所围成的图形.

(4)曲线 $y=\frac{1}{x}$与直线 $y=x$、$x=2$ 所围成的图形.

(5)曲线 $y=x^2-8$ 与直线 $2x+y+8=0$、$x=-4$ 所围成的图形.

(6)曲线 $y=x^3-3x+2$ 在 x 轴上介于两极值点间的曲边梯形.

3. 求下列平面图形分别绕 x 轴与 y 轴旋转产生的立体的体积：

(1)曲线 $y=\sqrt{x}$与直线 $x=1$、$x=4$、$y=0$ 所围成的图形.

(2)在$\left[0,\frac{\pi}{2}\right]$上,曲线 $y=\sin x$ 与直线 $x=\frac{\pi}{2}$、$y=0$ 所围成的图形.

(3)曲线 $y=x^3$ 与直线 $x=2$、$y=0$ 所围成的图形.

(4)曲线 $x^2+y^2=1$ 与 $y^2=\frac{3}{2}x$ 所围成的两个图形.

4. 计算曲线 $y=\ln x$ 上相应于$\sqrt{3}\leqslant x\leqslant\sqrt{8}$的一段弧的长度.

5. 计算曲线 $y=\frac{\sqrt{x}}{3}(3-x)$上相应于 $1\leqslant x\leqslant 3$ 的一段弧(图 7.15)的长度.

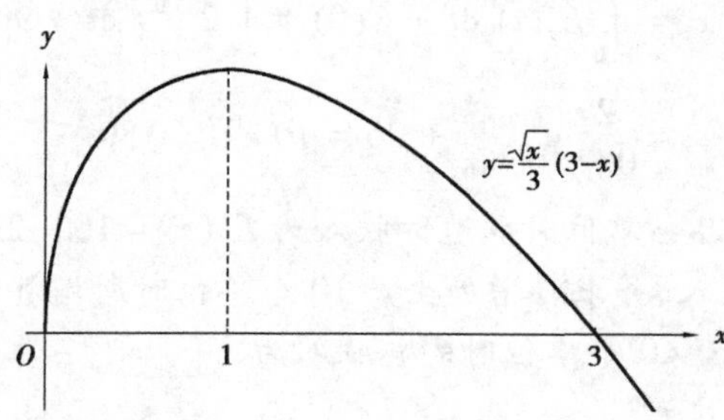

图 7.15

6. 计算半立方抛物线 $y^2=\frac{2}{3}(x-1)^3$ 被抛物线 $y^2=\frac{x}{3}$截得的一段弧的长度.

7. 计算抛物线 $y^2=2px$ 从顶点到这曲线上一点 $M(x,y)$的弧长.

7.3　定积分在经济中的应用

7.3.1　由边际函数求总量函数

求解经济问题

若对已知的边际函数$f'(x)$求积分,则可求得总量函数

$$F(x)=\int_0^x f'(t)\mathrm{d}t+F(0) \tag{7.9}$$

其中，积分常数 $F(0)$ 可由经济函数的具体条件确定.

在式(7.9)中，当 x 为产量时，只要将 $F(x)$ 代之以 $C(x)$（成本）、$R(x)$（收益）、$L(x)$（利润），则有

$$\left.\begin{aligned} C(x)&=\int_0^x C'(t)\mathrm{d}t+C(0)\\ R(x)&=\int_0^x R'(t)\mathrm{d}t+R(0)=\int_0^x R'(t)\mathrm{d}t\\ L(x)&=\int_0^x L'(t)\mathrm{d}t+L(0)=\int_0^x L'(t)\mathrm{d}t-C(0)\end{aligned}\right\} \tag{7.10}$$

其中，$C(0)$ 是固定成本.

由式(7.10)，当变量 x 从 a 变化到 b 时，$f(x)$ 的改变量为

$$\Delta F=F(b)-F(a)=\int_a^b f'(t)\mathrm{d}t \tag{7.11}$$

例 1 若一企业生产某产品的边际成本是产量 x 的函数

$$C'(x)=2\mathrm{e}^{0.2x},$$

固定成本 $C(0)=90$，求总成本函数.

解 由式(7.10)得

$$\begin{aligned} C(x)&=\int_0^x C'(t)\,\mathrm{d}t+C(0)=\int_0^x 2\mathrm{e}^{0.2t}\mathrm{d}t+90\\ &=\frac{2}{0.2}\mathrm{e}^{0.2t}\bigg|_0^x+90=10\mathrm{e}^{0.2x}+80.\end{aligned}$$

例 2 已知生产某产品 x 单位时的边际收入为 $R'(x)=100-2x$（元/单位），求生产 40 单位时的总收入及平均收入，并求再增加生产 10 个单位时所增加的总收入.

解 由式(7.10)，生产 40 个单位时的总收入为

$$R(40)=\int_0^{40}R'(x)\mathrm{d}x=\int_0^{40}(100-2x)\,\mathrm{d}x=(100x-x^2)\big|_0^{40}=2\,400\ (\text{元}),$$

平均收入为 $\dfrac{R(40)}{40}=\dfrac{2\,400}{40}=60$（元）.

在生产 40 单位后再生产 10 单位所增加的总收入可由式(7.11)求得

$$\begin{aligned}\Delta R&=R(50)-R(40)=\int_{40}^{50}R'(x)\mathrm{d}x\\ &=\int_{40}^{50}(100-2x)\mathrm{d}x=(100x-x^2)\big|_{40}^{50}=100\ (\text{元}).\end{aligned}$$

例3　已知某产品的边际收入 $R'(x)=25-2x$，边际成本 $C'(x)=13-4x$，固定成本为 $C(0)=10$，求当 $x=5$ 时的毛利润和纯利润.

解　由于边际利润

$$L'(x)=R'(x)-C'(x)=(25-2x)-(13-4x)=12+2x,$$

可求得 $x=5$ 时的毛利润为

$$\int_0^x L'(t)\,\mathrm{d}x=\int_0^5(12+2t)\,\mathrm{d}t=(12t+t^2)\Big|_0^5=85,$$

当 $x=5$ 时的纯利润为 $L(5)=\int_0^5 L'(t)\,\mathrm{d}t-C(0)=85-10=75.$

例4　某企业生产 x 吨产品时的边际成本为

$$C'(x)=\frac{1}{50}x+30(\text{元/t}).$$

且固定成本为900元，试求产量为多少时平均成本最低？

解　首先求出成本函数.

$$C(x)=\int_0^x C'(t)\,\mathrm{d}t+C_0=\int_0^x\left(\frac{1}{50}t+30\right)\mathrm{d}t+900=\frac{1}{100}x^2+30x+900$$

得平均成本函数为

$$\overline{C}(x)=\frac{C(x)}{x}=\frac{1}{100}x+30+\frac{900}{x},$$

所以，$\overline{C}'(x)=\dfrac{1}{100}-\dfrac{900}{x^2}$，令 $\overline{C}'(x)=0$，得 $x_1=300$　（$x_2=-300$ 舍去）.

由于 $\overline{C}(x)$ 仅有一个驻点 $x_1=300$，再由实际问题本身可知 $\overline{C}(x)$ 有最小值.

故当产量为300 t时，平均成本最低.

例5　假设某产品的边际收入函数为 $R'(x)=9-x$（万元/万台），边际成本函数为 $C'(x)=4+\dfrac{x}{4}$（万元/万台），其中产量 x 以万台为单位.

(1)试求当产量由4万台增加到5万台时利润的变化量；

(2)当产量为多少时利润最大？

(3)已知固定成本为1万元，求总成本函数和利润函数.

解　(1) 首先求出边际利润

$$L'(x)=R'(x)-C'(x)=(9-x)+(4+\frac{x}{4})=5-\frac{5}{4}x,$$

再由式(7.11)得

$$\Delta L=L(5)-L(4)=\int_4^5 L'(t)\,\mathrm{d}t=\int_4^5\left(5-\frac{5}{4}t\right)\mathrm{d}t=-\frac{5}{8}(\text{万元}),$$

故在4万台基础上再生产1万台，利润不但未增加，反而减少.

(2)令 $L'(x)=0$，可解得 $x=4$（万台），即产量为4万台时利润最大.

(3)总成本函数

$$C(x)=\int_0^x C'(t)\,\mathrm{d}t+C(0)=\int_0^x\left(4+\frac{t}{4}\right)\mathrm{d}t+1=\frac{1}{8}x^2+4x+1,$$

利润函数

$$L(x)=\int_0^x L'(t)\,\mathrm{d}t-C(0)=\int_0^x\left(5-\frac{5}{4}t\right)\mathrm{d}t-1=5x-\frac{5}{8}x^2-1.$$

7.3.2 消费者剩余与生产者剩余

消费者剩余和生产者剩余是经济福利分析的两个重要工具.在效用与经济福利分析中,消费者剩余是指消费者为获得一定数量的某种商品(或服务)所愿意支付的最高款额与其实际支付款额之间的差额,是商家的营业收入.生产者剩余是指生产者销售某种商品(或服务)所获得款额与其生产成本之间的差额,是生产者的利润.

设 $p=D(x)$ 表示消费者购买 x 件商品愿意支付的需求单价,它是一个递减函数,如图 7.16 所示.曲线下方的曲边梯形 $AOQB$ 的面积是消费者购买 Q 件商品所获得的总效用或总满意度,矩形 $pOQB$ 的面积是消费者以价格 p 购买 Q 件商品的总支出,总满意度减去总支出就是消费者剩余.它是消费者从购买该商品中获得的效用,由

$$\int_0^Q D(x)\,\mathrm{d}x-pQ$$

给出.

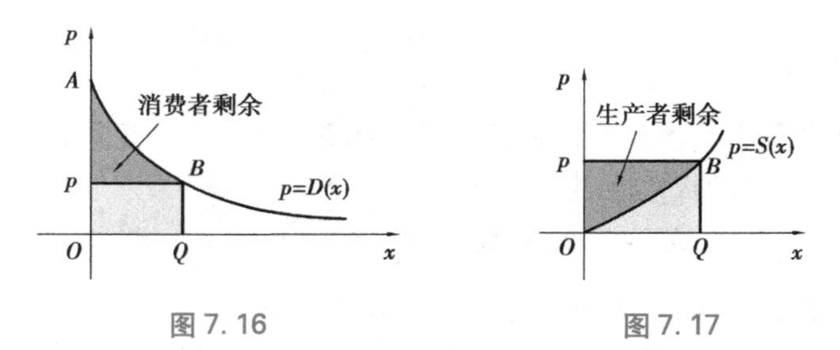

图 7.16　　图 7.17

$p=S(x)$ 表示经营者愿意供给 x 件商品的单价,它是一个递增函数,如图 7.17 所示.矩形 $pOQB$ 的面积是经营者以价格 p 卖出 Q 件商品的总收益,曲线下方的曲边三角形 OQB 的面积是经营者供给 Q 件商品所支出的成本,总收益减去总支出就是生产者剩余.它是生产者的效用或满意度,由

$$pQ-\int_0^Q S(x)\,\mathrm{d}x$$

给出.

例 6　对于需求函数 $D(x)=(x-5)^2$,求当 $x=3$ 时的消费者剩余.

解　当 $x=3$ 时,$D(3)=(3-5)^2=4$.于是

$$消费者剩余=\int_0^3(x-5)^2\mathrm{d}x-3\times4=\frac{1}{3}[(x-5)^3]_0^3-3\times4=27.$$

例 7　对于供给函数 $S(x)=x^2+x+3$，求当 $x=3$ 时的生产者剩余.

解　当 $x=3$ 时，$S(3)=3^2+3+3=15$. 于是

$$\text{生产者剩余}=3\times 15-\int_0^3(x^2+x+3)\,\mathrm{d}x=45-\left[\frac{1}{3}x^3+\frac{1}{2}x^2+3x\right]_0^3=22.5.$$

当需求与供给达到平衡时，经营者与消费者之间真正发生了购买和销售活动. 如图 7.18 所示，我们把供给曲线与需求曲线的交点 (x_E,p_E) 称为平衡点. 直线 $p=p_E$、$x=0$ 与曲线 $p=D(x)$ 围成的曲边三角形面积是代表消费者剩余，直线 $p=p_E$、$x=0$ 与曲线 $p=S(x)$ 围成的曲边三角形面积代表生产者剩余.

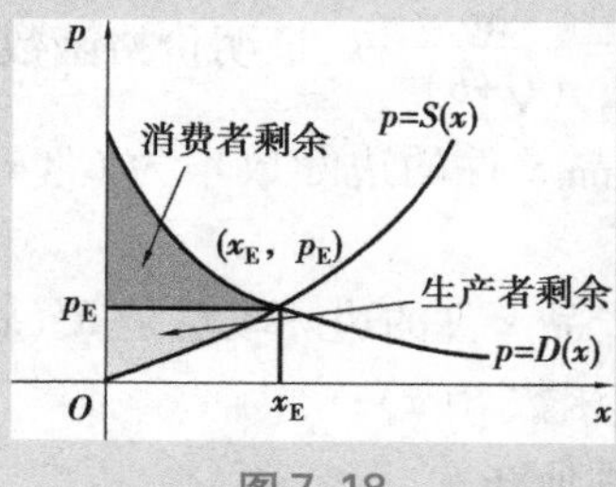

图 7.18

平衡点处的消费者剩余 $=\int_0^{x_E}D(x)\,\mathrm{d}x-p_Ex_E$. 它是真正发生购买和销售活动时商家的营业收入.

平衡点处的生产者剩余 $=p_Ex_E-\int_0^{x_E}S(x)\,\mathrm{d}x$. 它是真正发生购买和销售活动时生产者的利润.

例 8　对已知需求函数 $p=D(x)=(x-5)^2$，供给函数 $p=S(x)=x^2+x+3$.

(1) 求平衡点；

(2) 求平衡点处的消费者剩余；

(3) 求平衡点处的生产者剩余.

解　(1) 由 $D(x)=S(x)$ 即 $(x-5)^2=x^2+x+3$ 解得 $x_E=2$，代入 $p=D(x)=(x-5)^2$ 求得，$p_E=D(2)=9$，所以平衡点为 $(2,9)$；

(2) 平衡点处的消费者剩余

$$\begin{aligned}&=\int_0^{x_E}D(x)\,\mathrm{d}x-p_Ex_E\\&=\int_0^2(x-5)^2\mathrm{d}x-2\times 9\\&=\frac{1}{3}[(x-5)^3]_0^2-18=\frac{44}{3}\approx 14.67;\end{aligned}$$

(3) 平衡点处的生产者剩余

$$\begin{aligned}&=p_Ex_E-\int_0^{x_E}S(x)\,\mathrm{d}x\\&=2\times 9-\int_0^2(x^2+x+3)\,\mathrm{d}x\\&=18-\left[\frac{1}{3}x^3+\frac{1}{2}x^2+3x\right]_0^2=\frac{22}{3}\approx 7.33.\end{aligned}$$

习题 7.3

1. 设商品的需求函数 $Q=100-5p$(其中:Q 为需求量,p 为单价)、边际成本函数 $C'(Q)=13-0.05Q$,且 $C(0)=12.5$. 问 p 为何值时,工厂利润达到最大? 试求出最大利润.

2. 某厂生产产品的边际成本 $C'(Q)=3Q^2-18Q+33$,且当产量 Q 为 3 时,成本为 55,求:

(1)成本函数与平均单位成本函数;

(2)当产量由 2 个单位增至 10 个单位时,成本的增量是多少?

3. 设边际收益函数为 $R'(Q)=\dfrac{ab}{(Q+b)^2}-k$,证明价格函数 $p=\dfrac{a}{Q+b}-k$.

4. 一家公司测定生产某种产品 x 件的边际成本为 $C'(x)=x^3-2x$. 假设固定成本是 100 美元,求总成本函数 $C(x)$.

5. 一家公司测定,销售某种产品 x 件的边际收益是 $R'(x)=x^2-1$.

(1)假设 $R(0)=0$,求总收益函数 $R(x)$;

(2)$R(0)=0$ 的假设的合理性何在?

6. 消费需求量的变化率与价格的关系可用边际需求函数表示为 $D'(p)=-\dfrac{4\ 000}{p^2}$,且当价格是每件 4 美元时消费者对产品的需求是 1 003 件,求需求函数.

7. 某公司求出卖主的销售数量关于价格的变化率可以用边际供给函数表示为 $S'(p)=0.24p^2+4p+10$. 如果知道,当价格是每件 5 美元时卖主可销售 121 件产品,求供给函数.

8. 某服装有限公司测定出每套服装的边际成本为 $C'(x)=0.000\ 3x^2-0.2x+50$. 忽略固定成本,求生产第 101 套服装到第 400 套服装的总成本.

9. 使用 8 题的信息,求生产第 201 套服装到第 400 套服装的总成本.

10. 一场拳击赛的承办人销售 x 张票,并且有一个由 $R'(x)=200x-1\ 080$ 给出的边际收益函数. 这意味着总收益关于售出的票数 x 的变化率是 $R'(x)$. 求从销售第 1 001 张票到第 1 300 张票的总收益.

11. 某公司产品的边际利润函数可表示为 $L'(x)=-2x+980$. 这意味着总利润关于生产 x 件产品的变化率是 $L'(x)$. 求从生产且销售第 101 件产品到第 800 件产品的总利润.

12. 在 5 min 内打字员的速率为 $W(t)=-6t^2+12t+90,t\in[0,5]$,此处 $W(t)$ 是时刻 t 时的速度,以单词数/min 为单位.

(1)求这段时间内的初始时刻速率;

(2)求最大速率及出现的时间;

(3)求这 5 min 的平均速率.

13. 一个质点从原点出发. 它在时间 t 的速度为 $v(t)=3t^2+2t$. 从第 2 h 到第 5 h 内它运行了多远?

14. 已知 $D(x)=(x-4)^2,S(x)=x^2+2x+6$. 求:

(1)平衡点;

(2)在平衡点处的消费者剩余;

(3)在平衡点处的生产者剩余.

15. 已知 $D(x)=\dfrac{100}{\sqrt{x}}, S(x)=\sqrt{x}$. 求：

(1)平衡点；

(2)在平衡点处的消费者剩余；

(3)在平衡点处的生产者剩余.

16. 已知 $D(x)=\dfrac{1\,800}{\sqrt{x+1}}, S(x)=2\sqrt{x+1}$. 求：

(1)平衡点；

(2)在平衡点处的消费者剩余；

(3)在平衡点处的生产者剩余.

7.4 广义积分与 Γ 函数

我们前面讨论的定积分 $\int_a^b f(x)\,\mathrm{d}x$ 中，积分区间 $[a,b]$ 有限且被积函数 $f(x)$ 有界. 当积分区间无限或被积函数无界时，前面的定积分知识就不能够处理，因此需要推广定积分的概念，即考虑无穷区间上的积分和无界函数的积分. 无穷区间上的积分也称为无穷积分，被积函数无界的积分也称为瑕积分，它们统称为广义积分.

7.4.1 无穷区间上的广义积分

无穷限的广义积分

形如 $\int_a^{+\infty} f(x)\,\mathrm{d}x$、$\int_{-\infty}^{b} f(x)\,\mathrm{d}x$、$\int_{-\infty}^{+\infty} f(x)\,\mathrm{d}x$ 的积分，称为无穷区间上的广义积分.

定义 7.1　设函数 $f(x)$ 在区间 $[a,+\infty)$ 上连续，若对任意的 $b>a$，极限 $\lim\limits_{b\to+\infty}\int_a^b f(x)\,\mathrm{d}x$ 存在，则称广义积分 $\int_a^{+\infty} f(x)\,\mathrm{d}x$ 收敛，并称此极限值为该广义积分的积分值，记为

$$\int_a^{+\infty} f(x)\,\mathrm{d}x=\lim_{b\to+\infty}\int_a^b f(x)\,\mathrm{d}x \tag{7.12}$$

如果极限 $\lim\limits_{b\to+\infty}\int_a^b f(x)\,\mathrm{d}x$ 不存在，则称广义积分 $\int_a^{+\infty} f(x)\,\mathrm{d}x$ 发散.

类似地，可以定义

$$\int_{-\infty}^{b} f(x)\,\mathrm{d}x=\lim_{a\to-\infty}\int_a^b f(x)\,\mathrm{d}x \tag{7.13}$$

$$\int_{-\infty}^{+\infty} f(x)\,\mathrm{d}x=\int_{-\infty}^{c} f(x)\,\mathrm{d}x+\int_{c}^{+\infty} f(x)\,\mathrm{d}x \tag{7.14}$$

且广义积分$\int_{-\infty}^{+\infty}f(x)\,\mathrm{d}x$收敛的充要条件是对任意常数$c$,广义积分$\int_{-\infty}^{c}f(x)\,\mathrm{d}x$和$\int_{c}^{+\infty}f(x)\,\mathrm{d}x$同时收敛.

例 1　计算广义积分$\int_0^{+\infty}\mathrm{e}^{-x}\mathrm{d}x$.

解　对任意的$b>0$,有$\int_0^b\mathrm{e}^{-x}\mathrm{d}x=-\mathrm{e}^{-x}\big|_0^b=1-\mathrm{e}^{-b}$,

而$\lim\limits_{b\to+\infty}\int_0^b\mathrm{e}^{-x}\mathrm{d}x=\lim\limits_{b\to+\infty}(1-\mathrm{e}^{-b})=1-0=1$,

因此$\int_0^{+\infty}\mathrm{e}^{-x}\mathrm{d}x=\lim\limits_{b\to+\infty}\int_0^b\mathrm{e}^{-x}\mathrm{d}x=1$或$\int_0^{+\infty}\mathrm{e}^{-x}\mathrm{d}x=-(\mathrm{e}^{-x})\big|_0^{+\infty}=0-(-1)=1$.

例 2　判断广义积分$\int_0^{+\infty}\sin x\,\mathrm{d}x$的敛散性.

解　对任意$b>0$,$\int_0^b\sin x\,\mathrm{d}x=-(\cos x)\big|_0^b=-\cos b+(\cos 0)=1-\cos b$,

因为$\lim\limits_{b\to+\infty}(1-\cos b)$不存在,故广义积分$\int_0^{+\infty}\sin x\,\mathrm{d}x$发散.

例 3　计算广义积分$\int_{-\infty}^{+\infty}\dfrac{\mathrm{d}x}{1+x^2}$.

解
$$\begin{aligned}\int_{-\infty}^{+\infty}\frac{\mathrm{d}x}{1+x^2}&=\int_{-\infty}^{0}\frac{\mathrm{d}x}{1+x^2}+\int_0^{+\infty}\frac{\mathrm{d}x}{1+x^2}=\lim_{a\to-\infty}\int_a^0\frac{\mathrm{d}x}{1+x^2}+\lim_{b\to+\infty}\int_0^b\frac{\mathrm{d}x}{1+x^2}\\&=\lim_{a\to-\infty}[\arctan x]\big|_a^0+\lim_{b\to+\infty}[\arctan x]\big|_0^b\\&=\lim_{a\to-\infty}\arctan a+\lim_{b\to+\infty}\arctan b\\&=-\left(-\frac{\pi}{2}\right)+\frac{\pi}{2}=\pi.\end{aligned}$$

例 4　计算广义积分$\int_{\frac{2}{\pi}}^{+\infty}\dfrac{1}{x^2}\sin\dfrac{1}{x}\mathrm{d}x$.

解
$$\begin{aligned}\int_{\frac{2}{\pi}}^{+\infty}\frac{1}{x^2}\sin\frac{1}{x}\mathrm{d}x&=-\int_{\frac{2}{\pi}}^{+\infty}\sin\frac{1}{x}\mathrm{d}\left(\frac{1}{x}\right)=-\lim_{b\to+\infty}\int_{\frac{2}{\pi}}^{b}\sin\frac{1}{x}\mathrm{d}\left(\frac{1}{x}\right)\\&=-\lim_{b\to+\infty}\left[\cos\frac{1}{x}\right]_{\frac{2}{\pi}}^{b}=\lim_{b\to+\infty}\left[\cos\frac{1}{b}-\cos\frac{\pi}{2}\right]=1.\end{aligned}$$

例 5　计算广义积分$\int_0^{+\infty}t\mathrm{e}^{-pt}\mathrm{d}t$($p$是常数,且$p>0$).

解　$\int_0^{+\infty}t\,\mathrm{e}^{-pt}\mathrm{d}t=-\dfrac{1}{p}\int_0^{+\infty}t\mathrm{d}\mathrm{e}^{-pt}=-\dfrac{1}{p}t\,\mathrm{e}^{-pt}\Big|_0^{+\infty}+\dfrac{1}{p}\int_0^{+\infty}\mathrm{e}^{-pt}\mathrm{d}t$

$=-\dfrac{1}{p}t\mathrm{e}^{-pt}\Big|_0^{+\infty}-\dfrac{1}{p^2}\mathrm{e}^{-pt}\Big|_0^{+\infty}=-\dfrac{1}{p}\lim\limits_{t\to+\infty}t\mathrm{e}^{-pt}+0-\dfrac{1}{p^2}(0-1)=\dfrac{1}{p^2}$.

例6 讨论广义积分$\int_1^{+\infty}\frac{1}{x^p}dx$的敛散性.

解 (1)$p=1,\int_1^{+\infty}\frac{1}{x^p}dx=\int_1^{+\infty}\frac{1}{x}dx=(\ln x)\Big|_1^{+\infty}=+\infty$;

(2)$p\neq 1,\int_1^{+\infty}\frac{1}{x^p}dx=\frac{x^{1-p}}{1-p}\Bigg|_1^{+\infty}=\begin{cases}+\infty & p<1\\ \frac{1}{p-1} & p>1\end{cases}$

因此,当$p>1$时,广义积分$\int_1^{+\infty}\frac{1}{x^p}dx$收敛,其值为$\frac{1}{p-1}$;当$p\leqslant 1$时,广义积分$\int_1^{+\infty}\frac{1}{x^p}dx$发散.

7.4.2 无界函数的广义积分

无界函数的广义积分

若函数$f(x)$在有限区间$[a,b]$上有无穷间断点,则积分$\int_a^b f(x)dx$称为无界函数的广义积分,也称为瑕积分,并称$f(x)$的无穷间断点为瑕点.

定义7.2 设$f(x)$在区间$(a,b]$上连续,且$\lim\limits_{x\to a^+}f(x)=\infty$,若对于任意给定的$\varepsilon>0$,极限$\lim\limits_{\varepsilon\to 0^+}\int_{a+\varepsilon}^b f(x)dx$存在,则称瑕积分$\int_a^b f(x)dx$收敛,记为

$$\int_a^b f(x)dx=\lim_{\varepsilon\to 0^+}\int_{a+\varepsilon}^b f(x)dx,$$

如果极限$\lim\limits_{\varepsilon\to 0^+}\int_{a+\varepsilon}^b f(x)dx$不存在,则称瑕积分$\int_a^b f(x)dx$发散.

由定义7.2知:

(1) 若$x=a$为瑕点,$f(x)$在区间$[a+\varepsilon,b]$上可积且$\varepsilon>0$,则瑕积分

$$\int_a^b f(x)dx=\lim_{\varepsilon\to 0^+}\int_{a+\varepsilon}^b f(x)dx \tag{7.15}$$

(2) 若$x=b$为瑕点,$f(x)$在区间$[a,b-\mu]$上可积且$\mu>0$,则瑕积分

$$\int_a^b f(x)dx=\lim_{\mu\to 0^+}\int_a^{b-\mu} f(x)dx \tag{7.16}$$

(3) 若瑕积分$\int_a^b f(x)dx$的瑕点为(a,b)内的某一点c,则瑕积分

$$\int_a^b f(x)dx=\int_a^c f(x)dx+\int_c^b f(x)dx \tag{7.17}$$

且瑕积分$\int_a^b f(x)dx$收敛的充要条件是$\int_a^c f(x)dx$和$\int_c^b f(x)dx$同时收敛.

例 7　计算下列瑕积分:

(1) $\int_0^1 \ln x\,dx$; (2) $\int_{-1}^1 \frac{1}{x^2}dx$.

解　(1) 因为 $x=0$ 为瑕点,所以

$$\int_0^1 \ln x\,dx = \lim_{\varepsilon\to0^+}\int_{0+\varepsilon}^1 \ln x\,dx = \lim_{\varepsilon\to0^+}[x\ln x - x]_\varepsilon^1 = \lim_{\varepsilon\to0^+}(-1-\varepsilon\ln\varepsilon+\varepsilon)$$

$$= -1 - \lim_{\varepsilon\to0^+}\left(\frac{\ln\varepsilon}{\frac{1}{\varepsilon}}\right) = -1 - \lim_{\varepsilon\to0^+}\left(\frac{\frac{1}{\varepsilon}}{-\frac{1}{\varepsilon^2}}\right) = -1 + \lim_{\varepsilon\to0^+}\varepsilon = -1.$$

所以,瑕积分 $\int_0^1 \ln x\,dx$ 收敛于 -1.

(2) 因为 $x=0$ 为瑕点,所以

$$\int_{-1}^1 \frac{1}{x^2}dx = \int_{-1}^0 \frac{1}{x^2}dx + \int_0^1 \frac{1}{x^2}dx = \lim_{\mu\to0^+}\int_{-1}^{0-\mu}\frac{1}{x^2}dx + \lim_{\varepsilon\to0^+}\int_{0+\varepsilon}^1\frac{1}{x^2}dx$$

$$= \lim_{\mu\to0^+}\left[-\frac{1}{x}\right]_{-1}^{-\mu} + \lim_{\varepsilon\to0^+}\left[-\frac{1}{x}\right]_\varepsilon^1 = \lim_{\mu\to0^+}\left(\frac{1}{\mu}-1\right) + \lim_{\varepsilon\to0^+}\left(\frac{1}{\varepsilon}-1\right) = +\infty.$$

所以,瑕积分 $\int_{-1}^1 \frac{1}{x^2}dx$ 发散.

例 8　讨论瑕积分 $\int_0^1 \frac{1}{x^p}dx$ 的敛散性.

解　因为 $x=0$ 为瑕点,所以

$$\int_0^1 \frac{1}{x^p}dx = \lim_{\varepsilon\to0^+}\int_{0+\varepsilon}^1 \frac{1}{x^p}dx = \lim_{\varepsilon\to0^+}\left[\frac{1}{1-p}x^{1-p}\right]_\varepsilon^1$$

$$= \lim_{\varepsilon\to0^+}\frac{1-\varepsilon^{1-p}}{1-p} = \begin{cases} \frac{1}{1-p} & p<1 \\ \text{不存在} & p=1 \\ +\infty & p>1 \end{cases},$$

因此,当 $p<1$ 时,瑕积分 $\int_0^1 \frac{1}{x^p}dx$ 收敛;当 $p\geqslant 1$ 时,瑕积分 $\int_0^1 \frac{1}{x^p}dx$ 发散.

7.4.3　Γ 函数

现在我们研究在理论上和应用上都有重要意义的 Γ 函数.

定义 7.3　积分 $\int_0^{+\infty} x^{s-1}e^{-x}dx$ $(s>0)$ 是参变量 s 的函数,称为 Γ 函数.

可以证明这个积分是收敛的.

Γ 函数有一个重要性质

$$\Gamma(s+1) = s\Gamma(s)\ (s>0) \tag{7.18}$$

这是因为

$$\Gamma(s+1)=\int_0^{+\infty}x^s\mathrm{e}^{-x}\mathrm{d}x=-(x^s\mathrm{e}^{-x})\Big|_0^{+\infty}+s\int_0^{+\infty}x^{s-1}\mathrm{e}^{-x}\mathrm{d}x$$

$$=s\int_0^{+\infty}x^{s-1}\mathrm{e}^{-x}\mathrm{d}x=s\Gamma(s).$$

这是一个递推公式. 利用此公式,计算 Γ 函数的任意一个函数值都可化为求 Γ 函数在[0,1]上的函数值.

例如 $\Gamma(3.2)=\Gamma(2.2+1)=2.2\times\Gamma(2.2)=2.2\times\Gamma(1.2+1)$

$=2.2\times1.2\times\Gamma(1.2)=2.2\times1.2\times\Gamma(0.2+1)$

$=2.2\times1.2\times0.2\times\Gamma(0.2)$

特别地,当 s 为正整数时可得

$$\Gamma(n+1)=n! \tag{7.19}$$

这是因为

$$\Gamma(n+1)=n\cdot\Gamma(n)=n\cdot(n-1)\cdot\Gamma(n-1)=\cdots=n!\ \Gamma(1),$$

而 $\Gamma(1)=\int_0^{+\infty}\mathrm{e}^{-x}\mathrm{d}x=1$,所以

$$\Gamma(n+1)=n!.$$

例 9 计算下列各值:

(1) $\dfrac{\Gamma(6)}{2\Gamma(3)}$; (2) $\dfrac{\Gamma(\frac{5}{2})}{\Gamma(\frac{1}{2})}$.

解 (1) $\dfrac{\Gamma(6)}{2\Gamma(3)}=\dfrac{5!}{2\times2!}=\dfrac{120}{4}=30$;

(2) $\dfrac{\Gamma(\frac{5}{2})}{\Gamma(\frac{1}{2})}=\dfrac{\frac{3}{2}\Gamma(\frac{3}{2})}{\Gamma(\frac{1}{2})}=\dfrac{\frac{3}{2}\times\frac{1}{2}\Gamma(\frac{1}{2})}{\Gamma(\frac{1}{2})}=\dfrac{3}{4}$.

例 10 计算下列积分:

(1) $\int_0^{+\infty}x^3\mathrm{e}^{-x}\mathrm{d}x$; (2) $\int_0^{+\infty}x^{s-1}\mathrm{e}^{-\lambda x}\mathrm{d}x$.

解 (1) $\int_0^{+\infty}x^3\mathrm{e}^{-x}\mathrm{d}x=\Gamma(4)=3!\ =6$;

(2) 令 $\lambda x=y$,则 $\lambda\,\mathrm{d}x=\mathrm{d}y$,于是

$$\int_0^{+\infty}x^{s-1}\mathrm{e}^{-\lambda x}\mathrm{d}x=\frac{1}{\lambda}\int_0^{+\infty}\left(\frac{y}{\lambda}\right)^{s-1}\mathrm{e}^{-y}\mathrm{d}y=\frac{1}{\lambda^s}\int_0^{+\infty}y^{s-1}\mathrm{e}^{-y}\mathrm{d}y=\frac{\Gamma(s)}{\lambda^s}.$$

习题 7.4

1. 用定义判断下列广义积分的敛散性. 如果收敛,试计算其值.

(1) $\int_1^{+\infty} \frac{1}{x^4}dx$ (2) $\int_{-\infty}^{+\infty} \frac{dx}{x^2+2x+2}$

(3) $\int_0^{+\infty} e^{ax}dx$ (4) $\int_0^{+\infty} (1+x)^a dx$

(5) $\int_0^{+\infty} \frac{x^2}{x^4+x^2+1}dx$ (6) $\int_1^{+\infty} \frac{dx}{x\cdot\sqrt[3]{x^2+1}}$

(7) $\int_1^2 \frac{x}{\sqrt{x-1}}dx$ (8) $\int_1^{e} \frac{dx}{x\sqrt{1-\ln^2 x}}$

(9) $\int_0^2 \frac{dx}{(1-x)^2}$ (10) $\int_a^{2a} (x-a)^a dx$

2. 当 k 为何值时,广义积分 $\int_2^{+\infty} \frac{dx}{x\ln^k x}$ 收敛? k 为何值时,该广义积分发散? k 为何值时,该广义积分取得最小值?

3. 已知 $\int_0^{+\infty} \frac{\sin x}{x}dx=\frac{\pi}{2}$,求证:

(1) $\int_0^{+\infty} \frac{\sin x\cos x}{x}dx=\frac{\pi}{4}$ (2) $\int_0^{+\infty} \frac{\sin^2 x}{x^2}dx=\frac{\pi}{2}$

4. 用 Γ 函数表示下列积分,并指出这些积分的收敛范围:

(1) $\int_0^{+\infty} e^{-x^n}dx\ (n>0)$ (2) $\int_0^1 \left(\ln\frac{1}{x}\right)^p dx$

(3) $\int_0^{+\infty} x^m e^{-x^n}dx\ (n\neq 0)$

5. 证明 $\Gamma\left(\frac{2k+1}{2}\right)=\frac{1\cdot 3\cdot 5\cdot\cdots\cdot(2k-1)\sqrt{\pi}}{2^k}$,其中 k 为自然数.

综合习题 7

1. 已知 $D(x)=e^{-x+4.5}$, $S(x)=e^{x-5.5}$. 求:

(1) 平衡点;

(2) 在平衡点处的消费者剩余;

(3) 在平衡点处的生产者剩余.

2. 已知 $D(x)=\sqrt{56-x}$, $S(x)=x$. 求:

(1) 平衡点;

(2) 在平衡点处的消费者剩余;

(3) 在平衡点处的生产者剩余.

3. 一家公司生产某种产品 x 件的边际成本为 $C'(x)=x^3-x$. 假设固定成本是 200 美元，求总成本函数 $C(x)$.

4. 一家公司销售某种产品 x 件的边际收益为 $R'(x)=x^2-3$.

(1)假设 $R(0)=0$,求总收益函数 $R(x)$；

(2)$R(0)=0$ 的假设的合理性何在？

5. 机器操作员的效率 E(表示成百分比)关于时间 t 的变化率可表示为$\frac{\mathrm{d}E}{\mathrm{d}t}=30-10t$,其中 t 是操作员工作的小时数.

(1)已知操作员工作 2 h 后的效率是 72%，即 $E(2)=72$,求 $E(t)$；

(2)利用(1)的答案求 3 h 和 5 h 后操作员的效率.

6. 在 2000—2001 年流感流行期的 34 周内,在爱尔兰每 100 000 人中感染流行性感冒的比率可近似地表示为 $I'(t)=3.389\,\mathrm{e}^{0.1049t}$,其中 I 是每 100 000 人中已经感染流行性感冒的总人数,t 是时间,以周为单位.

(1)计算 $I(t)$，即在时间 t 内每 100 000 人中已经感染流行性感冒的总人数. 可以假设 $I(0)=0$.

(2)在前 27 周内每 100 000 人中感染了流行性感冒的总人数近似为多少？

(3)在整个 34 周内每 100 000 人中感染了流行性感冒的总人数近似为多少？

(4)在 34 周的最后 7 周内每 100 000 人中感染了流行性感冒的总人数近似为多少？

7. 某工厂正在污染一个湖泊,在时间 t(月)排放到湖泊中的污染物的速率为 $N'(t)=280t^{\frac{3}{2}}$,其中 N 是在时间 t 排放到湖泊中污染物的总千克数.

(1)在 16 个月中排放到湖泊中的污染物有多少千克？

(2)一个环境专家告诉工厂,排放到湖泊中的污染物达到 50 000 千克之后必须启动清理程序. 这将在多长时间之后发生？

8. 证明以下各式(其中 n 为自然数)：

(1)$2\cdot4\cdot6\cdot\cdots\cdot2n=2^n\Gamma(n+1)$；

(2)$1\cdot2\cdot3\cdot\cdots\cdot(2n-1)=\frac{\Gamma(2n)}{2^{n-1}\Gamma(n)}$；

(3)$\sqrt{\pi}\,\Gamma(2n)=2^{2n-1}\Gamma(n)\Gamma(n+\frac{1}{2})$.

附　录

附录 1　微积分常用公式

一、基本导数公式

(1) $(C)'=0$

(2) $(x^{a})'=ax^{a-1}$

(3) $(\sin x)'=\cos x$

(4) $(\cos x)'=-\sin x$

(5) $(\tan x)'=\sec^{2}x$

(6) $(\cot x)'=-\csc^{2}x$

(7) $(\sec x)'=\sec x\tan x$

(8) $(\csc x)'=-\csc x\cot x$

(9) $(a^{x})'=a^{x}\ln a$

(10) $(e^{x})'=e^{x}$

(11) $(\log_{a}|x|)'=\dfrac{1}{x\ln a}=\dfrac{1}{x}\log_{a}e$

(12) $(\ln|x|)'=\dfrac{1}{x}$

(13) $(\arcsin x)'=\dfrac{1}{\sqrt{1-x^{2}}}$

(14) $(\arccos x)'=-\dfrac{1}{\sqrt{1-x^{2}}}$

(15) $(\arctan x)'=\dfrac{1}{1+x^{2}}$

(16) $(\operatorname{arccot} x)'=-\dfrac{1}{1+x^{2}}$

二、基本微分公式

(1) $dC=0$

(2) $d(x^{a})=ax^{a-1}dx$

(3) $d(\sin x)=\cos x\,dx$

(4) $d(\cos x)=-\sin x\,dx$

(5) $d(\tan x)=\sec^{2}x\,dx$

(6) $d(\cot x)=-\csc^{2}x\,dx$

(7) $d(\sec x)=\sec x\tan x\,dx$

(8) $d(\csc x)=-\csc x\cot x\,dx$

(9) $d(a^{x})=a^{x}\ln a\,dx$

(10) $d(e^{x})=e^{x}dx$

(11) $d(\log_{a}|x|)=\dfrac{1}{x\ln a}=\dfrac{1}{x}\log_{a}e\,dx$

(12) $d(\ln|x|)=\dfrac{1}{x}dx$

(13) $d(\arcsin x)=\dfrac{1}{\sqrt{1-x^{2}}}dx$

(14) $d(\arccos x)=-\dfrac{1}{\sqrt{1-x^{2}}}dx$

(15) $d(\arctan x)=\dfrac{1}{1+x^{2}}dx$

(16) $d(\operatorname{arccot} x)=-\dfrac{1}{1+x^{2}}dx$

三、基本积分公式

(1) $\int k\,dx=kx+C$（k 是常数）

(2) $\int x^{\mu} \mathrm{d}x = \frac{1}{\mu + 1}x^{\mu+1} + C, (\mu \neq -1)$

(3) $\int \frac{1}{x} \mathrm{d}x = \ln|x| + C$

(4) $\int \mathrm{e}^{x} \mathrm{d}x = \mathrm{e}^{x} + C$

(5) $\int a^{x} \mathrm{d}x = \frac{a^{x}}{\ln a} + C, (a > 0, a \neq 1)$

(6) $\int \cos x \, \mathrm{d}x = \sin x + C$

(7) $\int \sin x \, \mathrm{d}x = -\cos x + C$

(8) $\int \frac{1}{\cos^2 x} \mathrm{d}x = \int \sec^2 x \, \mathrm{d}x = \tan x + C$

(9) $\int \frac{1}{\sin^2 x} \mathrm{d}x = \int \csc^2 x \, \mathrm{d}x = -\cot x + C$

(10) $\int \frac{1}{1 + x^2} \mathrm{d}x = \arctan x + C$

(11) $\int \frac{1}{\sqrt{1 - x^2}} \mathrm{d}x = \arcsin x + C$

(12) $\int \sec x \tan x \, \mathrm{d}x = \sec x + C$

(13) $\int \csc x \cot x \, \mathrm{d}x = -\csc x + C$

(14) $\int \tan x \, \mathrm{d}x = -\ln|\cos x| + C = \ln|\sec x| + C$

(15) $\int \cot x \, \mathrm{d}x = \ln|\sin x| + C = -\ln|\csc x| + C$

(16) $\int \sec x \, \mathrm{d}x = \ln|\sec x + \tan x| + C$

(17) $\int \csc x \, \mathrm{d}x = \ln|\csc x - \cot x| + C$

附录 2 初等数学部分公式

一、代数

1. 指数运算

(1) $a^m a^n = a^{m+n}$

(2) $\frac{a^m}{a^n} = a^{m-n}$

(3) $(a^m)^n = a^{mn}$

(4) $\sqrt[n]{a^m} = a^{\frac{m}{n}}$

2. 对数运算

(1) $\log_a 1 = 0$

(2) $\log_a a = 1$

(3) $\log_a(N_1 \cdot N_2)=\log_a N_1+\log_a N_2$

(4) $\log_a \dfrac{N_1}{N_2}=\log_a N_1-\log_a N_2$

(5) $\log_a(N^n)=n\log_a N$

(6) $\log_a \sqrt[n]{N}=\dfrac{1}{n}\log_a N$

(7) $\log_b N=\dfrac{\log_a N}{\log_a b}$

3. 有限项和

(1) $1+2+3+\cdots+(n-1)+n=\dfrac{n(n-1)}{2}$

(2) $a+aq+aq^2+\cdots+aq^{n-1}=\dfrac{a(1-q^n)}{1-q}(q\neq-1)$

(3) $1^2+2^2+3^2+\cdots+n^2=\dfrac{n(n+1)(2n+1)}{6}$

(4) $1^3+2^3+3^3+\cdots+n^3=\dfrac{n^2(n+1)^2}{4}$

4. 二项式定理(牛顿公式)

$$(a+b)^n=a^n+na^{n-1}b+\frac{n(n-1)}{2!}a^{n-2}b^2+\cdots+nab^{n-1}+b^n=\sum_{k=0}^{n}C_n^k a^{n-k}b^k$$

二、三角函数

1. 基本公式

(1) $\sin^2\alpha+\cos^2\alpha=1$

(2) $\dfrac{\sin\alpha}{\cos\alpha}=\tan\alpha$

(3) $\dfrac{\cos\alpha}{\sin\alpha}=\cot\alpha$

(4) $\sec\alpha=\dfrac{1}{\cos\alpha}$

(5) $\csc\alpha=\dfrac{1}{\sin\alpha}$

(6) $1+\tan^2\alpha=\sec^2\alpha$

(7) $1+\cot^2\alpha=\csc^2\alpha$

(8) $\cot\alpha=\dfrac{1}{\tan\alpha}$

2. 和差公式

(1) $\sin(\alpha\pm\beta)=\sin\alpha\cos\beta\pm\cos\alpha\sin\beta$

(2) $\cos(\alpha\pm\beta)=\cos\alpha\cos\beta\mp\sin\alpha\sin\beta$

(3) $\tan(\alpha\pm\beta)=\dfrac{\tan\alpha\pm\tan\beta}{1\mp\tan\alpha\tan\beta}$

(4) $\cot(\alpha\pm\beta)=\dfrac{\cot\alpha\cot\beta\mp1}{\cot\beta\pm\cot\alpha}$

(5) $\sin\alpha+\sin\beta=2\sin\dfrac{\alpha+\beta}{2}\cos\dfrac{\alpha-\beta}{2}$

(6) $\sin\alpha-\sin\beta=2\cos\dfrac{\alpha+\beta}{2}\sin\dfrac{\alpha-\beta}{2}$

(7) $\cos\alpha+\cos\beta=2\cos\dfrac{\alpha+\beta}{2}\cos\dfrac{\alpha-\beta}{2}$

(8) $\cos\alpha-\cos\beta=-2\sin\frac{\alpha+\beta}{2}\sin\frac{\alpha-\beta}{2}$

(9) $\cos\alpha\cos\beta=\frac{1}{2}[\cos(\alpha+\beta)+\cos(\alpha-\beta)]$

(10) $\sin\alpha\sin\beta=-\frac{1}{2}[\cos(\alpha+\beta)-\cos(\alpha-\beta)]$

(11) $\sin\alpha\cos\beta=\frac{1}{2}[\sin(\alpha+\beta)+\sin(\alpha-\beta)]$

3. 倍角和半角公式

(1) $\sin 2\alpha=2\sin\alpha\cos\alpha$

(2) $\cos 2\alpha=\cos^2\alpha-\sin^2\alpha=2\cos^2\alpha-1=1-2\sin^2\alpha$

(3) $\tan 2\alpha=\frac{2\tan\alpha}{1-\tan^2\alpha}$

(4) $\cot 2\alpha=\frac{\cot^2\alpha-1}{2\cot\alpha}$

(5) $\sin\frac{\alpha}{2}=\sqrt{\frac{1-\cos\alpha}{2}}$

(6) $\cos\frac{\alpha}{2}=\sqrt{\frac{1+\cos\alpha}{2}}$

(7) $\tan\frac{\alpha}{2}=\sqrt{\frac{1-\cos\alpha}{1+\cos\alpha}}$

(8) $\cot\frac{\alpha}{2}=\sqrt{\frac{1+\cos\alpha}{1-\cos\alpha}}$

附录 3 习题参考答案

习题参考答案请扫描下面二维码.

习题参考答案

参考文献

[1] 同济大学数学教研室. 高等数学(上)[M]. 4 版. 北京:高等教育出版社,1996.
[2] 龚德恩. 经济数学基础(第一分册:微积分) [M]. 4 版. 成都:四川人民出版社,2005.
[3] 赵树嫄. 微积分(修订本)[M]. 北京:中国人民大学出版社,1988.
[4] 谢明文. 微积分教程(修订本)[M]. 2 版. 成都:西南财经大学出版社,2003.
[5] BITTINGER M L. 微积分及其应用[M]. 杨奇,毛云英,译. 8 版. 北京:机械工业出版社,2006.
[6] BANNER A. 普林斯顿微积分读本[M]. 杨爽,赵晓婷,高璞,译. 北京:人民邮电出版社,2010.
[7] HASS J,等. 托马斯大学微积分[M]. 李伯民,译. 北京:机械工业出版社,2009.
[8] 陈传璋,金福临,朱学炎,等. 数学分析(上)[M]. 北京:人民教育出版社,1979.
[9] 张学元. 高等数学能力题解[M]. 武汉:华中理工大学出版社,1999.
[10] 计慕然,郑梅春,徐兵,等. 高等数学是非 300 例分析[M]. 北京:北京航空学院出版社,1985.
[11] 赵树嫄. 微积分客观性试题选编[M]. 北京:中国人民大学出版社,1988.
[12] 苏德矿,吴明华. 微积分(上)[M]. 2 版. 北京:高等教育出版社,2007.
[13] 王宪杰,侯仁民,赵旭强. 高等数学典型应用实例与模型[M]. 北京:科学出版社,2005.
[14] 莫里斯 · 克莱因. 古今数学思想(第二册)[M]. 朱学贤,等译. 上海:上海科学技术出版社,2002.
[15] A. Д. 亚历山大洛夫,等. 数学:它的内容、方法和意义(第一卷)[M]. 孙小礼,赵孟养,裘光明,等译. 北京:科学技术出版社,1958.
[16] 沈文选. 走进教育数学[M]. 北京:科学出版社,2009.